세 번째 전쟁, 우크라이나 전쟁의 군사를 말하다

세 번째 전쟁, 우크라이나 전쟁의 군사를 말하다

2024년 4월 10일 초판 인쇄
2024년 4월 15일 초판 발행

지은이 | 김홍철, 민규식, 배덕열, 정차성, 최영찬, 한상근, 허광환
펴낸이 | 이찬규
펴낸곳 | 북코리아
등록번호 | 제03-01240호
주소 | 13209 경기도 성남시 중원구 사기막골로 45번길 14
우림2차 A동 1007호
전화 | 02-704-7840
팩스 | 02-704-7848
이메일 | ibookorea@naver.com
홈페이지 | www.북코리아.kr
ISBN | 978-89-6324-194-4(93390)

값 22,000원

크림반도 합병, 돈바스 전쟁 그리고 우크라이나 전쟁.
그 세 번째 전쟁을 용병과 양병의 관점에서 파헤친 유일한 군사분석서

세 번째 전쟁,

우크라이나 전쟁의 군사를 말하다

김홍철·민규식·배덕열·정차성·최영찬·한상근·허광환

북코리아

프롤로그: 러시아-우크라이나 전쟁과 마주하며

러시아-우크라이나 전쟁(이하 우크라이나 전쟁)은 예상하지 못했던 전쟁이었다. 그리고 러시아 사전 병력 전개 수준을 고려해 볼 때, 이 전쟁은 장기·전면전보다는 단기·제한적 군사작전 수준에서 종료될 수 있다는 예상이 지배적이었다. 하지만 되돌아보면 이 전쟁의 발생에 대한 예측도 실패했지만, 전개 양상에서도 다음 세 가지 측면에서 군사전문가들의 분석을 무색하게 했다.

첫째, 과거의 전쟁에서 승패 예측의 기준이 되었던 전쟁 초기 국가 간 피상적인 전력 격차가, 리더십, 전투 의지, 생존적 무기체계 활용 등과 같은 무형전력과 전쟁의 정당성에 따른 국제적 지원 양상 등에 의해 변화될 수 있다는 점이다. 비근한 사례로, 우크라이나군과 국민의 결사항전 의지, 전쟁 개시와 함께 국외로 도피한 아프가니스탄의 아슈라프 가니(Ashraf ghani) 대통령과 정반대로 전장에서 국민과 함께 항전을 독려한 젤렌스키(Volodymyr Zelensky) 대통령의 리더십, 그리고 러시아의 우크라이나를 대상으로 한 특별군사작전의 부당성에 불만을 품고 자발적으로 참여한 어나니머스 그룹(Anonymous Group), 스타링크(Starlink) 등과 같은 민간 영역에서의 지원 증대 등은 전쟁 승패의 궤적과 전개 양상에 대한 기존 예측 패러다임을 변화시키는 데 부족하지 않았기 때문이다.

둘째, 이 전쟁은 전장 지구력(War Sustainability)을 유지하기 위한 국제적·전략적 소통 및 적극적인 군사외교의 중요성을 일깨워주고 있다. 자국의 이익 추구를 기반으로 한 인도(QUAD Member), 중국, 남아프리카 공화국(BRICS) 등과 같은 국가들의 이합집산은 전통적인 이념(Ideology)과 집단안보(Collective Security) 개념의 퇴보를 종용하고 있다. 설상가상으로, 이스라엘-하마스 전쟁은 가뜩이나 어려운 우크라이나의 전쟁지속능력에 추가적인 위협을 하고 있다. 이와 같은 상황에 대해 국제전쟁연구소(ISW, International Studies of War)의 프레드릭 W. 케이건(Frederick W. Kagan)은 현재의 교착상태가 매우 불안정한 균형이고, 서방의 충분한 지원이 신속하게 도착하지 않으면 러시아가 승리할 수 있다고 분석하고 있다. 이것은 우크라이나가 향후 전쟁주도권 장악을 위해 군사외교에 몰입해야 하는 주요한 이유 중 하나다. 재미있는 것은 동일한 이유로 러시아도 북한과 무기거래를 위한 위험한 군사외교를 수행하는 점이다. 결국, 강대국 또는 약소국에 상관없이 전장 지구력은 자국의 노력에 의한 평소의 준비도 중요하지만, 전시 우방국의 지원을 확보하기 위한 전·평시 국제협력전을 위한 전략적 소통 강화 및 다양한 군사외교 채널 확보 노력이 병행되어야 한다는 것이다.

셋째, 이 전쟁은 미래전 학자들의 예상과는 다르게 무인기, 우주력, 사이버 능력 등을 활용한 첨단기술력이 적용되고 있으나, 전쟁의 승패를 결정하는 직접적 동인으로 역할을 하지는 못하고 있다. 동시에 과거의 전쟁과 다를 바 없는 마찰, 공포, 파괴 등과 같은 전쟁의 속성은 항공기, 지뢰, 포탄 등과 같은 재래식 무기의 지속적인 사용으로 영향력을 발휘하고 있다. 물론, 모든 전쟁이 장기전으로 진입했을 때 이와 같은 상황을 경험할 가능성이 높다. 그러나, 과거의 전쟁 교훈을 통해 인지하게 된 속전속결을 위한 하이테크 무기체계의 사용과 우주력을 통해 적 지역의 관찰이 손쉬워졌음에도 불구하고 전쟁 양상은 과거의 전쟁 형태와 크게 차이 나지 않는다. 즉, 전쟁의 장기화는 여전히 공격의 중심(Center of Gravity)이 산업기반시설(Infrastructure), 민간인(Population), 야전군(Fielded Military) 등이 될 수 있다는 전쟁 교훈에 관심을 둘 필요가 있다. 아울러, 태생적으로 러시아가 전면전이 아닌 '특별군사작전'이라는 미명하 전쟁을 시작했기에, 양국 군의 공격 중심이 리더십(Leadership), 필수체계나 생산시설(System Essential, Key production) 등으로 집중되지 못하고 있다는 일부 군사전문가들의 분석에도 개연성이 있음을 인정해야 할 것이다.

이를 이론 및 경험적으로 보완하려면, 러시아나 우크라이나군들이 위와 같은 중심들을 공격할 수 있는 충분한 능력을 보유하고 있었음에도 다른 전략적 목표 달성을 위해 수행하지 않았는지, 아니면 능력 부족에 의해 수행하지 못했는지에 대한 군사·전략적 분석은 필수적이다. 그러나, 전쟁이 진행되고 있는 상황에서 이와 같은 내용에 대한 구체적 정보를 구하는 것은 다소 제한된다. 따라서, 이 책은 전쟁 단계별 군사작전 양상을 세부적으로 분석하여 이를 기반으로 러-우 양국의 정책·전략적 목표를 추론하는 방향으로 진행했다. 나아가, 이렇게 분석한 중간 결과들이 전쟁 이후 신뢰성 있는 정보와 만날 시 정치, 전략, 군사, 경제 측면에서 유의미한 전훈을 도출하는 데 이바지할 수 있을 것이라는 기대감을 가지고 작성했다.

즉, 이 책은 우크라이나 전쟁 관련 기존의 논문과 발간된 서적과는 다르게 바텀-업(Bottom-Up) 방식으로 세부 군사작전을 중심으로 분석했다. 이를 토대로 작전적 수준의 전쟁 수행방식이 정책·전략적 수준에서 어떠한 변화를 일으켰고, 나아가 전쟁 전반적으로 진행 상황이 어떻게 변했는지를 연합 및 합동성 측면에서 설명하고 있다. 물론, 외교, 정보, 경제(DIE: Diplomacy, Information, Economy) 차원의 분석도 포함되어 있다. 하지만, 이것은 군사적인 관점에 대한 이해를 돕기 위한 수준의 설명만 제시했다. 실질적인 연구는 군사적인 관점에서 국방기획을 통한 군사력 건설부터 전투부대의 연합 및 합동작전 능력이 발휘되고 있는지에 대한 분석에 초점이 맞추어 있다고 보아야 할 것이다.

저자들은 각자의 전문성을 기반으로, 우크라이나 전쟁을 군사적 관점에서 분석했다. 특히 우크라이나의 델타 시스템, 스타링크 등의 하이테크 체계가 어떤 메커니즘 속에서 의사결정의 속도를 높여줄 수 있었는지와, 우주, 사이버 능력을 통합한 다영역 작전에서의 지휘통제를 합동성 차원에서 집중적으로 조명해보았다. 아울러, 전쟁의 중심인 합동 교리적인 측면에서도 전략, 군사력 건설, 운용 등의 측면을 검증하는 방법으로 전훈 및 정책적 함의를 도출했다.

이를 위해 매주 2회에 걸친 전문 연구원들 간의 의견 교환, 다수의 국내 및 국제 학술 세미나를 통한 발표 및 토론을 통해 다양한 관점과 해석을 종합적으로 검토하고 수렴했다. 이러한 노력의 결과는 정부 및 한국군 당국자들, 미래전 연구와 군사력 건설을 연구하는 기관, 정책 입안자, 다양한 군사 관련 연구소 등에 전쟁 관련 통찰력, 정책적 혜안 등 새로운 관점 및 시각을 제공할 수 있을 것으로 생각한다.

이 책은 I부와 II부로 구성되어 있으며, I부에서는 전쟁 배경, 군사전략, 군사력 건설, 군사력 운용, 주요전력 운용에 대해 다음과 같이 작성했다.

첫째, 우크라이나 전쟁 발발 배경은 이 지역의 역사, 사회, 경제, 문화, 정치, 외교적 특징에 대한 설명을 통해, 전쟁의 원인이 된 동서 진영의 의도, 우크라이나 내부의 정치적 대결 구도, 종교 및 문화적 특성에 따른 파벌의 형성 등이 어떻게 전쟁 발발에 영향을 주었는지 알아보았다. 아울러, 현재까지의 전황을 5단계로 구분하여 책 전반적으로 전쟁을 분석하는 틀을 제공하고 있다.

둘째, 군사전략은 현실주의 입장에서 세력 균형과 집단방위 이론을 중심으로 러시아, 우크라이나, 미국(NATO)의 군사전략을 대상으로 했다. '전략기획의 틀'이라는 사고의 과정을 활용하여 현상 관찰을 통한 역추론 방식으로 국가이익과 위협 인식, 군사전략 목표 및 개념, 군사력 건설, 작전기획지침을 추정했다.

셋째, 군사력 건설은 양국의 국방개혁 과정에 대한 고찰을 통해 국방조직과 군사력 수준을 개관했다. 개전 후에는 양국의 주요 전력 운용과 러시아군의 특징 중 하나인 대대전술단(BTG)과 서방에서 지원된 주요 무기체계 운용 효과에 대해 분석했다.

넷째, 군사력 운용은 이번 연구의 중점적인 분야로 주요 전투에 대해 개관하고, 양국의 군사력 운용을 합동작전 수행 측면에서 분석했다. 연구 접근법은 주요한 작전구상의 개념적 요인을 적용하되, 우리의 교리가 아닌 미(美) JP 5-0 『합동기획』을 적용했다. 그 이유는 우크라이나 전쟁이 국제전의 성격을 띠고 있어 러시아와 미국(NATO)의 지원을 받는 우크라이나를 객관적으로 분석함으로써, 향후 우리 군의 합동교리 및 합동교육 발전을 위한 함의를 도출해야 하기 때문이다.

다섯째, 양국의 주요전력 운용은 전쟁 개시 직전 양국의 군사력 비교, 전쟁 단계별 주요전력의 운용적 특징 및 효과를 설명했다. 이를 통해 양국 전력운용에 있어 성공 사례와 실패 사례를 제시했고, 향후 군사전략, 군사력 건설, 군사력 운용, 합동교리 측면에서 정책적 지침 및 참고가 될 수 있는 사항들에 대해 간략하게 정리했다.

이 책의 II부에서는 우크라이나 전쟁 관련 논문들을 수록했다. 1장에서는 우크라이나 전쟁 1년을 기점으로 한반도 안보와 미래전에 주는 함의에 대해서 논했다. 2장에서는 우크라이나 전쟁에서 무인기 운용 방식에 대해서 알아보고 이것이 북한 무인기 운용에 미치는 영향 분석과 이에 대한 우리의 대응방안을 제시했다. 3장에서는 우크라이나 전쟁에서 해군력의 운용에 대한 분석이 제한됨에 따라, 합동 전역에서 양국 해군력의 운용과 함의에 대해서 알아보았다. 4장에서는 I부의 미군 합동교리를 중심으로 한 분석과 상호 비교가 가능하도록, 우크라이나 전쟁을 합동작전원칙, 전력기획 등 한국군의 합동군사교리 주제별로 분석하고 이에 대한 정책적 함의를 설명하고 있다.

끝으로, 우크라이나 전쟁은 이제 언제 끝날지 모르는 상황으로 변화되었다. 따라서, 이 책에서 수행된 정책·전략·작전적 수준의 분석은 근거가 될 자료의 제한으로 방법론적인 신뢰성(Reliability) 및 내적 타당성(Internal Validity) 문제에 대해 자유롭지 못한 것이 사실이다. 게다가, 이러한 정보의 제한은, ① 푸틴이 기존 민스크 협정을 무시하고 관련국들과의 협상 대신 전쟁을 선택해야 했던 합리적 이유, ② 선전포고 대신 '특별군사작전'이라는 용어를 사용하며 우크라이나를 침공했던 푸틴의 이유와 목적, ③ 압도적인 군사력을 가진 러시아가 우크라이나의 저항에 세력을 잃고 '돈바스 지역 특별군사작전'으로 변경한 이유, ④ 특별군사작전에서 전면전으로 전환하지 않고 장기전의 형태를 지속 유지하고 있는 이유 등 많은 중요한 연구 문제에 대해 일부분 합리성에 기반한 추론을 하게 만든 것도 사실이다. 아마도, 전쟁이 종료된다고 하더라도 정부에서 비밀자료를 공개하지 않는 한 이와 같은 문제들은 미궁으로 남을 가능성도 배제하기 어렵다. 그럼에도 불구하고, 이 책은 전쟁 중간의 과정을 세세하게 기록하고 이를 군사 및 합동성 차원에 초점을 맞추어 분석했다는 측면에서, 전후 우크라이나 전쟁에 관한 종합적 연구에 중요한 사료로 사용될 것이라 확신한다.

책 제목과 같이 이 전쟁은 크림반도 합병과 돈바스 지역 분쟁에서 이어진 세 번째 전쟁이다. 지금의 상황으로 볼 때는 종전의 시기와 방식을 예측하기란 매우 어렵다. 더 큰 문제는 어떤 형태로 전쟁을 끝낼 것인가에 대한 양국과 국제사회의 출구전략도 묘연하다는 것이다. 과연 종전 협상이 성공한다고 하더라도 그 결과가 또 다른 네 번째 전쟁을 억지할 수 있을까? 만약 네 번째 전쟁 억제가 실패하여 재발의 비극이 반복된다면, 이 전쟁은 우리가 예측하고 대비한 방향처럼 수행될까? 새로운 의문과 불확실성은 이미 복잡해진 고차방정식의 난이도를 계속해서 높이고 있다. 하지만, 한 가지 확실한 것은 대한민국과 한국군이 미래 위협에 대응하기 위해 지금부터 모든 상황을 연구하고 필요한 사항들을 준비해 나가야 한다는 것이다. 아울러, 이를 최적의 시기에 사용할 수 있는 의지와 의사결정 능력도 함께 향상해나가야 한다.

전쟁을 준비한다는 것은 발생하지 않을 것이라는 생각 속에서는 불가능한 일이다. 또한, 일어날 가능성이 희박하다는 가정 속에서 희생할 정도의 노력은 합리적인 선택이 될 수 없다. 즉, 전쟁이 언제든지 일어날 수 있다는 가정 아래서만 희생과 위대함이 공존할 수 있다는 설명이다. 우크라이나는 강대국의 침략을 받았다. 이에 반해, 이스라엘은 상대적으로 약한 하마스의 공격을 받아 전쟁하고 있다. 두 전쟁의 진행은 차치하더라도, 상황 속의 피해자는 국가와 국민 모두다. 이기는 위치에 서고 싶은가? 그렇다면 대한민국과 한국군은 필요한 노력을 배가해야 한다. 또한, 현재의 노력을 값진 희생으로 생각해서도 안 된다. 핵을 머리에 이고 살고 있는 대한민국의 국민을 생각한다면 논공행상의 촌음도 불편하기 때문이다.

미국의 농구선수 코비 브라이언(Kobe Bryan)은 "많은 사람이 위대하기를 원하지만, 그들은 위대해지는 데 필요한 만큼의 희생을 하길 원하지 않는다(A lot of people say they want to be great, but they are not willing to make the sacrifices necessary to achieve greatness)"라고 했다. 과연 한국군은 위대한 국가와 군을 만들기 위한 충분한 희생을 하고 있는가? 이와 같은 질문이 우크라이나 전쟁을 바라보며 찾아야 하는 한국군과 군사전문가들의 과제라고 생각한다. 또한, 이를 대하는 생각과 태도가 대한민국을 진정하게 위대하게 만드는 초석이라고 믿는다.

2024년 4월

집필진 씀

목차

1부

우크라이나 전쟁의 군사 관점의 해석

만약 힘이 전쟁의 승리를 의미한다면, 약소국은 강대국에 대응하여 결코 승리할 수 없다. 그러나 역사는 그렇지 않다는 것을 시사하고 있다. 약소국 전략이 어떻게 강대국의 힘을 무관하게 만들 수 있는지를 보여주었다.

이반 아레귄 토프트(Ivan Arreguin-Toft)

1장

전쟁 배경

1절 우크라이나 개황

우크라이나는 동슬라브 형제국[1]의 일원이자, 포스트 소비에트 공간을 대표하는 국가 가운데 하나다. 북쪽으로 벨라루스, 북·북동·동쪽으로 러시아 연방, 남쪽으로 아조프해, 흑해, 남서쪽으로 몰도바, 루마니아, 서쪽으로 헝가리, 슬로바키아, 폴란드와 접해 있는 지정학적 중요성과 전략적 가치를 지닌 국가다.

주변 국가로서 러시아는 우크라이나를 자국의 독점적 세력권이자 서방 세계와의 완충지대 역할을 담당할 수 있는 지정학적 교두보로 간주하고 있다. 미국은 우크라이나가 중앙아시아-카스피해-흑해 지역을 연결하는 대러시아의 에너지 안보방어선의 전진기지로서 우크라이나를 전략적 활용 가치가 높다고 판단하고 있다. 이에 푸틴은 우크라이나가 러시아 세력권에서 이탈하는 것은 북대서양조약기구(이하 NATO)의 동진 확장 허용, 독립국가연합(CIS) 체제의 존재의미 상실, 흑해 지역에 대한 지배권 축소, 카스피해를 둘러싼 에너지 자원 및 파이프라인 패권경쟁에서 국익 침해 등 강대국 러시아 건설 전략에 큰 차질을 초래할 수 있는 국가적 사안으로 판단하고 있다. 따라서, 우크라이나는 유라시아 대륙을 안정적으로 관리하는 데 필요한 지정학적 위치와 NATO 및 러시아의 경계지대로서의 특성을 보유하고 있다.

우크라이나의 기후는 흑해 연안지대와 인접한 남부지방은 온화한 대륙성 기후이나, 북쪽으로 올라갈수록 추위가 심해진다. 북부지방과 서북부지방은 폴란드·벨라루스의 기후와 같은 대륙성 기후를 나타내며 크림반도는 아열대성 기후로 1월과 7월의 평균 기온은 4～23°C이고, 수도 키이우의 1월과 7월의 평균기온은 영하 6～영상 20.4°C다. 동카르파티아 산맥 중에서도 강수량이 가장 많은 지역은 연평균 강수량이 1,600mm나 되며 눈은 보통 11월 말경부터 내리기 시작한다. 라스푸티차(Rasputica)는 러시아, 벨라루스, 북부 우크라이나 일대에서 가을(10월 중순～11월 초순)과 봄(3월 중순～4월 하순)이 되면 점토질의 땅으로

1 슬라브 민족을 바탕으로 한 국가들로 러시아, 우크라이나, 벨라루스를 포함한다.

변해 통행이 힘들어지는 도로, 또는 도로가 이렇게 변하는 시기를 가리키는 러시아의 명사다. 러시아의 특별군사작전이 2022년 2월 24일에 개시됨으로써 우크라이나의 얼어붙은 땅이 녹으면서 기동로가 진창으로 변하여 러시아의 궤도 장비와 보급지원 차량들이 기동에 제한을 받았다.

1. 우크라이나의 역사

우크라이나 역사는 크게 네 개 시기로 대별할 수 있다. 첫 번째는 9세기경 키이우 중심의 봉건국가 시기이고, 두 번째는 1917년 볼셰비키 혁명 이후 소비에트 사회주의 연방 공화국(이하 소련)의 연방국으로 편입한 시기이며, 세 번째는 구소련 붕괴 이후 우크라이나 독립 선언 시기, 마지막으로 오렌지 혁명 이후 탈소련 정책을 추진한 시기다. 우크라이나 역사를 보다 세부적으로 살펴보면 다음과 같다.

1) 9세기 키이우 중심의 봉건국가

우크라이나는 9세기경 동슬라브 민족의 최초 봉건국가인 키이우 공국(Kyiv Rus)에서 비롯되었다. 키이우를 중심으로 형성된 공국은 우크라이나뿐만 아니라 러시아, 벨라루스의 모태이기도 하며 키이우 공국은 북부 발트해에서 남부 흑해까지, 동부 볼가(Volga)강에서 서부 티사(Tisa)강에 이르는 지역을 영토에 편입했으며, 인구는 10~12세기경에 약 15만 명에 이르렀다.

키이우 공국은 9세기 후반부터 12세기 초반까지 200여 년간 봉건국가로서 발전을 거듭했으며, 특히 볼로디미르 대공 치세(980~1015) 때에는 그리스노교 수용(988) 및 비잔틴 문화 도입을 통해 문화적으로 크게 융성했다.

키이우 공국이 1240년 몽골군의 침입으로 멸망함에 따라 우크라이나 영토의 대부분은 14세기 중반 이후 점차 리투아니아, 폴란드, 튀르키예(Turkey), 몰도바에 의해 분할 및 예속되었다.

동슬라브 민족이 확장 및 분화되면서, 현대의 우크라이나 지역에는 몽골, 폴란드, 리투아니아 연합 왕국의 지배기가 시작되었다. 이러한 지배기를 거치면서 러시아인, 벨라루스인과 구별되는 우크라이나인의 독자적 정체성이 형성되기 시작했고 1772년, 폴란드의 해체에 따라 드니프르강 서쪽 폴란드 점령지역의 대부분은 러시아가, 갈리시아, 볼리니아 등 일부 지역은 오스트리아, 헝가리 제국이 차지했다. 1905년 이후, 반황제 혁명 움직임이 제정 러시아에서 확산되어 우크라이나에서도 노동자, 농민들의 대규모 봉기가 빈번하게 발생했다.

2) 1917년 볼셰비키 혁명 이후 소련의 연방국으로 편입

1917년 볼셰비키 혁명 시 우크라이나 인민대표 회의가 결성되었으며, 12월 25일 우크라이나 소비에트 공화국이 선포되었다. 제1차 세계대전 말기 오스트리아-헝가리 제국의 패퇴에 따라 그 지배하에 있던 서부 우크라이나 지역은 1918년 서부 우크라이나 인민공화국을 선포했으나, 같은 지역에 거주하는 폴란드 민족의 봉기 및 신생 폴란드 정부의 무력 개입으로 이 지역은 1919년 폴란드의 영토로 귀속되었다. 동부 우크라이나 지역에서는 1917～1921년간 독립을 추구하는 세력과 볼셰비키파 등 여섯 개 정파 간 내란이 발생했으나 독립 쟁취에는 실패했다. 우크라이나 민족주의자 중심으로 러시아로부터의 분리 독립을 주장하는 우크라이나 공화국이 1917년 선포되어 활동했지만, 수개월 후 볼셰비키 세력에 패해 소멸되었다. 내란 과정에서 일반 국민들의 반러시아, 민족의식이 크게 확산됨에 따라 1921년 모스크바 볼셰비키 정부의 전략적 양보하에 제한적 외교 주권(조약 체결, 영사관할권 등)을 갖는 우크라이나 소비에트 사회주의 공화국이 선포되었다.

1922년 12월, 우크라이나는 소비에트 사회주의 연방 창설 조약에 서명함으로써 소련연방 창립의 회원국이 되었다. 소련연방 가입 이후, 우크라이나 국민의 민족의식이 꾸준히 유지됨에 따라 모스크바 중앙정부는 이러한 민족의식 말살을 위해 강력한 억압정책을 시행했다.

1941～1944년, 우크라이나 전역이 나치 독일에 의해 점령되었다. 이 당시, 우크라이나 민병대원들이 나치 친위대(SS대원) 한 사람의 감독하에 30미터 길이에 3미터 깊이의 구덩이를 세 개 파놓고 그 안에 유대인들을 몰아넣어 쏘아 죽였는데, 하루에 약 1,500명씩 죽였다는 증언이 있다. 러시아는 이러한 역사적 사실을 빌미로 "우크라이나의 정부군이 돈바스지역의 친러시아 분리주의자들을 대량 학살하고 있어서 이들을 보호하기 위한 평화유지군 파병이 필요하다"라고 선언했다.

1945년, 우크라이나는 소련 내 러시아, 벨라루스와 함께 유엔 회원국에 가입했다. 1953년, 소련 정부는 스탈린 사후 우크라이나에 로켓, 전자, 화학, 조선 산업 등 중화학 시설을 집중적으로 건설했다.

1954년 소련 정부는 페레야슬라프 협정[2] 300주년을 기념하여 크림반도를 우크라이나에 이양했다.

3) 구소련 붕괴 이후 1991년 우크라이나 독립선언

1980년대, 고르바초프의 페레스트로이카 정책 이후 소련 중앙정부의 장악력이 약화함에 따라, 우크라이나 최고 회의는 1991년 8월 24일 독립 선언법을 채택하고, 1991년 12월 1일 국민투표를 시행하여 우크라이나의 독립을 확정했다. 1991년 12월 5일 레오니드 크라프추크(Leonid Kravchuk)가 초대 대통령에 취임했으며, 1991년 12월 8일 우크라이나, 러시아, 벨라루스 3개국 정상 간 소비에

2 1653년 우크라이나의 보흐단 흐멜니츠키(Bohdan Khmelnytsky)가 폴란드와 싸우기 위해 러시아 차르와 맺은 외교 협약. 러시아는 이를 두 국가가 하나가 되고 우크라이나가 차르에게 충성을 맹세한 서약으로 봄. 반면 우크라이나 학자들은 단순한 군사동맹이라고 주장하고 있다.

트 연방 탈퇴 문서에 정식 서명했다.

4) 오렌지 혁명 이후 탈(脫)소련 친(親)NATO 성향으로 전환

2004년 11월, 우크라이나의 대통령 선거에 대한 야권의 불복으로 오렌지 혁명[3]이 발발했으며, 2005년 1월 빅토르 유시첸코(Viktor Yushchenko) 야당 후보가 제3대 대통령에 취임했다.

2010년 2월 제4대 대통령으로 취임한 빅토르 야누코비치 대통령은 친러 성향으로서 2013년 11월, EU와 제휴협정 체결 추진을 포기하고 러시아와 관계 강화를 선언함으로써 우크라이나 내에서 대규모 반정부 시위[4]가 촉발했다. 2014년 2월, 우크라이나의 헌법개정안(대통령 권한 약화) 통과가 실패함으로써 반정부 시위가 격화되었고 정부와 경찰은 반정부 시위대를 강경 진압했다. 이 과정에서 100명 이상의 민간인 사상자가 발생했고, 빅토르 야누코비치 대통령은 러시아로 도주했다. 러시아는 야누코비치 대통령의 권력이 위기에 처하자 주로 비군사적 수단으로 우크라이나에 개입해왔는데, 우크라이나 차관 지원계획 취소, 천연가스 공급 중단 등으로 위협하면서 우크라이나를 압박했다. 우크라이나의 새로운 정부가 친서방 정책을 펼쳐서 EU 혹은 NATO가 확장되기라도 한다면 러시아는 안보적으로 위협을 느낄 수밖에 없는 상황이었다.

우크라이나는 러시아와 국경을 맞대고 있었고 러시아 안보에 전략적으로 중요한 크림반도를 소유하고 있는 국가였다. 크림반도는 지역 인구의 과반수가 러시아인으로 구성되고, 러시아어 사용 인구 비율이 86.5%를 차지하며, 러시

3 2004년 우크라이나 대통령 선거에서 여당의 부정선거를 규탄하며 재선거를 이끌어낸 시민 혁명. 당시 시위자들은 야당을 상징하는 오렌지색 옷을 입거나 오렌지색 깃발을 들고 시위에 참여했다.

4 유로마이단 혁명(친서방 반정부 시민운동)은 2013년 당시 우크라이나 대통령이었던 빅토르 야누코비치가 유럽연합(EU)과의 무역협정을 무기한 연기하면서 그해 11월부터 2014년 2월까지 이어졌던 시위를 말한다.

아어로 된 TV 채널이 다수를 차지하는 등 친러시아 권역이기 때문에 군사적 개입에 가장 유리한 지역이라고 할 수 있다. 1954년 소련 시기에 흐루쇼프(Nikita Khrushchyov)가 상징적으로 크림반도를 우크라이나에 양도했으나 크림반도에서는 역사적으로 다수의 친러세력이 존재하며 러시아로의 반환을 요청하는 시위가 지속되었다.

2014년 3월 16일, 러시아는 주민투표 결과 크림반도 주민들의 90% 이상이 러시아에 합병을 찬성한다는 명분을 들어 크림반도 합병을 선언했다. 크림반도가 있는 흑해 지역은 역사적으로 원자재와 에너지 수송로를 포함한 유라시아 대륙의 핵심 교통로였을 뿐 아니라, 유라시아 지역의 정치적 안정을 좌우할 수 있는 군사안보적 요충지였으며, 유럽문명의 발전에 주목할 만한 영향을 미쳤던 문화교류의 현장이었다. 냉전 시기 '소련의 호수'였던 흑해 지역에서 미국과 EU의 본격적 개입 노력, NATO의 동방정책과 세력권 확대, 흑해 연안국들의 탈러시아 행보 및 유럽 접근 움직임 등이 동시다발적으로 발생했다.

2014년 4월에는 친러시아 성향의 우크라이나의 동부 두 개 주(도네츠크, 루간스크) 분리주의 무장세력과 우크라이나 정부군 간에 교전이 발발했다. 2014년 5월, 반군 점령지역(2개 주의 40~45% 면적, 주민 수 320만 명)은 분리독립에 대한 주민투표를 강행했고, 자칭 도네츠크 인민공화국(DPR)과 루간스크 인민공화국(LPR) 정부 수립을 선언했으나 우크라이나 중앙정부 및 국제사회는 이들을 받아들이지 않았다.

2014년 9월 우크라이나, 러시아, 동부 두 개 주(도네츠크, 루간스크) 간 제1차 민스크 협정 체결, 2015년 2월 제2차 민스크 협정을 체결했으나 협정은 이행되지 않았고 오히려 우크라이나 정부군과 친러 반군 간의 교전이 산발적으로 지속되었다.

우크라이나-EU 간 제휴협정이 체결(2014.6.27.) 및 발효(2017.9.1.)되고, EU와의 포괄적 자유무역협정(DCFTA)이 발효(2016.1.1.)되며, EU와 단기 무비자 사증면제협정이 발효(2017.6.11.)되었다.

2018년 11~12월, 우크라이나는 러시아와 인접해 있는 10개 주에서 반란군 제압을 위한 계엄령을 시행했다.

2019년 12월, 우크라이나, 러시아, 프랑스, 독일 등 4개국 지도자가 프랑스에서 열린 노르망디 상륙작전 70주년 기념식에서 회동하여, 우크라이나 동부 돈바스 지방의 내전 문제 해결방안을 논의했다. 동 4개국은 그 후 '노르망디 포맷(Normandie Format)'이라 불리는 외교 협의체를 통해 4개국 정상 간 직접 회동과 전화 회담 등을 통해 우크라이나 관련 문제 해결을 시도해왔다.

2. 우크라이나의 사회, 경제 및 문화

크림반도에 사는 러시아인들은 자치권을 행사하고 있지만, 아직도 러시아 연방과 우크라이나 사이의 크림반도를 둘러싼 갈등은 여전히 남아 있다. 또한, 동부 돈바스 지역의 주민도 대다수가 러시아인들인데, 이들은 분리 독립을 강력히 추구하고 있지는 않지만, 자치권을 요구하고 있다. 따라서 우크라이나 동부 지역에서는 러시아를 비롯한 다른 구소련 연방국가와 좀 더 밀접한 관계를 맺고 싶어하는 반면, 서부 지역에서는 민족주의가 팽배하고 모스크바의 영향력을 배제하기 위해 러시아와의 경제적 밀착관계를 반대하고 있다.

그러나 소비에트 시기부터 러시아와 우크라이나는 경제적으로 불가분의 상호 의존관계를 유지해왔다. 러시아와 우크라이나 기업들 간에는 본질적으로 자원조달과 생산 및 판매 분야에 있어서 상호 간 긴밀한 협력체제가 잘 구축되어 있다. 우크라이나 경제의 기본 토대 자체가 매우 부실하고 열악한 상태여서 서방국가 및 다국적 기업들로부터 지속적이고 직접적인 투자유치를 기대하기 힘든 상황이다. 러시아와 우크라이나의 긴밀한 경제협력만이 우크라이나의 혼란한 경제 상황을 개선할 수 있는 가장 현실적인 방안이라고 할 수 있다. 러시아는 우크라이나의 대외교역 분야에서 줄곧 1위 자리를 고수하고 있으며, 우크라이나 전체 통상 규모 가운데 대략 30% 수준에 해당하는 막대한 비중을 담당하고 있는 전략적 통상 파트너이며 우크라이나는 필요한 에너지 자원의 약 50% 이상을 러시아에 의존하고 있다.

이러한 상황에서 우크라이나 정부는 러시아 주도의 관세동맹 가입과 EU와의 FTA 체결 문제 사이에서 절충 및 해결방안을 마련하기 위해 고민하고 있었으며 동과 서 사이에서 국가발전을 위한 전략적 선택을 해야 하는 상황에 직면해 있었다.

서방의 각종 제재에도 불구하고 러시아가 크림반도에 대한 병합을 완료하자, 유럽연합 국가들은 러시아에 대한 추가 제재를 발표하면서 러시아에 대한 에너지 의존도를 줄여나갈 계획이라고 밝혔다. 러시아는 크림반도 합병에 따른 미국과 서방의 금융제재와 원자재 가격 하락세의 영향으로 2014년 4분기부터 2016년 3분기까지 역성장이라는 경기침체를 겪은 바 있다. 아울러, 러시아는 우크라이나에 대한 경제적 압박을 강화하고 유럽국가들에 경제적 부담을 가중시켰다.[5]

우크라이나 독립 후 러시아-우크라이나 정부 간 주요 현안들로는 크림반도의 영유권 분쟁, 흑해함대의 분할 및 러시아군(軍)의 세바스토폴 기지 주둔 문제, 탈러시아 성향의 국제기구인 GUAM[6]의 결성과 활동, 오렌지 혁명, 가스분쟁, 2008년 러시아-조지아 전쟁에 대한 양국의 입장 차이, 관세동맹(CU) 및 유라시아경제연합(EEU) 가입 문제 등이 있다.

우크라이나의 공용어는 러시아어와 벨라루스어 같은 동슬라브계 언어로, 슬라브족에 가장 가까운 언어이며, 종교 분포는 우크라이나 정교 50%, 키이우-우크라이나 정교 14.9%, 우크라이나-가톨릭 8%이며, 이 외에 개신교, 유대교 등이 24.3%를 차지하고 있다.

---

5 러시아는 2021년 12월 21일까지 유럽 가스공급의 20%를 담당한 바 있나.

6 민주주의와 경제 발전을 위한 구암 기구. 조지아와 우크라이나, 아제르바이잔과 몰도바 4개국이 러시아의 영향력에서 벗어나기 위해 회원국으로 참여하고 있으며 이들 국가의 머리글자를 따서 이름을 붙였고 본부는 우크라이나 키이우에 있다.

우크라이나 민족은 우크라이나계 77.8%, 러시아계 17.3%, 기타 소수민족 4.9%로 구성되어 있고, 인구는 4천 4백만 명으로 유럽에서 다섯 번째로 많다. 다양한 민족으로 구성되어 있는데, 타타르, 루마니아, 몰도바, 벨라루스, 불가리아, 폴란드, 헝가리, 그리스, 아르메니아, 독일, 아제르바이잔, 우즈베키스탄, 리투아니아, 카자흐스탄, 체코, 슬로바키아 등으로 100개 이상의 소수민족이 있다.[7]

특히, 돈바스 지역에 러시아인이 많이 분포하고 있는데 그 이유는 1932년 스탈린에 의한 홀로도모르[8] 사건의 영향 때문이다. 이로 인해 돈바스 지역을 포함한 동남부 지역은 인종적으로 분리될 수밖에 없는 조건을 갖추고 있었다. 2020년 대통령 선거에서 돈바스 지역을 포함한 동남부 지역의 유권자들이 친러 성향 대통령 후보에게 많은 표를 준 것은 이러한 사실을 신뢰성 있게 뒷받침한다. 이러한 맥락에서 러시아가 우크라이나를 침공할 때, 돈바스 지역을 교두보로 삼은 것은 러시아의 입장에서 전략적으로 당연한 귀결이었을 것이다.

3. 우크라이나의 정치 및 외교

1991년 독립 이후 우크라이나 지도부는 국가 건설 과정에서 국가안보의 확립에 국정의 최우선 순위를 두었다. 러시아는 우크라이나에 직접적인 영향력을 행사할 수 있는 다양한 정치적·경제적·군사적 압력 수단을 보유하여 신생국 우크라이나의 강력한 외부적 위협이 되었다. 역사적으로 민족국가를 형성해본 경험이 없는 우크라이나의 경우, 주권 확립과 안전보장에 관련된 문제들이 시급한 국정과제였으며 군사안보 분야에서의 취약성을 보완할 목적으로 NATO와의 협력관계 구축 및 회원가입을 위한 다양한 정책적 노력을 기울여왔다. 이러한 우

---

7 소수민족 중 러시아인, 폴란드인, 불가리아인이 대표적 인종이다.

8 1932년부터 1933년까지 소련의 자치공화국인 우크라이나 소비에트 사회주의 공화국에서 발생한 대기근으로 700만 여명 사이 사망자가 발생한 것으로 추정. 우크라이나어로 '아사(餓死)'라는 뜻이다.

크라이나의 친서방 안보정책은 본질상 서방국가들로부터 국가 발전을 위한 정치적·경제적·안보적 지원 확보와 러시아의 영향력 축소라는 두 가지 핵심적인 정책 목표를 달성하기 위한 전략적 차원에서 추진되었다.

우크라이나 정부는 안보 확립을 위한 새로운 전략적 방안을 모색했으며, 중동부 유럽국가들의 선례를 추종하여 서방국가들과의 관계개선 작업에 착수했다. 따라서 우크라이나 정부는 NATO의 역할 확대론을 수용하고 있는데, 이는 흑해지역 및 동유럽 안보질서의 불안정성이 증대되고 있는 상황에서 NATO의 역할 확대론이 공감대를 얻고 있기 때문이다.

현재 발트해 국가들과 폴란드는 중동부 유럽 지역의 안보 확립을 위해 신속한 미사일방어체계(MD) 구축을 희망하고 있고, 또한 일부 유럽국가들도 군사력 확장의 필요성을 재인식하고 있다. 유럽의 대러시아 정책에 있어서 오랜 기간 중립주의를 표방해왔던 스웨덴과 핀란드도 최근 들어 러시아를 자국의 잠재적 안보위협으로 인식하기 시작했으며, NATO와의 안보협력을 강화해나가길 희망하고 있다.

이와 발을 맞추어 미국도 유럽 미사일방어의 단계적 접근전략(EPAA, European Phased Adaptive approach)[9]을 추진하고 있다. 이란의 핵미사일 개발에 대한 대응으로 미국과 유럽의 동맹국을 방어하기 위해서는 유럽에 미사일 방어망을 구축해야 할 필요성을 인식하고, 폴란드에 탄도탄요격미사일인 SM-3 요격체제를 배치했다. 또한, 레이더는 동유럽에, 통제시스템은 서유럽에 구축하여 연동 중에 있다. 러시아와 이란 등의 중·단거리 탄도미사일 공격에 대응하기 위해 2023년부터 미국의 육상배치 이지스 요격체계 '이지스 어쇼어'가 유럽에 배치되어 운용되고 있는 것이다.

우크라이나 정부는 우선적으로 유럽연합 참여를 국정의 최우선 목표로 제

---

9 유럽을 중거리 탄도미사일(MRBM), 단거리 탄도미사일(SRBM), 순항미사일(Cruise Missile)의 공격으로부터 보호하기 위한 미사일 방어체계로 미국, 캐나다, 유럽연합(EU) 회원국 등이 참여하고 있으며, 2011년부터 3단계로 구분하여 단계적으로 구축되고 있다.

시하면서 NATO와 EU 가입 문제에 대해 정책적 노력을 기울여왔다. 이러한 우크라이나의 외교정책 결정은 러시아 요인이 매우 중요하게 작용하고 있다. 우크라이나는 독립 이후 주권 확보와 안전보장, 영토 및 국경 문제, 에너지 수급과 가격 조정 등에 있어서 러시아로부터 강력한 대외 정책상의 견제와 도전을 받아왔다. 특히, 최근 푸틴은 러시아 국가전략의 최우선 관심사를 근외지역에 집중하면서, 포스트 소비에트 공간에서 러시아의 영향력 복원 작업을 진행하고 있어 러시아의 우크라이나에 대한 개입정책은 보다 강화되고 있는 실정이다. 푸틴은 독립국가연합(CIS) 회원국들 간 정치적·경제적·군사적 통합 강화 필요성을 강력하게 주장하면서 강대국 러시아 건설을 추진하고 있다.

우크라이나 전쟁은 매킨더(Halford Mackinder)와 스피크먼(Nicholas Spykman)의 심장부 이론과 주변부 이론이 충돌하는 지정학적인 위치인 우크라이나에서 발생했다.[10] 시카고 대학의 미어샤이머(John Mearsheimer) 교수는 우크라이나와 인접한 폴란드가 주변부 국가(Rim Land)와 심장부 국가(Heart Land)를 연결하는 통로라고 보았으며, 이 두 국가를 지정학적으로 가장 불행한 나라라고 언급한 바 있다. 이러한 맥락에서 볼 때, NATO의 동진, 그리고 그 동진을 저지하려는 러시아의 움직임은 심장부와 주변부의 중간지대에 해당되는 한 국가인 우크라이나에서 충돌하고 있고, 이는 강한 러시아를 표방하는 푸틴의 정책 기조와 맞물리며 격화되고 있다.

10 매킨더가 말하는 심장지역은 동유럽, 세계는 아시아, 아프리카를 포함하는데, "동유럽을 지배하는 자가 심장지역을 지배하고, 심장지역을 지배하는 자가 세계를 지배한다"라고 주장한다. 스피크먼은 세계를 지배하기 위해서는 심장부가 아닌 그 주변부를 장악해야 한다고 언급했다. 심장부를 둘러싸고 있는 주변지대, 즉 유라시아 연안지대를 장악해야 함을 주장했다.

2절 전쟁 배경 및 동·서 진영의 의도

2022년 우크라이나 전쟁은 동·서 신냉전의 결과로서, 이는 러시아와 미국의 정책 및 전략적 의도에 의해서 발발했다. 이를 보다 상세히 분석해보면 다음과 같다.

1. 동·서 신냉전 구도의 형성

1949년에 창설된 NATO는 당시 북미와 서유럽 국가들의 군사연합 기구로 냉전시대 소련과 유럽 내 공산권 국가들에 대항하기 위해 발족했다. 소련 붕괴 이후 유럽 내 공산권 국가들이 무너지고 소련도 러시아로 재탄생하면서 자본주의 국가로 체제를 전환했으나, NATO는 계속 유지되었으며 소련 붕괴 이후에도 줄곧 러시아를 압박하는 군사전략을 취했다.

한편, 1990년대 적극적인 개방과 친서방 정책을 펼치던 러시아의 옐친(Boris Yeltsin) 대통령은 1991년 러시아의 NATO 가입을 희망한다고 발언했고, 1993년 보리스 옐친과 빌 클린턴(Bill Clinton)은 러시아의 NATO 가입을 협상하기도 했으나, 러시아의 NATO 가입은 이루어지지는 않았다.

1993년부터 독일의 구동독 지역에 NATO군이 주둔하고, 폴란드, 체코, 헝가리, 발트 3국을 시작으로 동유럽 국가들이 NATO에 가입하기 시작했다. 1999년 3월(체코, 헝가리, 폴란드)과 2004년 3월(에스토니아, 라트비아, 리투아니아, 슬로바키아, 슬로베니아, 루마니아, 불가리아) 두 차례에 걸쳐 구(舊)동구권 국가들이 NATO에 합류했고, 2009년에는 크로아티아와 알바니아가, 2017년에는 몬테네그로, 2020년에 북마케도니아가 NATO에 가입했다.

현재 유럽에서 도시국가를 제외하고 NATO에 가입하지 않은 나라는 영세중립국인 스위스, 오스트리아, 일반 중립국인 스웨덴, 핀란드, 그리고 중립국이었던 구(舊)유고 출신의 세르비아, 보스니아 헤르체고비나, 아일랜드, 그리고 우크라이나와 몰도바가 있다.

이러한 상황에서 미국은 2008년 부쿠레슈티(Bucharest) NATO 정상회담 당시 조지아와 우크라이나의 NATO 가입이 불필요하게 러시아를 자극하는 결과를 초래할 것이라는 프랑스와 독일의 반대를 무시하고 우크라이나의 NATO 가입을 강행하려 들었다. 프랑스와 독일은 우크라이나를 NATO에 가입시키면 외부 공격을 받을 때 미국, 유럽연합이 같이 연루될 게 분명한데 그에 비해 얻을 수 있는 이익과 안보상 이점이 없다는 부정적 반응을 보였다. 하지만, 미국은 러시아와의 완충지대를 늘리기를 희망하는 폴란드 등 NATO의 동쪽 경계에 있는 국가들에게 손을 들어주었다.

우크라이나는 모스크바로부터 직선거리로 500km에 위치하여 NATO에 가입할 경우 그들의 무기로 모스크바를 직접 위협할 수 있게 되므로 러시아에게도 우크라이나의 NATO 가입은 절대 양보할 수 없는 안보적 사안이었다.

우크라이나의 NATO 가입에 대한 국내 상황도 우호적이지만은 않았다. 우크라이나는 독립 직후부터 NATO에 관심을 보였지만, 친러파와 반러파로 나뉜 우크라이나의 정치 환경과 러시아에 대한 경제 의존도가 높은 특성상 국민들의 절반 이상이 NATO 가입에 반대했다.

친러파인 빅토르 야누코비치가 우크라이나의 대통령이었던 시절에는 NATO 가입 관련 협의가 전부 중단되기도 했다. 2014년 크림반도 위기와 돈바스 전쟁을 계기로 우크라이나 내 친러파의 영향력이 급격히 감소하고 반러 감정이 커지면서 NATO 가입은 재추진되었으며, 이에 러시아는 크게 반발하며 무력을 사용해서라도 우크라이나의 NATO 가입을 막으려 한 것이다.

1997년 NATO와 러시아는 Founding Act[11]를 체결하여 협력적 관계를 약

11 NATO와 그 회원국, 그리고 러시아 연방은 최고 수준의 정치적 약속에 기초하여 유럽-대서양 지역의 지속적이고 포괄적인 평화를 구축하기 위한 협약을 체결. NATO와 러시아는 서로를 적으로 생각하지 않고, 민주주의와 협력적 안보를 추진하는 것에 합의했다.

속했고 9·11 테러 이후에는 테러리즘이 세계 주요 안보 이슈가 되었기 때문에 2002년 로마에서 NATO의 비상설 회의에 참여하기도 했다.

이라크 전쟁이 끝나고 다시 미국의 관심사가 동유럽으로 돌아왔을 때 NATO와 러시아의 갈등이 시작되었다. 특히, 2008년 미국이 우크라이나와 조지아의 NATO 가입을 약속하여 러시아의 반발을 불렀고, 이후 발생한 남오세티야 전쟁에서 NATO가 조지아 편을 들었던 반면, 러시아는 압하지야와 남오세티야를 지원했다. NATO와 러시아 간의 관계는 2008년 코소보가 NATO의 지원으로 세르비아로부터 독립하자 세르비아를 지원하던 러시아의 국익과 대치됨으로써 악화했으며, 2014년 크림반도 위기를 기점으로 급격히 틀어지기 시작했다.

결국, 2022년 러시아가 NATO의 확장을 명분으로 우크라이나를 침공했고, 전쟁 발발 하루 만에 우크라이나 정부가 공식적으로 NATO 가입을 요청했으나, NATO 회원국들은 우크라이나의 NATO 가입에 부정적인 입장을 보였다.

2. 서방(미국, NATO)과 러시아의 의도

미국 등 서방은 러시아가 과거 소련처럼 제국으로 부활하는 상황을 억제하고자 했다. 미국은 유라시아를 안정적으로 관리하고 통제하면서 일극 우위적 패권 질서를 유지하기 위해서 어떻게든 잠재적이고 현실적인 도전세력인 러시아의 부활을 방지하고자 한 것이다. 미국에게 우크라이나는 러시아의 제국적 부활을 억제하는 지정학적 급소이므로 우크라이나를 러시아의 영향권으로부터 분리하여 서방 진영으로 편입하는 것은 전략적으로 중요한 가치가 있었다. 따라서 러시아가 주장하는 우크라이나의 NATO 가입 금지 요구를 수용하는 것은 미국 자신의 안보상 이익을 포기하는 결과를 낳게 됨과 동시에, 북대서양 동맹국들이 유럽안보의 경찰로서 미국에 거는 기대와 신뢰는 저하될 수밖에 없었다.

러시아는 이러한 미국과 서방의 움직임에 대한 반작용으로 군사적인 대비태세와 NATO에 대한 저항을 강화하기 시작했다. 이에 따라서 유럽국가들은 점증하는 러시아의 안보위협에 대비하기 위해 군비 확충에 뛰어들게 되었고, NATO 중심으로 더욱 공고한 관계를 형성하기에 이르렀다. 미국 역시 유럽연합(EU)의 안보 노선 독자화 추진 노력과 미국의 통제력에서 벗어나려는 독일과 프랑스의 동기를 약화하고자 노력했다.

러시아의 우크라이나 침공은 트럼프 정권 시기에 금이 간 북대서양 동맹 네트워크를 자연스럽게 복구하고, 미국의 지도력을 회복하는 계기가 되었다. 미국은 러시아가 가스를 무기화함에 따라 대체 수단으로 유럽에 대한 미국산 액화천연가스(LNG) 수출을 증가시켰다. EU에 대한 통제권 확보, NATO의 결집력 강화, 유럽에서 미국의 지도력 제고, 액화천연가스 수출시장의 확대, 군산복합체의 활로 제공 등 다양한 지정학적이고 지경학적인 이익 확보라는 측면에서 러시아를 공동 위협으로 삼아 유럽에서 일정 수준의 안보적 긴장감을 항구화하는 것이 미국의 전략적 의도였다.

러시아는 자국의 안보이익을 제도적으로 반영하고, 국제사회로부터 법적으로 보장받음으로써 새롭게 국제질서를 재편하고자 했다. 또한, 러시아는 유럽을 넘어 세계 안보체제에서 러시아의 지정학적 지분을 일정 수준 인정받고, 탈냉전 시대의 국제안보 질서를 러시아의 참여하에 새롭게 재편하고자 했다. 아울러 전통적으로 유럽 가스시장의 지배자로서 유럽 및 글로벌 천연가스 시장에 대한 지배력을 놓고 신흥 에너지 패권국인 미국과 지정학적 권력투쟁에서 승리하기를 원했던 것이다. 과거 소련이 국제안보 문제에 대해 행사했던 영향력을 그대로 인정받고, 포스트 소비에트 공간을 러시아의 고유 세력권으로 유지하고자 의도했다. 러시아는 자국의 독점적 세력권을 수호하고, 전통적 영향권을 복구하기 위해 그 어떤 대가라도 감수할 의도가 있었으며, 이는 미국 및 NATO와의 군사적 대결도 불사하겠다는 강한 결의로 나타났다. 러시아의 2008년 조지아 전쟁, 2014년 크림반도 합병, 2015년 시리아 내전 개입, 그리고 2022년 우크라이나 침공 등은 이러한 사실을 신뢰성 있게 뒷받침해준다.

3절 전황 및 경과

우크라이나 전쟁의 전황 및 경과에 대한 기존 연구성과물들은 다양한 시각에 입각해 있다. 하지만 저자는 우크라이나 전쟁을 분석하는 데 있어 손자와 클라우제비츠의 전쟁 관점을 적용하는 것이 보다 타당하다고 판단했다. 이렇게 판단한 이유는 다음과 같다.

손자는 전쟁을 흐르는 물처럼 주변 형세에 따라 시시각각 변하는 것으로 보았다.[12] 우크라이나 전쟁의 흐름도 물이 지형에 따라 그 흐름과 물세를 바꾸듯이 양국 군대의 기세(momentum)가 상호 충돌하여, 전반적인 전쟁 양상이 상호작용하듯, 주고받는 형세가 반복되고 있기 때문이다.

클라우제비츠는 전쟁을 폭력, 기회, 이성의 삼위일체로 보고, 인간의 이성과 기회가 폭력적인 형태로 구현된다고 했다. 또한, 국가 정책의 연속선에서 사회적 상호작용이며, 불확실성, 예측 불가성, 우연성, 그리고 인간의 실수 가능성이 전쟁에 만연되어 있다고 보았다.[13] 우크라이나 전쟁 직전과 직후에는 누구나 러시아의 일방적인 전쟁 양상이 진행될 것으로 예상했다. 하지만, 국제사회의 상호작용으로 인해 전쟁 직전 또는 초기의 예측이 제한된다는 것을 증명하고 있다. 또한, 인간의 실수 가능성으로 인해 우연성과 불확실성이 우크라이나 전쟁에서도 그대로 재현되고 있다고 볼 수 있기 때문이다.

이러한 맥락에서 양국 군대의 기세는 병형상수(兵形象水), 사회적 상호작용, 인간의 실수 가능성 등의 종합판으로 볼 수 있으며, 이를 시간, 공간에서 양국의 전력 투사의 흐름에 따라 구분해보았을 때 우크라이나 전쟁은 총 5단계로 제시해 볼 수 있다.

먼저, 전쟁 초기, 러시아의 침공기로 시작하여, 우크라이나 동남부로 주전장이 전환된 것을 각각 1, 2단계로 구분해 볼 수 있다. 이어서, 서방전력의 지원

12 손무 저, 임근춘 해설, 『한글자씩 따라 해석하는 직역 손자병법』(황금알, 2023), p. 143.

13 U.S. JCS, JP 1 vol. 1, Joint Warfighting (2023), pp. Ⅱ-12~ Ⅱ-13.

을 받은 우크라이나의 1차 공세를 3단계로 정리할 수 있고, 이후, 양국의 교착기 및 2023년도 러시아의 춘계 공세를 4단계로 구분할 수 있다. 또한, 지난 2023년 6월부터 시작된 우크라이나의 2차 공세기를 5단계로 분석할 수 있다.

1. 1단계: 러시아 침공기(2022. 2. 24. ~ 4. 7.)

러시아군은 〈그림 I-1-1〉과 같이 우크라이나 서부지역을 제외한 세 개 축선에서 소위「특별군사작전」을 수행했다. 북부 축선을 주 노력으로 하여 우크라이나 수도 키이우로 집중적으로 공격했으며, 동부 축선은 루한스크, 도네츠크에서 우크라이나군을 고착 견제하고, 하르키우 방향에서 기갑 및 기계화부대를 투입하여 후방을 차단하려고 했다. 남부 축선은 헤르손을 주 노력으로, 자포리자를

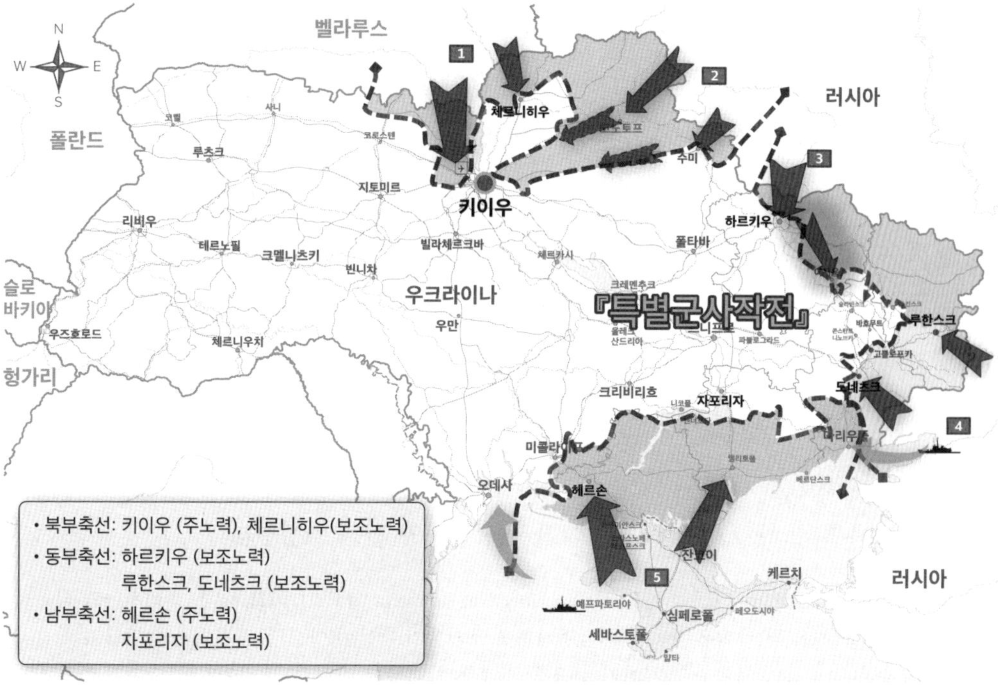

〈그림 I-1-1〉 1단계, 러시아 침공기

보조 노력으로 공격했다.

우크라이군은 수도 키이우를 비롯한 주요 도시 방어를 주 노력으로 하여, 러시아군의 키이우 진출을 차단했다. 3월 말 이후, 북부지역의 하르키우 일대에서 시가전을 지속하면서 4월 초순부터 러시아군을 북부지역으로 밀어냈다.

1단계 러시아 침공기는 한 달 반 만에 러시아의 의도(Intent)와 능력(Capability) 간에 간격(Gap)이 있음을 보여준 시기였다. 즉, 우크라이나 전역을 점령하여 NATO의 동진을 방지하려는 의도와 이를 뒷받침하는 러시아군의 능력 사이의 차이로 인해 러시아군은 동부전선에서 우크라이나군에 의해 격퇴되었다.[14]

2. 2단계: 동남부 지역으로의 주전장 전환기(2022. 4. 8. ~ 8. 28.)

러시아군은 키이우 일대에서 병참 문제가 지속되고, 사상자가 증가하자 북부지역에서 철수하면서, 〈그림 I-1-2〉와 같이 소위 「돈바스 특별군사작전」으로 전환했다. 북부 축선의 러시아군은 키이우, 수미 지역에서 퇴각하고, 동부축선에서 하르키우를 주 노력 #1로, 루한스크, 도네츠크를 주 노력 #2로, 남부축선의 헤르손을 보조 노력 방향으로 공격을 전환했다.

보조 노력인 남부 축선의 러시아군은 드니프르강을 넘어 미콜라이프 및 오데사 방향으로 공격했다. 또한 자포리자 지역을 공격하며 자포리자 원전(ZNPP)을 점령했고, 2022년 5월 말까지 남동부 지역의 마리우폴 전투를 수행했다.

우크라이나군은 5월 중순, 북부지역 수미 일대에서 러시아군을 영토 밖으로 격퇴하면서, 하르키우 일대 방어작전을 위한 여건을 조성했다.

---

14 Nataliya Bugayoba, "Target Russia's Capability, Not Its Intent," ISW (2022), pp. 1~3. 러시아가 키이우 축선을 떠난 이유는 키이우 점령계획을 포기했기 때문이 아니라, 러시아가 쫓겨났기 때문이다. 설득의 결과나 러시아가 목표를 변경했기 때문이 아니라, 러시아가 중단했기 때문이다.

〈그림 I-1-2〉 2단계, 동남부 지역으로의 주전장 전환기

우크라이나군의 아조우 연대는 남동부 마리우폴 전투에서 100일 이상 독립작전을 수행하면서, 러시아군의 돈바스 축선과 남부 축선으로의 전력 전환을 막고 러시아 본토에서 크림반도를 연결하는 지상 병참선을 차단하려고 노력했다.

2단계에서 러시아군은 돈바스 축선에 군사작전을 집중하여, 2022년 8월에 하르키우, 돈바스, 자포리자, 헤르손을 연결하는 전선을 구축할 수 있었다. 반면, 우크라이나군은 현 전선을 유지하면서 공격전력을 비축하는 시간을 벌 수 있었다.

3. 3단계: 우크라이나 1차 공세기(2022. 8. 29. ~ 11. 11.)

2022년 9월 초에 우크라이나 군은 〈그림 I-1-3〉과 같이 북부지역의 하르키우 일대에서 역공격을 수행하여 하르키우주(州)의 절반을 수복하고, 지속적인 공세를 통해 11월 초순에는 남부지역의 헤르손시(市)를 탈환했다.

우크라이나군은 2022년 8월 말, 양공[15]작전으로 남부의 헤르손 일대에 러시아군을 집중시킨 후, 주 노력을 하르키우에 집중하여 1주 만에 하르키우의 결정적 지점인 이지움, 리만 등을 점령했다. 2022년 10월 초순에는 크림반도를 연결하는 케르치 해협 교량을 파괴하여 남부 축선의 러시아군의 병참선을 차단했다.

이에 러시아군은 루한스크, 도네츠크 일대를 급편방어[16]로 전환하고, 러시아 정부는 2022년 9월에 부분동원령을 선포하여 부족한 병력을 보충하기에 이르렀다. 또한, 러시아군이 현 전선에 다중 방어선을 구축함으로써 전선이 교착되는 결과를 낳았다.

러시아는 점령한 네 개 주(루한스크, 도네츠크, 자포리자, 헤르손)에 대해 주민투표를 실시하여 러시아 연방으로 편입하는 행정절차를 진행했으며, 급기야 11월 초순에는 헤르손시(市)를 포기하고 드네프르강 동안으로 철수했다.

3단계는 우크라이나 전쟁의 일대 전환점이 되었다. 즉, 우크라이나의 전투수행능력에 대한 서방을 비롯한 세계 여론의 의구심이 사라졌으며, 오히려 권위주의 국가들이 러시아군의 전투수행능력을 의심하게 만들었다.[17]

---

15 합동참모본부, 『합동·연합작전 군사용어사전』(서울: 합동참모본부, 2022), p. 68. 기만작전의 하나로 실시하는 제한된 목표에 대한 공격작전이다.

16 합동참모본부, 『합동·연합작전 군사용어사전』, p. 63. 통상 적과 접촉 중이거나 긴박하여 편성을 위한 가용시간이 제한될 때 편성되는 방어, 급편방어 시에는 지형의 천연적인 이점을 최대로 이용하여 방어한다는 특징이 있다.

17 Nataliya Bugayoba, "Target Russia's Capability, Not Its Intent." 러시아 관리들은 "러시아는 영원히 헤르손에 있다"라고 선언했지만, 러시아는 헤르손시에서 쫓겨났으며, 중국을 비롯한 권위주의 국가들이 러시아의 우크라이나 전쟁 수행능력을 의심하기 시작했다.

〈그림 I-1-3〉 3단계, 우크라이나 1차 공세기

4. 4단계: 교착기/러시아 재공세기(2022. 11. 12. ~ 2023. 6. 9.)

3단계 우크라이나의 1차 공세 이후, 교착기가 지속되었고, 2023년 2월 초부터는 러시아군이 돈바스와 자포리자 일대에서 재공세를 시도했다.

러시아군은 2023년 1월에 대대적으로 군 지휘부를 개편하고, 국면 전환을 위한 춘계 대공세를 준비했다. 러시아 총참모장인 게라시모프(Valery Gerasimov)를 우크라이나 전구사령관으로 임명하고, 북부지역의 바흐무트 전투에 집중하여, 5월 말에 바흐무트를 점령했다. 남부전선에서는 자포리자 일대를 집중공격했고, 러시아 본토에서 남부축선에 이르는 해상병참선(SLOC)을 확보하려고 노력했다.

우크라이나군은 전선을 유지한 가운데, 2차 공세작전을 위한 내부적인 전

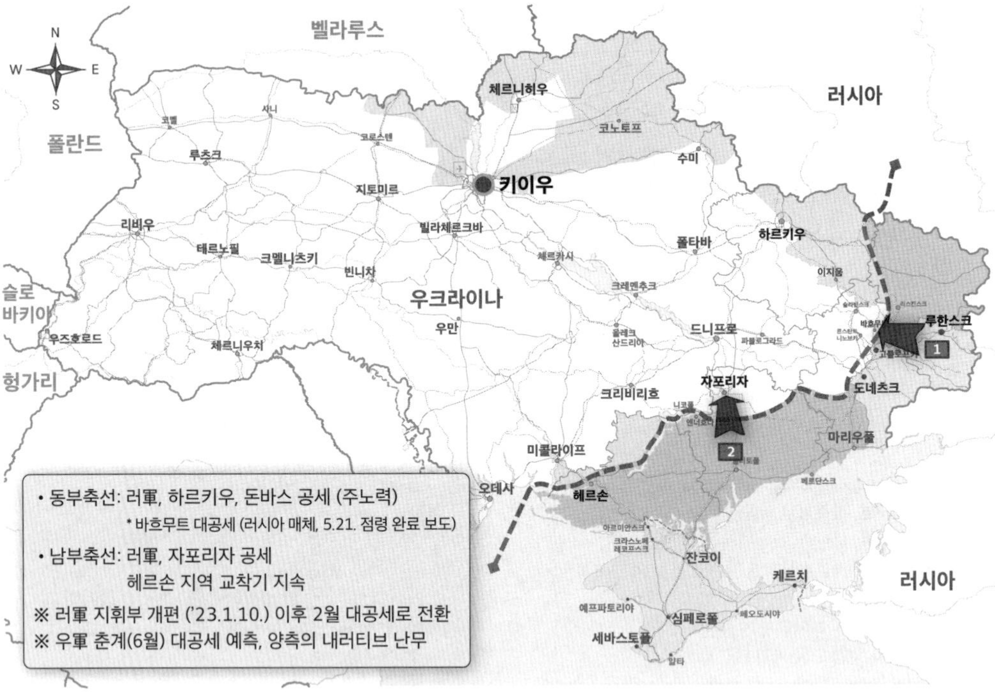

〈그림 I-1-4〉 4단계, 교착기/러시아 재공세기

투수행능력을 점검하는 등 전열을 재정비했다. 〈그림 I-1-4〉는 4단계 전황을 요약 정리한 것이다. 4단계는 지난 1년간의 전면전을 통해 양국의 전쟁지속능력이 고갈되고, 일부 서방의 전력지원이 지연됨에 따라 러시아군이 재공세의 기회를 포착했던 단계였다.

그러나, 러시아군의 승리는 바흐무트에서의 전술적 승리를 위해 전략적 성공을 포기한 대표적인 피로스의 승리였다.[18] 바흐무트 전투는 이후, 우크라이나가 전 전선에서 2차 공세를 하는 결정적인 계기가 되었다. 2023년 5월 이후에는 우크라이나군의 대공세에 대한 내러티브가 난무한 가운데, 전쟁 이후를 대비하

18 Christopher Solomon, "The Kremlin's Pyrrhic Victory in Bakhmut: A Retrospective on the Battle for Bakhmut," ISW (24 May, 2023). 바흐무트 전투는 러시아의 자전기획 및 수행에 있어 몇 가지 주요한 결함을 드러냈음. 즉, 러시아군 사령부는 인력과 자원을 희생시키면서, 잘못된 정보를 바탕으로 정치적 목표를 추구하고 있다. 우크라이나는 이제 거의 모든 전선에서 전쟁의 주도권을 가지고 있다. 피로스의 승리란 '이득이 없는 무의미한 승리를 이룬 경우'를 말한다.

는 세계 여론의 관심이 증폭되었다.

5. 5단계: 우크라이나 2차 공세기(2023. 6. 10. ~ 11. 11.)

러시아가 바흐무트에서 피로스적 승리를 거두었으나, 이는 우크라이나가 2차 공세로 전환하게 된 계기가 되었다. 〈그림 I-1-5〉에서 보는 바와 같이 우크라이나군은 2023년 6월 초순에 하르키우, 자포리자 일대에서 역공격을 시도했고, 초기 일부 전선의 전술적 패배에도 불구하고, 러시아군의 전력을 소진시키는 전략으로 전환하면서 지속적으로 전장의 주도권을 장악하려고 했다. 지역의 바흐무트에서는 역포위를 지속함으로써, 러시아군의 전력을 소진시켰으며, 크림반도 일대의 지·해상 병참선을 차단하기 위한 교량 파괴를 지속했다.

〈그림 I-1-5〉 5단계, 우크라이나 2차 공세기

러시아군은 우크라이나의 2차 공세에 대응하여 북부지역에서 전술적 역공격을 시도하고 있으며, 카호프카 댐 파괴를 통해 남부지역에서 우크라이나의 공격을 차단하기 위해 노력했다.

한편, 2023년 6월, 러시아군의 민간군사기업(PMC) 중 하나인 바그너 그룹의 무장반란은 러시아군 지휘부에 균열이 발생하고, 푸틴의 지도력에 손상을 입히는 결과를 낳았다.[19]

우크라이나 2차 공세 초기에는 세계 여론이 우크라이나에 대한 지속 지원을 약속하는 노골적인 움직임[20]이 있었지만, 우크라이나의 2차 공세의 결과가 가시적으로 나타나지 않고, 2023년 10월 이후 이스라엘-하마스 분쟁이 시작되면서 서방의 지원이 한풀 잦아드는 형세를 보였다.[21]

---

19 한상근, "프리고진의 무장반란을 통해 본 서방의 인지전 수행", 『월간 국방대』 66호, 2023, pp. 4~5. 프리고진(Yevgeny Prigozhin)이 무장반란 이후 사망(암살로 추정)하기까지의 2개월 동안 프리고진 계열의 수로비킨 우주군사령관이 숙청당하는 등 푸틴의 정치적 지도력에 타격을 주는 결과를 초래했다.

20 2023년 7월 12일, 에스토니아 빌뉴스에서 개최된 NATO 정상회담에서 G7이 우크라이나 지원을 약속했다. 2023년 7월 18일, 대한민국 대통령도 '우크라이나 평화 이니셔티브'를 제안하면서, 종전 이후 우크라이나 재건을 약속했다. (『YTN』, 2023.8.20.)

21 미 의회에서 우크라이나 지원 철회 입장, 라트비아의 우크라이나 지원 결의 제한 등. (『YTN』, 2023.11.11.)

2장
군사전략

1절 군사전략 연구 접근방법

1. 문제의 제기 및 연구목적

구소련이 붕괴하고 탈냉전 이후 미국은 세계의 안보 질서를 주도해왔다. 이러한 미국 주도의 안보체제에 만족하지 않고 현상타파를 시도하고 있는 대표적인 국가가 중국과 러시아다. 이번 러시아의 우크라이나에 대한 무력 침공은 유럽에서의 국제질서 재편을 의미한다고 볼 수 있다. 이 전쟁의 결과가 세계의 안보환경 변화에 미치는 파장이 적지 않을 것이기 때문이다.

한반도 안보와 미래전 전망 측면에서 우크라이나 전쟁이 우리에게 시사하는 바가 크다. 이 전쟁에서 표출되고 있는 전쟁 양상의 변화와 국제사회의 대응, 군사력 운용 및 무기체계 변화 등은 미래전을 예측하고 대비하는 데 필요한 정책 및 전략적 지표를 제공할 수 있기 때문이다.

첫째, 전쟁 양상의 변화는 과학기술의 발달에 기인하는 바가 크다. 무기의 사거리 및 정밀도 증대, 지능형 로봇과 무인기 등이 게임체인저 역할을 하고 있다. 전장 공간이 지상·해양·공중 영역에서 우주·사이버·전자기 스펙트럼 영역까지 확장되었다. 새롭게 확장된 영역에서의 군사적 우세 추구가 전쟁 양상의 변화를 선도하고 있다. 전 영역에서의 군사력을 통합적으로 운용할 수 있는 능력이 전쟁 승리의 관건이기 때문이다. 군사력이 약한 우크라이나가 드론 등 값싼 무기들을 활용하여 러시아의 전차나 함대를 격파하는 사례가 이를 잘 설명해준다.

둘째, 현대전에서는 인명과 인권을 중요시한다. 고도화된 국제적 언론매체와 사회관계망서비스(SNS)는 세상 사람들에게 전투 현장을 실시간으로 중계할 수 있다. 그러다 보니 대량의 물리적 파괴와 인명 살상을 초래하는 군사작전은 국내외 여론의 비난을 초래하여 국제적 고립의 원인이 될 수 있다. 푸틴의 민간용병 그룹이 우크라이나 주요 도시에서 보여준 학살과 인권유린 만행이 푸틴을 국제적 전쟁범죄자로 낙인찍은 원인이 되었다. 군사력 운용에서 비살상 수단의 중요성이 중요한 이유이기도 하다.[1] 비살상 수단을 활용한다면, 전시뿐만 아니라 평시에도 상대국 국민에게 갈등과 분열을 조장하고, 국가지도자에게 건전한 결심을 하지 못하도록 방해할 수 있다. 전시와 평시, 군사와 비군사 활동 등에서 영역의 구분이 모호한 중간지대를 회색지대라고 규정한다. 회색지대에서 상황이 발생한다면 위협의 주체와 원인이 불분명하고, 전투원과 비전투원의 구분이 어렵다. 회색지대 위협 유형에는 역정보, 정치·경제적 강압, 준군사조직이나 비국가행위자를 지원하는 대리전 수행부대 등이 있다. 이러한 위협에 대한 직접적인 군사력 운용은 전쟁의 촉발요인이 될 수 있어서 신중한 결심을 요구한다. 따라서 평시부터 위협의 주체와 양상을 구체화하고 적절한 군사력 운용방안과 요구능력을 갖추어나가야 한다.

이 글의 목적은 전쟁의 수준 중 전략적 관점에서 전쟁 당사국과 관련국에 대한 군사전략을 분석하여 한반도 안보와 미래전에 주는 함의를 도출하는 데 있다. 전쟁 분석에서 도출된 교훈은 한반도 안보를 위한 국방기획 및 합동기획에 있어서 미래 예측을 위한 전략지표를 선정할 수 있게 해준다. 제한된 국방 제원을 고려할 때 미래전에 대한 군사력 운용과 건설에 대한 정확한 지침은 국력의 손실 없이 효과적으로 국가안보 목표를 달성할 수 있는 최선의 방안을 마련하는 데 밑거름이 될 것이다.

전략가들은 국방목표를 달성하기 위해 전략환경을 평가하고 군사전략을 수립하며, 이를 구현하기 위해 군사력 건설 소요를 결정하고 군사력을 운용한다. 군사전략은 국가안보 목표를 달성하기 위한 국가의 중요한 기밀문서로 타국에 공개되지 않는다. 그렇지만 군사작전 수행 경과를 분석하면 역으로 군사전략의 수립과정을 추정해 볼 수 있다. 군사 교리상으로 정립된 전략기획체계가 있기 때문이다. 이 틀에 근거하여 전장 상황을 관찰하고 전략적 사고를 통해 군사전략을 분석해보고자 한다.

---

1 합동참모본부, 『합동교범 0, 군사기본교리』(서울: 합동참모본부, 2022), p. 1-9.

2. 이론적 배경 및 분석의 틀

1) 전쟁과 군사력의 운용

전쟁은 본질적으로 국가정책을 시행하는 하나의 수단이며 정치적 목적을 갖는다.[2] 정치적 목적을 달성하기 위해 국가는 비군사적 수단을 우선 고려하지만, 국가적 문제가 해결되지 않을 때는 군사력 사용을 결정하게 된다. 군사력은 국가의 안전보장을 위한 직접적이며 실질적인 국력의 요소로서 군사작전을 수행할 수 있는 능력과 역량이기 때문이다.[3] 군사력의 핵심 역할은 전쟁을 억제하고, 억제 실패 시 전쟁에서 승리하며, 유리한 조건에서 상황을 종결짓는 것이다.

군사력의 사용은 군사작전의 형태로 나타난다. 군사작전은 평화 시기부터 전쟁 시기에 이르기까지 작전의 목적과 군사력 운용 규모, 분쟁의 강도에 따라 수많은 형태의 작전 및 활동들로 이루어진다. 적대적 국가 간의 군사력 사용은 '분쟁의 연속체'[4]로 기술되고 있다. 분쟁의 연속체에서 최고 수준의 군사력 사용을 전쟁이라고 설명한다. 전쟁은 국가정책 수단의 하나로서 정치적 목적을 달성하기 위해 자국의 의지를 상대방에게 강요하기 위한 조직적인 폭력행위 또는 지속적인 대규모 전투를 의미한다.

전쟁은 국가안보 목표를 달성하기 위한 수많은 군사 활동으로 구성된다. 군사교리에서는 군사적 역할과 활동을 고려하여 전략·작전·전술적 활동으로 구분하고 이를 전쟁의 수준이라고 정의한다.[5] 전쟁의 수준을 구분하는 목적은 국가통수권자로부터 최전선의 부대에 이르기까지 각자의 역할과 활동이 연계

2 합동참모본부, 『합동교범 0, 군사기본교리』, p. 1-1.

3 합동참모본부, 『합동교범 0, 군사기본교리』, p. 1-14.

4 분쟁의 연속체는 평시부터 전쟁에 이르기까지 군사작전의 범위를 나타내는 표현이다. 군사협력 및 정부정책 지원, 억제 및 위기 대응, 대규모 전투작전까지 군사작전은 명확히 구분되기보다 중첩되고 연계되어 사용된다는 의미다.

5 합동참모본부, 『합동교범 0, 군사기본교리』, pp. 1-28~1-31.

될 수 있도록 과업을 부여하고 자원을 할당함으로써 효율적이고 성공적인 작전을 수행하기 위해서다. 즉 전쟁의 수준별 역할과 활동을 연계시켜 전술적 성과가 전략적 성과로 이어지게 함으로써 국가안보 목표를 달성하는 데 노력의 통합을 달성하고자 함이다.

국가의 정치 지도자는 적의 전쟁 도발 또는 도발 징후가 명백할 경우 국가안전보장회의, 국방유관기관협조회의 등 다양한 회의체를 통해 전쟁을 결심한다. 전쟁 수행의 중점은 초전에 주도권을 확보하여 최단 시간 내에 최소의 피해로 전쟁의 목적을 달성하는 데 있다. 이를 위한 군사교리는 지상·해양·공중·우주 영역 및 사이버 공간 등 전 영역에서 효율적인 합동작전이 수행될 수 있도록 군사력을 운용해야 함을 강조하고 있다.

군사적으로 종결 조건이 달성되면, 전쟁의 종결 여부를 검토한다. 군사작전을 성공한 이후에도 적대세력의 규합이나 테러, 주민들에 의한 폭동 등의 적대행위가 계속될 수 있고 주변국들이 간섭하여 추가적인 분쟁으로 이어질 가능성도 있다. 따라서 군사작전 성공 이후에 치안 질서 유지, 정부기능 회복 등의 충족 여부를 고려하여 신중하게 그 시기를 결정해야 한다. 전쟁을 종결하는 방법에는 강요에 의한 방법과 협상에 의한 방법이 있다. 강요에 의한 방법은 적의 군사력을 파괴함으로써 전투 의지를 약화해 전쟁을 포기하게 만드는 것이다. 협상에 의한 방법은 모든 국력 요소를 통합적으로 운용하여 적을 압박함으로써 적이 저항을 포기하도록하는 방법이다. 협상에 의한 전쟁 종결 시에도 군사력은 중요한 요소다. 협상력을 강화하기 위한 수단으로서 군사력을 활용하기 때문이다.

국방기획가들은 국가안보 목표와 전쟁목적을 설정하고 전쟁 수행개념을 구상하며, 정부 각 부처와 기관에 필요한 과업을 결정한다. 과업의 결정은 정부 각 부처와 기관의 노력을 통합하고, 동맹국 및 우방국과 긴밀한 협조체제를 구축하며 모든 국력 요소가 적시 적절하게 통합 운용되도록 보장하는 역할과 관련이 있다. 특히 군사전략은 전략환경을 평가하여 안보위협을 도출하고, 국방목표를 달성하기 위한 전략목표를 설정하며, 전략개념을 구상함으로써 군사력 건설 소요와 군사력 운용에 대한 지침을 하달하는 핵심적인 역할을 한다.

작전적 수준의 군사 활동은 전역 또는 주요 작전 수행과 관련이 있다. 전역은 군사전략 목표 또는 작전목표 달성을 위해 수행하는 일련의 연관된 주요 작전을 의미한다. 작전계획을 수립할 때는 군사전략 목표 달성에 기여할 수 있도록 작전목표를 선정하고, 일련의 전술적 활동을 조직하고 배열함으로써 전략적 수준의 활동과 연계되도록 하는 게 중요하다. 이것은 정부 부처 및 기관과 협조체제를 유지하여 군사와 비군사 요소가 통합된 작전이 수행되도록 하는 활동이 핵심이기 때문이다.

전술적 수준의 활동은 제대별로 작전목표 달성을 위해 전투, 교전 또는 소부대 활동을 계획하고 수행하는 것과 관련된다. 전술적 수준에서는 아군과 적의 상황에 따라 전투력을 배치하고 기동하는 것에 중점을 둔다. 교전은 소규모 부대 간에 이루어지는 적대행위로 비교적 단기간에 수행된다. 전투는 일련의 교전으로 구성되는데 교전보다 장기간에 걸쳐 큰 부대 간에 수행되며 통상 전역이나 주요 작전에 영향을 미친다. 지휘관은 전역이나 주요 작전에 이바지할 수 있도록 교전과 전투를 상호 연계성 있게 조직해야 한다.

국가는 국민의 생존과 번영을 위해 국방목표를 수립하고 이를 달성하기 위한 군사전략을 수립한다. 군사전략 수립은 합동전략 기획이라는 일련의 절차를 통해 이루어진다.[6] 합동전략 기획은 국방목표를 달성하기 위한 군사전략 목표, 개념, 수단을 설정하며, 전략·작전적 수준의 부대에 과업과 함께 확정된 군사자원을 할당한다. 또한, 작전지침을 하달함으로써 전쟁 수행을 위한 전역계획 수립과 군사작전 시행의 기반을 제공한다. 합동전략 기획은 전쟁 수행을 위한 군사력 운용과 군사력 건설을 규정짓는 과정이라고 할 수 있겠다.

이러한 맥락에서 우크라이나 전쟁 분석은 합동전략 기획 절차에 의한 사고 과정을 통해 전쟁의 기획, 준비, 실시과정을 추론해보는 것이다. 군사력 운용은 작전기획지침에 의해 계획의 유효화, 조정 시행, 새로운 방책 수립 등으로 결

6 합동참모본부, 『합동교범 0, 군사기본교리』, p. 3-1.

정되기 때문이다. 각국이 수행하고 있는 군사작전을 분석해보면, 전쟁의 정치적 목적, 군사전략 목표, 개념, 수단 등을 귀납적으로 추정할 수 있다.

2) 분석의 틀

합동전략 기획은 미래의 불확실한 상황에 대비하고, 국방목표 달성을 추구하며, 군사력 건설과 운용을 위한 기본방향을 제시하는 역할을 한다. 주요 내용은 군 통수권자인 정치 지도자의 결심이 필요하다. 미래의 불확실한 전략환경을 평가하고 위협을 분석하며 미래전 양상을 전망한 후 국방목표를 달성하기 위한 군사전략 목표 및 군사전략 개념, 군사력 건설과 운용 방향을 제시하는 군의 핵심 기획이기 때문이다.

우크라이나 전쟁에 대한 정확한 원인과 결과는 양국의 국가 기밀문서가 공개되기 전까지는 확인할 수 없다. 국가 기밀문서가 공개될지도 의문이다. 그렇다고 발발한 전쟁에 관한 연구가 무의미한 것은 아니다. 전쟁 경험을 통해 축적된 군사교리를 활용한다면, 군사작전의 경과를 관찰함으로써 의도와 능력을 파악할 수 있고, 드러난 개별적 사실들을 중심으로 귀납적 분석이 가능하기 때문이다. 개별적 사실에 근거하여 귀납적 분석을 통해 전쟁의 기획과 군사력 운용에 대한 윤곽을 추정해 볼 수 있다. 이렇게 하는 이유는 전략적 수준에서 러시아와 우크라이나의 군사전략을 분석해봄으로써 한반도 안보와 미래전에 주는 함의를 도출하기 위함이다.

각국의 군사전략을 파악하기 위해서는 군사교리인 합동전략 기획 절차를 적용하여 귀납적 추론이 필요하다. 〈그림 I-2-1〉에서 보는 바와 같이 합동전략 기획 절차의 5단계를 적용하여 분석의 틀을 구상할 수 있다.[7] 1단계 전략환경평가, 2단계 군사전략 목표 설정, 군사전략 개념 구상, 3단계 군사력 건설 방향 제시, 4단계 군사력 건설 소요 판단·제기·조정·결정, 5단계 작전기획지침 수립 순

7 합동참모본부, 『합동교범 5-0, 합동기획』(서울: 합동참모본부, 2018), p. 2-7.

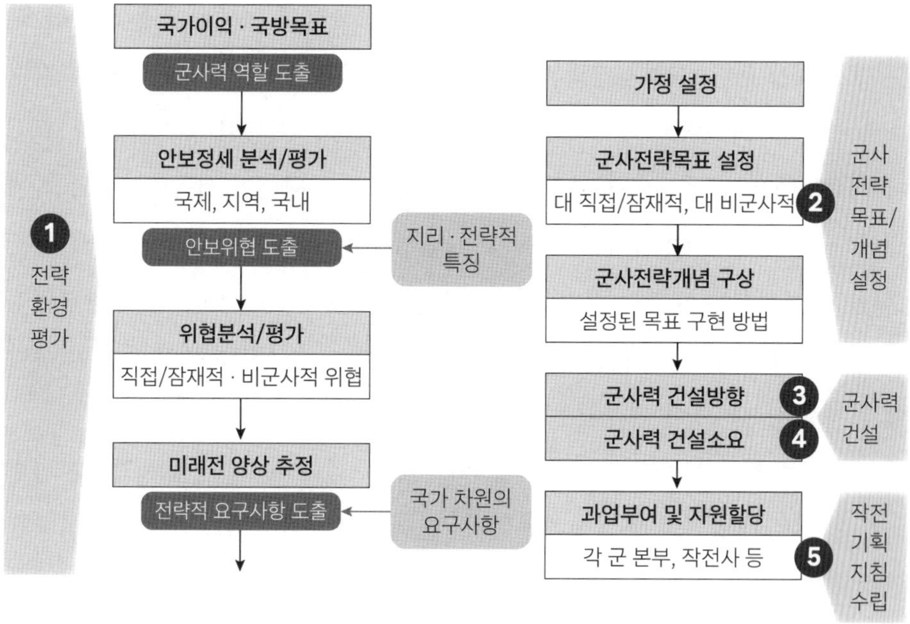

〈그림 I-2-1〉 분석의 틀: 군사전략의 귀납적 추론

* 출처: 합동교범 5-0, 『합동기획』(서울: 합참, 2018), pp. 2-1~2-19. 교리 내용을 기초로 도식화함.

이다. 단계별 체계·통합적 사고는 사회현상으로서 전쟁을 이해하는 데 논리성과 일관성을 유지하게 해준다. 그 내용을 구체적으로 살펴보면 다음과 같다.

① 전략기획가는 전략환경평가를 통해 국가이익 또는 국방목표를 저해하는 안보위협을 도출하며, 이러한 위협이 군사적 충돌로 발전한다면 어떤 미래전 양상이 될 것인지를 전망한다. 미래전의 양상은 무기체계의 발전, 군사전략·작전술·전술의 변화를 고려하여 전 세계적 발전추세를 반영해야 한다. 미래전 양상을 전망한 후에 전략적 요구사항을 도출한다. 국가 차원의 요구사항은 안보위협이 장차 현실화할 때 군사적 대응을 통해 해결할 수 있는 군사력 역할과 요구능력을 의미한다.

전략환경평가는 복합체계 분석법[8]을 사용한다. 자국의 안보에 영향을 미

8 복합체계(PMESII, Political, Military, Economic, Social, Information, Infrastructure) 분석은 위협 대상국을 평가할 때 정치·군사·경제·사회·정보·기반시설의 복합체로 구성되었다고 간주하고 이

치는 군사적 및 비군사적 위협 요소와 형태를 도출하여 군사적 대응 방안을 찾는 데 초점을 둔다. 전략환경평가의 기준은 국가이익과 국방목표를 판단의 기준으로 삼는다. 군사력은 국가의 생존과 번영을 보장하기 위한 국력의 주요 요소이기 때문이다. 전쟁은 군사력 운용의 최종단계이기 때문에 전략환경평가를 통해서 러시아-우크라이나가 전쟁을 왜 결심했고, 무엇을 추구하는지 분석해 볼 수 있다. 여기서는 각국의 국가이익과 위협 인식을 변수로 하여, '전략환경평가 결과 국가이익이나 국방목표를 달성하기 위해서는 군사력 운용이 필요할 수밖에 없어서 전쟁이 발발했다'라는 결론을 도출할 것이다.

② 군사전략 목표 설정 및 군사전략 개념 구상이다. 이 단계는 전략환경평가를 기초로 국방목표를 달성하기 위해 군사전략 목표를 설정하고, 이 목표를 완수하기 위한 최선의 군사행동 방안을 구상하는 과정이다. 군사전략 목표는 국방목표를 달성하기 위해 군사능력을 투입하여 달성해야 할 지향점이다. 제반 위협의 양상을 분석하고 안보에 미칠 영향을 고려하여 최적의 요망 상태를 달성할 수 있도록 군사전략 목표를 설정한다. 군사전략 개념은 설정된 군사전략 목표를 달성할 수 있는 군사적 행동방안을 의미한다. 군사적 행동방안을 구상할 때는 군사전략 목표 달성 가능성, 가용능력, 미래전 양상을 고려한다. 여기서는 각국의 전략환경평가를 기초로 군사력 운용 목표와 목표를 달성하기 위한 운용개념이 무엇인지를 분석해본다. 군사전략 목표와 군사전략 개념을 규정할 수 있다면, 러시아와 우크라이나의 전쟁 수행방식을 특정해 볼 수 있다. 이러한 분석은 이 전쟁이 과거의 전쟁과 무엇이 다른지, 어떤 형태의 미래전이 등장하게 될 것인지를 판단하는 데 군사적 혜안을 길러줄 수 있다.

③ 군사력 건설 방향 제시는 군사전략 목표와 군사전략 개념을 구현하기 위해 필요한 군사적 수단을 확보하기 위한 방향을 설정하는 단계다. 군사력 건설 방향을 설정할 때는 군사전략 목표 및 개념을 구현하는 것도 중요하지만 국가자원의 효율적인 사용, 국방재원의 한계성, 무기체계 발전추세 등을 종합적으

를 분석하는 방법이다. 합동참모본부, 『합동교범 5-0, 합동기획』, p. 2-9.

로 고려해야 한다. 여기서는 군사전략 목표와 군사전략 개념을 변수로 하여 이를 달성하기 위한 수단을 어떻게 준비하고 획득하려고 했는지 분석한다. 이러한 분석은 미래전 수행을 위한 군사력 건설 방향을 수립하는 데 시사점을 제공해 줄 것이다.

④ 군사력 건설 소요 결정은 군사력 건설 방향에 따라 구체적인 군사력 건설 소요를 판단하여 제기하고, 이를 조정하여 결정하는 단계다. 군사력 건설 소요를 판단할 때는 미래전 양상, 적대국의 능력과 의도, 국가자원의 배분, 전시 동원능력, 군사동맹 및 협력관계를 종합적으로 고려해야 한다. 여기서는 각국이 전쟁 수행능력을 어떻게 확보하고 유지하려고 하는지에 초점을 두고 분석했다.

⑤ 작전기획지침 수립은 군사전략 개념을 구현하여 군사전략 목표를 달성하고자 목표연도에 구비된 군사능력을 기초로 제반 위협에 대응하기 위한 작전기획지침을 수립하는 단계다. 핵심은 주요 위협별로 과업부여와 자원할당 등을 제시하는 데 있다. 과업부여는 전략목표 및 전략적 최종상태를 달성하기 위해 수행해야 하는 군사적 활동을 위협별로 제시하는 것이다. 자원할당은 전략목표 및 전략적 최종상태를 달성하는 데 필요한 자원 즉, 전력을 할당하는 것으로서 위협별로 가용전력을 제시한다. 작전기획지침은 군사전략 목표를 달성하기 위한 군사력 운용지침으로 합동작전계획 또는 명령을 작성하는 데 기준이 된다. 여기서는 군사전략 목표와 군사전략 개념을 변수로 하여 어떻게 전역을 구상했는지를 분석했다.

합동전략 기획 절차를 통한 귀납적 추론은 우크라이나 전쟁의 배경을 이해할 수 있는 기반 지식을 제공한다. 국가이익을 달성하기 위한 전쟁의 결심과 전쟁 기획, 전쟁의 승리를 위한 군사력 운용과 전쟁 수행방식에 대한 간접경험은 한반도 안보와 미래전을 대비할 수 있는 통찰력을 길러준다. 이러한 통찰력은 휴전상태에 있는 한반도에서 전쟁을 억제하고, 억제 실패 시에는 최소의 희생으로 최대의 성과를 달성할 수 있는 전략적인 혜안을 갖게 한다.

2절 러시아의 군사전략

러시아의 군사전략을 분석하는 것은 군사 강대국인 러시아가 왜 우크라이나를 무력으로 침공할 수밖에 없었는가를 밝혀보는 과정이 된다. 러시아가 전쟁을 결정하고 군사력을 운용하는 큰 틀을 확인해봄으로써, 동북아에서의 중국의 의도와 능력을 파악할 수 있는 기본지식을 얻을 수 있다.

전략 수립의 핵심은 전략 상황에 도움이 되고, 요망하는 최종상태를 달성하는 목표(Ends)-개념(Ways)-수단(Means)-위험(Risks)/비용(Costs)의 관계를 고안하는 것이다.[9] 효과적인 전략은 다음 질문에 답을 할 수 있어야 한다. 첫째, 요망 목표(Desired Ends)는 무엇인가? 둘째, 요망 목표를 어떻게 달성(Ways)할 것인가? 셋째, 그 수단(Means)은 무엇인가? 넷째, 그 전략과 연계된 위험(Risks)과 비용(Costs)은 무엇인가? 비용은 전략목표를 달성하는 데 필요한 자원과 기타 자산을 의미하고, 위험은 전략이 잘못된 방향으로 나아갈 수 있게 만드는 요소를 지칭한다. 이러한 질문에 답을 구하는 과정에서 전쟁의 정치적 목적과 군사전략 목표, 개념을 설정하고 국가자원을 배분하는 논리가 설정된다.

러시아의 군사전략도 다른 국가들의 군사전략처럼 국가목표와 이익을 달성하기 위한 수단으로서 러시아의 역사와 문화, 지정학적 환경, 국내외 정치·경제적 상황 등을 반영해야 한다.[10] 국가이익과 정책은 전략환경평가에 따라 변화할 수밖에 없으므로 새로운 전략의 수립이나 기존 전략의 수정은 불가피해진다. 전략의 성공 여부는 군사전략 목표 달성을 통해 요망하는 정치 목적을 수용할 수 있는 비용으로 달성했는가에 달려 있다.

9 합동군사대학교 역, 미 Joint Doctrine Note 1-18 『전략』(Strategy), p. 7.

10 한용섭 외, 『미·일·중·러·북한의 군사전략』(논산: 국방대학교, 2019), pp. 174~190.

1. 전략환경평가

푸틴 집권 이후 러시아는 2014년 돈바스 전쟁과 2015년 시리아 내전 개입을 중심으로 탈냉전 이후 국제사회의 주요 행위자로 다시 주목받게 되었다. 기존의 러시아는 2004년 체첸 테러 대응이나 2008년 조지아 전쟁 등으로 유라시아권의 지역 강국 정도로 인식되었다. 미국의 일방적 주도로 이루어진 기존 NATO 회원국 확장이나 이라크 전쟁, 미사일방어체계의 확장 등에 반대 의사를 표명하던 수동적인 국제 행위자였던 러시아가 주변국에 영향력을 행사하고 주요 국제질서를 수립하는 데 적극적으로 개입하던 냉전기 시절 강대국 러시아의 모습을 추구하기 시작했기 때문이다. 많은 학자와 전문가, 언론인들이 새로운 국제질서의 변화를 '신냉전(The New Cold War)' 체제 형성 가능성으로 전망했다.[11]

군사 강국인 러시아가 우크라이나를 무력 침공하기 위해 어떤 판단을 했는가를 분석해보기 위해 전략기획 절차의 사고 과정을 따라가보자. 전략환경평가의 중점은 국가이익을 추구하는 데 지장을 초래하거나 방해할 수 있는 위협을 규정하고 대비 방향을 제시하는 데 있다.

러시아는 세계 최대의 면적을 보유한 국가로 주변국들에 많은 영향력을 끼쳐왔던 패권국이었다. 유라시아라는 표현처럼 유럽과 아시아에 걸친 광활한 영토는 제국으로서의 위상을 뒷받침했다. 광대한 영토는 러시아에 많은 자원을 확보하게 해주는 좋은 여건을 제공하는 동시에 언제 어디서든 외부 세력의 침공에 취약할 수 있다는 단점을 제공하기도 한다. 유럽 대평원이라 불리는 동유럽부터 러시아 서부지역은 험악한 산지가 없는 광대한 대평원이기 때문에 외부의 침략에 노출될 수밖에 없었다. 1258년 몽골 기마군의 유라시아 제패, 1605년 폴란드

11 Edward Lucas, *The New Cold War: Putin's Russia and the Threat to the West* (London: Palgrave Macmillan, 2008); Agnia Grigas, *Beyond Crimea: The New Russian Empire* (New Haven and London: Yale University Press, 2016).

군, 1707년 스웨덴군, 1812년 나폴레옹의 프랑스 군대, 1914년과 1941년 독일군에 의한 두 번의 세계대전까지 대평원을 통한 침략은 끊이지 않았다. 또한, 영토 대부분이 특정 지역의 항구를 제외하고 해양국가의 성격보다는 대륙 국가의 성격을 지니고 있어서 외부로 진출하기 위해 부동항(Ice Free Port)의 확보는 전략적 요구사항 중의 하나였다. 러시아가 경제적 불이익을 감수하고 2014년 크림반도를 합병한 것도 대서양 진출의 교두보를 확보하기 위한 러시아의 열망을 보여주는 것이라고 해석하기도 한다.[12]

지정학자들은 유라시아 대륙을 강대국 패권을 결정하는 핵심 요충지로 정의하면서 21세기에도 유라시아 대륙에 대한 영향력을 유지하는 국가가 패권국의 지위를 유지할 것으로 전망했다.[13] 러시아는 이런 점에서 앞으로도 끊임없이 주변 강대국 및 강소국들과 세력 균형 및 경쟁 구도에 노출될 수밖에 없다.

김영준 교수는 러시아인들에게는 패권 국가로서의 자부심과 우월감이 존재하는 동시에 오랜 역사를 통해 외세의 침략에 피해를 받아왔다는 희생자 의식(Community Feeling of Victimization)이 존재한다고 주장한다.[14] 패권 국가로서의 자부심과 우월감은 냉전시대 소련 제국이 누렸던 공격적 팽창주의 방식의 강대국 지위에서 유래한다. 희생자 의식은 역사적으로 많은 침략에 대한 두려움(Fear), 안보에 대한 불안감(Insecurity), 외세 침략으로 인한 모욕감(Humiliation), 그러한 역사적 경험들로 인한 후유증(Complex, Trauma)을 의미한다. 제1·2차 세계대전 시 독일군에 의해 자행되었던 슬라브 인종 말살 전략은 점령된 소련지역의 주민 학살과 강간, 모든 가옥과 산업시설에 대한 방화와 파괴로 이어졌다. 러시아는 이러한 안보취약성을 극복하기 위해 강력한 지도자와 강한 국

12 한용섭 외, 『미·일·중·러·북한의 군사전략』, p. 184.

13 Zibigniew Brezezinski, The Grand Chessboard: American Primacy and its Geostrategic Imperatives (New York: Basic Books, 1997); Zibigniew Brezezinski, Strategic Vision: America and the Crisis of Global Power (New York: Basic Books, 2012); Tim Marshall, "Russia and the Curse of Geography: Want to understand why Putin does what he does? Look at a map," The Atlantic (31 October, 2015).

14 김영준, "러시아의 군사전략", 『미·일·중·러·북한의 군사전략』(논산: 국방대학교, 2019), p. 174.

가를 원했고 이것이 소련이 인류 최대의 병영국가가 될 수 있었던 이유다.[15]

코헨(Stephen F. Cohen)은 소비에트 연방 해체 이후 미국을 중심으로 한 서방 세계가 러시아의 자본주의 시장경제 체제의 정착에 대한 지원과 협조를 회피함으로써 러시아인들에게 서방에 대한 배신감과 모욕감을 안겨주어 강성대국에 대한 집착으로 회귀하게 했다고 주장한다.[16] 냉전기 이후 푸틴이 미국 등 서방에 대해 강경한 안보전략을 추진하게 만든 것은 서방의 실패한 대러시아 정책의 결과이므로 미국에 책임이 있다는 지적이다.

푸틴 집권 초기 러시아의 경제는 매우 어려운 상황이었다. 러시아인들은 극도의 경기침체와 대량실업 속에서 공산주의 시대에 보장되었던 연금 등 복지 혜택마저 줄어드는 어려움을 겪었다. 더욱이 자유시장 경제체제의 도입과 국가 핵심사업의 민영화로 빈부격차가 극심해지면서 사회생활의 불만 요인들은 더욱 증대되었다. 푸틴은 서방과의 우호적인 관계를 유지하며 경제성장에 집중하는 실용주의적인 노선을 견지했다. 그러나 2000년대 후반 부시 행정부의 여러 일방주의적 외교·안보 정책이 추진되면서 러시아 경제는 다시 한 번 위기를 맞이하게 되었다. 러시아는 에너지 자원의 수출을 기반으로 한 경제성장을 추진했는데 기름 가격의 하락과 셰일가스의 등장은 러시아의 경제를 더욱 힘들게 만들었다. 대량 청년 실업과 높은 물가, 일상의 부패와 첨단산업의 부재 등은 장기적인 러시아의 경기침체를 불러오고 있다. 푸틴은 러시아의 강대국 지위를 회복하기 위해 공세적인 외교안보 전략을 고수할 것으로 평가되고 있다.[17]

---

15 David R. Stone, Hammer & Rifle: Militarization of the Soviet Union, 1926-1933 (Lawrence, KS: University Press of Kansas, 2000); Lennart Samuelson and Vitaly Shlykov, Plans for Stalin's War Machine: Tukhachevskii and Military-Economic Planning, 1925-1941 (New York: St. Martin Press, 2000).

16 Stephen F. Cohen, Failed Crusade: America and the Tragedy of Post-Communist Russia (New York and London: Norton & Company, 2001); Stephen F. Cohen, Soviet Fates and Lost Alternatives: From Stalin to the New Cold War (New York: Columbia University Press, 2009); John J. Mearsheimer, "Why the Ukraine Crisis is the West's Fault: The Liberal Delusions that Provoked Putin," Foreign Affairs (September/October, 2014), pp. 1~12.

17 Sergei Guriev and Al eh Tsyvinski, "Challenges Facing the Russian Economy after the Crisis,"

러시아의 대외환경 변화는 주로 미국의 외교안보 정책의 변화에 대응하는 과정으로 나타난다. 푸틴 집권 초기에는 테러와의 전쟁을 선포한 부시 행정부와 적극적인 협력관계를 유지했다. 그러나 미국이 UN의 동의 없이 아프가니스탄에 이어 이라크와 전쟁을 강행함으로써 러시아와 미국의 협력관계는 금이 가기 시작했다. 미국의 유럽지역 미사일방어체계 구축, 탄도탄요격미사일 제한조약(ABM) 탈퇴, 동유럽 국가와 구소련 국가들의 NATO 회원가입 확대 추진 등이 동유럽에서 미국 세력 확장에 대한 러시아의 우려를 급증시켰다. 이러한 우려는 2008년 조지아 전쟁으로 표출되었는데, 미국이 구소련 지역에서 영향력 확대를 지속해서 추진한다면 군사적 대응도 불사하겠다는 강력한 의지를 드러낸 것이다. 조지아 전쟁에서 러시아군에 대한 미국의 군사적 대응은 없었지만, 미국과 러시아의 관계는 점점 더 악화했다. 러시아가 반대한 리비아에 대한 NATO의 공습이 자행되고, 우크라이나 사태와 크림반도 합병 등으로 미국 등 서방 국가들의 러시아에 대한 강력한 경제제재가 이루어지면서 러시아는 중국과 더불어 현 국제질서를 부정하는 수정주의 국가로 자리하게 되었다.

푸틴 행정부는 국내적으로 강한 국가 건설과 러시아의 강대국 위상 회복이라는 국민의 지지를 공고히 하고, 국제적으로는 영향력 있는 강대국의 지위를 회복하기 위해 강군 건설을 목표로 국방개혁을 추진하고 있다.[18] 러시아의 국방개혁은 국가이익의 우선순위에 따라 선정되었다고 볼 수 있다.

러시아의 국가이익에 대해서는 공표된 기록이 없으므로 국내 연구자들의 분석결과를 토대로 특정해 볼 수 있다.[19]

첫째, 강력한 국가 재건과 강대국 지위의 회복이다. 러시아는 세계 2위의

in Anders Aslund, Sergel and Andrew C. Kuchins, eds., Russia After the Global Economic Crisis (Washington D.C.: Peterson Institute for International Economics, 2010), pp. 9~38.

18 한용섭 외, 『미·일·중·리·북한의 군사선략』, p. 205.

19 러시아의 국가이익에 관한 연구는 한용섭 외, 『미·일·중·러·북한의 군사전략』; 고재남·엄구호, 『러시아의 미래와 한반도』(서울: 한국학술정보, 2009); 해군미래혁신연구단, 『러시아 해양전략과 해군』(계룡: 해군미래혁신연구단, 2021) 참조.

군사 강국으로서 세계질서 형성에 더 막대한 영향력을 행사할 수 있는 지위를 회복하고자 한다. 이를 위해 군사혁신 기술을 활용한 군사력의 재건, 국내 정치의 안정과 경제회복, 예방적 선제공격 개념에 기반한 공세적 군사태세 유지 등을 목표로 하고 있다.

둘째, 유라시아지역에 대한 지배력 회복과 다극의 국제체제에서 힘의 균형인 다극 질서의 한 축을 형성하는 것이다. 이를 위해 지역 내 테러 및 분리주의자들의 유입을 차단하고 기존 군사기지의 보존 및 확대 설치를 추진하고 있다.

셋째, 에너지 자원의 주요 수출국으로서 경제적 강대국의 위상을 회복하는 것이다. 이를 위해 자유시장 경제체제를 도입하고 유라시아 경제공동체 형성 및 통합을 강화하도록 노력하고 있다.

넷째, 유라시아주의에 입각한 동질적 사회문화 공간의 창출이다. 러시아의 영향권 내에서 주권 민주주의의 발전을 확산하고 지역 내 러시아인들에 대한 보호와 네트워크를 강화한다.

이러한 맥락에서 러시아의 우크라이나 특별군사작전을 중심으로 그들의 군사전략을 세부적으로 분석해보면 다음과 같다.

1) 국가이익 및 국방목표

러시아가 우크라이나 무력 침공을 결심하는 데 관련된 국가이익은 강력한 국가 재건과 강대국 지위의 회복, 유라시아에 대한 지배력 확보 및 다극 질서의 한 축 형성과 관련이 있다. 다른 국가이익보다 이들에 대한 우선순위를 높게 결정했기 때문에 군사적 수단을 선택할 수 있었다고 생각된다.

러시아의 정치적 목적은 포스트 소비에트 공간에서 지배권 및 영향력을 회복하는 데 있다. 근거는 러시아가 미국 및 NATO에 제안한 안보조약 초안의 내용에서 유추해 볼 수 있다. 러시아가 체결하고자 한 조건은 다음과 같다. 첫째, 미국은 NATO의 동진 중단과 구소련 국가들의 NATO 회원국 신규 가입을 중단할 의무를 지며, 구소련 국가들의 영토에 군사기지를 설립하거나 군사협력을 강화하지 않아야 한다. 둘째, NATO 회원국은 우크라이나와 다른 국가들의 신규 가입을 포함한 NATO의 추가 확장에 관해 중단할 의무를 지며, 우크라이나 영토를 포함하여 동유럽, 중앙아시아 국가에서 군사적 행위를 중단해야 한다.[20]

1990년을 전후한 소련의 붕괴는 소련·동유럽의 집단안보 체제인 바르샤바 조약기구(WTO)를 해체하는 원인이 되었다. 반면 유럽연합(EU)과 NATO는 동유럽 국가들을 새로운 회원국으로 받아들이면서 점점 더 세력을 확장했다. 소련의 해체로 러시아 국력은 급속히 쇠퇴했으며, 옐친 초대 러시아 대통령은 경제 문제 해결을 위해 친서방 정책을 펼침으로써 NATO의 동진을 저지하기 힘들었다. 동독은 서독과 통합되면서 NATO에 편입되었으며, 1999년 체코, 폴란드, 헝가리가, 2004년에는 에스토니아, 라트비아, 리투아니아를 비롯해 슬로바키아, 슬로베니아, 루마니아, 불가리아가 NATO에 가입했다. 2009년에는 알바니아, 크로아티아가, 2017년엔 몬테네그로가, 2020년엔 북마케도니아가 NATO에 가입했다. 구소련권 국가 중 유럽에서 NATO 미가입 국가는 우크라이나, 벨라루시, 몰도바 정도로 사실상 러시아는 NATO에 포위된 형국이 되었다. 이러한 상황에서 우크라이나가 NATO에 가입하게 되면, 미국이 이 지역에 미사일 방어체계 등 전략무기를 배치할 수 있게 됨으로써 군사력 균형이 심각하게 훼손될 수 있다.

러시아는 동유럽 지역에서 영향력 있는 군사 강국의 지위를 유지하고, 서방 국가와 군사력 균형을 유리하게 유지하기 위해서는 우크라이나의 친서방 국가화를 방지하고, NATO 가입을 무효화할 필요가 있다. 또한, 서방 국가에 러시아의 장악능력과 통제수단이 건재함을 보여줌으로써 러시아 진영 국가 중에서 더 이상의 이탈을 차단할 전략적 요구사항이 긴박해졌다.[21]

러시아는 유라시아 경제공동체 및 통합의 강화로 에너지 자원 면에서 초강

---

20 박정호 외, 『우크라이나 위기와 러·미 갈등: 주요쟁점과 시사점』(세종: 대외경제정책연구원, 2022), p. 6.

21 조한범, 『우크라이나 사태 평가와 국제질서 변화 전망』(서울: 통일연구원, 2022), pp. 1~2.

대국의 위상을 확립하기 위해 정치·외교력을 주요수단으로 선택할 수 있었지만, 포스트 소비에트 공간에서의 지배권 및 영향력을 회복하기 위해서는 막강한 군사력을 사용하는 전략적 선택이 우선할 수밖에 없었다. 러시아는 군사력을 사용하여 NATO의 동진을 차단하고, 구소련 지역 내 러시아인의 보호를 위한 네트워크를 강화함으로써 유라시아주의에 입각한 동질적 사회문화 공간을 창출하는 것이 최대의 국가이익이라고 선정했을 것이다.

국가이익을 뒷받침하기 위한 군사력의 역할은 러시아 본토에 대한 외부 세력의 군사적 공격을 억제하면서 우크라이나의 NATO 가입 방지를 위한 강압 및 돈바스 지역(루한스크·도네츠크)의 전략적 요충지를 확보하는 것으로 한정해 볼 수 있다. 지금까지 러시아의 군사작전 형태가 이러한 국방목표를 달성하기 위한 노력으로 보이기 때문이다.

2) 위협인식

전략환경평가에서 위협인식은 국가이익과 국방목표 달성을 방해하거나 제한할 수 있는 국내·외 행위자를 식별하는 과정이다. 러시아의 국가이익을 가장 심각하게 위협하는 국가는 미국일 수밖에 없다. 러시아인들은 냉전기 미소 양강의 한 축이자 공산권의 종주국으로서 세계 안보 질서의 한 축을 담당한다고 자부해왔다. 그러나 소련의 해체로 인구와 영토는 분산되었으며, 자본주의 시장경제 체제의 도입은 기대와는 반대로 러시아인들에게 빈부격차의 심화와 부패, 서방 국가들의 비협조적 태도 등으로 경제적 어려움과 서방 국가들에 대한 배신감을 느끼게 했다.

러시아의 대외 군사위협 중에서 첫 번째는 NATO가 구소련권 국가들을 회원국으로 확대하면서 러시아의 국경으로 군사력 배치가 가능해진 것이다. NATO는 발트해에서 흑해에 이르기까지 에스토니아, 라트비아, 리투아니아, 폴란드, 루마니아를 신규 가입국으로 확대함으로써 러시아와 직접 국경을 맞대게 되었다. 벨라루스와 우크라이나 국가만이 NATO와 러시아를 연결하는 완충지대 국가로 남아 있게 된 것이다.

둘째는 유럽지역에 대한 미국의 미사일방어체계(MD) 구축은 러시아와의 전략적 균형을 깨기 시작했다는 것이다. 미국은 2002년 러시아와의 ABM(탄도탄요격미사일 제한조약)을 폐기했으며, 2004년부터 본격적으로 유럽지역에 미사일 방어체계를 구축하기 시작했다. 미국은 유럽지역에 미사일 초기 요격기지를 구축하는 '단계별 탄력적 접근전략(EPAA, European Phased Adaptive Approach)'을 추진하여 2021년 폴란드에 SM-3 탄도탄요격미사일을 배치했다. 또한, 지상 배치형 이지스 시스템인 이지스 어쇼어(Aegis Ashore)를 루마니아 남부의 미 공군 데베셀루 공군기지에 실전 배치했다.

셋째는 러시아의 영향력을 벗어나고자 하는 주변국들의 친서방 정권 수립의 확대다. 특히 우크라이나의 친서방 정권교체는 러시아의 안보에 심각한 영향을 초래한다. 벨라루스를 제외한 모든 구소련 연방국가가 유럽연합이나 NATO 회원국이 됨으로써 러시아의 위상이 축소되었을 뿐만 아니라 발트해와 흑해의 전략적 요충지를 상실할 수 있는 위기가 상존하게 되었기 때문이다.

넷째는 러시아의 헌법 질서를 파괴하려는 특정 단체의 도전, 테러조직 활동, 국가 및 군사시설의 기능 와해 시도 등 국내 불안정 활동이다. 권위주의 국가의 취약점은 자유민주주의 체제보다 인간의 기본권 추구 측면에서 열등하다는 것이 역사적 경험으로 증명되었다는 점이다. 소수 중앙권력의 부패와 독재정권의 정통성은 세계적으로 인정받지 못하기 때문이다.

다섯째는 NATO 회원국 등 인접국에서 실시하는 훈련 및 군사력 시위, 러시아 남부의 이슬람 극단주의 세력, 동부의 중국 및 일본의 부상 등 군사정치 상황의 급격한 악화 등이다.

러시아는 가장 시급하고 위중한 위협으로 우크리이나의 NATO 회원국 가입으로 러시아의 완충지역이 없어지고, 흑해의 해군기지가 봉쇄되는 상황을 상정했을 것이다. 이러한 조건이 된다면, 러시아는 유럽지역에서 NATO의 동진을 내버려둘 정도로 무력한 국가로 인식될 뿐만 아니라 구소련권 국가들의 러시아 영향권 이탈 현상을 가중하는 결과를 초래할 수밖에 없기 때문이다. 푸틴 대통령이 위대한 러시아를 끊임없이 외치는 이유는 러시아의 상실감을 자신의 정치적 자산으로 활용함으로써 장기간의 독재에도 불구하고 러시아인들의 지지도를 높일 수 있기 때문이다. 크림반도 합병 당시 러시아인의 지지는 절대적이었으며, 크림반도 '애국 여행' 열풍이 불기도 했다.[22]

국제 정세 측면에서 러시아의 군사력 역할을 제한하거나 거부할 수 있는 국가는 미국 중심의 NATO 회원국이고, 러시아를 지원할 수 있는 국가는 중국과 북한 등 구소련 동맹국들이며, 나머지 국가들은 유엔의 결정에 동참할 것이다. 국제전으로 확대될 경우 러시아에 불리할 수밖에 없다.

지역 정세 측면에서 유럽연합과 영국·프랑스·독일 중심의 NATO가 친서방 정책을 펼치고 있는 우크라이나의 우방이 될 것이다. 러시아로서는 이들의 군사적 개입을 우선으로 차단할 수 있어야 한다.

국내 정세 측면에서 러시아는 '강하고 위대한 러시아 건설'을 강조하면서 구소련 연방국가에 대한 러시아 중심의 종속관계를 강화해왔다. 특히 에너지 자원을 무기로 러시아의 영향력 행사를 증대해왔다. 또한, 러시아 내 분리주의나 독립운동의 움직임에 대해서는 강력하게 차단했다.

국내외 정세를 종합해 볼 때 러시아에 있어서 직접적인 위협은 우크라이나의 친서방 정권과 NATO의 동방팽창 정책이며, 잠재적 위협은 미국의 우크라이나 지역 내 전략무기 운용에 따른 전략적 불균형이 생길 수 있다는 것이고, 비군사적 위협은 러시아인들의 상실감과 푸틴 정권에 대한 지지도의 하락이라고 평가해 볼 수 있다.

위와 같은 위협분석 및 평가결과를 놓고 볼 때 러시아가 구상할 수 있는 미래전 양상은 핵 강대국인 미국과의 무력분쟁, NATO와의 전면전, 우크라이나와의 제한전, 우크라이나에 대한 군사적 강압, 우크라이나 반정부군 지원, 우크라

---

22 조한범, 『우크라이나 사태 평가와 국제질서 변화 전망』, p. 4.

이나의 특정 지역에 대한 특별군사작전(정권교체) 등이 될 것이다.

미래전 양상을 전망해봄으로써 국가 차원의 요구인 전략적 요구사항을 분석해 볼 수 있다. 첫째, 국제질서를 이끄는 미국과의 직접적인 무력 충돌은 피해야 한다. 상호확증파괴(MAD) 능력을 보유하고 있는 핵 강대국끼리의 무력분쟁은 지구촌 공멸이라는 최악의 상황에 이를 수 있기 때문이다. 둘째, NATO의 군사적 개입을 차단해야 한다. 지정학적으로 러시아를 둘러싸고 있는 NATO군이 우크라이나에 투입된다면, 우크라이나 지역뿐만 아니라 국경선을 넘어 반격작전을 펼침으로써 러시아 전역이 전쟁터가 될 수 있기 때문이다. 셋째, 러시아의 경제적 어려움과 국민의 지지도를 고려할 때 장기전은 피해야 한다. 자원의 소모와 인명손실은 러시아인들의 생활을 더욱 궁핍하게 만들 수 있기 때문이다. 넷째, 우크라이나 친서방 정권은 친러 내지는 중립정권으로 교체되어야 하며, 우크라이나가 NATO에 가입하는 일은 없도록 만들어야 한다. 다섯째, 돈바스 지역을 해방함으로써 러시아 본토로부터 돈바스, 크림반도에 이르는 연결된 영토를 확보해야 한다. 여섯째, 러시아의 본토가 공격받는 일은 없어야 한다. 본토가 공격받으면 러시아인들의 상실감은 더 커질 것이며, 이것은 푸틴 정권의 붕괴와 직결될 수 있기 때문이다.

이러한 전략적 요구사항에 대한 러시아의 결정은 '돈바스(루한스크, 도네츠크) 해방'이라는 명분을 내세운 특별군사작전이었다. 이것은 미국과 직접적인 무력분쟁과 NATO와의 전면전을 회피하고, 우크라이나 지역으로 군사 활동 범위를 한정함으로써 주변국의 개입을 차단하면서 제한된 목표에 대한 속도전으로 정치적 목적을 달성하겠다는 의도로 분석할 수 있다.

2. 군사전략 목표 및 개념 설정

러시아의 군사전략은 지정학적 요인 때문에 전통적인 공격전략과 방어전략이 혼재하고 있다고 주장한다.[23] 공세전략은 모스크바 서쪽의 유럽 대평원에서 독일군 등의 적군과 대규모 전쟁 시 신속하게 돌진하여 적의 핵심지휘부와 요충지를 제압하는 데 중점을 둔 적 지역으로의 종심작전(Deep Operation)을 의미한다. 방어전략은 러시아의 광대한 영토와 자원을 장점으로 적을 종심으로 유도하여 지연전을 강요하고, 약화되어 고착된 적을 일제히 공격하여 격멸하는 데 중점을 둔 전략이다.

전략과 정책은 시간의 흐름에 따라 변경될 수밖에 없다. 국내외 안보환경과 자원의 변화는 경쟁에서 유리한 위치에 서기 위한 끝없는 도전을 가져오기 때문이다. 국가가 새로운 도전을 극복하기 위해서는 기존 전략의 목표, 방법, 수단, 위험 등의 요소별 불균형이 발생하지 않도록 조정하는 과정이 필요하다. 따라서 군사전략은 계속 진화할 수밖에 없다.

〈그림 I-2-2〉는 러시아 푸틴 정권의 군사전략 변화과정을 변인 간의 관계를 고려하여 분석한 것이다. 러시아는 미국을 위시한 NATO 회원국이 진행하고 있는 경제제재와 정치, 경제, 정보 차원에서 압력을 받고 있다. 혼자만의 힘으로 미국의 압박을 견뎌내기 어려워서 중국과의 전략적 협력관계를 추구하고 있다.

중국은 러시아의 지하자원과 에너지가 필요하고 미국과 무역갈등에서 러시아의 지원이 요구되므로 전략적 협력관계를 유지할 수밖에 없다. 미국과 중국의 패권경쟁은 국제 안보환경을 지속해서 불안정하게 만드는 요인이 될 것이다.

러시아는 시베리아 지역과 동아시아 지역 경제 활성화를 위해 동북아 국가들과 국제협력이 불가피하지만, 중국과의 힘의 역전 관계는 인정하고 싶지 않을 것이다. 러시아를 중심으로 한 유라시아경제연합, 유럽연합, 그리고 중국, 인도, 미국 같은 국가들이 각 지역에서 중심적 역할을 하는 다중심적 국제체제가 형성되기를 희망한다. 구소련지역에서 집단안보 체제를 유지하고 영향력을 행사하면서 러시아인들의 상실감을 자부심으로 전환할 수 있기를 원하기 때문이다.

러시아가 우선시하는 전략은 국제적 차원에서 미국 및 NATO의 확대에 대

23 김영준, “러시아의 군사전략”, 『미·일·중·러·북한의 군사전략』, p. 186.

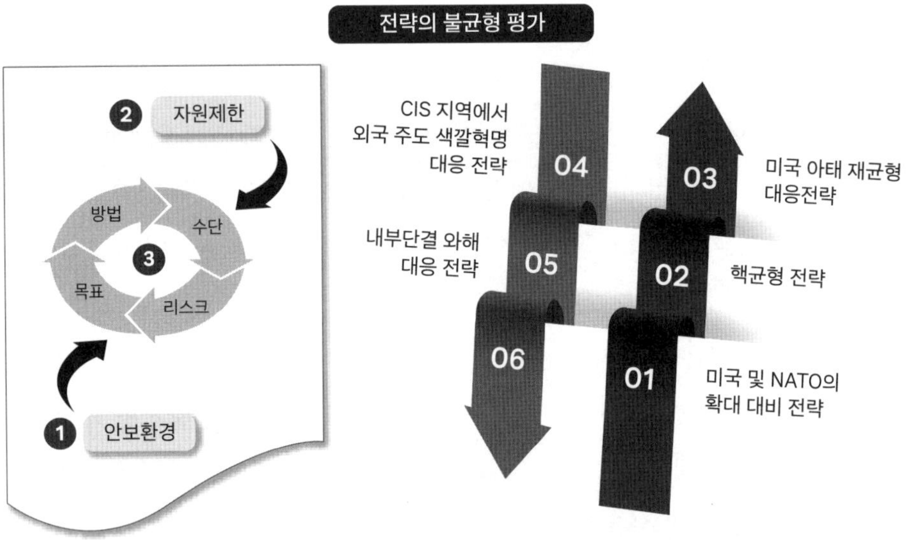

〈그림 I-2-2〉 러시아의 군사전략 조정: 전략의 불균형 해소(위험관리)

한 대응이다. 더불어 미국과의 전략핵 균형을 유지하기 위한 대비책이다. 지역적 차원에서는 중국의 강대국 부상에 따른 미국의 아태 재균형 전략 추진에 맞춤하는 지역균형 전략이다. 국내적 차원에서 주변국 색깔혁명[24]이나 러시아 내부 정권을 위협하는 세력에 대한 대응 개념이다.

러시아 정부의 공식문서인 국가안보전략서와 군사 독트린에 기술된 군사전략 목표를 종합해보면 다음과 같다.[25] 첫째, 러시아의 영토 및 주권, 국민의 생명과 재산을 보호한다. 둘째, 국제사회의 평화 및 안정 유지에 기여한다. 셋째, 러시아와 동맹국에 대한 전쟁 및 무력분쟁의 발생을 억제하고 방지한다. 넷째, 러시아와 동맹국이 침략을 받을 시에는 침략을 격퇴함과 동시에 적을 섬멸한다.

이러한 맥락에서 러시아가 우크라이나에 대한 특별군사작전을 결정했을 때 군사전략 목표와 개념이 무엇이었는지를 살펴보고자 한다.

24 2000년대 이후 구소련권 국가에서 공산주의가 붕괴하면서 일어난 일련의 움직임을 일컫는 용어로 부패하거나 독재적인 정부에 대항하여 비폭력 저항을 통해 민주주의를 요구한 민중운동을 의미한다.

25 해군미래혁신연구단, 『러시아 해양전략과 해군』(계룡: 해군미래혁신연구단, 2021).

1) 군사전략 목표

러시아의 군사전략가들은 전략환경평가 과정에서 도출된 전략적 요구사항을 기초로 군사전략 목표와 전략개념을 구상할 수 있다. 미래를 위한 계획을 수립하기 위해서는 확인할 수 없지만 사실로 인정해야 하는 필수적이고 최소한의 가정이 필요하다.

전략적 요구사항을 충족하기 위해서는 다음과 같은 가정이 전제되어야 한다. 첫째, 미국과 같은 핵을 보유한 강대국 간에는 직접적인 군사분쟁은 발생하지 않을 것이다. 둘째, 유럽연합 및 NATO 회원국이 우크라이나에 군사적으로 개입하는 활동은 통제가 가능할 것이다. 셋째, 우크라이나가 러시아 본토를 공격하는 행위는 방지가 가능하며, 넷째, 군사작전 간 핵무기의 사용은 억제될 것이다.

위와 같은 가정하에 러시아가 특별군사작전을 통해 달성하고자 하는 정치적 목적은 포스트 소비에트 공간에서의 지배권 및 영향력을 회복하고자 함이다. 요망 효과는 첫째, 우크라이나가 NATO에 가입하는 것을 방지하고, 친러 정권을 수립함으로써 민주주의 체제의 확산을 차단하는 것이다. 둘째, 미국이 동유럽 신규 NATO 회원국에 전략무기나 미사일방어체계를 배치함으로써 전략적 열세에 처하는 일이 없도록 우크라이나를 전략적 완충지대로 남아 있게 하는 것이다. 완충지대로 유지가 불가할 경우 최소한 돈바스 해방지역과 크림반도 러시아 영토를 연결함으로써 흑해를 통한 NATO군에 대한 외곽포위선을 유지할 수 있도록 하는 것이다.

군사전략 목표는 러시아의 정치적 목적 달성을 지원하는 데 주안을 두어야 한다. 이러한 맥락에서 러시아의 군사전략 목표를 '러시아군은 신속히 우크라이나군을 무력화시키고, 러시아-루한스크-도네츠크-크림반도에 이르는 전략적 요충지를 확보함으로써 협상을 위한 유리한 여건을 조성한다'라고 기술해 볼 수 있다. 이것은 러시아가 그동안 펼친 군사작전의 결과를 토대로 추론해보면 분명해진다. 푸틴은 1년 반이나 지속하고 있는 이 군사작전이 아직도 계획대로 잘 진행되고 있다는 주장을 반복하고 있다. 전쟁 초반 우크라이나의 수도 키이우를 비롯한 주요 도시들을 항공기 폭격과 미사일 등 각종 포격으로 집중 초토화하면서, 우크라이나의 정권 제거 또는 수도 키이우 점령보다는 과감히 전선을 조정하여 돈바스 지역을 점령한 후 방어작전으로 전환하고, 점령지역을 자신의 영토에 흡수하기 위한 정책을 추진하고 있는 데서 그들의 목표를 특정해 볼 수 있다.

2) 군사전략 개념

군사전략 개념은 군사전략 목표를 달성하기 위한 최선의 방안을 의미한다. 러시아가 군사전략 목표를 달성하기 위해 어떠한 군사전략 개념을 구상했는지에 대해서는 전쟁이 종결된 이후에나 공개될 수 있을 것이다. 하지만 그들이 시행한 군사작전의 결과를 바탕으로 역으로 분석해보면, 군사전략 개념이 무엇인지 규정해 볼 수 있다. 모든 군사 활동은 군사전략 개념을 구현하는 형태로 나타나기 때문이다.

러시아는 유럽지역 내 국가들의 분쟁에 미국의 군사적 개입 가능성의 증대와 NATO의 동진 정책, 그리고 일본의 군사적 역할 확대 등 미·일의 군사협력을 러시아를 지정학적으로 고립시키기 위한 포석으로 간주하여 이에 대한 대응전략을 고심해왔다. 푸틴 행정부는 강한 국가 건설과 강대국 위상 회복이라는 정치적 목적을 달성하기 위해 공세적인 국가안보전략과 군사전략 추진을 지속해서 천명해왔다.[26]

러시아의 군사전략 개념은 '공세적 전방위 기동방어'라고 특징지어볼 수 있다. 러시아는 군관구 중심의 고정식 지역방위 개념을 버리고 전투의 성격과 상황의 변화에 융통성 있게 대처할 수 있도록 기동방위 개념을 발전시켰다. 즉 러시아 영토의 중심부인 우랄·볼가 군관구에 경장비 부대인 신속대응군과 중장비

26 김영준, "러시아의 군사전략", p. 194.

부대인 긴급전개군을 배치하여 전방위 기동작전 수행체제를 구축했다. 이것은 할당된 군사력에 의한 지역별 단독작전에서 전국단위 통합작전 수행이 가능하게 되었다는 점에서 혁신적인 발전이라고 할 수 있다. 더불어 유사시에는 핵 선제공격 및 핵무기를 포함한 모든 군사력을 사용하여 공세적 방어를 수행한다는 의지를 공표하고 있다.

러시아는 핵무기를 전쟁 억제, 국가 위상 증진, 재래식 전력을 보강하는 전략적 억제력으로 활용하는 개념을 가지고 있다. 핵무기 사용 조건을 보면, ① 러시아를 겨냥한 대륙간탄도미사일(ICBM) 발사정보 입수 시, ② 러시아 영토 내에 핵·기타 대량살상무기 사용 시, ③ 핵 보복 관련 중요시설 피해 발생 시, ④ 러시아의 존립을 위태롭게 하는 재래식 공격 시, ⑤ 재외에 있는 러시아 교포 혹은 교민의 생명과 안전이 위협받는 경우 등으로 규정하고 있다.[27] 러시아는 핵 공격에 대한 대응개념으로 핵 선제공격·맞공격·보복공격의 개념을 발전시키고 있다.

공세적 전방위 기동방어전략이 러시아의 군사전략이라면, 우크라이나에 대한 특별군사작전은 미국 등 NATO의 동진을 두려워한 러시아의 선제적 기동방어전략의 성격이라고 추정해 볼 수 있다. 러시아의 연방국이었던 우크라이나가 미국 중심의 NATO 회원국이 됨과 동시에 NATO군과 NATO군의 무기가 배치됨으로써 러시아와 국경을 두고 대치하게 된다. 러시아에 이와 같은 상황은 냉전 시기인 1962년에 발생했던 쿠바 미사일 사태(Cuban missile crisis)[28] 시 핵전쟁의 위험을 무릅쓰고 해상봉쇄를 감행했던 미국의 조치를 떠올리게 한다. 러시아에 있어서 우크라이나는 안보·경제적으로 양보할 수 없는 전략적 요충지인 셈이다. 우크라이나가 NATO 회원국이 되도록 방치함으로써 국경선에서 NATO와 대치하는 상황을 만드는 것보다는 선제적으로 국경선 전방의 주요 요충지를

27 Congressional Research Service, Russia's Nuclear Weapons: Doctrine, Forces, and Modernization (Congressional Research Service, https://crsreports.congress.gov, 2022), pp. 5~11.

28 1962년 10월 14일 소련이 쿠바에 미사일 배치를 시도하자 미국이 해상봉쇄로 맞선 군사적 분쟁으로 소련이 쿠바에 배치하려던 모든 장비와 미사일을 철수함으로써 사태가 해결되었다.

확보함으로써 방어에 유리한 여건을 만드는 것이 러시아 안보에 더 유리하다고 판단했을 것이다.

러시아의 우크라이나전 군사전략 개념은 '군사적 강제'를 방법으로 한다고 할 수 있다. 러시아의 정치·외교적 강압에도 불구하고 우크라이나가 이를 수용하지 않고 반대의 행동을 지속함에 따라 이미 취해진 행동들을 되돌리기 위한 강제의 방법으로서 특별군사작전을 결정했다고 볼 수 있기 때문이다.

3. 군사력 건설

푸틴은 공세적 전방위 기동방어전략을 구현할 수 있는 군사력 건설 방향을 설정했다. 러시아는 핵무기를 능동적 억제전략 구현 차원에서 선제공격, 맞공격, 보복공격 방식으로 운용개념을 공표하고 있다. 재래식 전력에서는 현대전의 특성에 맞추어 무기 현대화, 군사훈련 확대 등 국가무장계획을 단계적으로 추진함으로써 군사 강국의 위상을 되찾기 위한 시도를 지속하고 있다.[29]

러시아는 제한된 국방예산에도 불구하고 군사력 현대화 달성을 목표로 하고 있다. 러시아의 '국가무장계획 2011～2020'은 무기체계의 70% 현대화, 전략핵 억제력 유지, 기동성 향상과 재래식 전력의 현대화, 장거리 군사력 투사능력의 회복 등을 목표로 하고 있다.

러시아는 유럽지역의 NATO 회원국에서 중거리 미사일 사격 시 도달시간이 15～17분밖에 소요되지 않는다는 점을 참작하여 방어체계보다는 선제타격능력을 우선으로 개발하고 있다. 마하 20의 초음속 ICBM(아방가르드)의 실전배치, 마하 10 공대지미사일(킨잘), 레이저무기(페레스베트, peresvet) 등이 실례이다.

---

29 러시아의 국가무장계획에 대해서는 정한범 외, 『2020 동아시아 전략평가』(서울: 동아시아안보전략연구회, 2020) 참조.

또한, 유사시 군사력 사용의 보장을 위해 계약병의 확충 및 모병제 추진 등 병력보충제도를 발전시키고, 현대전의 특성에 맞게 군사적 수단과 비군사적 수단을 통합하는 '하이브리드전' 수행능력을 요구하고 있다.

이러한 맥락에서 러시아가 우크라이나에 대한 특별군사작전을 결정했을 때 군사력 건설 방향과 소요를 분석해 볼 수 있다.

1) 군사력 건설 방향

군사전략 목표인 '러시아군은 신속히 우크라이나군을 무력화시키고, 러시아-루한스크-도네츠크-크림반도에 이르는 전략적 요충지를 확보함으로써 협상을 위한 유리한 여건을 조성한다'를 달성하기 위해 필요한 능력을 갖추어야 한다.

공세적 방어전략의 성공은 자국의 국경선을 넘어서 유리한 지형을 확보하거나 적 부대를 약화 내지는 격멸할 수 있어야 한다. 이를 위해서는 일정 기간 독립적인 원거리 작전 수행능력을 갖춘 부대가 필요하다. 경장비 부대를 중심으로 공수에 의한 원거리 작전을 수행할 수 있는 신속대응군이 편성되어야 한다. 또한, 후속 부대들은 중장비 부대를 중심으로 타격력을 보유한 긴급전개군이 편성되어야 전방위 기동작전 수행이 가능하다. 긴급전개군은 전방 신속기동부대가 돌파한 지역으로 전과확대를 시행함으로써 협상을 위한 유리한 여건을 조성해야 한다. 그리고 러시아의 본토가 공격을 받게 된다면, 핵무기를 포함한 모든 군사력을 동원할 수 있는 군사대비태세를 유지해야 한다.

원정작전을 위해서는 육·해·공 합동작전이 진행되어야 한다. 합동지휘통제가 유지될 수 있도록 네트워크망과 지휘체계를 갖추는 것이 필수적이다. 우크라이나와의 전면전을 목적으로 하는 게 아니라, 제한된 작전을 추구하고 있어서 필요한 시간과 장소에 공중 및 화력의 우세를 달성할 수 있도록 정보의 우세를 달성할 수 있어야 한다.

현대 군사작전에서 전쟁지속능력은 작전 성공의 핵심 요소다. 특히 원정작전을 시행하는 데는 병참선의 유지가 승패의 관건이다. 러시아는 본토에서 크림반도에 이르는 지상 및 해상 병참선을 확보할 수 있는 능력이 충족되어야 한다.

2) 군사력 건설 소요

러시아가 우크라이나에 대한 특별군사작전을 시행하기 위해 새롭게 준비한 전력을 구분하기는 어렵다. 세계 군사력 순위 2위로 막강한 핵전력을 갖추고 있는 러시아가 우크라이나의 전력을 심각하게 고려할 필요는 없다고 생각할 확률이 높기 때문이다. 러시아의 초기작전에서 나타난 대대전술단의 무질서함과, 도로망을 따라 비전술적으로 기동하던 모습이 이를 잘 나타내준다. 압도적인 전력의 우세를 자만한 러시아는 특별군사작전에 대한 별도의 군사력 건설 소요를 고려하지 않았다고 평가하는 것이 설득력 있는 분석이라 할 수 있다.

4. 작전기획지침(과업 부여 및 자원할당)

러시아는 미국과의 냉전시대가 끝났음에도 불구하고 미국의 위협을 최우선 순위에 두고 대응전략을 발전시켜왔다. 〈그림 I-2-3〉은 그동안 러시아가 미국의 전략변화에 대응하여 전략균형을 추구하기 위해 어떠한 작전기획지침하에 군사적 대응을 해왔는지를 보여준다. 냉전시대 방어 위주 지구전략과 적극적 방어전략에서 상호확증파괴 능력의 구비에 따른 유연반응전략 및 합리적 충분성 전략, 그리고 소련 붕괴 이후 방어적 안보전략을 걸쳐 미국의 독주에 대응한 공세적 안보전략 및 전방위 기동방어전략으로 전략의 불균형을 해소하기 위한 군사력 운용의 중점을 보여준다.

푸틴 행정부는 미국 중심의 국제질서 체제에 대응하기 위해 공세적 안보전

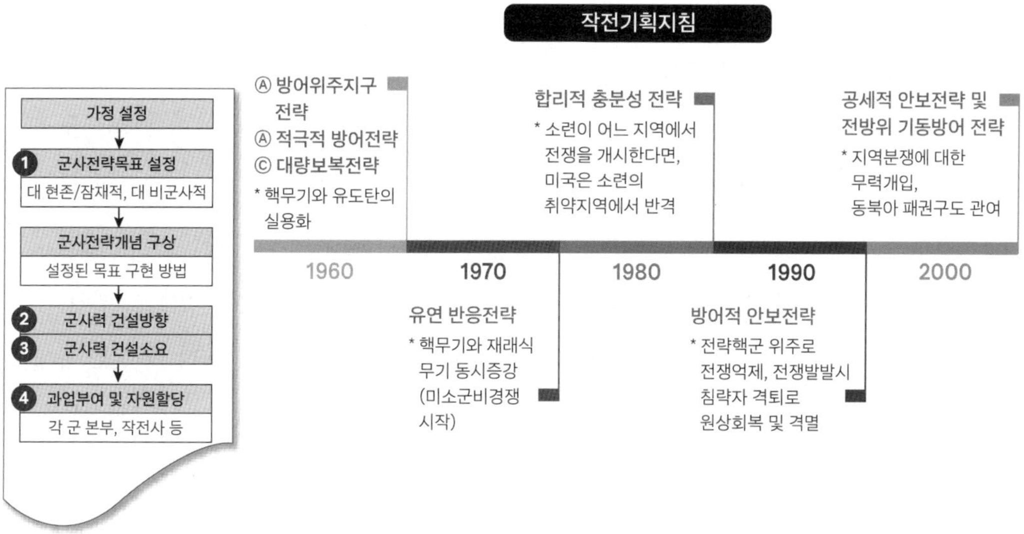

〈그림 I-2-3〉 러시아의 작전기획지침 추정: 전략 불균형 해소 관점

략을 채택했다. 미국이 글로벌 신속타격 개념을 현실적으로 구현하고, 우주무기를 배치하는 등 군비경쟁에서 러시아를 압도하는 데 대한 상실감과 우려감의 표출이라고 할 수 있다. 특히 미국이 구소련권 NATO 가입국들을 활용해 유럽지역에 전략 미사일 방어체계를 구축하자 러시아는 이러한 위협에 대한 비대칭적 대응능력으로 극초음속 전략미사일을 개발하는 등 전략적 대응능력 구비를 위해 강력한 국방개혁을 추진해왔다.

이러한 맥락에서 우크라이나에 대한 특별군사작전의 작전기획지침을 추정해 볼 수 있다. 특별군사작전의 전제는 첫째, 미국 등 NATO 회원국들이 우크라이나에 군사력을 투입할 수 있는 상황은 만들지 않는다. 둘째, 핵을 보유한 강대국들과 전면전은 피할 수 있어야 한다. 셋째, 러시아 본토가 공격받는 일은 있어서는 안 된다. 이러한 전제가 하나라도 벗어나게 된다면 특별군사작전은 심각한 위기에 빠지게 되는 것이다.

러시아 특별군사작전의 정치적 목적은 미국 중심의 NATO가 구소련 연방국들을 포함한 유라시아지역으로의 확장을 차단하고, 친서방 정책을 표방하고 있는 우크라이나가 NATO에 가입하는 것을 방지하며, 친러 정권으로 교체가 어려우면 중립정권이라도 유지하게 하는 것이다. 러시아는 NATO의 팽창에 대해 이대로 내버려둔다면, 국제질서 체제에서 러시아의 무능력이 드러나고 냉전 시대에 누려왔던 국제적 위상의 회복이 어려운 점을 사활적 국가이익의 훼손으로 간주했다. 우크라이나가 친서방 진영의 NATO 회원국이 된다면, NATO군과 국경선을 맞대는 상황이 됨으로써 국가안보에 대한 취약성이 증대하고 이에 대한 대비에 지금보다 훨씬 더 큰 노력이 요구되기 때문이다. 그동안 러시아는 NATO에 신규 회원국으로 가입한 중·동유럽 국가 중 러시아와 국경을 접하고 있는 국가들에 NATO의 전략무기들이 배치되는 것을 심각한 안보문제로 인식하고 있었다. 푸틴은 폴란드와 루마니아에 배치된 미국의 유럽 미사일방어체계에 대해 지속해서 미국을 비난해왔다.

러시아의 특별군사작전은 이러한 정치적 목적을 달성하기 위한 작전기획 지침에 따른 것으로 추정된다. 2000년대 이후부터 추진해온 공세적 안보전략과 전방위 기동방어전략을 토대로 군사력 운용에 대한 지침이 하달되었을 것이다.

러시아의 군사전략 목표는 ① 돈바스(도네츠크, 루한스크) 지역 러시아인들의 해방과 보호, ② 우크라이나의 NATO 가입 방지 및 비무장화, ③ 우크라이나의 정권교체 및 친러 정부 수립여건 조성, ④ 크림반도와 러시아 영토 직접 연결 등으로 설정해 볼 수 있다. 이러한 군사전략 목표는 러시아군의 초기 북부·동부·남부의 세 개 방향 주요 도시 포격 및 공습에 의한 속도전 양상, 돈바스 지역으로의 급속한 전선 조정, 점령지역에 대한 방어선 구축 및 합병지역의 행정적 통합, 우크라이나의 크림반도 공격을 러시아의 영토에 대한 공격으로 간주하고 이에 대한 보복 조치 선언 등 일련의 군사적 활동에서 유추해 볼 수 있다.

러시아는 이러한 전략목표를 달성하기 위한 군사전략 개념으로 우크라이나에 대한 '특별군사작전'을 결정했다. 특별군사작전은 2014년 친러분리주의 세력과 우크라이나 정부군 간 분란전이 벌어지고 있는 돈바스 지역에 평화유지를 명분으로 삼아 우크라이나를 무력 침공한다는 군사력의 역할을 규정한 것이다. 우크라이나가 분쟁지역으로 남아 있는 한 NATO 가입의 결격사유로 충분해서

NATO 회원국이 될 수 없으며, 미국이 동유럽 신규 가입 NATO 회원국에 전략무기와 미사일 방어체계를 배치하려는 시도도 일정 부분 차단할 수 있다. 러시아는 구소련 붕괴 이후 NATO의 동진으로 영향력을 잃은 '치욕과 상실'을 보상받기 위해 국력을 재건한 뒤 2008년 조지아 전쟁을 수행하고 2014년 크림반도를 무력 합병함으로써 '강대국 복귀'를 과시한 바가 있다. 같은 맥락에서 러시아 특별군사작전의 개념을 분석해 볼 수 있다.

첫 번째 전략개념은 우크라이나 수도 키이우를 조기에 고립하고, 주요 도시를 장악함으로써 정치지도부를 제거하고 전쟁의 정치적 목적을 달성하는 것이다. 이를 위해서는 기동성을 갖춘 신속결정작전부대가 핵심요건이 된다. 주로 경장갑·기계화부대들이 될 수 있다. 수도 키이우를 신속히 고립시키고, 전쟁지도부를 장악할 수 있다면, 주변국의 군사적 개입이 이루어지기 전에 러시아가 원하는 조건으로 전쟁의 정치적 목표를 달성할 수 있게 된다. 그렇지만 이 개념에 의한 군사작전이 실패한다면, 러시아는 침략국이라는 오명하에 국제적 고립과 전범자로서의 국제적 처벌을 감내할 수밖에 없다.

두 번째 전략개념은 제한된 목표에 대한 공격으로 우선 돈바스 지역을 해방하고, 이 지역을 거점으로 하여 크림반도와 러시아의 본토를 직접 연결하는 병참선을 구축하는 것이다. 이 개념은 제한된 군사력 운용만으로도 우크라이나의 NATO 가입 조건을 불충분하게 만들 수 있으며, 우크라이나의 친서방 정권이 유지되더라도 러시아는 전략적 요충지를 차지함으로써 군사적 우위를 유지할 수 있다. 이 개념이 실패하더라도 러시아는 명분 있는 군사작전으로 국제사회의 비난과 각종 제재에서 벗어날 기회를 얻게 된다.

세 번째 전략개념은 하이브리드전 수행이다. 돈바스 지역의 반란군을 군사적으로 지원하여 우크라이나의 군사력을 약화하고, 우크라이나 국민 간의 갈등을 증폭시켜 친서방 정책과 NATO 가입을 추진하고 있는 현 정권에 대한 지지를 거두게 만드는 인지전 수행이다. 러시아는 신세대 전쟁 수행개념으로 비군사적 수단의 중요성을 강조하고 있다.

현재까지 진행되고 있는 러시아의 군사작전은 첫 번째 전략개념을 적용했던 초기 공세가 실패했음을 보여준다. 서방측의 군사지원을 받은 우크라이나의 반격이 개시되자 러시아는 두 번째 전략개념을 적용하여 돈바스 지역으로 전선을 조정하고 점령지역을 러시아의 영토에 복속시키기 위한 주민투표 시행 등 행정조치를 병행했다. 우크라이나가 2023년 6월에 공식적으로 대반격작전을 시행하자 러시아는 세 번째 전략개념을 적용하여 장기전 또는 소모전의 형태로 전환하는 모습을 보인다.

5. 군사전략 불균형 평가 및 조정

러시아의 군사전략은 군사전략 목표, 개념, 수단 간에 균형이 유지된다면 성공할 가능성이 크지만, 이들 간에 불균형이 발생한다면 위험한 군사전략이 되어 이득보다 손실이 더 커질 수 있다.

러시아는 위에서 언급한 네 가지 군사전략 목표를 달성하기 위한 전략개념으로 우크라이나의 수도 키이우 등 주요 도시를 신속히 장악하는 신속결정작전, 돈바스 지역의 제한된 목표에 대한 공격작전, 군사·비군사적 수단을 통합 운용하는 하이브리드전 및 인지전을 구상했다. 현대전은 과학기술의 발달로 필요한 정보를 적보다 먼저 획득하고 결심하고 조치하는 국가가 전쟁에 승리한다는 '결심중심전(Decision-centric Warfare)' 이론[30]이 제기되고 있다.

러시아의 군사전략 목표와 개념은 정치적 목적 달성 측면에서 '최소 희생, 최대 성과'라는 현대전 수행이론과도 부합된다고 볼 수 있다. 그런데 수단의 측면에서 보면, 군사전략 목표를 달성할 수 있는 요구능력에 대한 준비가 부족하여 목표와 수단 간에 심각한 불균형이 발생했다는 것을 목격할 수 있다. 러시아의 초전 공세 결과는 수도 키이우 장악은 물론 우크라이나의 전쟁지도부를 고립

30 양욱, 『모자이크전을 통한 결심중심전의 미래전』(서울: 아산정책연구원, 2023).

시키지도 못했을 뿐만 아니라 우크라이나의 반격으로 전선을 돈바스 지역으로 조정하여 방어태세를 유지하는 데 그쳤다. 러시아군은 주요수단으로 기갑·기계화부대로 구성된 100여 개의 대대전술단(BTG)[31]을 투입했다. 신속한 기동력은 발휘되었지만, 주요도시를 고립하거나 점령하는 임무수행은 미흡했다. 특히, 노출된 상태에서의 기동은 우크라이나군의 주요표적이 되었으며, 값싼 대전차무기에 의해 쉽게 격파되는 등 손실이 컸다. 원정작전 성공의 필수요소인 정보의 우세, 공중우세, 병참선 지원능력 등을 검토하지 않아 기습에 의한 공격기세를 유지하지 못하고 돈바스 지역으로 후퇴하는 결과를 만들고 말았다.

러시아의 군사전략 불균형 발생의 근본 원인은 우크라이나의 저항 의지와 미국 중심의 서방측 군사지원 역량을 과소평가했다는 점에 있다. 러시아의 지상군부대가 우크라이나에 진격하면 우크라이나 국민과 정치 지도자들이 러시아에 적극적으로 협조할 분위기가 형성되리라고 오판했을 가능성이 크다. 주요 도시에 대한 공습이나 폭격 후에 정보우세, 공중우세, 해양우세 등 어느 하나도 불충분한 상태에서 지상군 기계화부대를 단독으로 진격시킨 공격 양상에서 이를 확인할 수 있다. 또한, 기동부대가 군수지원의 제한으로 도로 상에 줄지어 멈추어 서버린 채 우크라이나군의 대전차무기에 쉽게 파괴당하는 장면을 보면 러시아의 전쟁 준비가 부족했음이 확연히 드러난다.

러시아는 전략의 불균형을 해소하기 위한 국가 차원의 조정 활동이 미흡해 보인다. 초기 공세 실패 이후에 군사전략 목표를 조정하거나, 전략개념을 변경하거나, 수단을 조정하는 노력을 기울여야 했다. 러시아가 우크라이나를 침공한 후 1년이 지난 현재에도 열세에 처할 수밖에 없는 이유는 전략의 불균형 해소를 위한 노력이 적시적으로 이루어지지 않았기 때문이다.

---

31 대대전술단(Battalion Tactical Group)은 러시아 육군의 임시적인 부대편성으로, 전면전이 아닌 지역분쟁에 개입하는 데 최적화된 부대다. 세 개의 기계화보병중대를 중심으로 두세 개의 포병중대와 각각 한 개의 전차중대, 대전차중대, 방공중대 등으로 구성된다. 대대전술단은 근접전투 우선 부대로 전차와 야포는 우수하나 병력이나 군수지원 등이 제한되어 장기작전에 부적합하다.

3절 우크라이나의 군사전략

우크라이나의 군사전략 분석은 러시아의 무력 침공 이후의 대응전략에 초점을 맞춘다. 군사 강국과 비교하면 약소국들은 방어전략을 기본으로 한다. 공세전략을 채택할 능력이 부족할 뿐만 아니라 침략국에 대한 국제적 제재를 감당하기 어렵기 때문이다.

우크라이나는 구소련 연방이 해체되면서 독립한 신생국가다. 서방 국가들로부터 국가 발전을 위한 정치·경제·안보적 지원을 확보하고 러시아의 영향력을 감소시킴으로써 우크라이나의 주권과 독립성을 키우기 위해 노력해왔다. 젤렌스키 정부의 친서방 정책 표방과 유럽연합(EU) 및 NATO 가입 추진이 이를 입증해준다.

러시아는 우크라이나를 자국의 독점적 세력권이자 서방 세계로부터의 완충지대 역할을 담당할 수 있는 지정학적 교두보로 간주하고 있었다. 우크라이나의 서부 및 남서부에는 중동부 유럽국가들이 접하고 있어 지정학적 가치가 높으며, 남부지대는 흑해 및 아조프해와 접하고 있어서 해양으로 진출할 수 있는 전략적 요충지 역할을 할 수 있기 때문이다.

우크라이나는 유라시아대륙을 안정적으로 관리하는 데 지정학·전략적 가치가 크기 때문에 미국과 러시아는 이 지역을 자신의 영향권 안에 두기 위해 지속적인 경쟁을 펼쳐왔다. 우크라이나는 이러한 강대국 간의 틈새에서 국가의 생존과 번영을 위한 군사전략을 수립하고 이를 구현하기 위한 군사력 건설과 운용을 준비해왔을 것이다. 우크라이나는 국방백서와 같은 공식적인 국가안보 분야 간행물을 발간하지 않기 때문에 러시아의 무력 침공에 대한 대응전략 관점에서 군사전략을 추정해보도록 한다.

1. 전략환경평가

우크라이나는 1980년대 고르바초프의 페레스트로이카 정책으로 소련 중앙정부의 장악력이 약화하자 1991년 12월 1일 국민투표를 통해 독립을 확정했다. 독립국으로서 우크라이나는 국가안보를 확립하는 것이 최우선의 과제였다. 러시아는 우크라이나에 대한 다양한 정치·경제·군사적 압력수단을 보유하고 있었으므로 신생국 우크라이나의 안보에 직접적인 영향력을 행사하고 있었기 때문이다.

러시아는 우크라이나의 대외정책 추진에 강력한 견제와 압박을 가해왔다. NATO의 동진으로 러시아독립국가연합(CIS) 체제의 결속력 강화가 요구되었으며, 흑해 지역에 대한 지배권의 축소, 그리고 미국·러시아 간 에너지 자원경쟁 등이 치열해지고 있었기 때문이다. 우크라이나는 군사안보 분야의 취약성을 해결하기 위해 EU 및 NATO와의 협력관계 구축 및 회원가입에 필요한 조건을 충족시키기 위해 다양한 정책을 추진했다.

푸틴 정부는 구소련 공간에서 러시아의 영향력을 회복하여 강대국 러시아 건설을 주창함으로써 영토 및 국경 문제, 에너지 수급과 가격 조정 등 우크라이나의 주권 확보와 안정 보장 등에 관해서 우크라이나를 압박했다. 러시아와 우크라이나는 전체 통상 규모의 30%를 차지할 만큼 구소련 시절부터 불가분의 경제적 상호 의존관계가 형성되어 있었기 때문이다.

우크라이나의 동부 돈바스 지역에서는 친러시아 성향의 분리주의자와 무력 충돌의 진행, 민족갈등과 영토분쟁, 테러 및 사회 불안정 등이 남아 있었다.

1) 국가이익 및 국방목표

우크라이나는 러시아가 기습적으로 특별군사작전을 개시함에 따라 총력전 체제로 전환할 수밖에 없었다. 이것은 전쟁을 정치적 수단으로 하여 국가이익을 추구할 수 있는 러시아의 공세적 공격전략과는 달리 수동적 방어전략을 채택할 수밖에 없는 약소국의 현실을 적나라하게 보여준다.

우크라이나는 전쟁 이전부터 러시아의 영향력에서 벗어나 독립국으로서 주권과 자율성을 확보하는 데 국가이익의 우선순위를 두었다. 친서방 정권의 등장과 유럽연합(EU) 및 NATO 가입 추진 정책에 대한 국민의 지지가 그 근거다. 러시아와의 전쟁에서 우크라이나의 국가이익은 러시아의 공격을 격퇴하고 상실된 지역을 전부 되찾음으로써 독립국으로서 주권과 자율성을 회복하는 것이다.

국익을 지키기 위한 우크라이나의 국방목표는 러시아의 침입을 격퇴하고 다시는 그들이 우크라이나에 진입하지 못하게 하는 것이다. 이러한 목표는 방어전략을 취하는 대부분 국가가 내세우는 목표이기 때문이다. 우크라이나 혼자만의 노력으로는 군사 강대국인 러시아의 무력 침공을 막아낼 수 없다. 전투력과 전쟁지속능력이 부족하기 때문이다. 우크라이나는 러시아를 격퇴하기 위해 친서방 진영을 선택했다. 그들의 회원국이 되어 정치·경제·군사적인 협력을 공약했기 때문이다. 미국을 비롯한 NATO 회원국들은 무기와 장비, 물자 등을 지원하면서 러시아의 일방적 우세를 상실하게 하고 있다.

2) 위협인식

우크라이나는 지정학적으로 유럽 서부 자유민주주의 체제의 NATO 회원국과 동부지역의 러시아 중심의 권위주의 국가의 접경국가다. 친러 정권 시기에는 러시아를 위협세력으로 간주하지 않았지만, 친서방 정권이 들어서면서는 러시아가 우크라이나의 주요 위협국이 될 수밖에 없었다. 우크라이나의 서방 진영 편입은 러시아 처지에서는 배신행위와 같이 여겨질 수밖에 없다. NATO의 동진으로 러시아의 영향력이 점점 더 약화하고 있는 가운데 우크라이나마저 NATO에 가입하게 되면, 발트해로부터 흑해에 이르는 러시아의 진출로가 봉쇄될 상황에 부닥치게 됨으로써 러시아의 행동반경이 대폭 축소되고 전략적 균형이 비대칭적으로 축소될 수 있기 때문이다.

국제적으로는 미국 중심의 NATO 회원국의 동진과 러시아의 견제 사이에서 친서방 진영으로 전환하려는 데 따른 러시아의 강력한 견제와 도전이 가장 큰 위협으로 작용할 것이다.

지역적으로는 벨라루스 등 독립국가연합(CIS) 회원국들과의 비우호적 관계가 형성되었다고 볼 수 있다. 같은 연방국으로 있을 때는 형제국으로서 협력 관계였지만, 독립국으로서 친서방 진영에 가담하는 것은 그들을 배신하는 행위가 되기 때문이다.

국내적으로는 친러시아 주민들을 대표하는 돈바스 지역의 루한스크주와 도네츠크주의 인민공화국 선포에 의한 정부군과 반군 간의 무력분쟁으로 이들의 분란전 수행능력이 시급한 위협이라고 할 수 있다.

이러한 안보위협 도출을 바탕으로 위협을 분석 및 평가해보면, 직접적인 위협은 돈바스 지역의 반란군과 이들을 지원하는 러시아이며, 잠재적 위협은 벨라루스 등 독립국가연합(CIS)이라고 할 수 있고, 비군사적 위협은 우크라이나 내부의 친러주의 성향의 주민들이라고 규정해 볼 수 있다.

위협분석 및 평가를 기초로 미래전의 양상을 추정해보면, 러시아의 지원에 의한 대리전 수행이 가장 가능성 있는 전쟁 양상이고, 독립국가연합인 벨라루스와의 국경선 분쟁, 그리고 우크라이나 내부에서 진행되는 분란전의 장기화 등이 될 것이다.

미래전 양상에 대비하기 위한 국가 차원의 전략적 요구사항을 도출해보면 첫째, 러시아의 군사적 개입을 방지할 수 있는 미국 중심의 NATO에 가입하는 것이다. 미국 중심의 NATO 군사력이라면 러시아의 도발을 예방하거나 억제하는 데 충분한 확장억제력을 제공받을 수 있기 때문이다. 둘째, 정치·경제적 안정을 위해서 유럽연합(EU)의 회원국이 되는 것이다. 친서방 국가들과 안보협력 체계를 구축함으로써 지역 내 안정 유지에 기여할 수 있기 때문이다. 셋째, 돈바스 지역 평정을 위한 정부군의 군사력 강화다. 반란군들은 러시아의 지원을 받아 충분히 강력한 저항력을 발휘하고 있으므로 이들에 대한 세심한 작전이 요구된다. 지역 주민들의 안전이 보장되는 가운데 군사작전을 전개해야 하기 때문이다.

2. 군사전략 목표 및 개념 설정

우크라이나는 추정되는 미래전 양상과 전략적 요구사항 등을 고려하여 군사전략 목표 및 개념을 설정했을 것이다. 이는 러시아의 군사적 도발을 예방 및 억제하기 위한 동맹전략으로 NATO 가입을 적극적으로 추진한 사실에 기초하여 판단해 볼 수 있다.

1) 군사전략 목표

우크라이나의 군사전략 목표를 특정해보면 첫째, 국가방위 역량 개발과 세계 안보환경 변화에 신속히 적응하는 것이다. 신생독립국으로서 러시아의 영향력에서 벗어나 자주국방과 자율성을 확립하는 것은 최우선 목표이기 때문이다. 둘째, NATO 가입을 통한 군사협력 강화 및 NATO 회원국 간의 연합훈련을 통한 연합방위체제 확립이다. 러시아와 국경선을 맞대게 된 상황에서는 NATO군의 효과적인 전력 전개 보장이 국가안보 강화에 필수적인 요인이기 때문이다. 셋째, 군사 및 비군사 행위 등 군사적 잠재력을 최대한 활용하여 러시아의 도발 행위를 거부한다. 친러시아 분리주의자들의 테러 및 도발 행위를 신속히 차단하여 지역 안정을 유지해야 하기 때문이다.

러시아가 우크라이나를 무력 침공함으로써 이러한 군사전략 목표는 수정될 수밖에 없었다. 러시아는 전쟁이 아닌 특별군사작전이라고 칭했지만, 우크라이나는 전 국토와 국민이 동원된 총력전을 치르고 있기 때문이다.

우크라이나의 군사전략 목표는 러시아군을 격퇴하고 상실된 전 지역을 회복하는 것이다. 전통적으로 국가 간의 전쟁은 선전포고로 시작해서 종전 협상의 체결로 전쟁이 종결된다. 국제적으로 전쟁의 종결은 전쟁 전의 상태를 유지하는 선에서 협상이 성립된다. 이번 전쟁이 종전 협상이 어려운 이유 중의 하나는 우크라이나가 2014년에 러시아가 강제 합병한 크림반도의 회복까지를 군사전략 목표로 삼고 있기 때문이다. 러시아의 측면에서 보면 전쟁 이전보다 오히려 크림반도를 상실하는 결과를 받아들일 수는 없기 때문이다.

2) 군사전략 개념

우크라이나의 군사전략 개념은 수세적 방어전략이라고 볼 수 있다. 방어전략은 선제공격이나 침략전쟁을 하지 않는다는 평화유지 국가의 통상적인 전략 개념이다. 수세적이라는 의미는 군사력의 사용을 국력의 마지막 수단으로 활용한다는 의미로 정치·외교적인 해결을 우선시하고 최후의 수단으로 무력의 사용을 고려한다는 의미다.

우크라이나는 침공세력이 자국 영토 내에서 군사작전을 수행하는 데 많은 어려움이 있고 큰 손실이 따른다는 것을 체감하도록 함으로써 스스로 물러나도록 하는 데 중점을 두고 있다.[32] 이를 위해 정보 공유 네트워크와 정찰체계를 강화하고 분권화 지휘를 통해 네트워크 중심작전 수행을 강조하고 있다. 즉 강력한 적 세력에 맞서 비대칭적인 작전을 수행하며, 비군사적 측면에서 러시아의 공격적 행위를 저지하기 위해 국제적 정치·경제 제재를 가하는 방안을 시행한다.

교리에 따르면, 우크라이나의 방어작전 수행은 4단계로 구분하여 수행된

32 우크라이나는 2021년 3월 25일 볼로드미르 젤렌스키 대통령이 승인한 신국가안보전략을 발표했다. '러시아 연방을 군사적 적국'으로 인식하고 러시아의 공격적인 정책이 우크라이나의 최대 안보위협이라고 기술하고 있다.

다. 1단계는 정규군과 국토방위군이 비대칭적 활동을 통해 우크라이나 및 적국 영토에서 적의 공격을 억제하는 것이다. 2단계는 예비군의 지원 및 점령지역 내 저항군을 구성하여 3단계 시행을 위한 시간을 확보하는 것이다. 3단계는 국가 총동원을 시행하여 총력전 체제로 전환하며 해외 지원군을 수용하여 연합작전을 수행한다. 4단계는 분쟁 해결 및 군사력을 동원한 안정화 작전을 수행한다.

우크라이나는 2023년 5월부터 공세작전으로 전환하여 상실된 지역을 회복하기 위한 대공세를 펼치고 있다. 서방의 무기와 장비를 지원받은 우크라이나의 반격작전이 큰 성과를 거둘 것으로 기대했지만, 전선이 교착상태에 빠져 소모전 양상을 반복하고 있다. 우크라이나의 군사전략 목표 달성이 가능할 것인지에 대한 요구능력에 관한 판단이 필요해 보인다.

3. 군사력 건설

우크라이나가 군사전략 목표와 전략개념을 구현하기 위해서는 필요한 능력을 구축해야 한다. 독립국가는 자주국방을 목표로 군사력을 건설하기를 원하지만, 일반적으로 국방예산의 제한으로 목표 달성이 어려우므로 동맹전략을 활용한다. 동맹을 통한 연합전력으로 공동의 적을 상대할 수 있기 때문이다.

우크라이나는 러시아의 간섭과 무력 도발을 최우선 위협으로 간주했기 때문에 러시아의 침공에 대비한 요구능력을 우선하여 고려할 수밖에 없다. 친서방 정책추진과 유럽연합 및 NATO 가입을 강력히 추진한 이유이기도 하다.

1) 군사력 건설 방향

우크라이나 정부는 재정·기술적 역량의 부족을 메꾸기 위해 NATO에 가입하는 조건으로 NATO의 기준을 충족하는 조치를 이행하고 NATO 동맹군과 우크라이나군의 상호운용성을 증진하기 위해 노력했다. 국제적인 기술, 재정 지원을 받기 위해 튀르키예(Turkiye)와 공동벤처 기업 설립, 영국과의 미사일함선 건조 협약 체결 등 해외투자들과 군사장비 공동개발을 추진했다. 전술미사일, 대공부대, 드론, 위성통신 및 위성항법 체계 개발에 집중했으며, 모병제를 기반으로 소수의 징병 군인, 지원 예비군, 국토방위군을 편성하여 군사력을 증진하고자 했다. 국토방위군의 역량을 강화하고, 징병제를 의무 훈련을 받는 예비군제도로 대체해나갔으며, 타국이 우크라이나를 점령할 경우 시민들이 저항군을 편성하여 저항할 수 있도록 준비했다.

우크라이나는 구소련으로부터 10개의 탄두를 장착한 SS-24 ICBM 46기와 여섯 개의 탄두를 장착한 SS-19 ICBM 130기 등 176기의 핵미사일과 1,800여 기의 핵탄두를 물려받아 세계 세 번째의 핵 강국이었다. 그런데 미국·영국·러시아 3개국이 공동으로 우크라이나에 안전보장을 제공하고 경제를 지원한다는 조건을 제시하자 우크라이나는 핵을 포기하고 NPT에 가입했다. 우크라이나 정부가 핵무기 포기를 결정한 이유는 첫째, 자체적으로 핵무기를 생산 및 사용할 능력이 없으며, 둘째, 독자적으로 핵무기 운용체계를 갖추기에는 너무 많은 시간과 과다한 유지 및 개발비가 소요되어 감당하기 어렵다는 점, 셋째, 독자적으로 핵무기 보유 시 러시아로부터 지원 단절과 갈등이 격화될 수 있다는 점, 넷째, 핵무기 보유에 따른 국제적 제재와 고립의 가능성이 증대된다는 점이라고 추정해 볼 수 있다.

2) 군사력 건설 소요

우크라이나는 수세적 방어전략을 구현하기 위해 방어 위주의 군사력 건설 소요를 제기했을 것이다. 군사 강대국인 러시아를 주 위협으로 인식했다면, 러시아의 첨단 장비들을 방어할 수 있는 비대칭적 전력 구축에 주목할 수밖에 없다. 대전차무기, 방공무기체계, 민간·첨단기술·사이버 영역과 연계된 군사작전

역량 강화가 대표적인 예다.

민간영역은 국제적 기업의 위성 기반 인터넷, 커뮤니티 기술 능력이고, 첨단기술 분야는 장거리 정밀타격을 위한 미사일, 정찰·타격 무인기, 전자전 능력 등이 요구된다. 사이버 영역은 정보전, 해킹, 무인 무기체계에 대한 사이버 공격 등이 비대칭적인 군사능력이라고 할 수 있다. 특히 드론과 대(對)드론체계의 군사능력은 저가의 무기로 고가의 군사 장비를 파괴함으로써 경제적인 전투를 수행할 수 있는 강점이 있다.

실제로 우크라이나는 드론을 활용하여 러시아 전차·보급 차량·방호용 단거리 대공 방어체계 격파, 공중정찰 및 근접항공 임무, 밀집부대 및 지휘소 타격 등 전쟁 초기 러시아의 공세를 꺾음으로써 전황을 반전시켰다.

4. 작전기획지침(과업 부여 및 자원할당)

우크라이나의 국방부는 러시아의 특별군사작전에 대응하기 위한 작전기획지침을 하달하여 전역계획을 완성하도록 함으로써 군사력 운용의 통합성을 달성하기 위해 노력했을 것이다.

우크라이나의 정치적 목적은 우크라이나 영토에서 러시아군을 격퇴하고 평화보장조약을 체결하여 독립국으로서의 주권과 자율성을 국제적으로 보장받는 것이다. 유럽연합과 NATO와의 협력관계 구축 및 회원가입 추진 등 친서방 안보정책으로 정치·경제·안보적 지원 확보와 러시아의 영향력을 축소하고자 했던 평시 우크라이나 안보정책과 맥을 같이한다. 이들과의 관계를 확고히 함으로써 군사작전을 위한 국제적 지원 획득과 반격 역량의 확보가 가능해지기 때문이다.

군사전략 목표는 러시아의 침공 격퇴 및 상실지역 회복이라고 할 수 있다. 이것은 우크라이나 젤렌스키 대통령이 수차례 언론에 공표한 목표이기도 하다.

이 목표를 달성하기 위한 군사전략 개념은 방어 후 반격작전을 시행하여 적을 격퇴하고 새로운 국경선을 확정하는 것이다. 지금까지 우크라이나의 군사작전 형태를 종합해보면, 전략개념대로 진행되고 있음을 알 수 있다. 러시아가 초기 공세를 펼칠 때는 주요 도시 요새화 방어 및 적 전투력 약화에 중점을 두고 소규모 공세 행동 위주의 작전을 조직하고 지도했다. 온 국민이 동참하여 무기가 없음에도 불구하고 화염병을 만들어 러시아의 전차에 대항하던 시민들의 전투현장 영상들은 21세기의 정보화된 첨단과학 무기들의 시대에도 여전히 인간의 전투 의지가 더 중요함을 잘 보여주고 있다. 수도 키이우 방어작전, 수미·하르키우 등 주요 도시지역 방어작전, 그리고 돈바스와 크림반도 지역으로의 반격작전은 우크라이나 국민의 결연한 전투 의지를 느끼게 해준다.

우크라이나는 2023년 6월을 기해 서방의 전차와 화포, 전투기의 지원을 받아 대반격작전을 시행했다. 러시아가 점령하고 있는 돈바스 지역 일대와 크림반도, 흑해 연안 방어진지를 돌파하여 상실지역을 완전히 되찾기 위함이다. 문제는 러시아의 강력한 방어선을 돌파하기가 쉽지 않다는 것이다. 서방측의 군사지원에 의지한 우크라이나의 반격작전을 언제까지 지속할 수 있을지는 낙관하기 어려운 상황이다. 우크라이나의 최고 과제는 반격 기세의 유지와 전투력 보존 및 창출 능력일 것이다. 서방의 군사적 지원이 중단된다면, 자체적인 전력만으로는 러시아의 방어선을 돌파하여 상실지역을 회복하기 어렵기 때문이다. 그러한 상황이 된다면, 우크라이나는 전략목표 달성에 실패하게 된다. 큰 손실에 비해 얻을 수 있는 성과가 작다면 이러한 작전은 조기에 종료하는 것이 가장 나은 선택일 수 있다.

5. 군사전략 불균형 평가 및 조정

우크라이나의 군사전략 목표, 전략개념, 수단 간의 불균형 평가는 지금까지 진행된 군사작전 결과를 토대로 추론해 볼 수 있다.

러시아의 침공을 격퇴하기 위한 방어 후 공세 전략개념은 기습을 허용한 대부분의 나라가 취할 수 있는 일반적인 대응개념이다. 그러므로 군사전략 목표와 전략개념은 타당해 보인다. 문제는 수단의 불균형이다. 우크라이나는 동맹국이 없는 고립된 국가이다 보니 군사 강대국인 러시아의 군사력을 장기간 감당할 수 있는 군사력이 제한될 수밖에 없다. 군사전략 목표와 이를 달성할 수 있는 수단의 불균형이 커질수록 우크라이나는 위태로워질 수밖에 없다.

대부분의 군사적 수단이 서방측 군사지원에 달린 상황에서 우크라이나의 주권과 자율권이 보장될 가능성은 크지 않다. 우크라이나는 전략의 불균형을 해소하기 위한 노력으로 군사전략 목표를 달성 가능한 수준으로 조정할 수 있는 지혜가 필요해 보인다.

4절 미국 등 서방측의 군사전략

미국 등 서방측의 군사전략은 미국의 의지와 능력에 따라 결정된다고 볼 수 있다. 세계 최강대국인 미국의 영향력이 국제질서를 주도하고 있기 때문이다. 미국은 전 세계를 대상으로 군사전략을 수립하고 국가이익의 우선순위에 따라 핵심지역을 선정하여 주요 전역을 구상하여 관리하는 국가다. 미국은 핵심지역으로 선정한 유럽, 동북아시아, 동아시아 연안, 중동, 서남아시아 지역에서 패권 국가가 등장하는 것을 방지하는 것을 안보정책의 핵심으로 삼는다.

우크라이나 전쟁에서 미국이 직접적인 군사개입보다 우크라이나에 대한 전폭적인 군사지원으로 대응하는 것은 핵심지역인 유럽에서의 패권 국가의 등장 방지와 관련이 있다. 미국은 제2차 세계대전과 같은 대규모의 국제전이 발발하는 것은 지구의 공멸로 이어질 수 있다고 보고 이를 방지하는 데 최우선의 관심을 경주한다. 이것은 국제질서의 선도국으로서 미국의 역할이라고 자부해 왔기 때문이다. 이러한 맥락에서 러시아-우크라이나전에서 미국 등 서방측의 군사 전략을 분석해 볼 수 있다.

1. 전략환경평가

미국은 9·11 테러 이후 미국 본토의 방위에 최우선 순위를 부여했다. 미국의 주권과 영토 보존, 국내 및 해외에 거주하는 미 국민의 안전보장, 미국의 핵심 기반시설 보호 등 미국의 안보와 행동의 자유를 보장하는 데 군사전략의 초점을 맞추고 있다.[33]

미국은 미 본토 방위를 비롯하여 핵심지역별 안전보장, 적대세력 억제 및 격퇴, 동맹국과 우방국의 군사능력 지원 등 전 지구적 세력투사 능력을 유지함으로써 결정적 승리를 달성하는 국제평화 유지의 주역을 자처하고 있다. 이러한 미국의 역할에 근거하여 우크라이나 전쟁에서의 군사전략을 세부적으로 분석해보면 다음과 같다.

1) 국가이익 및 국방목표

미국의 국가이익은 미국의 안보와 행동의 자유 보장, 국제공약의 준수, 경제적 복지 증진에 대한 기여 등으로 구분해 볼 수 있다.[34] 미국의 안보와 행동의 자유 보장에는 ① 미국의 주권, 영토 보존 및 자유 보호, ② 국내 및 해외 거주 미 국민의 안전보장, ③ 미국 핵심기반시설 보호 등과 관련된다. 국제공약의 준수

---

33 한용섭 외, 『미·일·중·러·북한의 군사전략』, p. 39.

34 The White House, National Security Strategy of the United State of America (Washington D.C., December, 2017); Department of Defense, Summary of the 2018 National Defense Strategy of The United States of America (Washington D.C., 2018); The Joint Staff, Description of the National Military Strategy 2018 (Washington D.C., 2018).

에는 ① 동맹국과 우방국의 안보 및 복지 지원, ② 유럽, 동북아시아, 동아시아 연안, 중동, 서남아시아 등 핵심지역 지배 거부, ③ 서반구의 평화와 안정 보장 등이 포함된다. 경제적 복지증진에 대한 기여에는 ① 세계 경제의 역동성과 생산성 유지, ② 국제 해로·공로·우주 및 정보 교통로의 안전 확보, ③ 주요 시장 및 전략 물자에 대한 접근 보장 등과 관련된다.

국가이익에 기초한 미국의 국방목표는 첫째, 동맹국 및 우방국에 대한 확신 제공으로 세계적 핵심지역에서 침략과 강압을 억제하고, 군사력의 균형을 유지하여 지역의 안정을 보장하는 것이다. 둘째, 잠재적 적대세력이 미국과의 군사적 경쟁을 포기하도록 유도하는 것이다. 안보 딜레마 상황에서 지나친 군비경쟁은 정치·경제적으로 커다란 손실을 초래할 수 있기 때문이다. 셋째, 미국의 이익에 대한 위협과 강압의 억제다. 세계적 차원에서 미국은 지역 패권의 등장으로 미국의 영향력이 감소하는 것을 허용하지 않는다. 넷째, 억제 실패 시 어떤 적이라도 결정적으로 격퇴하는 것이다. 미국과 동맹국 및 우방국에 강요하려는 적의 모든 노력을 격퇴할 능력을 보유한다는 의미다.

이를 종합해보면, 미국은 핵심지역에 대한 전진 배치와 선택적 개입을 통해 침략을 억제하고, 억제 실패 시에는 신속히 격퇴하여 지역별 동맹국들의 방위를 확실히 보장함으로써 평화로운 국제질서 체제를 유지하려고 한다. 이를 위한 핵심수단이 바로 군사력이다. 군사력의 역할을 통해 억제와 방위, 그리고 국가의 위신 또는 영향력 확대를 모두 달성하려고 한다.

2) 위협인식

미국은 위협의 범주를 세 가지로 규정하고 있다.[35] 첫째는 국가적 수준의 분쟁으로 미국에 위협이 되는 국가들이 분쟁을 일으킬 가능성이다. 이러한 분쟁은

35 The United States Joint Chiefs of Staff, The National Military Strategy of the United States of America 2015 (June, 2015).

발생할 확률이 낮지만, 발생 시 그 영향이 크다. 그 예로는 러시아의 주변 국가에 대한 공격, 중국의 미국에 대한 반접근 및 지역거부 분쟁, 북한의 핵미사일 위협의 증가 등이다.

둘째는 혼합적인 분쟁으로 국가 수준과 비국가 수준의 분쟁이 혼합되어 발생할 가능성이다. 전통적 군사력과 비대칭 군사력을 모두 사용하게 된다. 예를 들어 테러조직과 테러 네트워크에 의해 노정된 위협, 비정규적 위협에 대응하기 위한 전쟁, 분란전 등이다.

셋째는 비국가적 수준의 분쟁으로 소규모 집단과 네트워크 조직이 정부와 사회를 교란하기 위해 급조폭발물, 소형무기, 선전·선동, 테러 등 공격을 일으킬 가능성이다.

미국은 공개적으로 중국과 러시아를 주된 위협국가로 지정하고 있다. 잠재적 위협은 미국이 현재의 군사력으로 대응하지 못하는 도전이라고 볼 수 있다. 비군사적 위협은 이상 기후나 감염병과 같이 국경을 초월한 도전을 의미한다.

이러한 위협분석 결과를 종합하여 미래전 양상을 판단해보면, 미국은 비군사적 경쟁으로부터 강대국 간의 패권경쟁까지 전 영역에서의 분쟁 양상을 상정하고 있다. 그러다 보니 미래전 양상에 대비한 전략적 요구사항은 현존하는 위협과 미래의 도전에 동시 대비할 수 있는 위험관리 능력이다. 소련이 해체된 이후 특정한 적이 사라진 미국은 누구와 싸울 것인가보다는 어떤 적이 어떻게 공격하더라도 격퇴할 수 있는 능력을 요구하고 있다. 미국이 능력에 기초한 전략기획제도를 적용하고 있는 이유이기도 하다.

미국이 우크라이나를 군사적으로 지원하는 이유는 두 번째 위협의 범주인 혼합적인 분쟁이 발생한 것으로 보고, 국제전으로 확전되지 않도록 위험을 관리하는 수준이라고 판단해 볼 수 있다.

2. 군사전략 목표 및 개념 설정

세계전략을 구사하고 있는 미국은 군사전략 목표를 2년 단위로 국방백서를 통해 공개하고 있다. 공개된 군사전략이 사실이라고 그대로 인정할 수는 없지만 그들의 의도와 능력을 분석하는 데는 좋은 자료가 될 수 있다.

미국의 군사전략 목표는 미국의 본토 방호, 분쟁과 기습공격 예방, 적에 대한 압도적 격파 등으로 정리해 볼 수 있다. 미국 본토방어를 위한 전략개념은 위협의 근원에 근접하여 대응하며, 전략적으로 접근로를 방호하고, 국내에서 방호를 중첩되게 실시하고, 범지구적 대테러 환경을 조성하는 것이다. 즉 주 방어선을 전방으로 추진하여 핵심지역에 미군을 사전 배치하여 운용하고, 범지구적 전력투사가 가능하도록 군사대비태세를 유지하며, 공중·해상·지상 및 우주로의 접근로를 통합적으로 방호하는 것이다.

분쟁과 기습공격 예방을 위한 전략개념은 전방추진 주둔군을 중심으로 분쟁 억제 및 기습공격 예방을 하고, 작전공간 전체에서 작전 지속능력을 구축하며 동맹국과 통합된 군사작전을 시행하는 것이다. 또한, 위협의 유형에 따라 억제를 위한 다양한 군사적 대안을 제공하며 예방적 임무수행을 강화하는 것이다.

적을 압도적으로 격파하는 전략개념은 신속히 주도권을 장악하여 분쟁의 확대를 차단하고, 핵심전역에서 결정적인 승리를 달성하며, 전과확대를 통해 미국에 유리한 안보 상황을 조성하는 것이다.

〈그림 I-2-4〉는 미국의 군사전략 조정 과정을 설명하기 위해 전략의 우선순위를 규정해본 것이다. 냉전 시대에 미국은 소련을 견제하기 위한 전통적 위협 대응전략에 우선순위를 부여했다. 그러다 2001년 9·11테러 이후에는 미 본토방어 최우선 전략과 대테러·비정규전 승리 전략에 우선순위를 부여했다. 2010년도에 접어들어서는 중국의 급부상에 따른 조치로 아태 재균형 전략에 우선순위를 두고 있다.

이와 같은 맥락에서 우크라이나 전쟁에서 미국의 군사전략을 분석해본다

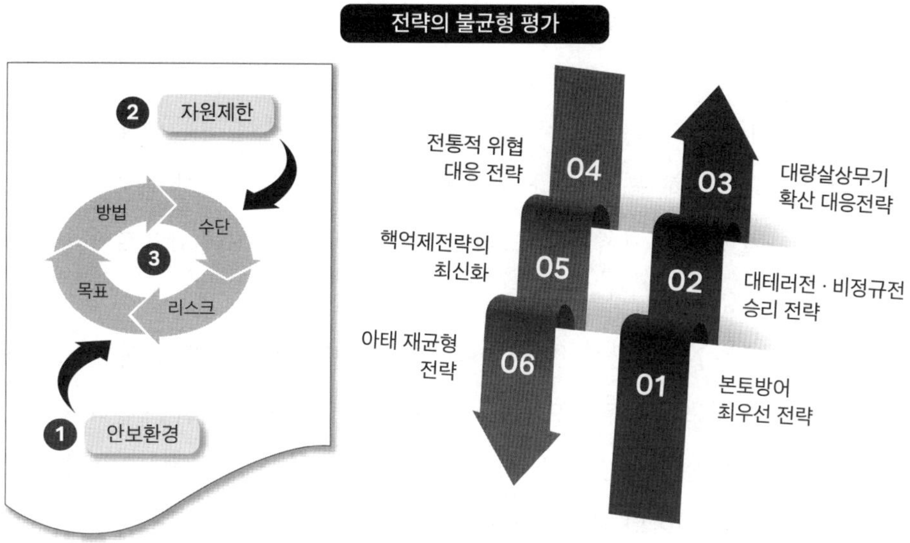

〈그림 I-2-4〉 미국의 군사전략 조정: 전략의 불균형 해소(위험관리)

면, 미국은 핵심지역인 유럽에서 러시아가 다시 지역 패권국의 위상을 회복하는 것을 방지하고, NATO의 동진을 확대함으로써 유럽지역에서 미국의 영향력을 확대하고자 한다. 최종적으로 첫 번째 전략적 경쟁국인 러시아를 최대한 약화시키면서 두 번째 전략적 경쟁국인 중국을 동시에 봉쇄하기 위한 유리한 안보환경을 조성하는 것으로 분석된다.

1) 군사전략 목표 설정

우크라이나 전쟁에서 미국의 군사전략 목표는 '전쟁 이전 상태로의 회귀'가 될 것이다. 미국은 우크라이나가 NATO 가입을 추진하던 중에 발생한 전쟁이다 보니 동맹국이 아닌 상태에서 러시아를 공동의 적으로 간주하여 공동 대응을 취할 수 없기 때문이다. 국제질서의 주도국으로서 침략국인 러시아의 군사적 행태를 제재하지 못한다면, 미국의 국제적 위상이 추락하고, 동맹국들의 신뢰감이 약화될 수밖에 없다. 미국은 어떤 형태로든 국제사회의 요구에 부응해야 한다.

2) 군사전략 개념 구상

우크라이나 전쟁에서 미국의 군사전략 개념은 공세적 전진 억제전략의 연장선에 있다고 추정해 볼 수 있다. 미국이 규정하고 있는 '회생한 해로운 국가로서의 러시아'를 제재하기 위해 우크라이나를 군사적으로 지원함으로써 대리전 수행능력을 보강해주는 것이다.

전진 억제는 NATO군을 우크라이나를 즉각 지원할 수 있도록 배치하고, 러시아군에 대한 정보를 지원함으로써 러시아의 군사 활동 반경을 제한하여 전쟁이 확산되지 않도록 하는 것이다. NATO 군사력을 직접 우크라이나 전역에 투입할 경우 미국과 러시아의 전면전이 될 가능성이 크기 때문에 미국의 선택사항은 아닐 것이다.

미국이 '우크라이나 국방협의체(Ukraine Defense Contact Group)'를 통해 국제사회와 공조하에 우크라이나에 대한 군사지원을 강화하고 있는 점, 미 유럽사령부의 전력을 평시의 30% 이상 증강하고 있는 점, 동맹국들을 규합하여 우크라이나 군사지원을 강화함으로써 러시아에 지속적인 압박을 강화하고 있는 점들이 이를 증명해주고 있다.

3. 군사력 건설

미국은 위협의 우선순위를 ① 현상타파(Revisionist) 국가로서의 중국, ② 회생한 해로운 국가로서의 러시아, ③ 불량국가로서의 북한, ④ 초국가적 위협의 확산이라고 정의했다.[36]

미국은 공세적 전진 억제전략 개념을 구현하기 위해 불확실성을 효과적으

36 The United States Joint Chiefs of Staff, The National Military Strategy of the United States of America 2015.

로 극복할 수 있는 합동군의 능력을 요구하고 있다. 미래전은 핵무기를 보유한 강대국 간의 전면전 대신 전시와 평시를 구분하기 힘든 회색지대(Gray Zone)에서 불특정의 다양한 분쟁의 형태가 될 것이기 때문이다.

1) 군사력 건설 방향

불확실성을 효과적으로 극복할 수 있는 합동군 능력의 완성은 첫째, 특정한 적을 가상한 위협 중심의 맞춤형 군사력 건설이 아니라 어떤 적과도 싸워 이길 수 있는 요구능력을 충족하는 군사력 건설이다. 둘째, 임무별 최적의 전투력을 조합할 수 있는 완전한 통합성을 갖춘 합동작전 수행능력 발휘다. 셋째, 범지구적 전장에 신속하게 군사력을 전개하고 운용할 수 있는 작전 지속능력을 갖춘 합동군이다. 넷째, 네트워크화 기반의 분권화 작전이 가능하고 어떤 환경에서도 적응성과 치명성을 발휘할 수 있는 합동군이다. 다섯째, 적보다 빠르고, 정확한 정보우세에 기반을 둔 결심중심전(Decision Centric Warfare) 수행의 합동군 능력 건설이다.

우크라이나 전쟁과 관련해서 미국은 러시아 점령군을 격퇴할 정도의 재래식 무기와 탄약의 지원 요청에 적극적으로 부응하고 있다.

2) 군사력 건설 소요

미국은 유럽에 탄도미사일 초기 요격기지를 구축하는 '단계별 탄력적 접근전략(EPAA, European Phased Adaptive Approach)'을 추진하고 있다. 이것은 유럽 동맹국에 대한 러시아의 탄도미사일 공격 위협에 대응하기 위한 것으로 육상배치 이지스 요격체계(이지스 어쇼어)를 일본과 공동 개발하여 폴란드와 루마니아에 미사일 기지를 설치했다.

러시아는 미국 중심의 NATO군이 우크라이나 전역에 개입하지 못하도록 핵무기 사용 위협을 지속해서 제기하고 있다. 핵무기의 사용은 우크라이나 전쟁을 새로운 차원의 전쟁으로 변경시킬 것이다. 21세기 핵전쟁의 발발이 가능해지기 때문이다. 미국이 가정하고 있는 핵무기를 보유한 강대국끼리의 전면전이 발발할 수도 있기 때문이다. 미국으로서는 핵무기 사용을 통제할 수 있는 군사능력 건설이 최우선 과제라고 할 수 있다.

4. 작전기획지침(과업 부여 및 자원할당)

미국은 세계전략을 구사하는 유일한 강대국이다. 국제질서를 주도하기 위해서는 가용 군사력을 최대한 효율적으로 운용하기 위한 핵심지역별 과업과 자원할당이 중요하다. 〈그림 I-2-5〉는 냉전 시대로부터 현재에 이르기까지 전쟁 수행방식의 윤곽을 보여주고 있다.

1960년대 미국은 유럽과 아시아 두 개 지역의 전역에서 동시에 승리할 수 있고, 나머지 중동지역 등 지역 분쟁에 대비하는 개념의 2와 1/2 전쟁 대비방식을 취했다. 이후 1980년대까지는 소련과의 다면 전쟁에 주목하는 개념이고, 소련 해체 이후에는 대규모 전쟁 대신 중동과 한반도 동시 분쟁 발생 상황에 대비할 수 있도록 군사력 운용을 조정했다. 9·11 테러 이후에는 미 본토 방어를 우선하여 대비하고, 네 개의 핵심지역 분쟁을 억제하며, 중동과 한반도 지역 동시 분쟁 발생 시 한쪽은 견제하고 한쪽은 결정적으로 승리하는 방식의 대비개념을 발전시켰다. 2010년도 들어 중국의 급부상에 따른 강대국 간의 대규모 전면전 가능성이 증대되자 이에 대한 대비개념으로 전쟁방식의 전환을 도모했다. 미국의 작전기획지침은 전 세계를 대상으로 하는 공세적 전방위 전략이자 핵심지역별 전진 주둔군을 운용하는 전진억제전략 시행을 규정하고 있다고 볼 수 있다.

이러한 맥락에서 우크라이나 전쟁을 위한 미국의 작전기획지침을 분석해 볼 수 있다. 미국은 직접적인 군사개입보다 러시아에 대한 국제적 경제제재 및

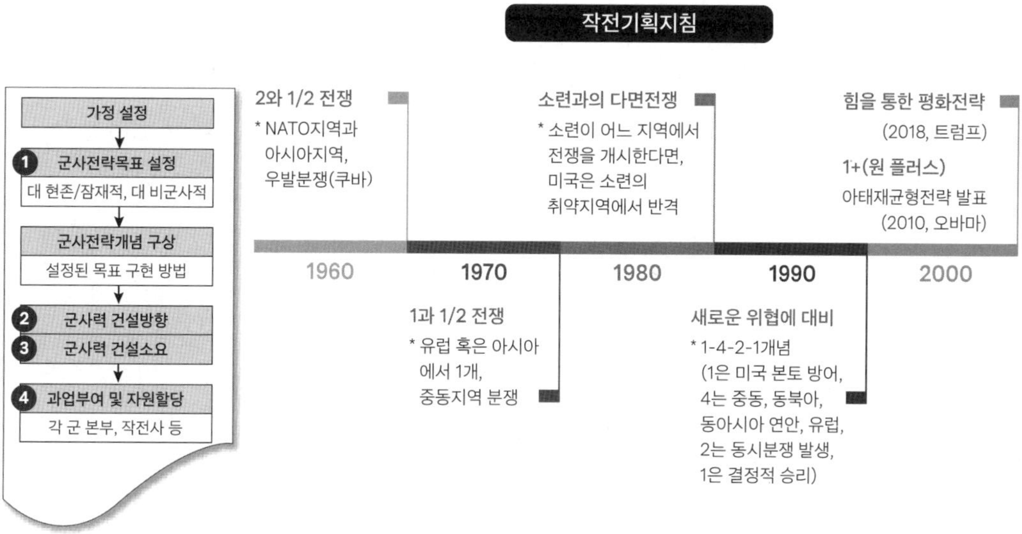

〈그림 I-2-5〉 미국의 작전기획지침 추정: 전략 불균형 해소 관점

우크라이나에 대한 군사적 지원을 통해 전쟁 이전 상태로의 환원을 원한다고 생각할 수 있다. 러시아에 대한 경제제재, 우크라이나의 방어력 강화를 위한 전폭적인 군사지원, 푸틴의 전쟁범죄 부각, 러시아의 국제적 고립 및 전쟁 의지 약화를 위한 외교전 강화 등이 미국의 의도를 잘 보여주고 있다.

5. 군사전략 불균형 평가 및 조정

우크라이나 전쟁과 관련하여 미국의 군사전략에 대한 불균형 평가는 적합하지 않을 수 있다. 미국은 직접 러시아군을 대상으로 군사작전을 펼치고 있지 않기 때문이다.

우크라이나 측면에서 살펴본다면, 미국은 우크라이나 영토 안의 방어에 필요한 무기와 장비, 탄약은 지원하면서 우크라이나가 국경을 넘어 러시아 본토를 공격할 수 있는 자율권은 허용하지 않고 있다. 기동 및 화력 장비를 지원하지만 우크라이나 영토 밖으로의 진격은 허용되지 않는다는 조건을 전제로 하고 있다.

러시아의 초반 공세를 격퇴한 우크라이나는 서방측의 지원전력을 활용하여 상실지역 탈환을 위한 대반격을 실시하고 있지만, 러시아의 강력한 방어진지에 막혀 원하는 성과를 달성하지 못하고 있다. 군사전략 목표와 이를 달성하기 위한 수단 간에 불균형이 존재하기 때문이다. 부족한 능력을 미국이 지원해주거나, 우크라이나가 전략목표를 달성 가능한 수준으로 조정하는 것이 타당해 보인다.

전쟁 당사국인 우크라이나와 군사지원국인 미국의 군사전략 목표가 일치하지 않음으로써 발생하는 전략의 불균형을 해소하기 위해서는 힘의 논리가 지배하는 국제정치 환경에서 약소국인 우크라이나가 심각한 손실을 감내할 수밖에 없다.

5절 소결론 및 정책적 함의

합동전략 기획 절차를 통한 귀납적 분석으로 전쟁 관련 국가의 군사전략을 분석해보았다. 군사전략을 이해함으로써 국가이익을 달성하기 위한 전쟁의 결심과 전쟁 기획, 전쟁의 승리를 위한 군사력 운용과 전쟁 수행방식에 대한 통찰력을 얻을 수 있다. 이러한 통찰력은 휴전상태에 있는 한반도에서 전쟁을 억제하고, 억제 실패 시에는 최소의 희생으로 최대의 성과를 달성할 수 있는 기반 지식을 제공해준다.

러시아의 군사전략은 '공세적 전방위 기동방어' 개념으로 강력한 국가 재건과 강대국 지위를 회복하기 위한 강한 의지를 반영하고 있다. 러시아는 동유럽 지역에서 영향력 있는 군사 강국의 지위를 유지하고, 서방 국가와 세력 균형을 유리하게 유지하기 위해서 우크라이나의 친서방 국가화를 방지하고, NATO 가입을 무효로 할 필요가 있었다. 또한, 서방 국가에 러시아의 장악능력과 통제수단이 건재함을 보여줌과 동시에 러시아 진영을 이탈하려는 국가가 발생하지 않도록 실질적인 의지를 보여줘야 한다는 전략적 요구사항을 충족시켜야 했다.

러시아는 군사력을 사용하여 NATO의 동진을 차단하고, 구소련지역 내 러시아인의 보호를 위한 네트워크를 강화함으로써 유라시아주의에 입각한 동질적 사회문화 공간을 창출하고자 우크라이나에 대한 무력 침공을 감행한 것이다.

러시아 군사전략의 불균형 발생원인은 우크라이나의 저항 의지와 미국 중심의 서방측 군사지원 역량을 과소평가했다는 점에 있다. 그렇지만 돈바스 지역 러시아인들의 해방과 보호, 우크라이나의 NATO 가입 방지, 크림반도와 러시아 영토의 직접 연결 등 대부분의 군사전략 목표를 달성하고 있다는 점은 무정부 상태인 국제체제의 냉혹한 현실을 잘 보여주고 있다.

우크라이나의 군사전략은 '수세적 방어전략' 개념으로 기습공격을 허용한 상태에서 러시아군을 격퇴하고, 상실된 지역을 전부 탈환하는 것이다. 약소국으로서 강대국의 침공을 받게 된다면, 국가 총력전 태세로 전환하여 결사 항전 태세를 유지하면서 우방국의 증원부대를 수용하여 반격의 여건을 만드는 것이 일반적인 전쟁 수행방식이다.

우크라이나의 군사전략 불균형은 군사전략 목표와 수단의 관계에서 수단이 절대적으로 부족하다는 점에 있다. 강대국 러시아를 상대해야 하는 우크라이나는 결정적 작전에서 상대적 우세를 달성할 수 있는 전력을 보장받을 수 없다. 동맹국이 없는 우크라이나는 서방의 군사적 지원 규모와 전력을 정확히 판단할 수도 없는 상황이다. '전쟁 이전의 상태'를 회복하는 선에서 전쟁을 종결하려는 우방국과 상실된 전 지역을 탈환할 때까지 전쟁을 지속할 수밖에 없는 우크라이나의 전쟁방식은 갈등의 불씨가 될 수 있다.

미국 중심의 서방측 군사전략은 '전진 억제 및 위기관리' 개념으로 우크라이나 전쟁이 국제전으로 확산하지 않도록 분쟁을 관리하고 미국의 동맹국과 우방국의 안전을 보장하는 데 중점이 있다. 미국은 우크라이나 영토 안의 방어에 필요한 무기와 장비, 탄약을 지원하면서도 우크라이나가 국경을 넘어 러시아 본토를 공격할 수 있는 자율권은 허용하지 않고 있다. 전쟁이 소모전으로 장기화할 경우 러시아의 전력이 지속해서 약화할 것이며, 이러한 결과는 미국에게 중국 봉쇄에 집중할 기회의 창을 더욱 넓혀주게 될 것이다. 이는 궁극적으로 미국이 추구하는 세계 안보지형도를 형성하는 결과를 낳게 될 것이다.

군사전략은 자국의 국가이익 우선순위에 따라 지속해서 군사전략 목표, 전략개념, 수단을 균형 있게 조정해야 한다. 군사전략의 불균형을 내버려두면, 전술에서 승리하고 궁극적으로 전략에서 실패하는 결과를 초래하여 전쟁의 정치적 목적을 달성할 수 없게 되기 때문이다.

군사전략 관점에서 우크라이나 전쟁이 우리에게 주는 시사점을 도출해보면 다음과 같다.

첫째, 전략환경평가의 중요성 인식이다. 미래의 분쟁은 평시와 전시의 경계가 모호한 상태에서 언제든 발생할 수 있다. 미래의 불확실성을 없애고 효과적으로 대비하기 위해서는 전략환경평가의 전문가와 잠재적 경쟁국에 대한 데이터의 축적이 요구된다. 전략환경평가에서 판단의 기준은 국가의 이익이다. 국가이익을 구체적인 우선순위를 고려하여 세분화하고, 각각에 해당하는 위협의 우선순위를 고려함으로써 미래전의 양상과 국가 차원의 전략적 요구사항을 도출해야 한다.

둘째, 군사전략의 불균형 평가와 조정의 중요성 인식이다. 새로운 정부가 수립되면, 새로운 전략을 수립하고 전략 상황이 변화됨에도 불구하고 목표, 개념, 수단 간의 불균형을 평가하지 않는데, 군사전략 구성요소 간의 불균형이 심화할수록 군사전략은 실패할 가능성이 커지기 때문이다.

셋째, 작전기획지침은 미래전에서 승리하기 위한 군사력 운용방법과 군사력 건설에 대한 명확한 지침이 기술되어야 한다. 국가 총력전 차원에서 군사작전 활동 주체별 과업과 자원이 효율적으로 할당되어야 하기 때문이다.

군사전략은 국가의 생존과 번영에 직결되는 군사력 운용과 건설에 관한 큰 틀이다. 미래의 불확실성은 합리적인 예측을 통해 극복할 방법을 찾을 수밖에 없다. 합리적 예측은 과거 및 현재에 일어나고 있는 중요한 사건들을 관찰하고 분석함으로써 얻을 수 있는 통찰력에 의존한다. 우크라이나 전쟁은 미래전 양상과 대비 방향을 예측하는 데 필요한 통찰력을 제공해준다는 점에서 가치가 크다.

3장
군사력 건설

1절 군사력 건설 연구 접근방법

1. 국력과 군사력

국력이란 '한 국가가 다른 국가에 대해서 영향을 끼칠 수 있는 능력'으로 정의할 수 있다. 이러한 국력의 원천은 〈표 I-3-1〉과 같이 국토의 면적이나 지리적인 위치, 인구 및 민족성, 천연자원의 보유량과 경제적 잠재력, 과학기술의 잠재력 등이다. 특히, 국가의 의지와 정부 정책에 대한 국민적 지지는 국력의 중요한 요인이 된다.

한편, 군사력은 국가의 안전보장을 위한 직접적이고 실질적인 국력의 일부로 군사작전을 수행할 수 있는 군사적인 능력과 역량이며, 상비병력의 규모, 보유한 주요 무기의 효과도, 부대의 구조 및 군수지원 상태, 조직의 질 등으로 나타난다. 국력의 상당 부분은 군사력이 차지하지만 정치 및 외교적 수단에 의한 설득이나 협상능력도 포함된다. 군사력만으로 전쟁에서 승리를 보장하기는 쉽지 않다. 군사력은 약하지만 강한 의지를 가진 국가가 군사적으로 강하지만 결의가 약한 국가와 싸워 승리할 수 있기 때문이다. 이번 우크라이나 전쟁을 보더라도 전쟁의 결과는 단순히 군사력의 수준만으로 결정되지 않는 것이 분명하다.

일반적으로 군사력을 평가하는 가장 중요한 관점은 물질적 요인에 있다.

〈표 I-3-1〉 국력을 구성하는 일반적인 요소

자연환경	위치, 지리, 기후, 식생, 국토면적
인구	인구의 증감, 연령 구성, 교육 수준, 민족적 구성 등
군사력	경제력, 인구, 자연환경에 영향
경제력	국민의 생활 수준, 교육수준, 인구 부양 능력, 군사력과 연관
기술력	해당국의 과학기술 능력

* 출처: 위키백과, https://ko.wikipedia.org/wiki/힘_(국제_관계)

즉, 어느 쪽이 더 많은 병력과 무기를 갖고 있으며, 어느 측의 무기가 더 우수하며 관련된 기술이 정교한지에 의존하는 경향이 높다. 그러나 이러한 물질적 요인만으로 군사적 역량을 모두 설명할 수는 없다. 이른바 무형전력이라고 하는 국민들의 저항의지, 장병 및 부대의 교육훈련이 어떻게 상호작용하는지에 대한 복합적인 접근이 필요하다. 일반적으로 군사력은 유형적인 요소와 무형적인 요소가 합쳐진 것으로 보는데, 군사용어 사전에도 "병력, 무기, 장비, 물자, 부대조직 등의 유형 전투력, 리더십, 군기, 사기, 전투기술 등 무형 전투력으로 구성"되는 것으로 정의하고 있다.

특정 국가의 군사력 수준을 평가하는 것은 다양한 방법들이 있겠지만, 최근 미국의 세계 군사력 평가단체인 GFP(Global Fire Power)에서 러시아는 세계 2위, 우크라이나는 세계 22위의 수준으로 평가했다. 이 평가지표에는 전쟁 수행에 영향을 미치는 무형의 전투력들은 반영되지 않는 등 그 실효성에 대한 의문은 있지만, 객관적으로 비교할 수 있는 차원에서 유용하게 활용되고 있다. 우크라이나의 경우 서방의 적극적인 무기 지원이나 이를 이끌어낸 외교력 등은 객관적인 군사력과는 별개로 우크라이나 군사력의 다른 외부변수로 작용되고 있다.

이러한 맥락에서 양국의 군사력을 세계 2위와 22위로 바라보는 관점은 다소 편협적인 시각이 될 수 있으므로 다양한 외부의 변수들을 복합적으로 고려하여 조명해야 할 것이다.

2. 군사전략과 군사력 건설

전쟁은 일반적으로 "상호 대립하는 둘 이상의 국가 또는 이에 준하는 집단 간에 정치적 목적을 달성하기 위해, 군사력을 비롯한 모든 수단을 사용하여 자기의 의지를 상대방에게 강요하는 행위 또는 상태"[1]로 정의한다. 따라서 각국

1 합동참모본부, 『합동·연합작전 군사용어사전』, p. 267.

은 자국의 이익을 지키기 위해서 스스로를 지킬 수 있는 힘과 능력을 추구하고 있다.

전쟁은 하나의 전투가 아니라 여러 전투로 구성되는 복잡한 양상을 보이기 때문에 전쟁에서 군사력을 어떻게 운용하여 승리할 것인가를 고민하고 그 체계를 갖추어야 한다. 전쟁에서 승리하기 위해 군사력 건설과 운용에 대한 해당 국가의 고민과 체계가 군사전략으로 표출되는 것이다. 이러한 개념에서 군사전략은 "국가목표 또는 국방목표를 달성하기 위해 군사력을 건설하고 운용하는 술과 과학"으로 정의되고 있다.

군사전략의 구성요소는 1981년 테일러가 구체화한 목표(Objective or Ends), 방법(Ways), 수단(Means)이 보편적으로 받아들여지고 있다. 군사전략이 유용하기 위해서는 '원하는 최종상태가 어떤 것인가?', '어떠한 행동으로 이러한 최종상태를 달성할 것인가?', 그리고 '가용한 자산이 이러한 행동의 수행을 보장할 수 있는 수준인가?'에 대해 답을 제시해줄 수 있어야 한다.

이 중에서 군사력 건설과 관련된 것은 세 번째에 제시된 수단(Means)으로 이는 '군사전략을 수행할 수 있는 자원'으로 볼 수 있다. 여기서 자원은 유·무형의 모든 형태를 포괄하는 개념이다. 무기체계나 병력과 같은 군사적 능력뿐만 아니라, 시간과 지휘관의 의지와 같은 무형적인 요소들을 포함하고 있다. 수단 없이는 어떠한 방법도 수행할 수 없으며, 군사전략 목표의 최종상태에 도달할 수 없기 때문이다. 수단은 전략의 가동성을 보장하는 핵심이며, 술(術)로써 군사전략을 창의적으로 만들어줄 수 있는 기초가 되는 것이다.

이번 우크라이나 전쟁에서도 양국은 각국의 이익을 구현하기 위해 군사전략의 목표와 방법을 설정했다. 이것이 세 번째 전쟁인 우크라이나 전쟁을 이해하기 위해 군사전략의 목표와 방법을 구현하고 수행하기 위한 수단이었던 양국의 군사력 건설에 대해 살펴보아야 할 이유다.

3. 국방개혁을 통한 군 구조 변화

우크라이나 전쟁에서 양국의 군사력은 (구)소련 해체 이후 30여 년 동안 추진되었던 군사력 건설의 산물이다. 이러한 과정은 양국이 처한 정치·경제·외교적 상황과 연관되어 있다. 특히, 정치 지도자들의 비전과 의지와 무관하지 않다.

이는 한국군이 1990년대 초부터 추진했던 국방개혁의 흐름과 유사한 부분이 있다. 이러한 맥락에서 러시아와 우크라이나가 지난 30여 년 동안 추진해온 군사력 건설과정에 대해 조망해보는 것은 한국군의 군사력 건설과정에 많은 시사점을 제시해줄 수 있다는 점에서 중요하다. 따라서 우크라이나 전쟁이 우리 한반도의 안보에 주는 시사점과 교훈을 통해 한국군의 국방개혁의 방향도 점검해 볼 필요가 있다.

이번 전쟁에서 나타난 양국의 국방개혁의 결과를 간과해서는 안 된다. 고비용·고효율에 기반한 첨단무기의 확보가 관건은 아니었다. 급격한 병력 감축과 모병제의 도입, 전면전에는 적합하지 못한 대대전술단 운용, 합동작전 수행이 미흡했음은 물론 현대전에 부합된 지휘통제 및 인지전이 제대로 작동되지 못했던 것으로 보인다. 첨단무기 중심의 양적 확대보다는 어떻게 싸울 것인지에 대한 명확한 개념 정립이 선행되어야 하고, 다양한 무기체계의 특성이 최대한 발휘되도록 부대와 개인이 교육과 훈련이 되는 것이 중요함을 명확히 인식하는 계기가 된 전쟁이었다. 이번 전쟁에 대한 시각과 관점은 한국군의 지향점인 「국방혁신 4.0」의 토양이 될 것이다.

양국이 추진한 국방개혁의 결과, 개전 초 군사력 수준은 러시아는 세계 2위, 우크라이나 세계 22위로 평가되었다. 하지만, 특정 국가의 군사력 수준을 객관적으로 인식하기 위해서는 〈표 I-3-2〉에서 제시한 해당국의 전반적인 군 구조에 대해 살펴보는 것이 유용하다. 따라서, 가용한 자료로 무기체계 중심의 전력구조, 전쟁을 지휘하는 지휘구조와 전투를 수행하는 각 군의 부대구조를 중심으로 양국의 군사력을 이해할 필요가 있다.

〈표 I-3-2〉 군 구조의 정의와 분류

군 구조란 국방 및 군사임무 수행에 관련되는 전반적인 군사력의 조직 및 구성관계로서, 육군·해군·공군이 상호 관련되는 체계로 군구조에는 지휘구조, 병력구조, 부대구조, 전력구조로 구성된다. 1. 지휘구조: 국방부로부터 국방부 직할부대, 합동부대, 각 군 예하부대에 이르기까지 지휘관계로 이루어진 체계다. 지휘구조는 상부 지휘구조와 하부 지휘구조로 구분한다. 2. 병력구조: 군 조직을 형성하는 병종별 또는 신분별 인력의 구성체계다. 3. 부대구조: 전투력 발휘가 용이하도록 지휘·통제부대, 전투부대, 전투지원 및 전투근무지원부대, 교육훈련부대로 구분하여 단위제대별로 운용개념에 맞게 부대를 편성하고 지휘관계 등을 설정한 체계다. 4. 전력구조: 군사목표를 달성하고 군사전략 개념을 구현하기 위해 가용한 인력과 예산을 고려하여 제대별 적정 수준의 무기체계, 장비 등을 편성한 체계다.

* 출처: 합동참모본부, 『합동·연합작전 군사용어사전』, p. 51.

2절 러시아의 국방개혁 및 군사력 현황

1. 러시아의 국방개혁 추진과정 및 평가

러시아의 국방개혁 추진과정은 〈그림 I-3-1〉에서 보는 바와 같이 4단계로 진행되었다. 이를 보다 세부적으로 분석해보면 다음과 같다.

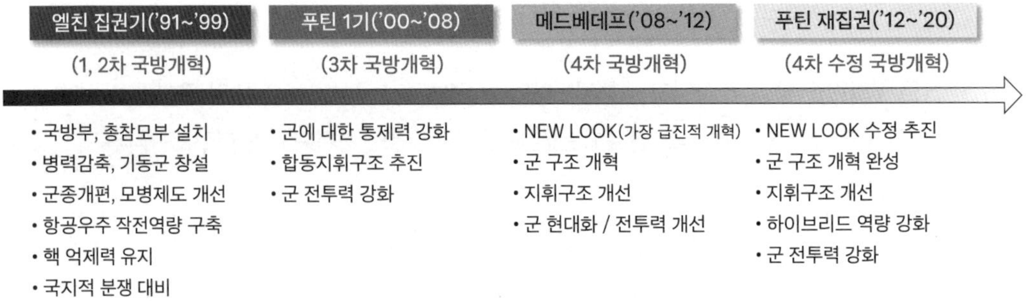

〈그림 I-3-1〉 러시아의 국방개혁 추진과정

1) 소련 붕괴 이후 러시아군의 약화(1992~1999)

소련은 1922년에 건국되어 1991년 12월 26일 해체되었다. 당시 소련은 세계에서 가장 넓은 영토와 2억 9천만 명의 인구를 가진 초강대국이었다. 미국과 함께 세계를 양분한 소련이 붕괴되자 소련으로부터 독립한 국가들이 국제사회에 등장했고, 자본주의와 공산주의 세력이 이념적으로 대립하던 냉전시대가 막을 내리게 되었다. 1985년 취임한 미하일 고르바초프(Mikhail Gorbachev) 서기장은 경제 침체를 비롯한 여러 가지 문제를 타개하기 위해 개혁정책(페레스트로이카)을 시행했고 정치개혁을 통해 소련의 대통령으로 취임했다. 하지만 8월 쿠데타[2]를 진압하는 데 주도적인 역할을 수행한 옐친이 실권을 잡게 되었고, 결국 고르바초프는 사임하면서 소련 시대의 막이 내렸다.

현재 우크라이나와 전쟁을 수행하고 있는 러시아 연방군은 소련 해체 이후 1992년 5월 7일에 NATO의 위협에 대비하고 인접국에 있는 자국민 보호와 유라시아 지역에서 발생하는 분쟁의 조정자 역할이 요구됨에 따라 소련군을 인수받아 창설했다. 하지만 소련으로부터 물려받은 400만 명에 달하는 거대한 병력 규모는 경제 회복과 성장이 중요한 러시아에게는 상당한 걸림돌이 되었다. 이에

2 1991년 8월 8일, 소련 공산당 보수파들이 급진 개혁정책을 추진한 고르바초프의 실각을 시도한 쿠데타로 진압에 주도적 역할을 한 옐친이 득세하게 된 사건.

따라 러시아에게 병력 감축은 최우선적으로 추진해야 할 과제였다.

소련 해체 이후 러시아의 1차 국방개혁은 1992년 최초의 국방장관인 그라초프(Pavel Grachev)가 '3단계 군개혁 계획'[3]을 발표하면서 추진되었지만, 재정적 지원을 받지 못한 채 150만 명으로 병력을 감축하면서 심각한 후유증을 앓게 된다. 급격한 감군으로 통합성과 전투력이 약화된 상태로 1차 체첸전쟁(1994~1996)[4]을 수행함으로써 체첸 반군에게서 완전한 항복을 받지 못하고 휴전이라는 타협점을 찾게 되었다.

2차 국방개혁은 체첸전쟁에서 인식한 문제와 미국이 주도한 걸프전쟁에 영향을 받아 추진되었다. 1996년 옐친 대통령의 재선 도전 과정에서 체첸전쟁으로 인한 군사력 강화 문제가 대두되었다. 과거 소련군의 징집제에 대한 국민들의 반감이 심했던 상황에서 옐친은 계약에 따른 전문 직업군인 제도를 추진했다. 이에 따라 최초의 계약군 편제인 제76공수사단이 창설되기도 했다. 한편, 1997년 국방장관이 된 세르게예프(Igor Sergeev)는 120만 명으로 병력을 감축하고, 군 구조를 지상군과 해군, 공군, 전략미사일군 등 네 개 구조로 개편했다. 또한 군관구 지역을 여섯 개 지역으로 축소하는 한편, 현대화된 토폴(Topol-M) 지상발사 탄도미사일 연대를 배치하는 등 일련의 개혁을 단행했다.

그러나 세르게예프는 부족한 국방예산을 감안해 핵 억지에 기반한 군사전략, 즉 전략핵군의 발전을 우선시했는데, 총참모장 크바신(Anatoly Kvashin) 사이에 핵전력과 재래식 전력 간에 투자 우선순위를 놓고 논쟁이 격화되어 군 개혁이 중단되고 말았다. 여기에 국가의 경제적 지원이 어려워지게 되면서 군 개

---

3 1단계: 1992년 이내에 국방부와 총참모부 설치
2단계: 1993~1995년까지 동독·폴란드·몽골 등에서 군 병력 철수, 병력을 210만 명 감축, 국지적 분쟁에 대비한 기동군을 창설하고, 군단 및 사단을 여단으로 편제 조정
3단계: 1996~2000년까지 전략로켓군과 방공, 공군을 통합하여 공군으로 재편성하고, 150만 명으로 병력을 감축하고, 지원병을 50%로 확대

4 러시아의 입장에서 전략적 요충이었던 체첸이 탈러시아 정책을 추진한 두다예프(Dzhokhar Dudayev) 대통령을 축출하기 위해 침공했다. 이 과정에서 수도인 그로즈니는 점령했지만 분리 독립 세력의 항복은 받아내지 못한 채 5,700여 명의 사상자를 내고 후퇴했다.

혁은 이루어지지 못했다. 결국 군의 사기와 전투력이 저하되었으며, 각종 부정부패가 만연하는 등 개혁의 추진 동력이 급격히 상실되었다.

2) 푸틴 집권으로 '강한 러시아군' 추진(2000~2008)

푸틴은 1999년 8월 옐친 대통령에 의해 러시아 총리로 임명되면서 정치에 본격적으로 참여하게 된다. 당시 러시아 내부에서 발생된 체첸 반군의 테러에 대한 응징으로 시작된 2차 체첸전쟁에서 푸틴은 직접 전투기를 몰고 체첸의 수도인 '그로즈니'를 방문하는 등 젊고 강한 모습으로 국민들에게 인식되었다. 1999년 12월 31일 옐친 대통령의 사퇴에 따라 푸틴은 대선에 출마하여 2000년 5월 대통령에 당선되었다. 푸틴은 대통령이 된 이후에도 '강력한 국가, 위대한 강대국, 러시아의 부활'이라는 정치적 목표를 달성하기 위해 개혁을 추진했다. 러시아 개혁의 출발은 옐친 시대에 부와 권력의 핵심 세력이었던 '올리가르히'[5]를 축출하는 것이었고, 옐친 시대에 생필품의 부족과 극심한 식량 부족 사태로 어려웠던 러시아의 경제를 재건하는 것이었다. 이러한 개혁 초기 과제들은 상당한 성과를 달성하여 7%대의 경제성장률을 달성하면서 러시아 국민들의 생활 수준도 높아지게 되었다.

이러한 부패 세력의 척결과 경제적 안정을 기반으로 한 푸틴 정부는 러시아의 세 번째 국방개혁의 기치를 '강한 러시아의 재건'으로 내세우고 '강한 군사력 건설'을 표방했다. 당시 푸틴은 부대 수와 병력을 감축하는 재래식 군사력 개선, 육·해·공군 3군 체계로 군 구조 전환, 각 군에 동등한 예산 분배보다 부대의 임무에 따른 합리적 예산 배분 등 개혁 조치들을 결정했다. 또한, 2000년에 푸틴과 당시 국방장관 이바노프는 '미래의 전쟁은 핵전쟁을 포함한 전면전보다는 군사·정치적 불안정 요인으로 극단주의, 분리주의, 테러 행위 등에 의한 국지전이

5 소련 붕괴 이후 러시아 및 그 외 과거 동구권 지역의 경제를 장악한 특권계층으로 대체로 소련 공산당의 관료 출신이나 그들의 지원을 받아 거대 재벌로 성장한 인물.

나 제한전이 발생할 가능성이 크다'고 보는 '러시아 군사 독트린'을 발표했다. 이에 따라 첨단기술에 기반한 정밀무기를 갖춘 소규모의 잘 훈련된 신속 기동군이 국지전과 제한전에 신속히 대응하는 데 유용할 것으로 보았다.

한편, 옐친 시대의 국방개혁이 실패했던 것은 국방부와 총참모부의 갈등이라고 인식하여 군에 대한 통제력 강화가 필수적이라고 보았고, 이를 위해서 군에 대한 통제력을 강화하고 이를 뒷받침할 수 있는 지휘구조의 개편을 추진했다. 이에 따라 총참모부를 국방부에 예속시키고, 국방장관이 군 전체를 지휘 및 통제할 수 있도록 했고, 총참모부는 작전과 전략기획 등 고유 업무에만 집중하도록 했다. 또한 합동작전 지휘를 위해 서부·남부·동부사령부를 창설했다. 하지만 3차 국방개혁에 대한 전반적인 평가는 의도했던 만큼의 성과는 보이지 못했던 것으로 평가된다. 러시아군 내부에서는 NATO의 동진에 대한 불안과 총참모부 권한의 축소에 대한 불만이 내재되어 있었고, 이에 군 수뇌부들이 조직적으로 개혁을 지연시켰던 것으로 분석된다. 아울러 무엇보다도 개혁을 추진하기 위한 국방예산의 지원이 제대로 추진되지 못했던 점은 이러한 분석을 신뢰성 있게 뒷받침한다.

3) 메드베데프 집권기(2008~2012)

2008년 8월 러시아는 조지아와 5일간의 전투[6]에서 효율적이지 못한 작전수행능력을 보였다. 특히, 군의 지휘통제 체제가 엉망이었고, 현대전을 수행할 수 있는 전투력을 지니고 있는가가 의심스러울 정도였다. 당시 국방장관이었던 세르듀예프는 10시간 이상 위치 파악이 되지 않아 중요한 결정을 내릴 수 없었고, 주요 핵심 지휘관 및 참모들이 명령 계통에서 누락되거나 부재 상황이었다.

한편, 군관구-군-군단-사단-연대로 이어지는 복잡한 지휘구조와 투입된 부

6 러시아는 조지아에서 분리 독립을 시도하는 남오세티야와 압하지야를 지원했으며, 주요 도시를 점령하는 등 승리했지만, 러시아군이 현대전을 수행할 준비가 미흡함을 인식했다.

대를 통합 지휘할 '통합사령부'가 구성되지 못했고, 공군 소속의 헬기가 지상군에 대한 기동과 화력지원에 적절히 활용되지 못했으며, 노후된 통신장비와 위성항법(GLONASS)체계에 의한 통신 및 표적 정보 제공이 미흡하여 정밀유도무기를 제대로 운용할 수 없을 지경이었다. 전면전이 아닌 조지아와의 국지적 분쟁에서 병력동원의 제한과 징집병의 전투력 미흡 문제는 러시아로 하여금 현대전 수행역량(장거리 정밀타격과 합동작전수행)을 구축하고 앞으로의 전쟁을 대비할 필요성을 인식하게 했다.

이에 2008년 말에 취임한 메드베데프(Dmitry Medvedev) 대통령과 세르듀코프(Anatoliy Serdyukov) 국방장관은 급진적인 군개혁 계획을 논의하고, 대대적인 국방개혁에 착수했다. 메드베데프 대통령은 상설 전투즉응부대의 창설을 통해 명령계통을 개선하고, 군의 훈련을 강화하며, 군에 새로운 무기를 공급하고, 군의 처우를 개선하며, 전략로켓군과 해군 강화, 우주방위군의 창설, 신속대응군 강화 등을 내용으로 하는 국방개혁에 착수했다.

2008년 11월 5일 의회연설에서 메드베데프 대통령은 조지아전에서 드러난 군사적 문제점과 미국의 전 세계적 미사일방어망(MD) 구축과 NATO의 확대 의지 때문에 러시아군이 새로운 틀을 마련하고 재무장한다고 발표했다. 2008년 세르듀코프는 대규모 육상, 해상, 공중전에서 군의 전투력과 기동성을 갖추고, 최소한 세 개 지역의 지역전과 국지전에 참가할 준비가 된 군으로 변화시키겠다는 의지를 보였다. 실제로 이를 위해 2009년에는 전년 대비 군 예산을 35%까지 증가시키기도 했다.

2008년부터 2012년 초까지 시행된 국방개혁의 핵심은 〈표 I-3-3〉과 같다.

이 시기에 단행된 국방개혁은 분명 옐친이나 푸틴 대통령이 추진했던 것에 비해 군 구조와 명령체계 등 개혁의 폭이 훨씬 큰 것은 분명했다. 더욱이 러시아의 개혁 의지와 경제적 역량을 고려할 때, 추진 동력도 있었다. 하지만, 여전히 군 내부의 반발이나 가용 병력확보를 위한 인구학적 문제 등 구조적인 문제 등으로 개혁의 성과는 불명확했다.

〈표 I-3-3〉 2008~2012년 초 러시아의 국방개혁 주요 내용

① 2012년까지 러시아군 숫자를 100만 명으로 감축
② 장교를 33만 5천 명에서 15만 명으로 줄이고 장교단의 구조 변경
③ 65개 군사학교를 10개의 훈련소로 통합, 군사훈련체계 변경
④ 국방부와 총참모부 등을 감축 및 재편성하고 각 군의 역할 축소
⑤ 여섯 개 군관구를 네 개로 통합하며, 전시 통합사령부 기능 수행
⑥ 기간편성 부대 해체, 상시 전투준비태세 유지군으로 전환
⑦ 예비군 체계를 재조직하고 교육훈련 방법 재조정
⑧ 모든 병사는 징집병으로 12개월 복무, 부사관은 전문 직업군인화
⑨ 부대조직, 주요 거점 및 군사기지, 부대 수 대폭 감소
⑩ 육군을 여단 중심으로 재편, 공군 및 방공부대 구조 개편, 우주방위군 창설, 해군 구조 개편 및 독립적인 사이버사령부와 특수작전 사령부 창설

* 출처: 육군군사연구소, 『러시아-우크라이나 국방개혁과 새로운 전쟁』(계룡: 육군군사연구소, 2019), p. 126.

그러나 분명한 것은 이번 개혁을 통해 러시아는 이전과는 다른 전투수행 능력을 갖출 수 있을 것으로 기대했고, 이러한 분위기는 다음 해 푸틴의 재집권으로 보다 강한 러시아군으로 발전할 수 있는 계기가 되었다.

4) 푸틴의 재집권과 수정된 국방개혁 추진(2013~현재)

2013년 1월 러시아군의 게라시모프(Valery Gerasimov) 총참모장은 "21세기에는 전쟁과 평화의 상태를 명확하게 구분하기 어렵다. 전쟁은 더 이상 선언되지도 않고 익숙한 형태로 진행되지 않는다. 정치·전략적 목적을 달성하기 위한 비군사적 수단의 역할이 증가하고 많은 경우 비군사적 수단이 효율성 면에서 군사력을 넘어선다"라고 지적했다. 향후 대규모 전면전보다는 국지전이나 제한전의 가능성이 증가하는 상황에서 전쟁과 평화의 구분이 모호해지고 비군사적 분

쟁 방식이 광범위하게 활용될 것으로 본 것이다. 이 경우 전쟁의 핵심은 군사적 대결이 아니고 심리전과 정보전이 부각되며 민간 전투원이 활용된다. 또 현대전은 군사작전이 총체적으로 통제된 네트워크 중심전으로 수행되면서 새로운 정보기술과 고도의 정밀무기가 대규모로 사용된다. 적보다 정보의 우위를 선점하지 못하면 승리할 수 없고 경우에 따라 정보기술을 비롯한 네트워크 체계가 전쟁에서 무기보다 우월한 요소가 될 수 있다. 따라서 이러한 통합된 정보환경에서 기동성을 지닌 합동군의 역할이 중요하게 된다. 러시아는 이러한 군사적 개념으로 2014년 우크라이나의 크림반도를 병합하고 돈바스 지역에서 군을 투입하는 대신 다양한 비군사적 방법을 통해 정치적 목적을 달성했던 것이다.

한편, 2015년에는 시리아 내전[7]에 개입하게 되는데, 이는 지정학적 이유와 러시아 내부의 안보적 차원에서였다고 볼 수 있다. 2017년까지 러시아군은 27개월 동안 IS의 장비 8천여 대, 718개소의 무기 및 탄약 공장을 파괴하고, 6만 명이 넘는 IS 요원들을 사살했다. 이러한 과정에서 러시아는 실전경험을 쌓고 첨단무기의 효과를 시험했으며, 네트워크 중심전 수행능력을 향상시킬 수 있었다. 그리고 궁극적으로는 중동지역에서 러시아의 영향력을 확대하는 군사력 운용의 자신감을 갖게 되었다고 볼 수 있다.

2018년 푸틴은 네 번째 대통령 선거에 출마하기 직전 연례 국정연설에서 그동안 공개하지 않았던 최첨단 무기들을 공개했다. 푸틴이 자랑한 여섯 가지의 신형무기는 ① 부레베스트니크 핵추진 대륙간 스텔스 순항미사일, ② 마하 20의 아방가르드 극초음속 활공체, ③ 킨잘 극초음속 순항미사일, ④ 사르맛 차세대 대륙간 탄도미사일, ⑤ 포세이돈 핵탄두 탑재 대륙간 수중 드론, ⑥ 페레스베트 레이저 무기 등이다. 푸틴은 이러한 무기로 미국 주도의 미사일 방어체계가 무용지물이 됐고, 러시아의 발전에 위협이 되는 서방의 노력에 종지부를 찍게 될

7 시리아 내전은 2011년부터 현재까지 바샤르 알아사드(Bāssel al Assad) 정부를 축출하려는 반군과 정부군 사이에 진행 중인 내전으로 시리아 내외부의 복잡한 정치·외교·종교적 갈등에 따른 것이다.

것이라고 강조했다. 실제 이러한 무기들은 이번 우크라이나 전쟁에서 실전에 운용되기도 했고, 때론 위협의 수단으로 활용되고 있다.

5) 러시아 국방개혁에 대한 평가

러시아는 소련 붕괴 이후 국방개혁을 추진했지만, 초기에는 의도했던 목표를 달성하지 못했다. 하지만 푸틴이 집권한 이후 단행한 국방개혁은 그 성과와 효과가 분명히 나타났고, 이러한 자신감은 2022년 우크라이나에 대한 전면적인 공격으로 이어지게 되었다고 분석할 수 있다.

러시아의 국방개혁은 소련이 붕괴된 1990년대부터 논의되었지만, 실질적인 개혁은 푸틴이 집권하던 2000년대부터 실행되었다. 본격적으로는 2008년 러시아-조지아 전쟁 이후로 볼 수 있다. 조지아 전쟁 이후 나타난 군 구조의 문제점과 러시아군이 갖고 있던 취약점을 극복하기 위해서였다. 이 기간 중에 여단 중심의 군 편제 개편과 무기체계의 현대화와 효율성, 작전 및 전투 능력에서 상당한 성과를 달성했다. 이후 2014년 우크라이나의 크림반도 합병과 돈바스 지역 내전에서 러시아는 높은 수준의 '하이브리드전(Hybrid Warfare)'을 수행했고, 2015년 시리아 개입과 공습작전 등에서 보여준 괄목할 만한 러시아군의 작전수행 능력은 푸틴 대통령 집권 이후 지속적인 국방개혁과 군사력 강화 정책의 성과에서 기인한다고 볼 수 있다.

러시아의 국방개혁은 소련 해체 이후 집권한 러시아 정부의 여러 국정과제 중 높은 국민적 지지를 기반으로 일관성 있게 추진되었다. 이러한 배경에는 첫째, 소련 해체 이후 러시아 국민들의 마음에는 실추된 러시아의 위상 추락에 따른 상실감이나 서구 사회에 대한 냉전의 패배자라는 모욕감이 자리하고 있었다. 또한 악화된 경제 상황에서 과거 강대국에 대한 향수 등이 자리하고 있다고 볼 수 있다. 고르바초프와 옐친 집권기에 서구의 전폭적인 경제 지원은 기대에 미치지 못했고, 서구 사회에 너무 굴종적이라고 생각한 탓이었다. 둘째, 러시아군이 내부적으로 갖고 있던 병영 내 악·폐습의 문제였다. 인터넷을 통해 러시아군의 심각한 구타 사건, 마약 사건, 부패 사건, 조직범죄 사건, 열악한 숙식 상황들이 국민들에게 알려지게 되었다. 이는 러시아군에 대한 극심한 국민적 불신으로 나타났고, 과감한 개혁과 병영시설 개선을 요구하는 국민적 열망과 연계되었다.

결과적으로 러시아는 국방개혁의 과정을 통해 소련 시절의 대규모 병력에 기반한 재래식 전력에서 벗어나기 위해 노후된 무기체계를 교체하고, 사단급 부대를 테러 및 소규모 분쟁에 즉각 투입할 수 있는 신속기동 대응여단으로 부대구조를 개편했다. 지휘구조 면에서는 육·해·공군의 합동성을 보장하기 위해 군관구 중심의 지휘체계를 정립하고 군관구-군-여단으로 지휘체계를 단순화했다. 병력구조도 대규모 징병제 중심에서 부사관 중심의 모병제와 계약군제를 도입하여 전문성을 증대했고, 장성급과 영관급 장교의 수를 줄이고 위관급 장교를 늘려 피라미드형으로 변화를 추구했다. 전력구조 측면에서도 네트워크 기반 중심전을 수행하기 위해 지휘·통제 및 통신장비 등을 최첨단 장비로 개편하고, 북극 및 우주, 핵전력 및 공수부대 등 비대칭 전력을 강화하여 미래전에 대비했다.[8] 강군 건설을 통한 강한 러시아의 부활이라는 거시적인 국민들의 염원과 자신의 자녀들을 좀 더 나은 병영에서 근무할 수 있도록 모병제로 변화시키려는 열망들이 더해졌던 것이다. 이는 러시아 경제 침체 상황에서도 국방개혁을 추진하기 위한 국민적 지지를 받으면서 추진 동력을 유지하게 되었다.

그러나, 러시아가 30여 년 넘게 국방개혁을 추진하는 과정에서 경제 침체와 군 내부의 반발은 가장 큰 걸림돌이 되었다. 러시아는 1990년대 이후부터 지속적인 서방의 경제 제재와 오일 가격의 하락으로 만성적인 경기 침체에 직면했고, 이로 인해 국방개혁을 추진하기 위한 예산의 뒷받침이 부족했다. 특히, 2008년 국방장관으로 취임한 아나톨리 세르듀코프는 국세청장 출신으로 국세청의 직원들을 국방부 고위직에 임명하여 개혁을 추진했다. 이는 결국 현역 및 예비역, 군사전문가들에게 비군사 전문가에 의한 개혁의 추진이라는 엄청난 반발을

8 국방대학교, 『미·중·일·러 북한의 군사전략』(논산: 국방대학교, 2017), p. 210.

〈그림 I-3-2〉 북한의 전승절 열병식에 참석한 쇼이구 러 국방장관의 모습(좌)
* 출처: https://m.khan.co.kr/politics/north-korea/article/202307282109015#c2b (2023. 11. 22.)

초래하게 되었다. 결국 세르듀코프 국방장관은 부패 문제와 개인의 신상을 이유로 해임되었고, 2012년 세르게이 쇼이구(Sergei Shoigu)가 임명되어 푸틴 대통령을 보좌하면서 러시아의 국방개혁과 군사력 건설을 주도했다.

우리 군의 국방개혁 추진과정에서도 많은 어려움과 반발이 동반되었던 것은 주지의 사실이다. 성공적으로 국방개혁이 추진되기 위해서는 명확한 방향과 목표의 설정도 중요하겠지만, 개혁을 추진하는 과정에서 조직 구성원의 공감과 동참을 유도하고 일관성 있게 추진해갈 수 있는 리더십이 반드시 요구된다.

2. 러시아의 군사력 현황[9]

러시아군은 강력한 재래식 군사 역량과 세계 2위 핵무기 보유국 지위를 유지하고 있다. 러시아군의 목표는 주권 확보, 영토보전, 인접국 및 원거리 국가들에 대한 영향력 확대다. 이를 위해 러시아는 집단안보조약기구(CSTO)와 상하이

9 대한민국 외교부에서 작성한 『러시아 개황』 외교간행물(2021. 10.)과 조석문의 "21세기 러시아의 군사안보전략", 『국방대학교 석사학위 논문』(2022)에서 발췌·재정리했다.

협력기구(SCO)의 주요 회원국으로 활동하고 있다. 군사적으로는 계속해서 자국의 핵무기 및 재래식 무기를 현대화하고 있다. 그 결과 전반적으로 2020년 국가무장계획은 성공적이었으나, 비교적 대규모인 무기조달 목표 가운데 일부는 달성되지 못했다. 러시아는 첨단 핵무기 및 재래식 무기를 설계·개발·생산할 수 있지만, 1990년대는 방위산업 분야 투자 부족 상황에 직면하여 무기의 조달은 원만한 상황이 아닌 것으로 평가할 수 있다.

1) 국방조직

러시아군은 총참모장이 군정과 군령권을 가진 통합군제의 유형이었으나, 2004년 7월 국방법 개정으로 국방장관에게 작전·인사·예산의 권한을 부여했다. 따라서 총참모부는 국방부 예하 군사 지휘통제 기구로서 군사력 건설 및 운용, 부대 통제 및 국방장관의 군령권 행사를 보좌하는 절충식 합동군제의 유형으로 분류할 수 있다. 2010년 이전에는 러시아군은 육·해·공군 세 개의 군종과 전략미사일군·항공우주방어군·공수군의 세 개 병종 체제를 유지했다. 이후 국방개혁 추진과정에서 〈그림 I-3-3〉과 같이 항공우주방어군을 공군에 통합하여 항공우주군을 창설했다. 또한, 지역별 합동작전 수행능력을 강화하기 위해 네 개의 군관구[10](합동전략사령부)로 전환하여 전시에는 각 군의 전투자산을 통합 운용하고 있다.

합동전략사령부는 군관구의 작전적 또는 전략적 수준의 지휘부대로 ① 군관구 내 제병협동부대(군종, 병종 및 준군사부대) 지휘, ② 작전 수준의 군사행동 지휘, 필요시 총참모부 통제하 전략적 수준의 군사행동 실시, ③ 예하부대 전투태세 유지 및 교육훈련 통제 등의 임무를 수행한다. 한편, 기존의 다단계 지휘계통(군관구-군-사단-연대)으로 현대전에서 효과적인 지휘통제가 어렵다는 것

10 네 개의 군관구는 서부·남부·중부·동부군관구이며, 2021년 북부함대 군관구를 창설하여 현재는 다섯 개 군관구 체제를 유지하고 있다.

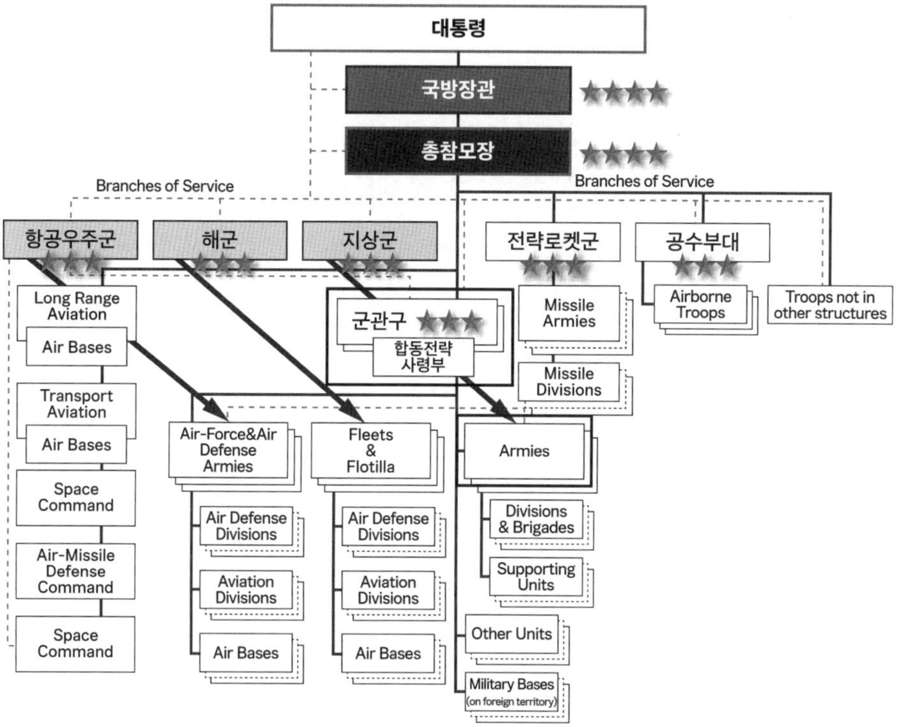

〈그림 I-3-3〉 러시아군의 상부지휘구조 및 각 군 편성

* 출처: Lester Grau, "Russian Force Structure for Large Scale Combat Operations," p. 15., https://community.apan.org (2023. 11. 22.)

을 인식한 후 지휘체계를 단순화(군관구-군-여단)하여 지휘통제의 효율성을 도모하기도 했다.

그러나, 이번 우크라이나 전쟁을 수행하는 러시아군의 모습은 군관구를 중심으로 일사불란한 지휘체계가 구축되지 못해 주요 의사결정에 혼선을 보였고, 각 군의 합동작전 수행과 작전지속지원 체계에 많은 문제점을 보이면서 장기전을 수행하며 고전하는 양상을 보이고 있다.

2) 각 군의 부대구조와 주요 전력

(1) 지상군: 병력 28만 명, 다섯 개 전략사령부, 10개 군사령부

러시아의 지상군은 평시, 헌법수호 질서유지에 필요한 국내 군사력 사용, 유엔 안보리 결정 및 기타 국제적 책임하에 요구되는 평화유지 활동, 재난 발생 시 재해 복구 등의 임무를 수행하고, 전시에는 군관구 사령관에게 작전 통제되어 육상에서의 주요 전투를 수행한다.

러시아 지상군은 대규모 군을 전쟁에 투입하는 사단 체제를 유지했으나, 신속한 기동성이 요구되는 현대전에 대비하기 위해 여단 체제로 재편성하고, 지휘체계를 '군관구-군-사단-연대'의 4단계에서 '군관구-군-여단'의 3단계로 단순화하여 효율성을 높였다. 또한, 동원예비군 비율이 높던 부대에서 상비군의 비율이 높은 상시대응군(Permanent Ready Force) 체제로 변화시켰으며 분쟁 발생 지역으로 신속히 투입될 수 있도록 기동성이 향상된 부대로 발전시켰다.

2020년 기준 94개의 전투부대를 유지하면서 병력은 28만여 명, 1만 3천여 대의 전차, 2만 7천여 대의 장갑차량을 보유하고 있다. 개편된 부대들은 과거 소련 시절 1만 3천여 명의 사단 규모였던 것에 비해, 개편된 사단은 8,500여 명, 여단은 4,500여 명으로 편성되어 경량하고 기동성을 향상시켰다. 한편, 이들 부대에 대한 무기의 현대화도 진행되어 모든 미사일 여단은 적의 방공무기를 회피할 수 있는 '이스칸데르 미사일'로 무장했다.

〈그림 I-3-4〉 러시아 서부 및 남부 군관구 주요 부대 배치 및 주력전차(T-90)

* 출처: Dr. Lester Grau, "Russian Force Structure for Large Scale Combat Operations," p. 14.)

이번 우크라이나 침공에서 지상군의 핵심전력은 서부 및 남부 군관구 예하에 소속된 세 개의 기계화 보병사단으로 최전방에는 전차와 장갑차로 편성된 120여 개의 대대전술단(BTG)이 투입되었던 것으로 평가된다.

(2) 해군: 병력 15만 명, 네 개 함대 + 카스피해 소함대 + 지중해 함대

러시아 해군은 네 개의 함대사령부(태평양, 흑해, 발트, 북해), 한 개의 소함대(카스피해) 함대와 한 개의 분함대(지중해)로 구성되어 있다. 주요 함정은 항공모함 한 척, 잠수함 60여 척, 전투함 140척과 상륙함 48척을 운용하고 있다.

러시아 해군의 구성은 초계함 이하의 소형함정에도 초음속 미사일 탑재, 감지 및 탐지 체계 발전을 통한 접근거부 전략, 장거리 탄도 순항미사일 개발을 통해 영토가 넓어 각 함대 간 통합이 어려운 단점을 보완하며 위협에 대비하고 있다. 또한, 서방과 대립이 격화됨에 따라 원양작전 능력을 강화했는데, 어드미럴 쿠즈네초프급의 항공모함 한 척을 운용하고 있으며, 핵 추진 순양함 '어드미럴 나히모프'를 비롯해 보레이급 핵잠수함 여덟 척을 생산·배치 중에 있고, 이를 개량한 보레이-A급 잠수함 크냐지 블라디미르호 또한 배치 준비 중에 있다. 특히 러시아는 칼리브르 해상 발사 순항미사일을 개발 및 배치했는데 이는 미국의 토마호크 마사일과 유사한 미사일로 유럽, 중동, 극동의 중요 전략 방면에서 비핵 억제력을 지니게 되었다. 현재 러시아는 미국의 INF 탈퇴로 중거리 미사일 경쟁이 벌어질 경우에 대비하여 칼리브르 미사일의 지상용 버전도 개발해나가고 있으며 어뢰도 수중 드론 전략핵무기인 '포세이돈'을 개발하는 등 공세적인 해군력 건설에 박차를 가하고 있다.

이번 우크라이나 전쟁에서 러시아 해군의 활약은 두드러지지 못했다. 주요 네 개 함대의 함정들이 교대로 투입되는 분함대인 지중해함대는 지중해 지역 위기 발생 시 위기관리를 위해 2013년 7월 창설되었지만, 몽트뢰 협약에 의한 튀르키예의 보스포러스 및 다르다넬스 해협 폐쇄로 그 위력을 발휘하지 못했다. 또한 흑해함대의 기함인 모스크바함이 우크라이나의 미사일 공격으로 격침되는 최악의 상황을 보이면서 전략적으로 러시아 해군은 합동전역에 기여하는 데 실패했다.

(3) 항공우주군: 병력 16만 5천 명 / 지역공군(4), 기능공군(3), 방공(9)

러시아는 2015년 공군과 항공우주방어군을 통합하여 항공우주군을 창설했다. 항공우주군은 공중 및 우주로부터의 모든 위협에 대비하여 전투임무태세를 유지하고, 적 후방의 주요시설 파괴, 작전 중인 지상군과 해군 지원 및 정찰, 우주 및 공중 공격에 대한 조기경보와 국방 및 민간 부분의 위성발사 임무를 수행한다. 주요 장비는 폭격기 137대와 전투기 185대를 포함하여 1,172대가 전투 가능하다.[11]

5세대 전투기이며 스텔스 기능이 있는 Su-57을 생산 배치하고 있으며, 이외에도 다양한 다목적 전투기화 헬기를 생산하고 있다. 또한, 러시아는 저고도 순항미사일, 전술탄도미사일, 군용기까지 요격 가능한 지대공 미사일인 S-400을 보유하고 있다.

러시아 항공우주군의 공군 및 방공군은 네 개 군관구에 주요 전투력을 제공하며, 예하에 수송사령부·장거리 항공사령부·방공 및 미사일방어군·우주군으로 편성되어 있다. 하지만, 러시아는 이번 우크라이나 전쟁에서 압도적인 전투기와 폭격기를 보유하고 있음에도 개전 초기에 공군력을 효율적으로 운용하지 못해 작전목표를 동부지역으로 수정하는 것이 불가피했던 것으로 평가된다. 영국의 왕립국방안전보장 연구소는 ① 정밀유도무기의 부족, ② 러시아 지상군 지대공미사일과의 공조 미흡, ③ 조종사의 훈련 부족에 따른 기량 부족 등을 원인으로 제시하고 있다.

(4) 전략로켓군: 병력 5만 명 / 미사일군(3), 미사일 사단(12)

전략로켓군은 1959년 12월 17일에 적의 핵공격 수단과 군시설, 산업시설

11 정보사, 『세계의 군사력』(2022), p. 780.

파괴를 주목적으로 창설되어 하나의 병과로 운영되었지만, 2001년 이후 러시아 연방군의 독립된 군사조직 중 하나로 육상에 배치된 탄도미사일의 통제 및 운용을 담당하고 있다. 대륙간 탄도미사일뿐만 아니라 중거리 탄도미사일, 단거리 탄도미사일 등 모든 지상 배치 탄도미사일을 운용하고 있다.

러시아는 이번 전쟁에서 키이우를 비롯한 민간인 거주지역과 주요 산업시설은 물론 군사시설에 대해 대대적인 미사일 공격을 진행했다. 민간인의 인명피해는 물론 전력공급 등 사회기반시설을 파괴함으로써 국민들을 공포에 빠지게 했다. 하지만 극초음속 미사일로 우크라이나의 대공망을 뚫을 수 있을 것으로 평가되었던 킨잘 미사일이 피격되는 등 여러 가지 문제점도 노정되었다.

(5) 공수군: 병력 3만 5천 명 / 공수사단(4), 공수여단(1), 강습여단(3)

러시아 공수군은 전 세계 최대 규모의 공수부대로 1928년에 창설되었다. 소련 시절에는 여덟 개 사단이 있었으나 현재는 네 개 사단과 한 개의 독립여단으로 구성되어 있으며 병력은 3만 5천여 명이다. 전쟁이 발발할 경우 가장 먼저 공격하고 중요지점을 점령할 임무를 가지고 있으며, 다른 국가의 공수부대들과는 달리 육군이 공군 소속이 아닌 총참모부 직할의 독립된 조직으로 신형 장비를 가장 먼저 보급받으며 혹독한 훈련으로 높은 전투력을 유지하고 있다.

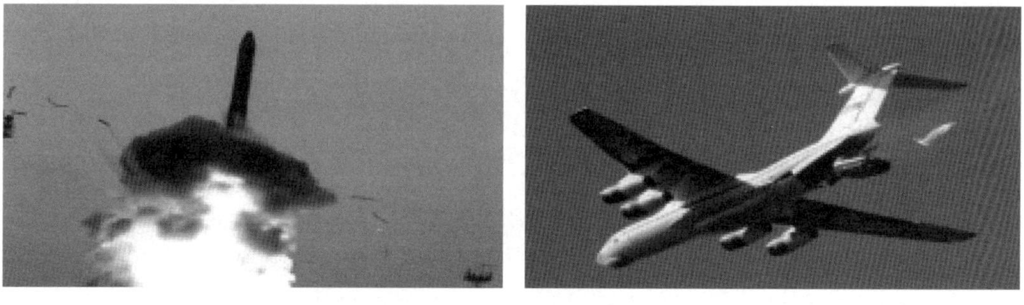

〈그림 I-3-5〉 러시아군의 아방가르드 극초음속미사일과 전차 공수 투하 모습

* 출처: "러시아, 극초음속미사일 '아반가르드' 실전배치", 『VOA뉴스』(2019. 12. 28.)

3) 국방예산

전쟁이 장기화되면서 러시아는 하루에 200억 달러(약 25조억 원) 이상의 전쟁 비용을 사용하고 있다는 보도가 있다. 우리나라의 연간 국방예산이 57조억 원인 점을 감안하면 천문학적인 비용이 소모되고 있다.

러시아는 2014년부터 2016년 사이에 도래한 유가 폭락의 중대한 여파로 인해 경제성장률이 2014년부터 2019년 사이 평균 0.94%에 정체되어 있었다. 러시아의 군비 지출은 2012년부터 2015년 사이에 급격하게 증가했지만, 2016년부터 2018년 사이에 실질 및 명목 측면에서 모두 감소했으며, 이후 2019년에 소폭 증가했다. 그러나 러시아는 코로나19 대유행에 기인한 2020년 유가 하락, 국제적 경제 활동 침체, 러시아 국내 방역 규제 및 제재의 영향으로 국방예산은 회복되지 못했다. 2021년 러시아의 국방예산은 소폭 증가한 것으로 기록됐으나, 물가 상승률을 고려했을 때 실제 국방예산은 1.8% 감소했다고 한다.

한편, 전쟁이 장기화됨에 따라 2023년도 국방예산을 9조 7,000억 루블(약

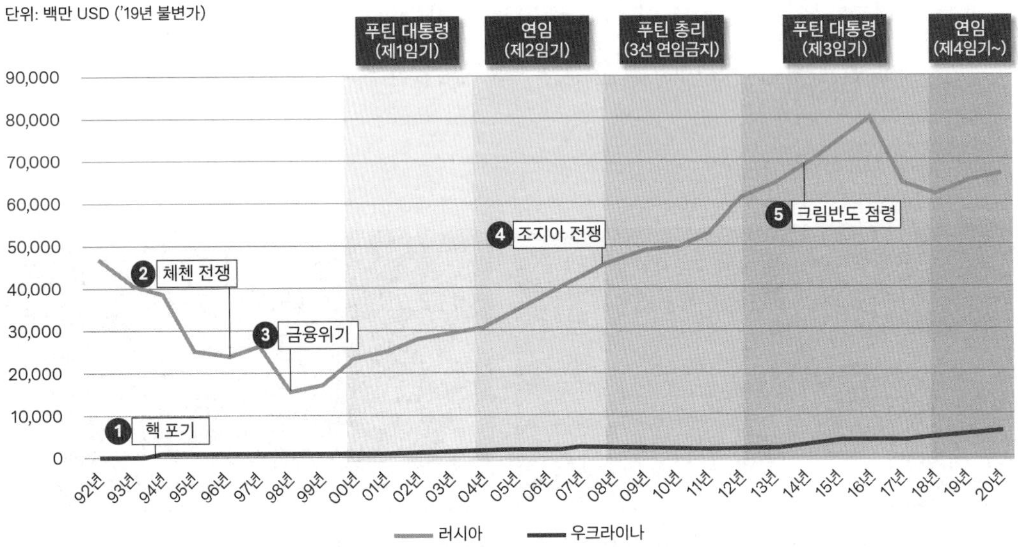

〈그림 I-3-6〉 러시아와 우크라이나 국방 지출 비교(1992~2020)

* 출처: 국방부, 『우크라이나 전훈분석 결과보고』(2022. 10. 13.)

134조 원)로 당초 4조 9,800억 루블(약 69조 원)에 비해 두 배 가량 증액한다는 보도가 있었다. 이 액수는 러시아 전체 공공 예산의 3분의 1에 달하는 수준으로 최근 10년 이래 가장 높은 액수라고 한다. 러시아는 국방비의 비중이 커지면서 교육과 의료, 교통 분야 등의 예산은 삭감될 수밖에 없는 현실이다. 이러한 막대한 군비 지출과 함께 서방의 경제 제재에 따른 수출 감소는 경제에 심각한 문제가 발생할 것이다. 단순 국방예산이 문제가 아니라 국가 경제도 무너질 수 있다.

3절 우크라이나의 국방개혁 및 군사력 현황

1. 우크라이나군의 국방개혁 추진과정

우크라이나 국방개혁 추진과정은 〈그림 I-3-7〉과 같이 두 시기로 구분해 볼 수 있으며, 그 세부내용은 다음과 같다.

〈그림 I-3-7〉 우크라이나의 국방개혁 추진과정

1) 독립 당시 러시아보다 강했던 우크라이나군(軍)

우크라이나군은 1991년 소련으로부터 인수받은 대규모 군대와 무기를 보유한 세계 4위의 군사 강대국이었다. 소련으로부터 독립했을 때, 78만여 명의 병력과 전술 핵무기를 보유하게 되었다. 더구나 우크라이나 지역에 배치된 부대들은 냉전시대 NATO와의 전면전을 대비했기 때문에 러시아 본토의 부대보다 전투력도 높은 수준이었다.

그러나 2014년 러시아가 크림반도를 침탈하는 과정에서 우크라이나군은 제대로 대응하지 못했다. 우크라이나 정부의 무능한 지도력이나 친러시아 경향의 공무원들에 의한 내부적 문제에서 그 원인을 찾을 수도 있겠지만, 무엇보다 우크라이나군의 총체적 부실이 더 큰 요인이었다.

우크라이나군은 소련과 같이 1990년대에 대규모 군 감축을 단행하여 소련으로부터 인수받았던 수많은 무기와 장비들을 점차적으로 해체했다. 우크라이나 영토 안에 있던 전략 및 전술 핵무기 중 2,500기와 1천여 기가 넘는 전략핵 탄두도 1996년까지 러시아로 옮겨져 폐기되었다. 핵탄두뿐만 아니라 발사 시스템, 비축창고, 대륙간탄도미사일 저장고, 비축 로켓연료도 파괴되었다.

소련 해체 이후 러시아 해군의 주요 기지와 대부분의 함정은 우크라이나의 흑해함대에 소속되어 있었는데, 러시아와 합동으로 운용하거나 2분의 1씩 분할하는 방안 등이 폭넓게 논의되었다. 하지만 우크라이나 정부로써는 함대 운용에 필요한 막대한 예산의 확보가 가장 큰 문제였다. 따라서 1997년 우크라이나는 흑해함대의 약 20% 이하의 함정만을 받는 것에 동의하여 137척으로 편성된 함대를 운용하게 되었다. 여기에는 30척의 전함 및 공격함정이 포함되었다.

1990년대 우크라이나의 경제침체는 국방개혁을 추진하기 위한 예산의 뒷받침이 이루어지지 못했다. 그렇다고 소련으로부터 물려받은 막대한 군대를 운용하기에도 어려운 상황이었다. 당시에는 우크라이나에 대한 외부의 직접적인 위협도 없었고, 뚜렷한 국방 비전이 없는 상태에서 대규모 군대를 보유한 가난한 우크라이나는 2000년을 맞이하게 되었다.

2) 오렌지 혁명[12] 이후 친서방 정책에 따른 군 개혁

2001년 우크라이나는 여전히 40여만 명의 병력을 유지하고 있었다. 육군은 3,938대의 전차와 4,670대의 장갑차, 구경 100mm 이상의 화포 3,726문, 항공기 874대, 헬기 240대, 전함 45척을 보유하고 있었다. 이러한 규모의 군대를 유지하기 위한 비용에 부담을 가진 우크라이나는 2005년까지 병력을 24만 5천 명으로 감축했다.

2004년 오렌지 혁명으로 정권을 잡은 친서방 성향의 빅토르 유시첸코 대통령은 북대서양조약기구(NATO) 가입을 목표로 〈표 I-3-4〉와 같이 군 개혁을 추진했다.

우크라이나와 NATO의 군사협력은 1990년대에도 있었지만, 유시첸코 정부의 친서방적 정치적 성향에 힘입어 다양한 프로그램들이 진행되었다. NATO에

〈표 I-3-4〉 우크라이나군의 주요 국방개혁 추진내용

① 5단계 작전지휘체계에서 3단계 작전지휘체계로 전환 (총참모부-합동작전사령부-육군 군단/공군사령부)
② 향후 NATO 지휘체계와 통합을 염두에 둔 지휘통제체계의 자동화 통합
③ 2005년 24만 5천 명에서 2011년 14만 3천 명으로 군 병력 감축
④ 동원 비축량의 실질적인 감축(잉여 무기 및 자산 매각)
⑤ 2010년까지 직업군인 체제로 전환
⑥ 가용자원을 활용한 주요 무기 시스템의 국내개발 추진 등

* 출처: 육군군사연구소, 『러시아 우크라이나 국방개혁과 새로운 전쟁』, p. 79.

12 2004년 우크라이나 대통령 선거 때 야당을 상징하는 오렌지색으로 여당의 부정선거를 규탄하여 재선거를 치르게 했던 시민혁명으로, 당시 여당의 야누코비치와 야당의 빅토르 유시첸코 후보가 경합했으며, 투표 결과 최초에는 여당(야누코비치)이 승리했지만 재투표를 통해 야당(유시첸코)이 승리했다.

서 파견된 특별요원들에 의한 군사자문 활동이 이루어졌고, 우크라이나 군대의 전투준비태세 강화를 위해 NATO와의 합동군사훈련도 진행되었다. 2003년에는 우크라이나군이 이라크에 파병을 하기도 했다.

한편, 우크라이나 정부는 NATO 가입을 목표로 병사들의 군 복무기간을 12개월로 줄이고 2010년까지 국방개혁을 추진하기로 결정했다. 우크라이나군은 제병협동신속대응군(JRRF)과 일반방어군(GDF)으로 구조개혁을 추진했다. 제병협동신속대응군은 국내 및 해외 작전을 수행하기 위해 준비된 부대로 우크라이나군의 정예부대였다. 이들은 추가적인 동원병력 없이 명령을 받으면 2~3일 안에 전투가 가능하도록 편성하려 했다.

그러나 실제로 전시 완전 편성에 부합된 장비와 병력을 갖추지는 못하여 즉각 반응부대만 90% 수준의 편성을 유지하고 나머지 부대들은 70% 정도의 장비와 병력을 유지했다. 따라서 대규모 작전에 투입되기 위해서는 여전히 부분적인 동원에 의지해야 했다.

우크라이나군의 대부분은 일반방어군으로 지정되었다. 일반방어군의 3분의 1은 전시대비 인원의 50% 수준, 장비는 80%를 유지했다. 나머지 3분의 2에 해당되는 부대들은 인원 20%, 장비 60% 수준이었다. 일반방어군은 즉각적으로 전투에 투입될 수 있는 준비가 되어 있지 않은 부대였다.

3) 2014년 크림반도 및 돈바스 내전 이후 우크라이나군의 개혁

우크라이나군은 크림반도와 동부지역 돈바스 내전을 거치면서 뚜렷한 변화를 보였다. 전투부대는 물론 국방지휘체계를 포함한 군 구조의 변화, 무기와 장비의 현대화가 추진되었다. 2014년 우크라이나군은 동부지역(돈바스)에서의 대테러작전 수행과 동시에 다른 지역(키이우 방면)에서 러시아의 침공에 대비하는 두 개의 임무를 수행하기 위해 전반적인 국방개혁을 추진할 필요가 있었다.

지상군의 경우, 우크라이나군은 기존 북부와 남부사령부 등 두 개의 작전사령부가 있었는데 서부와 동부사령부 두 개의 작전사령부를 새롭게 창설했다. 동부작전사령부는 도네츠크, 자포리자, 루한스크, 헤르손을 포함한 동부지역에서의 대테러작전을 수행했다. 서부작전사령부는 수도인 키이우를 포함한 지역에 대한 작전 수행 임무를 부여받았다. 또한 총참모장 예하에 특수작전사령부를 창설했고, 2015년 3월 5일 우크라이나 의회는 병사 24만 명을 포함하여 25만 명으로 증강하는 예산안을 통과시켰다.

2014년 9월 우크라이나군과 정치 지도자들이 처음으로 추진했던 군 개혁 조치들은 매우 의미 있는 변화로 보였다. 그들의 목표는 우크라이나군의 전투능력을 향상시키고 다수의 새로운 부대를 창설하는 것이었다. 하지만 실제로 많은 변화가 선언에 그치거나 실질적인 변화의 모습을 보이지 못한 채 실패했던 것으로 평가된다.

우크라이나의 지상군은 2014년부터 동부지역에서의 전투를 경험했다. 비록 전투의 강도는 낮았지만 실전에서 전투 경험을 축적할 수 있었다. 무엇보다 소중한 것은 전투기술의 숙달도 있겠지만, 실존하는 러시아의 위협을 직면하면서 우크라이나군 장병들은 전쟁이 발생하면 싸워 이길 수 있다는 자신감이 충만되어 있었다. 이번 전쟁 직전 우크라이나 국방정책의 핵심은 주권과 영토의 보전이었다. 2015년 우크라이나는 수정된 군사교리를 채택했으며 여기에는 러시아를 군사적 적대국으로 규정하는 내용과 안보 부문에 대한 포괄적인 개혁을 촉구하는 내용이 포함되었다. 2017년 우크라이나 의회는 NATO 가입을 전략적 목표로 설정했고, 이를 위해 2020년까지 '우크라이나군 발전을 위한 국가사업'을 완료하는 것을 목표로 세우기도 했다. 하지만 2020년 초, 우크라이나의 NATO 가입은 기준에 미치지 못해 잠정 보류되었다.

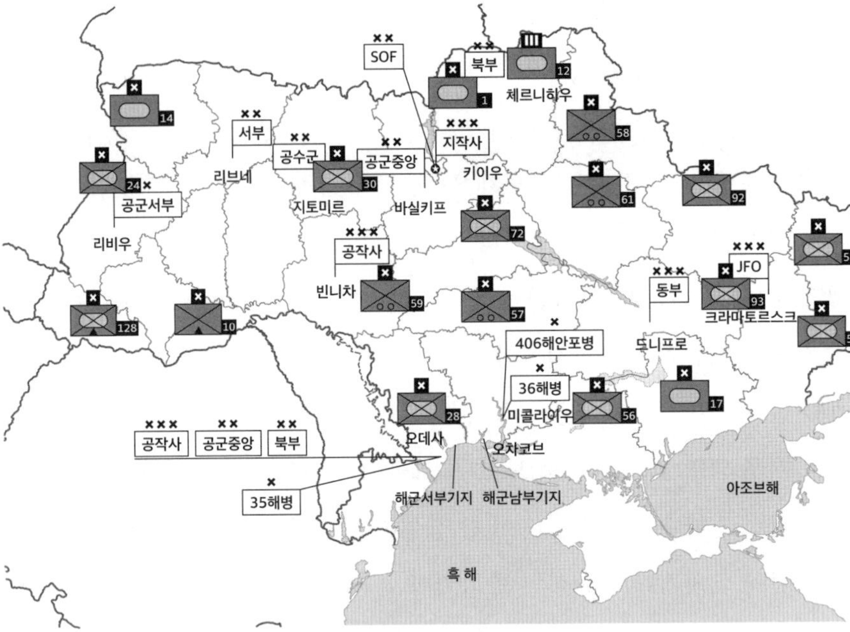

〈그림 I-3-8〉 개전 초기 우크라이나 지상군의 배치

* 출처: 국방부, “우크라이나전쟁 전훈 분석”, 『4차 합동토의 발표자료』(2022. 12. 20.)

4) 우크라이나 국방개혁에 대한 평가

우크라이나는 소련으로부터 독립한 1991년에는 러시아보다 강한 군사력을 가졌음에도 정치 지도자들의 무능과 부패 등으로 군사력을 감축했다. 특히, 핵탄두는 1,700여 기를 보유하여 세계 3위의 핵무기 보유 국가였지만 정치와 경제적 안정을 위해 부다페스트 양해각서에 따라 비핵화를 추진했다.

재래식 전력에 있어서도 78만 명의 병력과 전차 6,500여 대, 포병화력 7,200여 문 등으로 세계 4위 수준이었다. 하지만 국가 경제 상황의 악화로 국방예산의 감축에 따라 병력을 축소하고 주요 장비를 폐기하게 되었고, 2014년 크림반도 사태가 발생했을 때, 20만 명의 병력 중 즉각 투입할 수 있는 병력은 6천여 명이었고, 전차와 장갑차는 연료가 부족하고 배터리가 제거되어 있는 상태였다.

이후 2014년 돈바스 지역의 내전을 수행하면서 우크라이나군은 서방의 군사교리를 적용하고, 장비를 현대화하며, 교육훈련을 강화했다. 무엇보다 중요한 것은 실전 경험을 축적함은 물론 지속적인 전투를 수행하면서 장병들의 국가 수호에 대한 전투 의지가 충만되어갔다는 것이다. 하지만 러시아가 침공하던 2022년에도 여전히 우크라이나군은 재래식 전력에서 현대화되지 못해 서방의 군사지원에 의존할 수밖에 없는 현실이었다.

우크라이나군이 30여 년 동안 추진해왔던 국방개혁 과정은 우리 군에게도 많은 시사점을 주고 있다. 첫 번째는 안보환경을 고려하지 못한 무리한 군사력 감축이 국가 안보에 얼마나 치명적인 영향을 미치는가에 대한 점이다. 힘이 뒷받침되지 못한 평화는 구호에 불과한 것이다. 두 번째는 정치 지도자들이 국민의 생명과 안전을 위한 안보관은 일관되게 유지해야 한다. 안보의 문제가 정치적 상황에 따라 변화되는 것이 얼마나 치명적 결과를 보이는지 알 수 있다. 세 번째는 국방개혁이 경제적 논리만으로 무리하게 병력을 감축하거나 주요 전력의 확보에 균형감을 상실해서는 안 될 것이다. 마지막으로 우크라이나군이 크림사태와 돈바스 내전을 통해 실전경험을 축적했고, 이를 위해 평시 교육훈련과 장병들이 '항재전장' 의식으로 무장하고 있었다는 점이다. 군사력이란 결국 숫자에 불과함을 이번 전쟁을 통해 볼 수 있듯이, 언제든지 전장에 나가 싸울 수 있다는 정신력으로 무장된 국군이 될 수 있어야 할 것이다.

2. 우크라이나의 군사력 현황

1) 국방조직

우크라이나군은 육군, 해군, 공군, 공정강습군, 특수작전군의 다섯 개 군종으로 구성되어 있다. 국방장관의 명을 받아 총참모장이 각 군을 지휘하는 통합군제의 지휘구조를 갖고 있다. 총참모장 예하에는 참모총장과 총사령관을 두어,

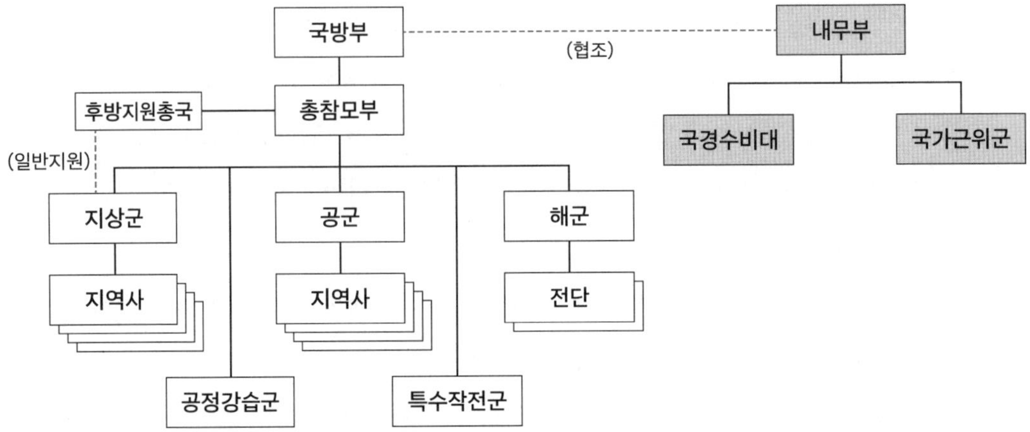

〈그림 I-3-9〉 우크라이나군의 예하군 및 준군사부대 편성

참모총장은 군사능력과 지원 요구사항을 결정하는 책임 등 군사력 건설과 관련한 업무를 수행하고, 총사령관은 각 군의 전투준비태세와 전투수행능력 향상에 관한 업무를 수행하고 있다.

우크라이나군의 상비병력은 2022년 기준 19만 6천여 명으로 육군 12만 5천 명, 해군 1만 5천 명, 공군 3만 5천 명, 공수군 2만여 명, 특수작전군 1천여 명이다. 예비군은 90만 명으로 최근 5년 이내 복무 경험이 있는 전투가능 병력이다. 내무부 소속의 국경수비대 6만 명과 국가근위군 4만 2천 명 등 준군사병력이 있다.

2) 각 군의 부대구조와 주요 전력

(1) 육군: 병력 12만 5천 명, 네 개 작전사령부

러시아 육군이 대대전술단을 중심으로 편성되어 있다면, 우크라이나 육군은 여단이 기본 편제로 되어 있다. 우크라이나군은 러시아군에 비해 제병협동성 강화와 분권화 전투가 가능하도록 소부대 편성을 보강하여 전투에서 상대적 우위가 가능한 것으로 평가된다. 2014년 돈바스 분쟁 이후 네 개의 작전사령부

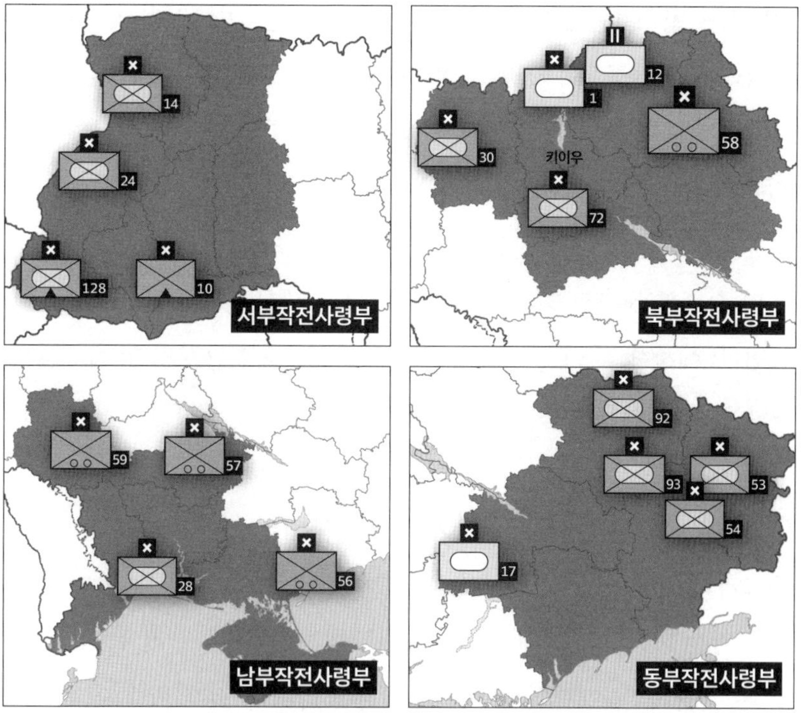

〈그림 I-3-10〉 우크라이나군의 네 개 작전사령부 및 주요부대 배치

* 출처: 국방부, "우크라이나전쟁 전훈 분석".

를 창설하여 전차·기계화·포병여단, 산악 강습여단 및 포병부대 등을 배치하고 있다.

우크라이나 육군은 이번 전쟁이 발발하기 직전, 전차 2천여 대를 보유하고 있었는데 1970년대에 양산된 T-64 계열이 50%로 전투수행능력은 높지 않았다. 포병 전력의 경우는 우크라이나군의 현 전력 중에서 질과 양에서 비교적 높은 수준을 유지하고 있다. 자주포 607문을 포함하여 1,818문의 포병화력이 가용했다. 우크라이나 포병 중에 장거리 다연장 로켓(354문)을 보유한 것도 강점으로 볼 수 있다. 이번 전쟁에서 러시아군의 전차에 맞서 대항한 대전차 화력도 우수했던 것으로 보인다. 우크라이나군은 자체 보유한 100mm 대전차포(500문)와 재블린, 차세대 경량 대전차무기(NLAW: Next Generation Light Antitank Weapon) 등을 미국과 영국으로부터 도입하여 운용능력을 확보하고 있었다.

(2) 해군: 병력 1만 5천 명(해군항공대 및 해군보병 포함), 두 개 전단

우크라이나 해군은 1991년 소련의 흑해함대로부터 분리되어 창설되었다. 흑해함대에서 분할 시 아직 완성되지 않은 항공모함 바라크와 미사일 순양함 등을 받았지만, 예산 부족으로 많은 함정을 해외에 매각하거나 폐기했다. 개전 직전에는 수상전투함정 13척과 상륙함정 및 경비정으로 구성되어 항만과 연안 경비 임무만 수행할 정도로 러시아 함대에 비해 열세한 상황이다.

그러나, 예하에 두 개의 해병대 여단(2천 명)과 연안포병 및 해군 항공대를 보유하고 있고, 연안포병에는 2021년부터 넵튠 지대함 미사일이 배치되었다.

(3) 공군: 병력 4만 5천 명, 네 개의 지역사령부

우크라이나 공군은 방공과 지상군 지원의 임무를 수행한다. 개전 직전 보유한 항공기는 미그 29(36대), 수호이 27(34대) 등 124대로 러시아군에 비해 열세인 것은 분명하다. 그럼에도 불구하고 우크라이나 전쟁 발발 직후 우크라이나 공군의 미그 29 전투기가 러시아 전투기를 요격하는 활약을 했다. 2018년에는 터키제 바이락타르 무인기를 운용하여 이번 전쟁에서 많은 활약을 하고 있다. 한편, 10개 여단과 연대로 편성된 우크라이나 공군의 방공부대는 광역 방공과 주요 거점에 대한 방공 임무를 수행하고 있다. 1970년대에 실전 배치된 S-300 지대공 미사일 시스템 250대를 운용하여 이번 전쟁에서도 러시아 전투기의 활동에 위협이 되었다.

3) 국방예산

전쟁이 장기화되면서 전쟁 비용은 하루에 약 10억 달러(약 1조 2천억 원)로 추산된다. 2023년 8월까지 미국이 우크라이나에 지원한 군사지원 비용은 모두 880억 달러에 달한다. 우크라이나의 2021년 국방예산이 42억 달러였음을 감안할 때 엄청난 비용이 사용되고 있는 것이다.

전쟁을 하고 있는 국가의 입장에서 전쟁 비용은 단순히 국방예산만을 고려할 수는 없다. 각종 무기와 장비의 구입과 운용에 소요되는 비용만이 아니라 전후 복구 비용까지를 고려해야 한다. 우크라이나 정부는 전후 재건 비용이 최소 7,500억 달러(약 920조 원)에 달할 것으로 추산하고 있다. 전쟁으로 파괴된 건물, 도로, 교량, 전력망 등 사회 인프라 재건에 엄청난 예산이 소요될 것이다.

4절 소결론 및 정책적 함의

소련이 해체되면서 동구권에 불어온 평화의 물결은 사라지고 러시아와 우크라이나는 1년이 넘게 치열한 전쟁을 치르고 있다. 강한 힘을 가진 자만이 생존하는 약육강식의 세계 질서 속에서 양국은 지난 30여 년 동안 국가이익을 구현하기 위한 힘을 키워왔다. 러시아는 여전히 세계 2위권의 군사력을 보유한 강대국으로서의 자존심을 찾기 위해 꾸준히 군사력을 건설해왔다. 반면 우크라이나는 친서방의 국가 정책에 기반하여 비핵화 추진과 무기 감축 등으로 독립 당시보다 현저히 낮은 수준의 군사력을 보유하게 되었다.

양국이 군사력을 건설해온 과정을 살펴보면서 남과 북이 직접적으로 대치하고 있는 우리의 현실에 비추어 시사점과 교훈을 찾아보는 것은 대단히 의미있는 사안이다. 러시아와 우크라이나의 국방개혁 추진과정은 우리에게 타산지석의 기회다. 특히, 우리 군도 지난 30여 년 동안 꾸준히 국방개혁을 추진해오면서 세계 6위권의 군사 강국으로 거듭나고 있는 시점이다. 급변하는 국제환경과 4차 산업혁명 관련 기술이 적용된 첨단기술의 발전에 따른 우리의 군사력 건설 방향은 이번 우크라이나 전쟁을 통해서 다음과 같이 두 가지 관점에서 조망해볼 필요가 있다.

1. 우리 군의 성공적인 국방개혁(혁신) 추진 관점

국방을 기획하는 일은 크게 군사력을 건설하고 운용하는 분야로 나눌 수 있는데, 군사력을 건설하는 과정은 국방개혁 또는 국방혁신의 이름으로 추진된다. 양국의 국방개혁 과정을 조망하는 것은 그들이 건설한 군사력을 이해할 수 있고, 전쟁에서 군사력이 어떻게 운용되었는지를 보면서 군사력 건설과정에서 잘한 점과 잘못한 부분을 식별할 수 있는 중요한 일이다.

양국의 국방개혁 추진과정을 살펴보면서 우리가 참고할 수 있는 부분은 첫째, 국방개혁의 과정은 국가정책의 영역에서 추진된다는 점이다. 이로 인해 국방개혁은 정치적 영향에서 자유로울 수 없는 분야다. 정치 지도자들의 올바른 판단과 추진 의지에 따라 군사력 건설의 방향이 설정되기 때문이다. 우리의 국방개혁 추진과정에서도 이러한 현상이 있었던 것도 사실이다. 따라서, 국방개혁을 추진하는 고위급 정책 실무자들은 정치 지도자들에게 군사전문가로서 올바른 조언을 하고 보좌하려는 노력이 필요하다. 이를 위해서는 국방개혁 추진 업무 종사자들은 자신의 군사적 식견과 올바른 가치관을 확고히 정립해야 한다.

둘째, 러시아의 국방장관인 쇼이구는 2012년부터 현재까지 장기간 보직되어 푸틴 대통령을 보좌하고 있다는 점이다. 특정 인물이 장기간 업무를 수행하면서 발생되는 문제도 있을 수 있겠지만, 국방개혁이 일관성 있게 추진되는 장점은 있을 것이다. 우리의 경우 국방장관을 포함한 국방개혁(혁신)의 업무를 수행하는 관련 부서에 근무하는 실무자들도 장기적으로 양성되어 진정한 군사전문가로서의 역량을 구비할 수 있는 여건을 보장할 필요가 있다. 다행히 최근 국방부의 국방개혁실이 한시기구에서 국방부 내국으로 정식 편제된 점은 지금까지보다 더욱 강력한 추진력으로 우리 군의 국방개혁이 추진될 수 있을 것이라는 기대를 하게 한다.

셋째, 우크라이나의 경우 군사력 건설과정에서 안보환경을 고려하지 못한 채 추진한 비핵화와 무리한 군사력 감축이 가져온 비참한 실상에 대해 올바로 인식할 필요가 있다. 국가 간의 조약이나 국제적 협력도 필요하겠지만, 결국 압도적 힘의 우위를 확보할 수 있는 강한 군사력을 건설하고 유지하는 것은 국가안보에 가장 중요한 사안이다.

2. 군 구조(지휘·부대·병력·전력구조)의 관점

3장에서는 러시아와 우크라이나의 군사력 건설을 군 구조의 네 개의 관점에서 살펴보았다. 첫째, 지휘구조 측면에서 양국은 총참모장에게 집중되었던 국방 관련 업무를 국방장관 예하로 귀속하거나, 우크라이나는 참모총장과 직무를 분리하여 군사력 건설과 운용의 업무를 분장하고 있다.

우리 군도 지난 1990년 현재의 합동군제를 만들면서 각 군의 참모총장이 수행하던 작전지휘를 합동참모본부를 중심으로 수행하는 체제를 정착했다. 연평해전이나 연평도 포격전 등을 수행하며 효율성에 의문을 가졌지만, 특별한 대안을 만들지 못하고 있는 실정이다. 군사력 건설과 운용의 방대한 업무를 합동참모의장 1인이 수행하기에 적절한지에 대한 냉철한 분석과 판단이 필요하다.

앞으로의 전장에서는 지상·해상·공중영역의 구분이 모호해질 것이고, 사이버·우주영역은 물론 인지전의 영역에서 전투를 수행해야 한다. 이러한 상황에서 특정 군이 특정한 임무를 수행한다는 고전적인 사고에서 탈피하여 가장 효율적으로 능력을 투사할 수 있는 임무군이 과업을 수행할 수 있도록 해야 할 것이다. 이를 위해서는 의사결정의 주기와 시간이 단축되어야 함은 물론이고 임무를 지시할 수 있는 수단도 확보되어야 한다. 우리 군의 상부 지휘구조는 무엇보다 이러한 관점에서 재설계되어야 한다. 일각에서는 이러한 방안으로 합동작전사령부를 별도로 만들거나, 각 군의 작전사령부를 각 군 본부에 통합하여 작전지휘 계선에 참여시키는 방안 등도 논의되고 있다. 우리는 지난 30년 동안 이러한 문제에 대한 소모적 논쟁을 거듭하고 있다. 우리 군의 상부 지휘구조 재설계의 문제는 언제까지 미룰 수 없는 시급한 사안임에 분명하다. 각 군에 무엇이 유리하고 이익이 되는지를 보는 데에서 벗어나 거시적인 관점에서 대안을 찾는 노력이 절실한 시기가 되었다.

둘째, 부대구조의 관점에서 러시아는 합동작전의 효율적인 수행을 위해 다섯 개 군관구에서 각 군의 전력을 운용하고 있다. 각 군관구 사령관은 작전수행의 효율을 위해 각 군으로부터 모든 전력을 제공받아 작전을 지휘하는 합동군제의 형태를 취하고 있다. 이는 미군의 여섯 개의 통합군사령부나 중국군의 전구사령부와 유사한 형태이며, 최근 일본도 통합사령부 창설을 추진하고 있는 것과 맥락을 같이하고 있다. 우리 한반도의 작전환경은 분명 주변국과는 다르게 전장이 상대적으로 좁은 것이 현실이지만, 실제 전투가 발생되면 각 군의 전력을 운용하는 작전사령부가 자신의 전력만을 운용할 수밖에 없는 것이 엄연한 현실이다. 지상·해상·공중의 전력이 통합적으로 운용될 수 있는 중간급 제대의 부대구조를 구상해 볼 필요가 있다.

러시아의 대대전술단에 대해서도 많은 논의가 필요한 부분이다. 신속대응을 위한 800명 규모의 전투단이 보여준 이번 전쟁에서의 문제점들을 직시할 필요가 있다. 특히 군수지원 분야에서 많은 문제를 보여주었기 때문이다. 또한, 드론을 운용했던 민간인, 바그너 그룹이나 우크라이나의 국제여단 등 용병이 실제 전쟁에서 운용되었는데 우리도 이에 대해 검토하고 어떻게 도입되어야 할 것인지에 대해서도 고민해야 한다. 한편, 전쟁이 장기화되면서 필수적으로 수행된 동원령에 따른 예비전력의 효율적 운용에 대해서도 관심을 가져야 한다.

셋째, 병력구조의 문제다. 최근 우리 군은 국방개혁에 관한 법률에 명시된 50만 명의 상비병력 목표를 삭제했다. 출산율 저하에 따라 병력 충원에 적신호가 켜졌기 때문이다. 대안으로 여군을 활용하거나, 모병제로 전환하거나, 복무기간을 다시 연장하는 등의 방안을 구상하고 있지만 쉽지 않은 문제다. 우리는 러시아와 우크라이나의 국방개혁 과정에서 무리한 병력 감축과 부대의 축소가 어떠한 결과를 초래했는지 보았다. 앞으로 우리의 국방개혁 추진과정에서 어떠한 최첨단의 무기체계를 확보할 것인가보다 더 중요한 국방개혁의 추진과제가 될 것이 명확하기 때문이다.

넷째, 전력구조와 관련해서, 미래전에 대비하기 위해서는 첨단과학 기술을 적용한 무기체계의 확보는 중요한 사안이다. 하지만, 이번 전쟁을 통해 고가의 첨단무기가 저가의 재래식 무기에 의해 파괴되는 것을 볼 수 있었다. 휴대용 대전차 및 대공화기와 소형 드론의 활약이었다. 따라서 전력구조를 설계함에 있어 값비싼 최신 무기를 확보하는 것만이 관건이 아님을 알 수 있었다. 비록 저가의 재래식 무기이지만 표적획득 자산과 어떻게 통합하여 운용하느냐에 따라 전차나 헬기 등을 무력화하는 것을 볼 수 있었다.

그러나, 인공지능을 적용한 첨단무기를 개발하고 운용하는 것은 분명 적보다 먼저 보고, 결심하며 타격할 수 있는 수단이 되기 때문에 집중적인 투자와 개발이 필요한 부분일 것이다. 유·무인 복합체계 및 민간용으로 개발된 각종 상용장비들을 전력화하기 위한 획득체계의 개선에 대해서도 전향적으로 개선해야 할 것이다.

다섯째, 우리 군의 작전지속 지원 능력을 실질적으로 보강하여 싸울 수 있는 군대로 만들어야 한다. 우리 군의 군수부대 편성과 능력에 대해서도 신중하게 검토되어야 한다. 이번 전쟁에서 서방의 군수지원이나 러시아에 대한 권위주의 국가들의 지원 등에서 보았듯이 국제적인 공조와 전시 조달 및 획득을 위한 대책에도 관심을 가져야 한다. 우리나라의 군사력이 GFP의 평가에서 세계 6위가 된 것에는 예비전력이 차지하는 비중이 상대적으로 높았기 때문이다. 그만큼 가용한 자원이 많다는 것이다. 따라서 이러한 자원을 효율적으로 동원할 수 있는 시스템과 실전적인 교육훈련을 강화해야 한다. 특히 합동작전이 효율적으로 수행될 수 있도록 우리 군의 훈련체계의 혁신적 변화와 개선을 추진해야 한다.

끝으로 국방혁신의 성공적 추진은 계획의 일관성 유지와 국민적 공감이 있어야만 추동력을 유지할 수 있다. 국방부와 합동참모본부 등 상부조직의 추진력과 각 군 장병들의 적극적인 참여와 동참이 뒷받침되어야 할 것이다. 또한, 국방에 대한 국민적 관심과 지지는 국방혁신의 성공적 추진을 위해 가장 중요하다. 미래에도 전쟁이 발생한다는 것은 변화하지 않는 상수다. 하지만 이러한 상수에 대비하고 예측하기 위한 과거의 노력들은 대부분 실패했다. 그만큼 미래전쟁은 군사조직이 직면한 핵심문제이나 어려운 문제이기도 하다. 따라서, 마틴 반 크레펠트(Martin van Creveld)가 직시한 것과 같이, 이러한 문제는 군사조직에게만 맡겨놓을 수 없는 사안이 되었다. 이것이 국방 분야에 몸담고 있는 인원과 대한민국의 국민들이 함께 뜻을 모으고 협력해야 하는 이유다.

4장
군사력 운용

1절 군사력 운용 연구 접근방법

1. 문제의 제기 및 연구목적

NATO의 "Warfighting 2040"에서 언급한 바와 같이, 분쟁의 대부분은 전쟁의 문턱 아래에 머물러 있고, 인지전과 같은 새로운 형태의 전쟁양상이 등장했으며, 인간의 마음(Human Mind)은 이제 전쟁수행의 새로운 영역으로 간주되고 있다.[1] 또한, 매클루언(Marshall McLuan)[2]이 "전쟁은 교육(Education)이고, 그 내부의 분쟁은 정체성(Identity) 탐구의 시현장"이라고 언급한 바와 같이, 2022년 우크라이나 전쟁은 우리에게 새로운 전쟁양상에 어떻게 대비해야 하는지를 고민하게 하며, 동시에 우리 합동군의 정체성에 대해 다양한 관점을 시사한다.

이러한 맥락에서 앞서 살펴본 우크라이나 전쟁의 전략적 관점과 군사력 건설을 기반으로 어떻게 군사력이 운용되었는지 분석해보는 것은 미래에 발생할 수 있는 전쟁에서 군사력 운용 양상이 어떻게 전개될 것인지를 살펴보는 유용한 기회가 될 수 있다.

최근 우크라이나 전쟁에 대해 분석한 다수의 논문과 연구성과물들은 새로운 전쟁수행의 양상을 새로운 관점에서 바라보기보다는 기존의 시각에 의한 분석에 머물렀다. 이는 우크라이나 전쟁을 통해 얻을 수 있는 미래전에 관한 유용한 교훈을 제약함으로써 궁극적으로 미래에 벌어질 전쟁양상에 대한 예측과 시너지를 발휘하기 위한 합동성 차원의 대비를 충실히 수행하는 기회를 상실할 수도 있을 것이라는 우려를 낳게 한다.

이 장에서는 2022년 우크라이나 전쟁에서 러시아와 우크라이나가 어떻게 합동성 구현을 위해 군사력을 운용했으며, 이러한 양국의 분투(Endeaver)가 우리에게 주는 시사점은 무엇인지를 분석했다.

---

1 NATO ACT, "Innovation Hub Warfighting 2040 Project Report," Innovation Hub (2020), p. 1.

2 캐나다의 교육학자, 문화지식학자. 문화의 한 양상으로 전쟁과 분쟁을 연구했다.

2. 연구범위 및 분석 틀

1) 연구범위

양국의 군사력 운용은 앞서 제기한 군사전략적 관점과 연계하여 개전 이후 전개된 군사력 운용 결과를 토대로 작성했다. 분석의 객관성을 보장하기 위해 다양한 출처에서 획득한 자료를 바탕으로 작성했다. 특히, 미국 전쟁연구소(ISW), 한국 국방부 등의 관련 자료를 참고했다. 무엇보다 군사전문가로 구성된 합동군사대학교 미래합동전쟁연구소 우크라이나 전훈분석팀에서 주도한 전쟁 직후부터 최근까지의 연구결과를 반영했다.

우크라이나 전쟁을 러시아 공격작전과 우크라이나 방어작전으로 구분했는데, 그 이유는 우크라이나 전구를 기준으로 전역 수행의 양상이 러시아의 우크라이나 침공(공격)에 대한 우크라이나의 대응(방어)으로 보았기 때문이다.

작전단계는 개전 직후인 2022년 2월 24일부터 2023년 11월 11일 기간 중, 양국의 주요한 군사작전 단계를 고려하여 설정했다.

2) 분석 틀

〈그림 I-4-1〉에서 보는 바와 같이 합동작전을 기획하고 실행하는 측면에서 미 합참에서 발간한 JP 5-0, 합동기획의 "작전구상의 개념적 요인"을 적용했다. 한국 교리가 아닌 미국 교리를 적용한 것은 미국이 주도하는 서방 교리를 적용함으로써, 우크라이나 전쟁에서의 서방과 동구권과의 전쟁양상을 포괄적으로 접근할 수 있기 때문이다. 또한, 우크라이나 전쟁은 한반도 이외의 전역에서 러시아와 우크라이나 간 서방과 동구권의 교리가 적용된 전쟁이기 때문에 보다 객관성 확보를 위해서는 미국의 교리를 적용할 필요가 있었다.

이와 같은 연구접근법은 향후 전작권 전환을 대비하여 한미연합방위체제

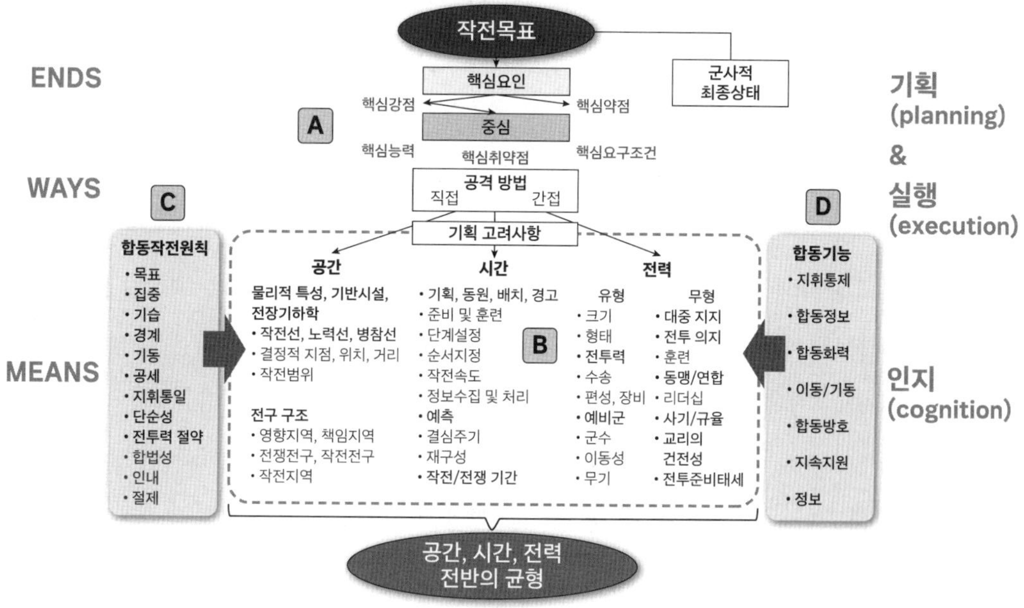

〈그림 I-4-1〉 작전구상의 개념적 요인

* 출처: U.S. JCS, JP 5-0 Joint Planning (2020), p. Ⅳ-20.

를 주도하는 역량을 준비 중인 한국군에게 미국 교리가 실제 적용 간에 어떤 장단점이 있는지를 살펴봄으로써 향후 한국군 교리 발전에도 좋은 기회가 될 것으로 판단된다.

전략술과 작전술을 동시에 적용하는 관점에서 미 육군대학 교수인 리케(Arthur Lykke) 교수가 제안한 군사전략 모델인 Ends-Ways-Means를 적용했다. Ends(목표)는 작전목표, 군사적 최종상태이며, Ways(방법)는 군사력 운용 및 행동방책으로 핵심요인, 중심, 공격방법이고, Means(수단)는 합동작전 원칙, 공간, 시간, 전력, 합동기능을 나타낸다. 이를 통해 군사력 운용의 기획(Planning)과 실행(Execution) 차원에서 실제 군사작전을 분석하고자 했다.

먼저, 합동기획의 주요한 측면인, [A]① 작전단계별 작전목표를 달성하기 위해 군사적 최종상태, 중심 선정의 적절성을 분석했으며, [B]② 러시아의 공격작전과 우크라이나 방어작전의 직접·간접적 접근으로 공간, 시간 속에서 효과적이고 효율적인 전력 전반의 균형을 이루었는지를 평가했다. 또한 [C]③ 합동작전 원칙을 준수했는지와, [D]④ 합동기능 측면에서 양국의 군사작전이 적절했는지를 분석했다.

독자의 이해를 돕기 위해, 위에서 제시한 합동기획 과정을 군사 전문용어를 중심으로 설명하면 아래와 같다.

군사적 최종상태를 달성하기 위해 작전목표를 선정하는 것은 핵심요인 중 핵심 강점에서 중심(Center of Gravity, 이하 COG)을 식별한다. 중심은 작전목표를 달성할 수 있도록 하는 권력 또는 힘의 원천으로, 상대방이 대응하는 군사활동의 대상이며, 이를 통해 상대방을 실패로 이어지게 할 수 있다. 따라서, 아군의 중심은 보호하고, 적의 중심은 공격하는 목표가 된다. 따라서, 피아가 상대방의 강약점을 분석하고 식별하는 중심은 교리적으로 핵심능력(Critical Capabilities, 이하 CC), 핵심요구조건(Critical Requirements, 이하 CR), 핵심취약점(Critical Vulnerabilities, 이하 CV)으로 구성된다.

이들의 관계를 살펴보면, 핵심능력은 임무를 달성하는 데 필수적인 기본능력이며, 핵심요구조건은 중심이 핵심능력을 운용하는 데 필수적인 조건, 자원, 수단이다. 핵심취약점은 핵심요구조건 중 공격에 취약한 다양한 측면이다. 결과적으로 중심을 선정할 때는 중심에 가장 결정적인 피해를 주는 핵심취약점에 노력을 집중해야 한다. 따라서, 우크라이나 전쟁에서 러시아와 우크라이나의 기획관들이 작전구상의 개념적 요인의 관점에서 어떻게 분석하고 접근했는가를 추론하는 것은 매우 의미 있는 탐구 과정이라 할 수 있다.

작전목표-군사적 최종상태-중심을 분석한 결과물인 상대의 핵심취약점에 대해 전쟁의 3요소를 적용하는 것은 매우 중요하다. 즉, 시시각각으로 변화하는 전쟁양상에서 공간, 시간, 전력의 균형을 유지하는 것이 기획과 실행에서 중요한 부분이다. 먼저, 공간(Space)은 물리적 특성이며, 기반시설 및 전장기하학이 적용되는 작전선, 노력선, 병참선, 작전 범위 등을 고려하여 자신의 능력에 맞는 작전지역을 선택하는 것이다. 작전환경 분석에서 물리적 지형 외에 사이버공간 및 전자기 스펙트럼을 포함한 정보환경도 고려해야 한다.

시간(Time)은 전쟁을 기획하고, 전력을 동원하여, 배치하고 경고하는 데 필요한 준비 및 훈련, 작전 속도, 결심 주기 등 전반적인 작전 기간을 말한다. 공간이나 전력과 달리 시간은 한번 지나면 재편성하거나 다시 확보할 수 없다.

마지막으로 전력(Force)은 시간과 공간을 다루는 유·무형의 힘이다. 특히, 21세기의 전쟁은 무형전력인 대중 지지, 전투 의지, 동맹 및 연합, 사기 및 규율, 리더십 등 인간의 마음(Human Mind)에 관련된 인지(Cognition)가 필수적인 요소로 등장하고 있다. 전장의 모든 분야에 인지전(Cognitive Warfare)의 양상이 두드러짐에 따라, 인지전 수행관점에서 양국의 군사력 운용을 분석했다.

앞서 제시한 공간, 시간, 전력의 전반적인 균형을 이루었는지를 판단하는 기준은 합동작전의 원칙 적용에 있다. 즉, 제한된 전력을 주어진 시간과 공간에 투사하기 위해서는 전쟁의 본질에 접근하는 사고체계인 합동작전의 원칙으로 객관적인 입장에서 양국의 군사력 운용을 분석해야 한다. 누가 더 전쟁의 승리를 지향하는 사고체계에 근접했는지를 평가해야 하는 것이다.

합동기능은 군사작전이 수행되는 능력 및 활동이다. 즉, 군사작전을 위한 기획 및 실행 전반에 합동기능이 적절하게 다루어지는 것은 합동작전을 수행하는 필수요소다. 따라서, 지휘통제(C2, Command & Control)를 중심으로 7대 합동기능을 양국이 어떻게 효과적으로 적용했는지를 분석했다. 특히, 군사작전의 목적과 방향을 제시하는 지휘통제 역량을 발휘하는 관점을 '임무지휘에 기반한 지휘통제의 활성화' 측면에서 접근함으로써, 양국이 전투현장인 실제 전장에서 어떻게 전투력을 발휘했는지를 분석했다.

이를 통해 한미연합방위체제에서 합동작전을 수행할 때 필요한 함의를 도출하려고 노력했다. 즉, 한국작전전구(KTO, Korean Theater of Operations)와 한반도 주변의 군사작전 시 새롭게 고려해야 할 주요사항을 제시하려고 했다. 또한, 이 전쟁을 통해 향후, 북한과 중국이 적용 가능한 군사력 운용 및 정책 방향에 대해 논의했다. 특히, 합동군으로서 합동성을 구현하기 위해 합동교리 및 합동교육 발전을 위한 시사점 및 함의를 도출하려고 노력했다.

러시아와 우크라이나의 군사력 운용은 총 다섯 개의 절로 구성했다. 2절은 러시아의 공격작전을, 3절은 이에 대응하는 우크라이나의 방어작전을 분석했다. 4절은 인지전 수행관점에서 양국의 군사력 운용을 분석했으며, 5절에서는 우크라이나 전쟁에서 군사력 운용 결과를 요약하고, 정책적 함의에 대해 논의했다.

2절 러시아의 공격작전

러시아는 '특별군사작전'이라는 명칭으로 군사작전을 개시했다. 이 절에서는 러시아의 공격작전을 작전환경과 군사력 운용 상황 등을 고려하여 러시아의 우크라이나에 대한 공격작전의 적절성을 평가하기 위해 ① 작전단계별로 작전목표-군사적 최종상태-중심 선정의 적절성 평가, ② 실제 전투력 적용 간 공간, 시간, 전력의 균형 평가, ③ 합동작전의 원칙 적용 및 구현 측면 평가, ④ 합동기능 활성화 측면 평가 네 가지 잣대를 적용했다.

1. 단계별 작전목표-군사적 최종상태-중심 식별의 적절성 평가

1) 1~2단계: 키이우 등 작전목표-최종상태-중심 선정 미흡

러시아는 1~2단계 작전 간, 키이우, 하르키우, 마리우폴, 돈바스 등 우크라이나 전 지역에 대한 '특별군사작전'을 시행했다. 러시아 초기 군사작전의 작전목표는 전황 등을 종합적으로 판단해보면, ① 키이우 지역, ② 드니프르강 동안, ③ 돈바스와 크림반도를 연결하는 지역 확보를 통해 친러 정부를 수립하는 것으로 분석할 수 있다. 따라서, 군사적 최종상태는 수도 키이우 등 핵심지역을 최단

시간 내에 점령하여, 양국의 부수적 피해를 최소화한 가운데 우크라이나의 주요 지역을 확보하여 우크라이나 전 지역에 대한 영향력을 행사하려고 의도했던 것으로 평가된다. 이를 위해 러시아가 우크라이나의 중심을 '젤렌스키의 리더십'으로 선정하고 이를 효과적으로 공격하기 위해 〈표 I-4-1〉과 같이 중심요소들을 분석했을 것으로 판단한다.

먼저, 러시아의 작전목표 및 최종상태가 우크라이나 전 지역에 대한 영향력 확보임에 따라, 러시아는 키이우 지역에 대한 방어능력을 우크라이나의 핵심능력으로 평가했을 것이다. 이에 따라, 러시아는 키이우의 방어능력을 보장하는 조건으로 통합 대공방어 체계, 레이더 기지 등을 핵심능력을 방호하는 핵심요구조건으로 선정했을 것이다. 또한, 키이우 방어능력 와해를 위해 레이더 기지 및 발사대, 우크라이나 공군 등을 핵심취약점으로 선정했을 것이다.

그러나 2023년 4월 이후, 러시아는 돈바스 지역으로 전장을 이동하고, '돈바스 특별군사작전'을 전개했다. 하지만, 작전지역을 전환했음에도 작전목표, 최종상태, 중심 선정의 연계를 통해 군사작전의 효과성과 효율성을 추구한 일련의 노력들은 찾아볼 수가 없었다.

1～2단계 작전에서 러시아의 작전목표, 군사적 최종상태, 중심 선정은 부적절했다고 평가한다. 그 이유는 다음과 같다. 먼저, 작전목표 측면에서 단기속결전을 통한 작전목표 달성은 우크라이나에 대한 전력 및 중심 분석이 미흡한 상태에서 진행되었다. 군사적 최종상태 측면에서도 우크라이나의 비군사화와 친러 정부 수립이라는 작전목표는 키이우 등 주요 지역을 점령하는 것으로 달성

〈표 I-4-1〉 1～2단계 작전 간 러시아의 중심 분석

핵심능력(CC)	핵심요구조건(CR)	핵심취약점(CV)
키이우 방어 능력	통합 대공방어 체계, 레이더 기지, 통신노드, 대전차 역량 등	레이더 기지 및 발사대, 우크라이나 공군, 도시 방어군의 지속지원 등
점령지역 우크라이나 국민의 저항의지	젤렌스키의 SNS 활동, 돈바스, 헤르손 등 점령지역의 저항 의지	SNS 체계 차단, 점령지역 주민의 조기 국민투표, 기정사실화 등

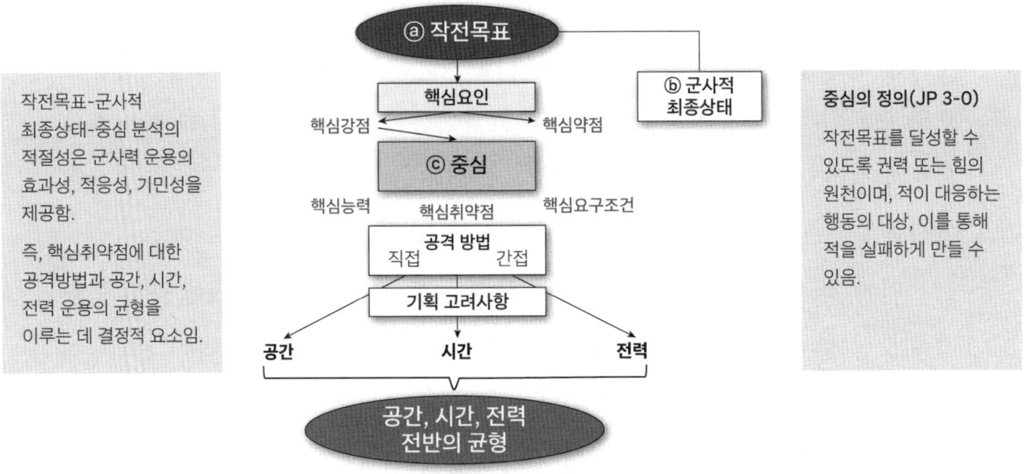

〈그림 I-4-2〉 주요한 작전구상 요인

* 출처: U.S. JCS, JP 5-0 Joint Planning (2020), p. Ⅳ-20.

이 불가하므로 결과적으로는 작전목표와 군사적 최종상태가 일치하지 않았다.

끝으로, 중심 측면에서 러시아가 우크라이나에 대한 중심을 식별할 때, 우크라이나의 전력 현황 및 위치 등에 대한 정보분석이 미흡했고, 특히 우크라이나의 결사 항전을 예상하지 못했으며, 다양하고 지속적인 국제사회 지원에 기반한 우크라이나의 핵심능력 강화를 예측하지 못하는 등 중심분석에 실패했다.

결과적으로, 러시아는 1~2단계 작전 간 작전목표가 불분명하다 보니, 실제 군사행동의 조건인 군사적 최종상태와 논리적으로 연계될 수 없었다. 즉, 수도인 키이우만 점령하면, 우크라이나군(軍)의 지휘통제체계를 완전히 장악하고, 우크라이나군을 무력화할 수 있을 것이라는 러시아의 계산은 실패한 것으로 평가된다.

2) 3~4단계: 작전목표를 동남부지역 통제권 확보로 전환

이 시기는 우크라이나가 동남부지역에서 대공세를 시행함에 따라, 러시아가 방어태세를 전환한 때부터 2023년 1월 이후, 러시아가 우크라이나의 동북부 지역 전선에 전력을 집중했던 기간이다. 이 시기에 러시아는 '돈바스 특별군사작전'이라는 작전명칭대로 작전목표를 우크라이나 전 지역에서 돈바스 지역으로 변경하고 우크라이나 동남부 지역 통제권 확보에 집중했다. 따라서, 2014년 이후, 친러 반군의 분쟁지역인 돈바스 지역을 기반으로 남쪽으로는 헤르손, 마리우폴 지역을 점령하고, 북동부 쪽으로는 하르키우 지역을 점령함으로써, 우크라이나 동안을 확보하고, 궁극적으로 러시아와 크림반도를 연결하는 지상 통로를 확보하는 것을 군사적 최종상태로 선정했을 것으로 분석할 수 있다.

이에 따라, 러시아는 우크라이나의 중심을 '국제사회의 우호적 성향'으로 식별하고, 〈표 I-4-2〉와 같이 우크라이나의 중심을 공격하기 위해 핵심능력, 핵심요구조건 및 핵심취약점을 선정했을 것이다.

러시아는 점령지역 내 우크라이나 및 국민의 저항 의지와 방어능력, 국제사회의 군사, 의미, 경제지원 등을 핵심능력으로 평가하기 시작했다. 이에 따라, 러시아는 젤렌스키의 SNS 활동, 돈바스, 헤르손 등 점령지역의 저항 의지, 우크라이나의 통합 대공방어 체계, 통신노드, 기갑전력 등을 핵심요구조건으로 선정했을 것으로 평가한다. 또한, 러시아는 우크라이나의 저항 의지를 차단하기 위해 SNS 체계를 차단하고, 2022년 9월 말, 점령지역에서 주민투표를 통해 우크라이나 동남부 지역 점령을 행정적으로 통합함으로써 점령 사실을 기정사실화하려고 했다. 아울러, 국제사회의 전력지원을 차단하기 위해 레이더 기지 및 발사

〈표 I-4-2〉 3~4단계 작전 간 러시아의 중심 분석

핵심능력(CC)	핵심요구조건(CR)	핵심취약점(CV)
점령지역 우크라이나 국민의 저항 의지, 방어능력	젤렌스키의 SNS 활동, 돈바스, 헤르손 등 점령지역의 저항 의지	SNS 체계 차단, 점령지역 주민의 조기 국민투표, 기정사실화 등
국제사회의 우크라이나 전력지원	우크라이나 통합 대공방어 체계, 통신노드, 기갑전력	레이더 기지 및 발사대, 우크라이나 공군, 서방 지원 도로망(철도) 도시 방어군의 지속지원

대, 서방의 전력 지원선인 도로망(철도 포함) 등을 주요 표적으로 선정했던 것으로 분석된다.

3~4단계 작전에서 러시아의 작전목표, 군사적 최종상태, 중심 선정은 1~2단계 작전에 비해 현실적이었다고 판단되지만, 3단계 작전 간 우크라이나 공세를 지속적으로 허용함으로써 목표로 했던 군사적 최종상태를 달성하는 데는 한계가 있었다. 돈바스 지역을 중심으로 통제권을 확보하려는 작전목표의 변경은 우크라이나와 이를 지원하는 국제사회의 전력지원을 고려할 때 비교적 타당하다고 평가되나, 2023년 5월 말에 바흐무트 전투에서 보았듯이 러시아는 전술적 목표에 치중하여 전략·작전적 목표를 간과하는 결과를 초래했다.

우크라이나 동부지역을 통제하는 작전목표와 러시아 본토와 크림반도를 연결하는 지상 통로를 확보하려는 군사적 최종상태를 통해 달성할 수 있지만, 우크라이나의 하르키우와 헤르손 지역에 대한 반격으로 러시아군이 목표했던 군사적 최종상태의 전환이 불가피하게 되었다.

중심 선정의 측면에서 러시아가 중심을 변경한 것은 1~2단계 작전의 실패를 토대로 한 결정이었기 때문에 타당하다고 판단된다. 즉, 점령지역의 우크라이나 국민의 저항 의지와 방어능력, 그리고 국제사회 지원에 의한 우크라이나의 핵심능력 강화는 러시아가 중심을 변경할 수밖에 없는 이유가 되었다. 이러한 상황에서, 4단계 작전 이후 서방의 기동전력 지원이 지연되는 틈을 이용한 러시아의 기존 점령지역에서의 주민투표와 러시아 영토 편입 등의 조치는 적절했다고 평가한다.

3) 5단계: 우크라이나 공세 저지를 통해 돈바스 및 크림반도 방어

이 시기에 우크라이나군은 동남부의 중부지역인 자포리자를 중심으로 2차 대공세를 시작하고, 이에 따라 러시아가 방어태세를 전환했다. 이 시기부터 우크라이나의 러시아 본토에 대한 공격이 노골화되었다.

5단계에서 러시아의 작전목표는 우크라이나 동남부 지역에서 돈바스 지역 및 크림반도를 방어하여 현 전선을 유지하는 것으로 분석된다. 따라서, 군사적 최종상태는 2014년 이후, 친러 반군의 분쟁지역인 돈바스 지역을 기반으로 남쪽으로 크림반도를 점령하고, 북동부 지역의 루한스크 및 도네츠크주를 점령함으로써 궁극적으로 러시아와 크림반도를 연결하는 지상 통로를 확보하는 것으로 평가된다. 이에 따라 러시아는 우크라이나의 중심을 '서방지원을 받은 우크라이나의 공세전력'으로 식별하고, 중심을 효과적으로 공격하기 위한 핵심능력, 핵심요구조건 및 핵심취약점을 〈표 I-4-3〉과 같이 분석했을 것으로 판단한다.

먼저, 러시아는 우크라이나의 공세전력, 점령지역 내 우크라이나 및 국민의 저항 의지와 방어능력, 국제사회의 전력지원을 핵심능력으로 평가한 것으로 분석된다. 이에 따라, 러시아는 젤렌스키의 대서방 외교활동을 통해 서방으로부터 지원받은 우크라이나 군대, 그리고 돈바스, 헤르손 등 점령지역의 저항 의지, 우크라이나의 통합 대공방어 체계, 통신노드, 기갑전력 등을 핵심요구조건으로 선정했을 것으로 평가한다. 또한, 러시아는 서방의 지원을 받은 우크라이나군의 취약점 중 인본주의와 방호기반의 서방교리 및 전력운용을 핵심취약점으로 선정하고, 돈바스 및 크림반도 등 점령지역의 저항 의지를 차단하기 위해 노력했다. 또한, 국제사회의 전력지원을 차단하기 위해 레이더 기지 및 발사대, 서방의 전력지원선인 도로망 및 산업기반 시설(곡물 창고) 등을 주요 표적으로 선정했다.

〈표 I-4-3〉 5단계 작전 간 러시아의 중심 분석

핵심능력(CC)	핵심요구조건(CR)	핵심취약점(CV)
우크라이나의 공세전력, 점령지역 우크라이나 국민의 저항의지	서방지원을 받은 우크라이나 군대, 돈바스 및 크림반도 등 점령지역의 저항의지	서방 공세 전력의 취약점, 정보작전 공간 차단, 점령지역 주민의 친러시아화
국제사회의 우크라이나 전력지원	젤렌스키의 대서방 외교활동, 우크라이나 통합 대공방어 체계, 통신노드, 기갑전력	인본주의, 방호 기반의 서방 교리 및 전력운용, 서방 지원 도로망(철도) 우크라이나 지속지원

5단계 작전에서 러시아의 작전목표, 군사적 최종상태, 중심 선정은 우크라이나의 2차 공세에 따라 러시아가 선택할 수 있는 가장 현실적이고 불가피한 것이었다.

돈바스 지역과 크림반도를 방어하는 것으로 작전목표를 변경한 것은 우크라이나의 공세와 이를 지원하는 국제사회의 추가 전력지원을 고려할 때 타당하다고 평가한다. 하지만, 러시아의 작전목표 변경은 2023년 5월 말에 바흐무트 전투의 결과로 인해 전반적인 전력을 소진한 상황에서 볼 때 불가피했던 선택으로 평가한다.

군사적 최종상태 측면에서 돈바스 지역과 크림반도를 방어함으로써 러시아 본토와 크림반도를 연결하는 지상 통로를 확보하려는 군사적 최종상태를 달성하는 데 우크라이나군의 자포리자 반격과 크림반도를 비롯한 후방지역 공격으로 군사적 최종상태의 전환이 불가피할 것으로 분석된다. 만약, 러시아가 지속적으로 현재의 최종상태를 고집한다면, 러시아 전쟁지도부의 의지(Will)와 이를 충족해야 하는 러시아군의 능력(Capability)의 심각한 불균형이 발생할 수 있을 것이다.

중심 선정의 측면에서 1~4단계 작전의 교훈을 토대로 러시아가 우크라이나의 중심을 '서방의 지원을 받은 우크라이나의 공세전력'으로 평가한 것은 타당하다고 본다. 특히, 3단계 작전의 교훈을 얻어 서방의 전력을 운용하는 우크라이나의 취약점 즉, 인본주의 기반한 방호중심의 전력 운용을 5단계 작전 초기에 자포리자, 하르키우 일대에서 전술적 승리에 기여했다고 평가한다.

결과적으로, 우크라이나 2차 공세로 인해 작전목표를 우크라이나 동남부지역 통제권 확보에서 크림반도 지역 및 돈바스 지역 방호로 전환하고, 군사적 최종상태를 러시아 본토와 크림반도의 지상통로 확보로 선정한 것은 논리적으로 타당했다고 평가한다. 또한, 기존 점령지역인 돈바스 지역과 크림반도를 기반으로 점령지역의 우크라이나 대중의 저항 의지와 국제사회의 전력지원을 차단하려는 작전구상은 현실적으로 타당한 것이었다. 하지만, 전반적으로 두 차례에 걸친 우크라이나의 공세에 밀려, 러시아의 돈바스 특별군사작전은 실패했다고 분석할 수 있다.

2. 실제 전투력 적용 간 공간, 시간, 전력의 균형 평가

앞서 살펴본 우크라이나의 중심 요소 중 핵심취약점은 러시아가 실제 전투력을 적용한 결과를 토대로 분석했다. 즉, 전쟁의 3요소인 공간, 시간, 전력의 전반적인 균형을 유지했는지를 분석하기 위해서 〈그림 I-4-3〉과 같이 공간, 시간 및 전력 분야에서 고려해야 할 세부사항을 분석했다.

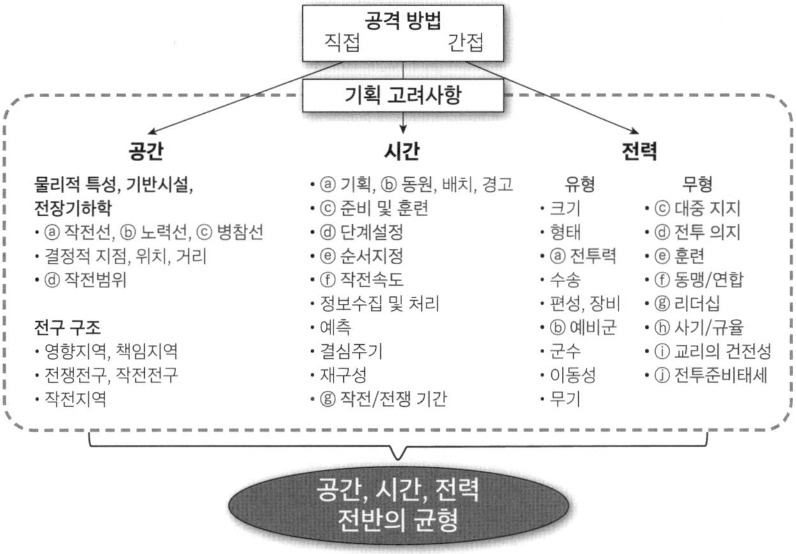

〈그림 I-4-3〉 공간, 시간, 전력의 균형

* 출처: U.S. JCS, JP 5-0 Joint Planning, p. Ⅳ-20.

1) 공간 고려사항

1~2단계 작전 간 러시아는 우크라이나의 핵심취약점과 연계된 작전환경의 분석이 미흡하여, 북동부 축선 공격이 비효율적이었다. 먼저, ⓐ 작전선, ⓒ 병참선 측면에서 분석해보면, 러시아 본토 밖에서 진행하는 외선작전의 특성상, 기동부대의 능력을 보장하는 중간기지를 구축하기 위해서 비행장이나 항만을 확보하고 운용하는 능력이 미흡했다.

〈그림 I-4-4〉에서 보는 바와 같이 국경선 일대 진입지점과 수도 키이우로 가는 주요 경로인 고속도로 등은 비교적 조기에 확보되었다. 그러나, 중간기지가 구축되지 않아 병참선이 64km 이상 신장되는 결과를 낳았다. 특히, 수도 키이우의 국제화물 공항인 호스토멜 비행장은 2022년 2월 25일 확보된 이후, 우크라이나에게 수시(2. 28., 3. 28.)로 피탈되어, 지속적인 작전선 유지에 실패했다.

3~4단계 작전 간 러시아는 작전목표를 동남부 축선으로 전환하여 전반적인 작전선과 병참선을 재조정했다.

〈그림 I-4-5〉에서와 같이 러시아는 작전선을 러시아 본토에서 돈바스 및 크림반도로 이어지는 지상병참선(GLOC)을 공고하게 확보하려고 노력했다. 하지만, 3단계 전황에서 보는 바와 같이 우크라이나의 하르키우 일대와 헤르손 일대의 반격으로 작전선 유지에 위협을 초래했다. 이로 인해, 4단계 이후 러시아의 작전선은 지상병참선에 이어 해상교통로(SLOC)를 확보하기 위해 진행했다.

ⓑ 노력선 측면에서는 작전목표인 키이우 확보를 공고히 하기 위한 점령지역의 안정화 노력에 소홀했으며, 오히려 부차 학살 등 우크라이나 국민의 정서에 반하는 군사작전 행위가 집중적으로 부각되는 결과를 초래했다. 이로 인해 〈그림 I-4-6〉에서 보는 바와 같이 러시아군은 3단계 작전 이후에는 러시아가 동남부지역의 안정화를 위한 노력을 강화했다. 즉, 추가 북부와 남부지역에서 지역 정부를 구축하고, 우크라이나 동남부지역의 안정을 위한 조치를 시행했다.

ⓓ 작전범위 측면에서, '특별군사작전'을 성공적으로 달성할 수 있는 군사

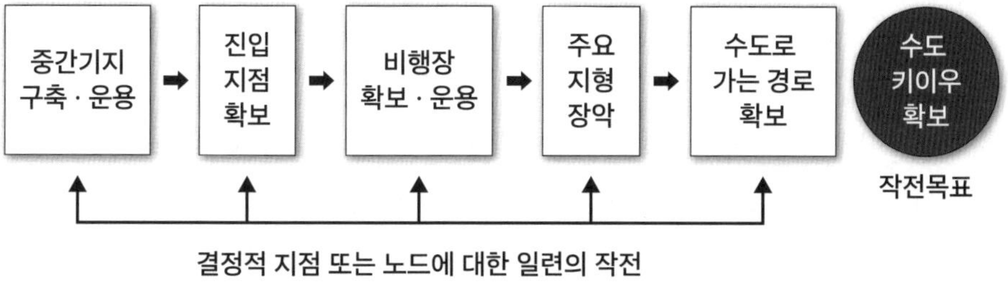

〈그림 I-4-4〉 1단계 작전 간 러시아의 작전선

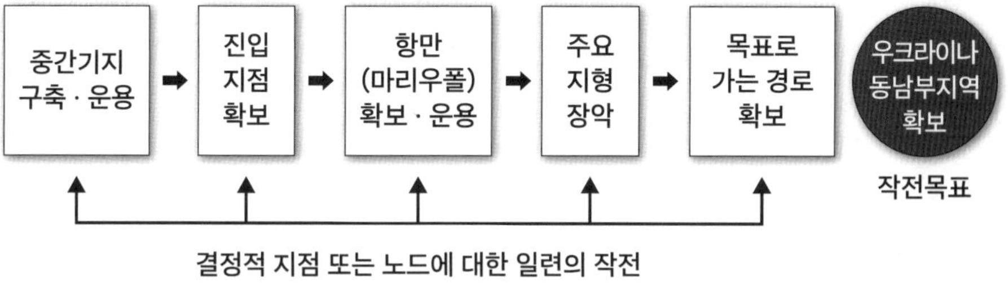

〈그림 I-4-5〉 3단계 작전 이후 러시아의 작전선

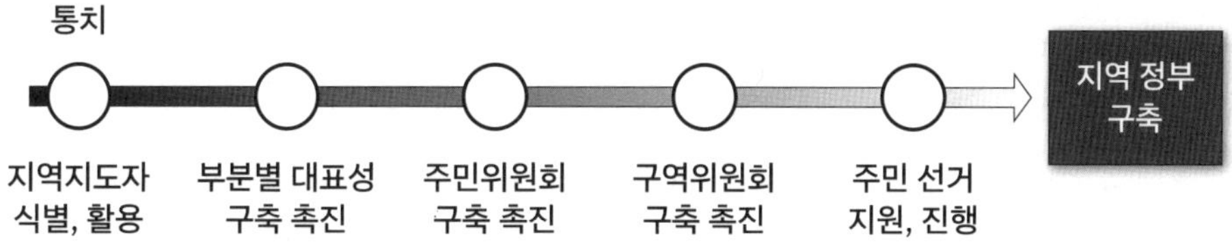

〈그림 I-4-6〉 3단계 작전 이후 러시아의 노력선

작전의 거리와 기간을 선정하는 작전환경 분석이 미흡했다. 즉, 우크라이나의 지형, 위협요소를 분석하여 이를 극복할 수 있는 현장 작전부대의 역량이 부족했다. 이는 단기간 내 군사작전이 종료될 것으로 판단하는 등 작전 범위에 대한 고민이 적었던 것으로 분석된다.

작전지역이 우크라이나 동남부지역으로 전환되면서, 러시아는 '돈바스 특별군사작전'을 달성할 수 있도록 군사작전의 거리와 기간을 한정했다. 즉, 돈바스 축선을 중심으로 북부지역과 남부지역으로 한정하여 작전부대를 운용하고 있으며, 이를 위해 흑해의 주요 항만인 마리우풀을 확보(2022. 5. 17.)하여 동부

축선과 남부 축선의 지상 및 해상 통로를 확보했다.

그러나 2022년 9월, 2023년 6월 이후 시행된 두 차례에 걸친 우크라이나의 공세에 밀려 북부 하르키우주(州)의 일부와 남부 헤르손 서안을 잃게 됨으로써 러시아는 돈바스 지역과 크림반도를 방어하는 입장으로 전환했다.

결론적으로 공간을 효과적으로 활용하지 못하는 러시아의 능력은 전쟁 초기 수도 키이우 확보 실패로 인해 동남부지역으로 불가피하게 패퇴하는 결과를 초래했다. 무엇보다도, 러시아가 두 차례에 걸친 우크라이나의 공세를 허용한 원인은 작전선 및 노력선을 효율적으로 통합하지 못한 러시아의 공간 통제능력의 부재라고 평가한다.

2) 시간 고려사항

러시아는 1~2단계 작전 간 우크라이나의 핵심취약점과 연계하여 작전시간에 대한 분석, 예측이 미흡하여 수도 키이우를 비롯한 북부 축선 공격작전에 실패했다. 이를 ⓐ 기획, ⓑ 동원, ⓒ 준비 및 훈련 측면에서 분석하면, 실제 전력을 투입하기 위한 정밀한 기획과 동원령이 선포되지 않은 상태에서 군사작전을 개시함으로써 효과적인 전투력 발휘가 미흡했다. 러시아는 벨라루스에서의 연례 훈련인 '자파드 2021' 이후, 즉시 전력을 투입했다. 이에 초기 작전은 비교적 성공적이었으나, 전쟁이 선포되지 않은 소위 특별군사작전으로 제한함으로써 동원전력 활용이 제한되는 역설적인 결과를 초래했다. 즉, 실제적인 전쟁 성격의 군사작전이나, 전력을 창출하는 주요 수단인 동원령이 선포되지 않아, 일반모집에 의한 동원 전력 창출에 한계를 노출했다고 평가한다.

작전수행 간 ⓓ 단계설정, ⓔ 순서 지정, ⓕ 작전 속도, ⓖ 작전 및 전쟁 기간 측면에서 러시아는 작전단계 설정, 전쟁 기간의 고려 없이 1~2단계 작전을 진행한 결과 결정적인 시간과 장소에 동시통합 달성이 제한되고, 전투력을 비효율적으로 운용하는 결과를 초래했다. 군사작전의 단계를 설정하지 않고, 우크라이나 전 지역에서 공격작전을 개시했으며, 주 노력과 보조 노력에 대한 부대의 순서를 지정하지 않고, 작전 속도에만 집중한 것으로 분석된다.

3~4단계 작전 간 러시아는 앞서 언급한 1~2단계 작전에서 얻은 교훈을 바탕으로 드네프르강 동안의 작전환경을 고려하여 시간에 대한 분석, 예측을 통해 군사작전을 수행하려고 노력했다. 러시아는 3~4단계 작전에서 우크라이나의 1차 공세에 밀려, 일부 방어로 전환한 가운데, ⓐ 기획, ⓑ 동원, ⓒ 준비 및 훈련 측면에서 전열을 재정비하는 기회를 얻었다. 군사작전의 명칭에 '돈바스'라는 명칭을 사용하여, 작전목표인 우크라이나 동북부를 점령하기 위해 현실을 반영한 비교적 정밀한 작전기획을 세우고, 적용한 것으로 분석된다. 또한, 2022년 9월 21일에 부분동원령을 발령함으로써 이후 군사작전을 위한 현지 동원, 북부 및 기타 지역의 전력을 전환하여 재조직하는 등의 준비 및 훈련을 진행했다.

5단계 작전 이후 러시아는 우크라이나의 2차 공세에 밀려, 자포리자 및 헤르손 일대에서 ⓐ 기획, ⓑ 동원, ⓒ 준비 및 훈련 측면에서 전열을 재정비하는 기회를 얻었다. 하지만, 러시아는 프리고진의 무장반란 등 전쟁지도부에 대한 권위에 손상을 입어 총동원령 발령에 대한 정치적 부담감과 새로운 전력을 준비하고 훈련소요 시간을 확보하는 데 어려움을 겪고 있다.

결론적으로 러시아는 시간이 자신에게 절대적으로 불리하다는 것을 인식하지 못하는 것 같다. 즉, ⓓ 단계설정, ⓔ 순서 지정, ⓕ 작전속도, ⓖ 작전 및 전쟁 기간 측면에서 러시아는 전면적인 재조정이 불가피했다. 전장의 주도권을 우크라이나에게 넘겨준 이후, 정상적으로 전쟁을 이끌지 못한다는 인상을 준다. 러시아는 4단계 이전 작전과는 달리 5단계 작전에서 하르키우-돈바스(도네츠크, 루한스크)-헤르손-크림반도를 연결하는 접촉선을 지정하여 작전속도를 조정했으며, 작전 및 전쟁기간 측면에서는 주 노력인 돈바스 지역을 확보하고, 북부지역인 하르키우와 남부지역인 헤르손, 크림반도를 연결하는 시간을 확보하려고 노력한 것으로 분석된다.

3) 전력 고려사항

러시아는 2014년 크림반도 점령과 돈바스 전쟁의 교훈을 기반으로 한 국방개혁을 통해 전력을 보강해왔지만, 2022년 우크라이나 침공에서 드러난 유·무형 전력의 불일치를 통감하고 있는 것으로 판단한다.

먼저 ⓐ 전투력 측면에서, 러시아 군사작전은 형식과 방법 측면에서 적응성과 창의성 발휘가 미흡했다. 〈그림 I-4-7〉에서 보는 바와 같이 러시아는 '게라시모프 독트린'을 기반으로 기존 군사력만을 사용하는 전통적인 형식과 방법에서 국력의 도구인 외교(D), 정보(I), 경제(E) 등 비군사적 수단을 군사적 수단(M)과 조합하여 사용하는 새로운 형식과 방법을 적용하려고 노력했으나, 여러 가지 측면에서 미흡했다.

이를 세부적으로 살펴보면 다음과 같다. 러시아는 1~2단계 작전 간 새로운 형식과 방법을 적용하려고 노력했다. ① 평시 배치된 전투부대로 군사작전을 개시하여, ② 제병협동의 고기동성을 달성했으나, 전투현장에서의 실제 능력은 미흡했다. 작전 개시 3일 만에 수도 키이우 북쪽 외곽에 도달했으나, 키이우 주변의 도시지역 전투에서 패퇴하고 1개월 만에 돈바스 지역으로 철수했다. 또한, ③ 단기간 내 군-민간 기반의 핵심 중요시설 파괴로 우크라이나의 군사 및 경제적 잠재력을 약화시킬 수 있었으나, 이는 서방국가의 비난과 우크라이나 국민의 저항 의지가 강화되는 결과를 초래했다. 또한, ⑤ 적의 전반적인 영토 종심에서 전투부대와 적 시설에 대한 동시적 효과를 추구했으나, 3단계 작전 이후 우크라이나의 공세로 인해 러시아의 원거리 타격은 효과적이지 못했다.

3~4단계 작전에서도 러시아가 새로운 형식과 방법을 적용하려고 노력했다. ④ 초정밀무기의 사용, 특수작전부대의 투입 등과 더불어 물리적 원칙에 기반한 무기의 대규모 사용, 전투작전에 민-군 요소를 개입하려는 시도 등이다. 민간군사기업(PMC)인 바그너(Wagner) 그룹을 주요 전투에 투입한 것은 매우 특기할 만한 사항이다. 또한, ⑥ 모든 물리적 환경과 정보공간에서 동시 전쟁을 수

군사력 사용

전통적 형식과 방법

① 전략적 배치 이후 군사작전 개시

② 지상군 기반의 군 구성, 대규모로 조직된 전투부대가 최전방에서 충돌

③ 병력과 무기 파괴, 이후 영토 장악을 목표로 전선과 전역 점유

④ 적 파괴, 경제적 잠재력 파괴하여 영토 점유

⑤ 지상, 공중, 해상에서의 전투 수행

⑥ 견고하고 위계적으로 구성된 지휘통제기구를 활용하여 최전방전투부대에 대한 지휘통제

외교, 정보, 경제 등 비군사적 수단을 군사적 수단과 조합하여 사용(diMe)

새로운 형식과 방법

① 평시 배치된 전투부대(전력)로 군사작전 개시

② 제병협동의 고기동성, 비접촉하 전투작전

③ 단기간 내 군-민간 기반의 핵심 중요 설비 파괴로 군사-경제 잠재력 감소

④ 초정밀무기의 대량 사용, 특수작전부대와 로봇체계와 같은 물리적 원칙에 기반한 무기의 대규모 사용, 전투작전에 민-군 요소의 개입

⑤ 적의 전반적인 영토 종심에서 전투부대와 적 시설에 동시적 효과 지향

⑥ 모든 물리적 환경과 정보공간에서 동시전쟁 수행

⑦ 비대칭적, 간접작전 활용

⑧ 통합된 정보공간에서 전력과 자산 지휘통제

〈그림 I-4-7〉 정책적 목적 달성을 위한 전쟁 성격의 변화

* 출처: U.S. Army University Press, "The Value of Science Is in the Foresight: New Challenges Demand Rethinking the Forms and Methods of Carrying out Combat Operations," *Military Review* (January-February 2016).

행하려는 노력이 돋보인다. 마리우풀과 바흐무트 전투에서 푸틴의 강경 노선을 반영한 고사 작전 등은 기존 전투와 차별되는 요소다. ⑧ 통합된 정보공간에서 전력과 자산을 지휘통제하려는 노력이 보인다. 이는 '돈바스 특별군사작전' 이후, 4회에 걸친 우크라이나 전구사령관의 교체와 정보 우위를 달성하려는 노력이 보인다. 역설적으로 민간군사기업 활용은 정상적인 군사지휘계통과 불협화음을 노출하는 결과를 초래했다.

무형전투력인, ⓒ 대중 지지, ⓓ 전투 의지, ⓕ 동맹/연합, 리더십, ⓖ 사기와 규율 측면에서 러시아는 매우 불리한 위치에 있다. 군사작전에 대한 국내외 대중의 지지가 미흡하고, 이는 러시아의 리더십, 전투 의지, 사기와 규율에 결정적인 영향을 미치고 있다. 러시아 내에서 전쟁 반대운동이 지속적으로 보도되고, 서방에서는 러시아를 침략국으로 규정하는 캠페인을 진행했다.

ⓔ 훈련, ⓘ 전투준비태세 측면에서 1~2단계 공세 위주의 대대전술단(BTG) 운용은 도시지역 전투에 기민하게 적응하지 못하는 현상을 보였다. 소수의 보병 편제는 공격 위주의 특성을 갖기 때문에 도시지역 포위나 행군에는 적절하나, 다수의 건물들이 산재한 도시지역 전투에서는 취약성을 보였다. 결국, 3~4단계 작전에서는 대대전술단이 소규모 공격 중대로 운영되었는데, 이는 훈련을 포함한 전투준비태세의 한계를 극복하기 위한 불가피한 조치였다.

ⓗ 교리의 건전성 측면에서 위협 기반의 게라시모프 독트린은 다양한 전쟁의 목적, 현장 전투의 강도를 포괄하지 못한다는 것을 증명했다. 〈표 I-4-4〉에서 보는 바와 같이, 포괄적 파괴(Comprehensive Destruction)를 군사작전의 형식과 방법을 적용하는 데 있어서 이론과 실제의 간격이 발생했다.

결과적으로 포괄적 파괴는 러시아의 사격 효과의 효율성과 연속성을 보장하지 못해 탐지-타격, 탐지-화력체계의 반복은 부수적 피해를 초래했다.

러시아의 이와 같은 시행착오는 왜 반복되는 것일까? 2022년 우크라이나 전쟁 전반에서 러시아가 범한 동일한 시행착오의 원인은 러시아의 군사 독트린을 재검토해보면 잘 알 수 있다.

〈표 I-4-4〉 '포괄적 파괴'의 교리적 언급

군사작전의 내용 자체가 바뀌고 있다. 공간적 규모가 확대되고, 강렬함과 역동성이 증가하고 있다. 순차적이고 집중적인 작전에서 모든 대치 영역을 포함한 모든 영역에서 연속적이고 분산화된 작전으로 전환되었다. 기동부대에 대한 요구조건이 까다로워졌다. 즉, 모든 타격과 화력 자원을 통일된 체제로 통합함으로써 적군을 포괄적으로 파괴하는 방향으로 전환하고 있다. - 2018년 러시아 군사과학 아카데미, 게라시모프 총참모장

* 출처: Valery Gerasimov, Translated by Dr. Harold Orenstein, "Russian General Staff Chief Valery Gerasimov's 2018 Presentation to the General Staff Academy: Thoughts on Future Military Conflict—March 2018," *Military Review* (January-February 2019), p. 132.

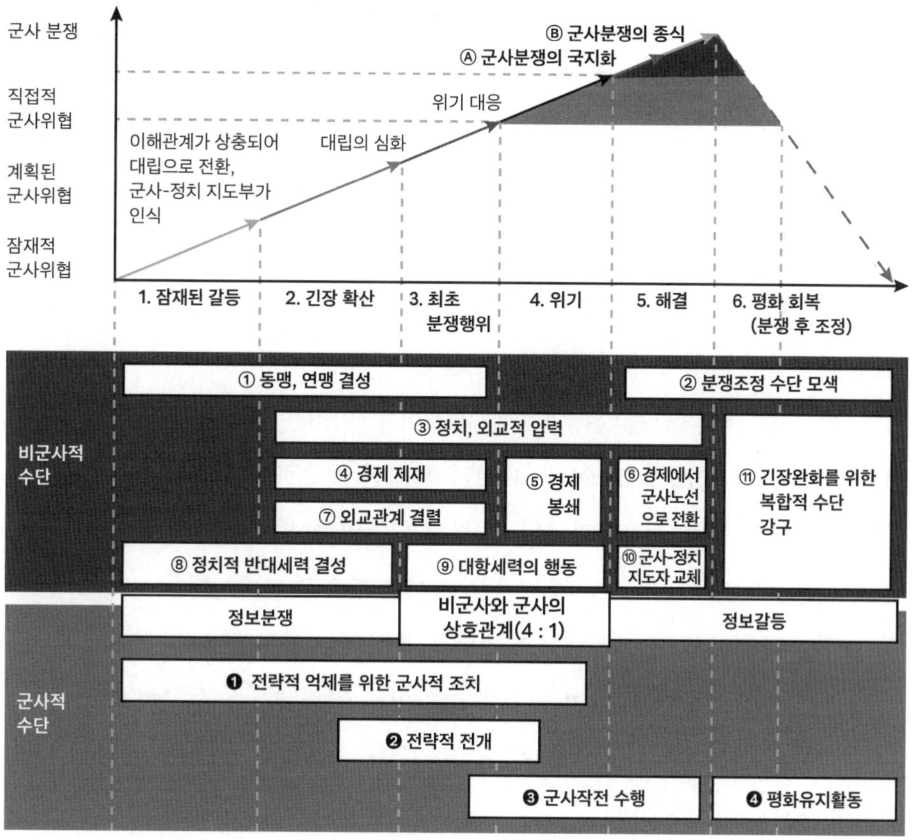

〈그림 I-4-8〉 국가 간 분쟁 해결에서 비군사적 방법의 역할

* 출처: Valery Gerasimov, Translated by Charles Bartles, "The Value of Science Is in the Foresight: New Challenges Demand Rethinking the Forms and Methods of Carrying out Combat Operations," *Military Review* (January-February 2016), p. 28.

〈그림 I-4-8〉은 게라시모프 독트린이 주장하는 국가 간 분쟁 해결에서 비군사적 방법을 활용하는 분쟁 진행의 주요한 단계를 보여준다.

이 모형은 잠재된 군사위협에서 군사분쟁에 이르는 위기가 고조됨에 따라 분쟁 진행의 단계가 잠재된 갈등으로부터 평화 회복 단계를 거친다고 전제한다. 군사분쟁을 진행하면서 군사적 수단과 더불어 비군사적 수단을 병행하여 적용한다는 것이다.

러시아는 2014년 돈바스 전쟁에서 이 모형을 하이브리드전의 전형적 성공

사례로 평가한다. 하지만, 2022년 우크라이나 전쟁에서 나타나는 현상은 이전의 사례와 같이 성공적이라고만 평가할 수 없다. 그 이유는 다음과 같이 분석해 볼 수 있다. 첫째, 이 모형을 2022년 우크라이나 전쟁에 적용한다면, 러시아는 현재 어떤 분쟁 단계에 있는가? 분쟁의 주요한 단계를 6단계로 구분했으나, 작전환경에 따라 실제 현장에서는 혼선이 빚어진다는 것을 우크라이나 침공작전에서 확인할 수 있다. 예를 들어, 평화유지작전은 군사작전 이후에 나타나는 것이 아니라, 군사작전과 병행하여 진행될 수 있을 것이다.

둘째, 비군사와 군사의 상호관계 비율이 4:1이라는 해석은 타당한가? 이는 번역자인 찰스 바틀스(Charles Bartles)가 분석한 것으로, 게라시모프 기고문 원본에는 없다. 전통적인 전쟁과 새로운 전쟁을 구별한다는 측면을 강조하기 위해 군사적 수단과 비군사적 수단의 비율을 제시한 것으로 판단된다.

셋째, 비군사적 수단과 군사적 수단을 통합하는 정보분쟁 수행(Information Conflict Conduct)은 어떤 의미이며, 우크라이나 전쟁에서는 성공하고 있는가? 러시아는 전쟁 전(全) 단계에 걸쳐 정보공간(Information Space)을 통제하기 위해 노력했으나 효과적이지 못했다. 오히려 상대방인 서방과 우크라이나가 다양한 내러티브를 통해 전쟁 수행의 판도를 주도하는 경향이 나타나고 있다. 러시아는 비군사적 수단 중, ⑨ 우크라이나의 군사-정치지도부 교체가 실패함에 따라, ⑧ 정치적 반대세력을 결성, ⑩ 대항세력인 NATO 세력을 결집하는 악수(惡手)를 두게 되었다. 또한, 군사적 수단 중, ❸ 군사작전을 수행 중이나, 군사분쟁을 해결하는 Ⓐ 군사분쟁의 국지화에 실패하여, Ⓑ 군사분쟁을 종식하는 단계에 이르지 못하고 있다고 평가할 수 있다.

넷째, 게라시모프 독트린은 재귀통제(Reflexive Control)가 반영된 전쟁수행 개념으로 접근하여 어떻게 상대 국가의 지도부에 러시아의 생각을 투영했는가? 2022년 우크라이나 전쟁은 게라시모프 독트린을 적용하기에는 군사분쟁을 국지화하고 군사분쟁을 종식하는 것과는 괴리가 있다. 오히려 군사적 수단 중, 군사작전을 진행 중이나 군사분쟁의 국지화에 실패하여 군사분쟁을 종식하는 단계에 이르지 못하고 있다고 평가된다.

결과적으로 러시아는 실제 전투현장에서 전통적인 방법과 새로운 형식과 방법이 혼재한다는 측면을 인식하고 그 이론적인 한계를 전투현장에 기민하게 실행하고자 하는 적응성(Adaptability)이 미흡했다.

3. 합동작전의 원칙 적용 및 구현 측면 평가

우크라이나 전쟁에서 합동작전의 원칙을 적용하는 것은 양국의 군사력 운용을 객관적으로 분석하고 평가할 수 있는 유용한 잣대로 사용할 수 있다.

〈그림 I-4-9〉에서 보는 바와 같이 합동작전의 원칙은 전쟁 승리의 향방을 결정짓는 사고체계다. 합동작전의 원칙은 모든 원칙이 목표의 원칙을 지향하며, 각 원칙 간 상호 의존하고 보완 관계에 있는 전쟁의 지배적 원칙으로 전투현장에서 창의적으로 적용해야 한다. 특히, 현대전에서는 지휘통일, 기반, 보안, 간명 등 기반원칙이 되어, 공세, 집중, 절약, 기동, 기습 등 핵심원칙이 목표의 원칙을 지향하기 위해서는 절제 및 합법성 등 촉진 원칙이 더욱 중요해졌다.

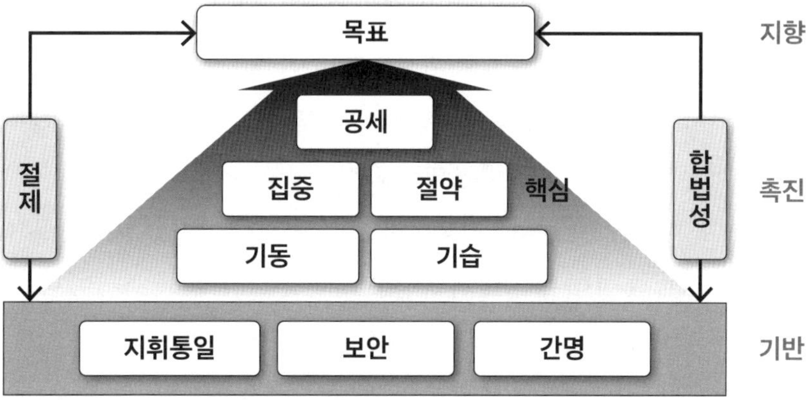

〈그림 I-4-9〉 합동작전의 원칙 간 상호관계

* 출처: U.S. JCS. JP 1 vol 1. Joint Warfighting (2023), p. Ⅲ-5 재구성.

〈표 I-4-5〉 1~2단계 작전 간 러시아의 합동작전 원칙 적용 분석

G: 양호 A: 보통 R: 미흡 N: 제한

목표	공세	집중	절약	기동	기습
A	G	R	R	G	A
지휘통일	보안	간명	절제	합법성	총 평
R	R	N	R	R	R

각 단계별로 러시아의 합동작전 원칙의 적용결과를 세부적으로 살펴보면 다음과 같다. 먼저, 〈표 I-4-5〉와 같이, 1~2단계 작전 간 축선별 분산된 작전으로 공세, 기동의 원칙을 비교적 양호하게 적용했으나, 집중, 절약, 절제, 합법성, 지휘통일, 보안의 원칙 등은 제대로 적용하지 못했던 것으로 평가할 수 있다.

1~2단계 작전 간, 작전목표인 수도 키이우에 대한 공세가 집중적으로 이루어졌다. 따라서, 작전 초기 3일 내에 키이우 부근에 도달하여 기동의 원칙은 달성했다. 하지만, 전략적 중심인 '젤렌스키 리더십 제거작전'이 실패하고, '특별군사작전'의 징후가 사전에 노출되면서 기습 달성이 효과적이지 못했다. 또한, 군사작전 전반에 영향을 미치는 지휘통일 및 보안의 원칙이 미흡하여 전반적인 합동작전 원칙의 승수효과를 달성하지 못했다.

3~5단계 작전 간에는 〈표 I-4-6〉과 같이 목표, 공세, 집중, 기동의 원칙은 양호하게 적용했으나, 절약, 지휘통일, 보안의 원칙 등은 미흡했다.

작전목표가 돈바스 지역으로 변경되어, 목표에 지향하는 공세, 집중, 기동의 원칙이 비교적 양호하게 적용되었다. 하지만, 2022년 8월 말 우크라이나의 공세 이후에는 점령지역을 러시아 영토로 편입하고, 부분동원을 통해 전력을 생성한 이후, 소모적인 바흐무트 전투에서 보듯이 생성된 전력을 절약하거나, 다양한 제대의 지휘통일 등의 원칙이 미흡한 결과를 낳았다.

공통적으로 절제 및 합법성의 원칙은 포괄적 파괴라는 게라시모프 독트린의 영향으로 전투현장에서 합리적으로 적용할 수 없었다. 1~2단계 작전 간 부차 및 마리우폴 시가지에 대한 포괄적 파괴는 3단계 작전 이후에도 바흐무트 전

〈표 I-4-6〉 3~5단계 작전 간 러시아의 합동작전 원칙 적용 분석

G: 양호 A: 보통 R: 미흡 N: 제한

목표	공세	집중	절약	기동	기습
G	G	G	A	G	A
지휘통일	보안	간명	절제	합법성	총평
A	R	A	R	R	A

투에서도 지속되어 목표의 원칙을 지향하는 데 비효과적이었다.

합동작전의 원칙을 적용하는 측면에서 러시아는 공간, 시간, 전력의 통합을 위해 균형된 합동작전 원칙을 적용하지 못해 효과적인 군사작전에 실패했다. 특히, 목표의 원칙을 지향하는 하나의 사고체계인 전쟁의 원칙이 상호보완적, 창의적으로 적용되지 못한 이유는 러시아의 문화적, 역사적 요인이 크게 작용한 것으로 분석된다. 즉, 러시아는 고유한 전쟁관에 기인한 교리의 건전성, 전술적 수준의 융통성 결여 등, 균형 잡힌 합동작전 원칙을 적용하는 데 미흡했고, 이는 결과적으로 군사적인 실패로 귀결되었다.

4. 합동기능 활성화 측면 평가

〈그림 I-4-10〉에서 보는 바와 같이 합동기능은 공간, 시간, 전력의 균형을 유지하는 데 실제적인 군사 활동이자 능력이다. 즉, 지휘통제 기능과 정보(Information) 기능을 기반으로 양국의 공간, 시간, 전력을 활용하는 능력은 군사력 운용의 승패를 좌우하는 중요한 요소다.

러시아는 우크라이나 전쟁에서 작전단계별 공간, 시간, 전력의 균형을 이루기 위해 지휘통제에 기반한 합동기능을 활성화하는 데 지속적인 곤란을 겪고 있다. 이를 합동 기능 7대 각 기능별로 분석하면 아래와 같다.

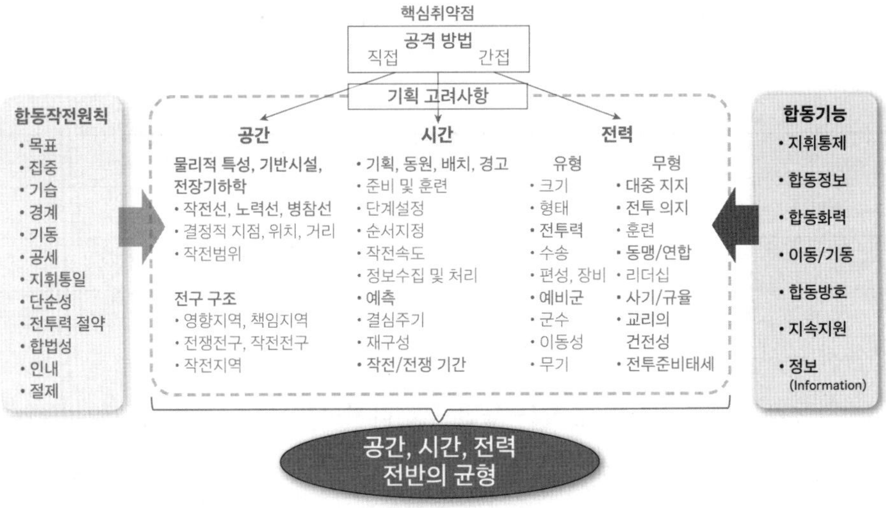

〈그림 I-4-10〉 합동기능이 공간, 시간, 전력의 균형에 미치는 영향

* 출처: U.S. JCS, JP 5-0 Joint Planning, p. Ⅳ-20.

1) 지휘통제

지휘통제는 모든 군사활동의 목적과 방향을 제시한다. 지휘통제 없이는 어떤 군사 무기나 역량이 통합해서 발휘될 수가 없다. 임무지휘는 지휘의 술(Art of Command)과 통제의 과학(Science of Control)을 적절하게 균형을 유지할 수 있도록 해주는 핵심적인 역할을 수행하며, 모든 서방 교리의 기반이다.[3] 따라서, '임무지휘에 기반한 지휘통제 활성화' 측면에서 합동기능의 결속과 통합을 바라보는 것은 합리적인 접근이다. 러시아가 우크라이나 전쟁에서 임무지휘에 기반한 지휘통제 활성화 측면에서 미흡한 사례는 아래와 같다.

먼저, 소위 '국가방위지휘통제센터'에서 전투현장을 직접 지휘하는 미세관리(Micromanagement)로 현장 지휘계선의 절제된 주도권 행사가 미흡했다.

〈그림 I-4-11〉에서 보는 바와 같이 전투현장에 투입된 전력을 지휘 통제하

3 Anthony C. King, "Mission Command 2.0: From Individualist to a Collectivist Model," *The Army War College Quarterly*, vol. 47(2017), p. 8.

〈그림 I-4-11〉 러시아 연방군의 지휘통제 계선

* 출처: 이승기, "러시아의 새로운 전쟁과 국방개혁", 『합동군사대학교 세미나 자료』(2022)

는 통합사령부가 구성되지 않아, 1단계 작전 종료 후, 특별군사작전을 지휘하는 전구사령관을 교체했으나, 전투현장을 직접 통제하려는 현상이 지속되고 있다고 분석된다. 예를 들어, 러시아연방 총참모장인 게라시모프가 우크라이나 전구사령관으로 임명된 2023년 1월 11일 이후에도 전투원이 수염을 기르는 행위를 통제하는 지침을 내리는 등, 현장의 전장 실상을 고려하지 않은 원격 지휘통제(Remote Command & Control)는 각 군종 간, 주요 제대 간의 합동작전이 상호 통합되지 않는 결과를 초래했다.

둘째, 러시아 군사 독트린을 실제 현장에 적용하는 데 이론과 실제 간의 간격이 발생했다. 러시아 연방군 게라시모프 총참모장은 〈표 I-4-7〉과 같이 2018년 3월, 러시아 군사과학 아카데미에서 러시아군의 지휘통제에 대해 자신감을 피력했다.

2022년 2월 우크라이나 특별군사작전 직전에서 지휘통제에 대한 집중 투자와 더불어 이론적 체계를 정립하려고 노력했으나, 실제 현장에서는 임무지휘가 제대로 스며들지 못한 사례가 목격되었다. 즉, 빈번한 항명과 상급 지휘관 살해, 부차 학살에서 보는 바와 같이 약탈, 성범죄, 중견 간부의 예하부대 통제 미흡으로 인한 병력 이탈 등 잦은 군기 사고가 발생했다. 결국, 지휘통제 합동기능을 활성화하지 못하여 공간, 시간, 전력을 효율적으로 융합하는 데 실패했고, 다

〈표 I-4-7〉 2018년 3월 러시아 군사과학 아카데미, 게라시모프 총참모장

현대 군사작전에서 성공은 병력과 부대의 지휘통제력에서 우월성을 얻지 않고는 불가능하다. 러시아 연방군의 우선적인 관심은 군 지휘통제 시스템의 개발에 집중되고 있다. 기동지휘소에 새로운 기동화 자동시스템을 장착하면 기동성이 향상되고, 전투작전을 수행할 때 지휘통제의 효율성과 안정성이 높아진다.

른 합동기능을 결속하는 데도 어려움을 겪고 있다. 1단계 작전 간 키이우 북방 64km까지 지속지원 전력이 정체되어 키이우 확보를 실패한 것은 지속지원 합동기능을 효과적으로 통합하지 못하여 러시아의 지휘통제 합동기능이 마비되었기 때문이다.

4단계 작전 이후, 푸틴이 게라시모프를 우크라이나 전구사령관으로 임명한 것은 결과적으로 러시아 지휘부의 리더십 붕괴를 초래했다. 즉, 게라시모프의 미세관리는 전투현장에서 심화되었고, 결국, 민간 용병 기업인 바그너 그룹의 무장반란(2023. 6. 24.)의 촉발제가 되었다. 이는 결과적으로 5단계 작전이 패착으로 이어진 원인이기도 했다.

2) 합동정보(Information)

2014년 크림반도 병합과 돈바스 전쟁에서 증명되었듯이 정보공간 내에서 재귀통제(Reflexive Control)에 기반한 정보작전은 러시아의 전유물이었다. 재귀통제란 상대국가의 의사결정자가 세상에 대한 인식을 바꾸어, 러시아에 유리하게 행동하게 하는 작전이다. 인간을 표적으로 하여 단순한 인식을 관리하는 것이 아니라, 인식을 통제하는 것이다. 인간 표적의 논리, 문화, 심리, 감정에 맞게 정보를 조작함으로써 표적 대상자가 자신의 행동을 변경하기로 한 결정이 자신의 것이라고 느끼게 하는 것을 목표로 한다.[4] 2014년 크림반도 병합 시에 리틀

4 김남철·최영찬·한상근 역, 『새로운 영역에서의 전쟁수행, 인지전』(논산: 합동군사대학교,

그린맨(Little Green Man)을 활용하여 대상지역 내 주민들의 러시아 문화, 심리, 감정에 맞춘 참 정보, 거짓 정보를 모두 사용하여 다중 압력을 사용했던 것이 대표적인 사례다.

그러나, 2022년 우크라이나 전쟁에서는 전혀 다른 양상으로 전개되었다. 첫째, 게라시모프 독트린에 따라 다양한 비군사적 사이버작전을 수행했으나, 그 효과는 과거에 비해 미미한 것으로 평가되고 있다. 하이브리전의 일환으로 개전 이전부터 총 150여 회의 사이버공격을 시도했으나, 실질적인 효과는 러시아의 의도에 비해 미약했다.

둘째, 서방의 친우크라이나 사이버 공간을 지원하는 세력이 정보공간을 지배했다. 어나니머스(Anonymous)를 비롯한 반(反)러시아 해커들이 러시아의 사이버 작전체계를 공격했다. 이에 대해 러시아는 뚜렷한 방어세력 없이 속수무책으로 당하는 사례를 보였다.

셋째, 3단계 작전 이후 밀블로거(Milblogger)가 장악한 정보공간의 통제가 서방에 의해 좌우되는 경향을 보였다. 즉, 반러시아 계열의 밀블로거를 통제하는 서방의 인지전에 의해 바그너 그룹과 러시아 지도부 간의 권력투쟁 양상을 노출시키는 결과를 초래했다.

결과적으로 합동정보 측면에서 러시아의 강점인 정보공간 통제가 절대적으로 미흡했다. 서방이 2014년 돈바스 전쟁 이후, 인지전을 준비한 결과다. 그 내용에 대해서는 4절에서 자세하게 분석했다.

2022), p. 57.

3) 합동방호, 합동화력

러시아는 제공권 장악에 실패하였고, 정보와 연계한 우크라이나의 전략목표 제거에 실패함으로써 효과적인 합동작전 수행이 제한되었다. 그 이유를 각 단계별로 살펴보면 아래와 같다. 우선, 1단계 작전 초기에 우크라이나의 주요 핵심시설 타격은 성공적이었으나, 합동화력 운용이 제한되어 우크라이나의 방공무기체계를 성공적으로 제거하지 못했다. 즉, 개전 초기 투입한 공군력은 10% 내외로 소극적으로 공군력을 운용했고, 이스칸데르 등 러시아의 주력 미사일 등은 정확도와 효과성이 낮았다. 이로 인해 우크라이나의 주요 무기인 넵튠 미사일을 효과적으로 파괴하지 못했고 모스크바호가 침몰하는 등의 피해를 입었다.

지상 영역의 대대전술단(BTG)을 지원하는 제병협동공격 지원 역량이 부족하여 효율적인 합동작전 수행이 미흡했다. 조종사의 기량 부족과 부적응 현상이 나타났고, 화력 자산의 정밀도와 파괴 효과가 미흡하여, 우크라이나의 지도부 공격에 실패하고, 오히려 다수의 민간인 피해 발생으로 부정적인 국제여론 확산에 영향을 주었다.

4단계 작전 이후에 러시아의 지상화력 측면에서 우크라이나에 절대적인 열세를 보이기 시작했다. 서방이 지원한 하이마스(HIMARS), DPICM탄 등은 러시아보다 사거리가 긴 무기를 지원했기 때문이다. 따라서, 러시아는 화력의 사거리 측면에서 소극적인 방어로 전환하게 되었다.

5단계 작전에서 우크라이나는 러시아 후방지역의 병참선, 항만, 지휘시설 공격에 대해 속수무책인 경우가 늘어났다. 특히, 2023년 9월 크림반도의 세바스토폴 항구에 대한 공격은 취약한 크림반도의 해군력에 결정적인 타격이 되었다. 전쟁이 장기화될수록 러시아는 합동방호 측면에서 취약점을 드러냈다.

4) 이동 및 기동

러시아는 목표를 달성하기 위한 군사력의 이동(Movement)은 있었으나, 기습의 원칙을 달성할 수 있는 기동(Maneuver) 능력이 미흡하여 전투력을 통합하는 데 미흡했다. 첫째, 기갑 및 기계화부대의 작전·전술적 운용이 미흡하여 합동전력의 기동력과 충격력을 발휘하는 데 실패했다. 즉, 적시적인 부대 교대, 전환이 가능한 기갑 및 기계화부대를 보병부대로 운용했다. 또한, 작전 초기 목표 달성 이후, 성과 및 전과 확대로 신속히 전역을 확대하는 기회를 잃었다. 또한, 도로 위주 기동으로 첨단 제대의 전투력 발휘가 제한되었고, 후속 부대의 전투력 유휴 현상을 초래했다.

둘째, 과거의 제2차 세계대전식 정면 압박과 선형전투로 주도권 확보에 실패했다. 대부분의 전투력을 초기 작전단계부터 투입하여, 우크라이나전 정면에 분산 운용함으로써 우발상황 또는 단기전 실패에 대비한 예비전력을 확보하지 못했으며, 이는 결국 우크라이나의 공세에 속수무책인 결과를 초래했다. 2023년 9월 바흐무트 전투에서 공수군 예비병력을 진지전에 투입함으로써 예비전력을 남부 전선으로 전환시키지 못하는 우를 범했다.[5]

끝으로, 기본에 충실하지 못한 전술적 운용 사례가 반복되어, 결정적인 전력의 이동 및 기동을 제한했다. 2022년 5월, 세베로도네츠크 도강작전 실패에서 보듯이 양공, 양동 등 다양한 도하지점 선정 등 임무 변수를 적용하지 못했고, 전투대형 및 이동기술 등 기초적인 전술행동이 미흡하여, 전투피해로 인한 기동중지, 전력의 재투입, 전투피해 발생 현상이 지속적으로 반복되었다.

---

5 Daniel Mealie, George Barros, and Frederick W. Kagan, "Ukraine's Operations in Bakhmut Have Kept Russian Reserves Away from the South," *ISW* (17 Sep., 2023).

5) 지속지원

러시아는 1~2단계 작전 간, 지속지원 합동기능이 미흡하여 군사작전 전반의 실패 원인을 제공했다. 즉, 1단계 키이우 전투 시, 60여km의 신장된 병참선은 적시적인 지속지원이 불가했으며, 기동부대가 150여km 기동 후에 보급 및 병참 부족으로 전투력 발휘가 제한되는 현상이 곳곳에서 목격되었다. 지상군의 기본 전투제대인 대대전술단의 지속지원 역량이 부족한 것은 결정적 취약점이 되었다. 즉, 대대전술단 내에 소대급의 현장 정비, 수리 및 유지 능력이 제한되어, 작전적 지속성을 유지할 수 없는 한계를 보였다.

이는 3~5단계 작전에도 원정작전의 핵심요소인 병참선 확보 및 유지에 실패하여, 우크라이나의 공세에 밀려 작전적 수준의 전선을 재조정하는 등의 사례를 볼 수 있다. 결론적으로 러시아는 공간, 시간, 전력을 통합하는 활동인 합동기능을 효과적으로 적용하지 못해, 군사작전 전반에 걸쳐 고전을 면치 못하고 있다. 특히, 지휘통제를 중심으로 합동기능 간 상호보완 및 통합이 미흡한 것은 러시아 전쟁지도부의 특성인 폐쇄적인 지휘구조에 기인한 것으로 분석된다. 즉, 러시아의 고유한 전쟁관에 기반한 지휘제대 간의 융통성 결여로 합동기능을 상호보완적으로 통합하는 데 실패했다.

5. 러시아 공격작전 종합평가

2023년 10월 1일을 기준으로 우크라이나를 불법 침공한 러시아의 '특별군사작전'은 명백하게 실패했다고 평가한다. 5단계의 군사작전 개황 중, 두 차례의 우크라이나 대공세를 허용했고, 전세가 우크라이나에게 역전되는 등 최초의 작전목표 달성에 도달하지 못하고 있기 때문이다.

첫째, 러시아는 단계별 작전목표-최종상태-중심을 식별하여 합동작전을 기획하고 실행하는 능력이 우크라이나에 비해 상대적으로 미흡했다. 전쟁 초기 단계에서 작전목표인 수도 키이우를 점령하지 못함에 따라 돈바스 지역으로 전환한 것은 푸틴의 의지(Will)와 러시아군의 능력(Capability)의 간격(Gap)을 노출시켰다. 작전명칭이 '특별군사작전'에서 '돈바스 특별군사작전'으로 변경된 것은 전쟁 기획의 실패를 단적으로 시사한다. 특히, 우크라이나의 1·2차 대공세에 밀려 작전목표가 동남부지역 통제권 확보에서 우크라이나 공세 저지를 통한 돈바스 및 크림반도 방어로 전환되었다. 이것은 우크라이나의 중심인 서방 지원의 핵심취약점을 공략하여 달성할 수 있는 최종상태가 명확하게 연계되지 않았기 때문에 초래한 결과라고 평가한다.

둘째, 러시아는 실제 전투력 적용 간에 공간, 시간, 전력의 균형 유지에 실패했다. 2014년에 크림반도 병합과 돈바스 전쟁에서 성공했던 게라시모프 독트린의 이론과 실제의 심각한 한계를 보여주었다. 즉, 전통적 형식과 방법을 적용한 군사적 조치와 새로운 형식과 방법을 적용한 비군사적 조치의 조합이 실패했을 때의 현상을 적나라하게 보여주고 있다.

셋째, 합동작전의 원칙을 적용하는 측면에서 러시아는 본질적인 전쟁의 원칙을 군사작전에 적용하는 데 미흡했다. 즉, 합동작전의 원칙은 목표의 원칙을 지향하는 하나의 사고체계로서, 러시아는 기동, 기습의 원칙은 양호하나, 절제 및 합법성 원칙은 지속적인 시행착오를 보였다. 이것은 '포괄적 파괴'라는 교리적 건전성의 한계를 인식하지 못했고, 실시간으로 범세계적으로 정보를 공유하는 21세기 초연결화 시대에서 러시아군의 전쟁범죄는 국제여론의 비난을 피할 수가 없었다.

넷째, 러시아는 군사 독트린을 실제로 구현함에 있어 지휘통제(C2)를 중심으로 합동기능을 통합하여 운용하는 데 미흡했다. 이는 러시아가 합동전력을 긴밀하게 연계하고, 상호 보완하여 전체 합동기능을 통합하려는 깨달음과 노력이 부족했기 때문이다.

결과적으로 러시아는 합동작전 수행 측면에서 주요한 작전요인을 분석하고 우크라이나의 취약점에 대한 공간, 시간, 전력을 균형 있게 적용하려는 합동작전의 원칙과 합동기능을 통합하여 적용하는 데 미흡했다고 평가한다.

그렇다면, 향후 러시아의 작전 진행 전망을 네 가지 변수(기세, 영토, 핵심 군사능력, 상쇄 및 전환 역량)로 분석하면 다음과 같다.[6] 기세(Momentum) 측면에서, 러시아는 남중부 지역 바흐무트, 자포리자주에서 우크라이나 공세와 크림반도의 병참선 차단에 두려움을 느끼고 있다. 푸틴은 우크라이나의 기세를 깨뜨리는 정보작전, 휴전 제안을 통해 서방전력의 우크라이나 지원을 제한하려고 할 것이다.

영토(Territory) 측면에서, 러시아는 2022년 전쟁 이전의 영토 즉, 돈바스 지역과 크림반도를 확보하려고 할 것이다. 이를 통해 우크라이나를 비롯한 NATO의 공격을 개시할 수 있는 발판을 확보할 것으로 분석된다.

핵심 군사능력(Core Military Capablity) 측면에서, 러시아는 전선지역을 보강할 전력 창출을 위해 총동원령이 필요하다. 하지만, 총동원령에 필수적인 계엄령이 선포될 경우에 정치적으로 푸틴 정권의 존망을 결정하는 절체절명의 순간이 될 가능성이 있다. 또한, 러시아는 전력 보강을 위한 시간을 확보하고, 지속지원 역량과 취약한 지휘통제 역량을 개선하기 위해 노력해야 한다.

상쇄능력(Offset Capability) 측면에서, 러시아의 정보작전은 유일무이한 푸틴 정권의 수단이다. 하지만, 2024년 대통령 선거를 준비하는 푸틴은 어려운 도전에 직면해 있다.

네 개의 변수 중 어느 것도 러시아에게 우호적인 조건은 없는 것으로 보인다. 군사력 운용 관점에서 러시아는 기존의 시행착오를 반전시킬 혁신적인 리더십 개편과 러시아 연방의 단합을 촉구하는 정보작전을 적극적으로 전개할 필요성에 직면해 있다.

---

6 Nataliya Bugayoba, “Target Russia’s Capability, Not Its Intent”에서 부분 인용하여 최신화.

3절 우크라이나의 방어작전

2022년 2월 24일 러시아에 의한 우크라이나 침공작전은 단기전으로 예상되었다. 하지만, 이 전쟁은 지금까지 지속되고 있고, 우크라이나의 선전에 대해 다양한 분석이 제시되고 있다. 이 절에서는 2절 러시아의 공격작전에서 차례대로 분석한 바와 같이, 우크라이나의 작전환경과 군사력 운용 상황 등을 고려하여 러시아의 공격작전에 대해 우크라이나의 방어작전의 적절성을 평가하기 위해 ① 작전단계별로 작전목표-군사적 최종상태-중심 선정의 적절성 평가, ② 실제 전투력 적용 간 공간, 시간, 전력의 균형 평가, ③ 합동작전의 원칙 적용 및 구현 측면 평가, ④ 합동기능 활성화 측면 평가의 네 가지 잣대를 적용했다.

1. 단계별 작전목표-군사적 최종상태-중심 식별의 적절성 평가

1) 1~2단계, 영토 내 침공전력을 격퇴하는 작전목표 명확

우크라이나는 1~2단계 작전 간, 키이우 등 주요 지역의 방어에 성공하면서 러시아의 북부지역 진출을 저지하는 성과를 달성했다. 우크라이나의 1~2단계 작전목표는 전황 등을 종합적으로 판단해보면 ① 수도 키이우 방어, ② 주요 도시지역별 분권화 작전을 통해 러시아의 침공전력을 격퇴하고, 러시아가 의도하는 영향력 행사를 거부하는 것으로 분석할 수 있다. 따라서, 군사적 최종상태는 전쟁수행을 지속하기 위해 수도 키이우 등 핵심지역을 방어하고, 자국 영토 내에서 러시아를 격퇴함으로써 우크라이나의 차후 종전 협상에 유리한 작전적 여건을 조성하려고 의도했던 것으로 분석된다.

이를 위해 우크라이나는 러시아의 중심을 '기갑 및 기계화부대', '정보작전 역량'으로 선정하고 이를 효과적으로 공략하기 위해 〈표 I-4-8〉과 같이 중심요소

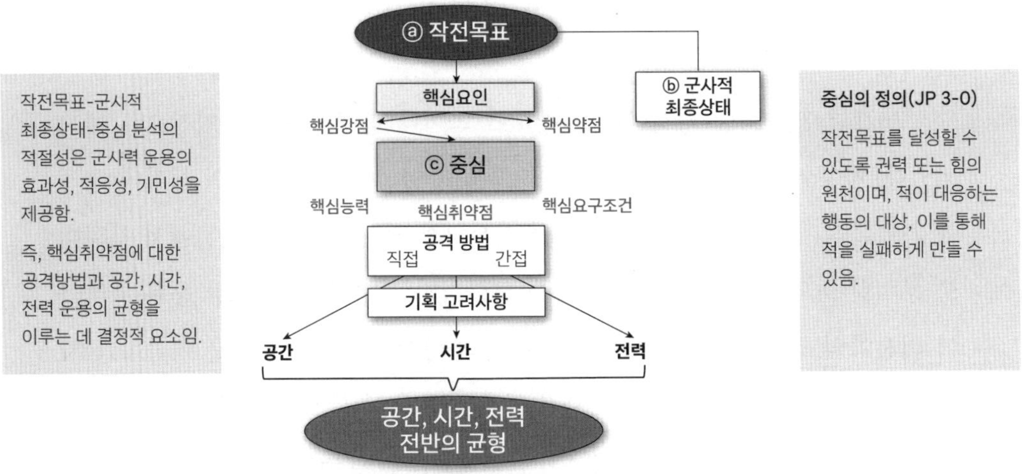

〈그림 I-4-12〉 주요한 작전구상 요인

* 출처: U.S. JCS, JP 5-0 Joint Planning (2020), p. Ⅳ-20.

들을 분석했을 것으로 판단된다.

먼저, 우크라이나의 작전목표 및 최종상태가 영토 내에 침공한 러시아를 격퇴하는 것이므로 우크라이나는 러시아의 기갑전력 및 하이브리전 핵심능력을 평가했을 것이다. 이에 따라, 우크라이나는 러시아 기갑전력이 도시지역 전투 시 전차의 방호 역량, 원정작전에 따른 지속지원 역량, 그리고 러시아 하이브리드전의 조건인 사이버 전력, 심리전 및 정보전 역량, 글로벌 SNS 체계를 핵심능력을 지원하는 핵심요구조건으로 선정했을 것이다. 또한, 러시아의 기갑전력

〈표 I-4-8〉 1~2단계 작전 간 우크라이나의 중심 분석

핵심능력(CC)	핵심요구조건(CR)	핵심취약점(CV)
러시아 기갑전력	도시지역 전투 시 전차 방호 역량, 지속지원 역량	도시지역 전투 시 전차방호의 취약점, 지속지원 취약점
러시아의 하이브리드전	사이버 전력, 심리·정보전 역량, 글로벌 SNS 체계	러시아 하이브리드전을 차단하기 위한 자국 방송망 방호, 글로벌 SNS 선점 등

와해를 위해 전차 방호와 지속지원 능력의 취약점, 그리고 러시아 하이브리드전을 차단하기 위한 자국의 방송망 방호, 글로벌 SNS의 영향력을 선점하는 것을 주요 표적으로 선정했을 것이다.

1~2단계 작전에서 우크라이나의 작전목표, 군사적 최종상태, 중심 선정은 적절했다고 평가한다. 그 이유는 다음과 같다. 먼저, 작전목표 측면에서 전쟁수행을 위해 수도 키이우 방어와 북부지역의 러시아에 대한 전력 및 중심 분석이 비교적 성공했다고 평가한다. 군사적 최종상태 측면에서 수도 키이우 등 핵심지역을 방어하고, 일부 지역에서 러시아를 격퇴하는 작전목표는 군사적 최종상태와 논리적으로 타당하다고 평가한다. 왜냐하면, 제한된 전력으로 작전목표와 군사적 최종상태를 일치하게 하려는 노력이 실제 전장에서 나타났기 때문이다.

끝으로, 우크라이나는 러시아의 우수한 기갑전력과 하이브리드전을 러시아의 중심으로 식별하고, 이에 대한 대응책을 강구함으로써, 러시아의 핵심능력이 효과적으로 발휘되지 못하도록 했다.

결과적으로, 우크라이나는 영토 내에서 러시아 침공전력을 격퇴하는 작전목표가 명확하고, 이와 연계한 군사적 최종상태가 논리적으로 연계되었다고 평가한다. 또한, 핵심능력을 러시아 기갑전력과 하이브리드전으로 선정하여, 이를 집중적으로 공격함으로써 노력의 통합을 달성했다. 이를 통해 키이우를 방호함으로써 우크라이나의 전쟁지속능력을 유지하고, 러시아를 수도 키이우와 북부지역에서 격퇴하는 전쟁 지속여건을 조성하는 데 성공했다고 평가할 수 있다.

2) 3~4단계, 동남부지역 공세로 작전목표-최종상태 전환

이 시기는 우크라이나가 동남부지역에서 1차 대공세를 하여 러시아가 방어태세를 전환한 시기이며, 그 이후 4단계는 2022년 11월 이후, 우크라이나 동부지역에서의 양국의 전선 교착기다.

3~4단계의 우크라이나의 작전목표는 전황 등을 종합적으로 분석해보았을

때, 러시아의 우크라이나 동남부지역 통제권 확보를 거부하는 것으로 분석될 수 있다. 따라서, 군사적 최종상태는 러시아의 기존 통제지역인 돈바스와 크림반도 간의 지상 통로를 확보하려는 러시아의 작전목표를 거부하기 위해, 동북부지역 하르키우와 남부지역의 헤르손 일대에서 러시아를 격퇴함으로써, 차후 작전에 유리한 조건을 조성하는 것으로 분석할 수 있다. 실제로 우크라이나가 하르키우와 헤르손 일대에서 러시아를 격퇴한 사실은 이러한 분석의 신뢰성을 갖게 한다.

우크라이나가 러시아에 대한 중심을 '기갑 및 기계화부대, 점령지역 안정화'로 식별하고, 〈표 I-4-9〉와 같이 러시아의 중심을 공격하기 위해 핵심능력, 핵심요구조건 및 핵심취약점을 선정했을 것으로 분석할 수 있다. 우크라이나는 드네프르강 동안의 러시아의 기갑전력과 점령지역의 우크라이나 주민의 성향을 러시아의 핵심능력으로 평가했을 것이다. 이에 따라, 점령지역인 드네프르강 동안의 기갑전력의 전투 의지, 훈련 수준과 러시아에 대한 우크라이나 국민의 행정적 통제 수준, 주민투표 결과, 친러세력의 규합 여부 등을 선정했을 것으로 평가한다. 또한, 러시아의 기갑전력 와해를 위해 지속적인 대대전술단의 취약점, 미약한 전투 의지 및 훈련 수준과 점령지역에 대한 러시아의 행정적 통제의 불안정성, 친러세력 제거 등을 핵심취약점으로 식별하고 주요 표적으로 선정했던 것이다.

3~4단계 작전에서 우크라이나의 작전목표, 군사적 최종상태, 중심 선정은

〈표 I-4-9〉 3~4단계 작전 간 우크라이나의 중심 분석

핵심능력(CC)	핵심요구조건(CR)	핵심취약점(CV)
드네프르강 동안의 러시아 기갑전력	기갑전력 방호 역량, 지속지원 역량, 전투 의지, 훈련 수준	대대전술단의 취약점, 지속지원 취약점, 미약한 전투 의지 및 훈련 수준
점령지역 우크라이나 주민의 성향	행정적 통제, 주민투표, 친러세력 규합 등	행정 통제의 불안정성, 친러세력 제거

적절했다고 평가한다. 먼저, 작전목표 측면에서 러시아의 돈바스 지역을 중심으로 통제권을 거부하려는 작전목표의 변경은 우크라이나의 전력과 이를 지원하는 국제사회의 전력지원을 고려하여 타당하다고 평가한다.

군사적 최종상태 측면에서도 러시아의 우크라이나 동남부지역 통제를 거부하는 작전목표는 크림반도를 연결하는 지상통로를 차단하려는 우크라이나의 군사적 최종상태와 일치한다. 즉, 작전목표와 군사적 최종상태가 비교적 일치한다고 본다.

우크라이나가 3~4단계에서 러시아의 중심을 변경한 것은 1~2단계 작전의 교훈을 토대로 러시아의 기갑전력, 점령지역의 우크라이나 국민의 성향을 분석하여 이에 대응하는 군사작전을 수행하기 위한 것으로 평가된다.

3) 5단계, 동남부지역에서 러시아 전력소진으로 작전목표 변경

이 시기에 우크라이나는 바흐무트를 비롯한 러시아의 재공세에 대항하여, 공세 전력을 창출하여 2023년 6월 10일 이후 동남부 전 전선에서 2차 공세로 전환했다.

우크라이나는 전황을 종합 분석하여 작전목표를 변경했다. 즉, 기존 영토 내에서 적을 격퇴하는 것에서 러시아의 전력을 소진하는 것으로 전환한 것이다. 그 이유는 3~4단계에서 러시아가 부분동원령을 통해 전력이 생성되었고, 그 전력을 소진해야만 러시아 전력을 영토 외부로 격퇴할 수 있다고 판단했기 때문이다.[7] 따라서, 군사적 최종상태는 러시아의 기존 통제지역인 돈바스와 크림반도 방어를 거부하기 위해, 동북부지역 하르키우와 자포리자 지역 일대에서 러시아의 전력을 소진함으로써, 차후 작전에 유리한 조건을 조성하는 것으로 분석된다.

이에 따라, 우크라이나는 러시아의 중심을 '러시아 침공전력, 점령지역 안

---

7 Nataliya Bugayoba, "It's Time for the West to Embrace Ukraine's Way of War, Not Doubt It," ISW (25 September, 2023).

〈표 I-4-10〉 5단계 작전 간 우크라이나의 중심 분석

핵심능력(CC)	핵심요구조건(CR)	핵심취약점(CV)
동남부 전선의 러시아 전력	지상 방호 역량, 지속지원 역량, 전투 의지, 훈련 수준	러시아 지상화력의 열세, 지상 및 해상 병참선 방호전력의 취약점
점령지역 우크라이나 주민의 성향	행정적 통제, 주민투표, 친러세력 규합 등	행정 통제의 불안정성, 친러세력 제거

정화'로 식별하고, 중심을 효과적으로 공략하기 위한 핵심능력, 핵심요구조건 및 핵심취약점을 〈표 I-4-10〉과 같이 분석했을 것이다.

먼저, 우크라이나는 동남부 전선의 러시아 전력과 이를 지원하는 점령지역의 우크라이나 주민의 성향을 핵심능력으로 평가한 것으로 분석된다. 이에 따라, 우크라이나는 동남부 전선의 러시아 전력 중, 지상 방호 역량과 지속지원 역량과 그들의 전투 의지, 훈련 수준, 그리고 러시아에 대한 우크라이나 국민의 행정적 통제 수준, 주민투표 결과, 친러세력의 규합 여부 등으로 선정했을 것이다. 또한, 러시아의 전력을 와해하기 위해 러시아의 취약한 지상화력, 지상 및 해상 병참선 차단, 방호전력의 취약점, 점령지역에 대한 러시아의 행정적 통제의 불안정성, 친러세력 제거 등을 핵심취약점으로 식별하고, 이를 주요 표적으로 선정했을 것이다.

5단계 작전에서 우크라이나의 작전목표, 군사적 최종상태, 중심 선정은 적절했다고 평가한다. 그 이유는 우크라이나가 2022년 9월의 1차 공세 시 적용했던 기동전에 대비하여 러시아가 견고한 방어전선을 구축했기 때문이다. 따라서, 작전목표 측면에서 동남부 전선에 투입된 러시아의 전력을 소진하게 하려는 우크라이나의 작전목표 변경은 취약한 후방지역, 특히 지상 및 해상 화력의 방호력 등을 고려할 때 타당하다고 평가한다.

군사적 최종상태 측면에서도 돈바스 지역과 크림반도를 방어하려는 러시아의 작전목표를 거부함으로써, 이를 통해 지상 및 해상병참선을 차단하려는 노

력으로 이어졌다.

우크라이나가 러시아의 중심을 변경한 것은 1~4단계 작전의 교훈과 결과를 토대로 러시아의 전력 상태, 점령지역 우크라이나 국민의 성향을 분석하여 이에 대응하는 군사작전을 수행하기 위한 것이었다. 결과적으로 작전목표를 러시아의 동부지역 통제권 확보를 거부하고, 이를 위해 군사적 최종상태를 돈바스에서 크림반도 간의 지상 및 해상통로를 거부하는 것으로 설정한 것은 논리적으로 타당하다고 평가한다. 또한, 기존 러시아 점령지역인 돈바스 지역과 크림반도를 기반으로 러시아의 방어전력, 점령지역 우크라이나 국민의 성향을 분석하여 러시아의 안정적인 행정 통제를 거부하려는 핵심취약점 분석도 타당했다고 평가할 수 있다.

2. 실제 전투력 적용 간 공간, 시간, 전력의 균형 평가

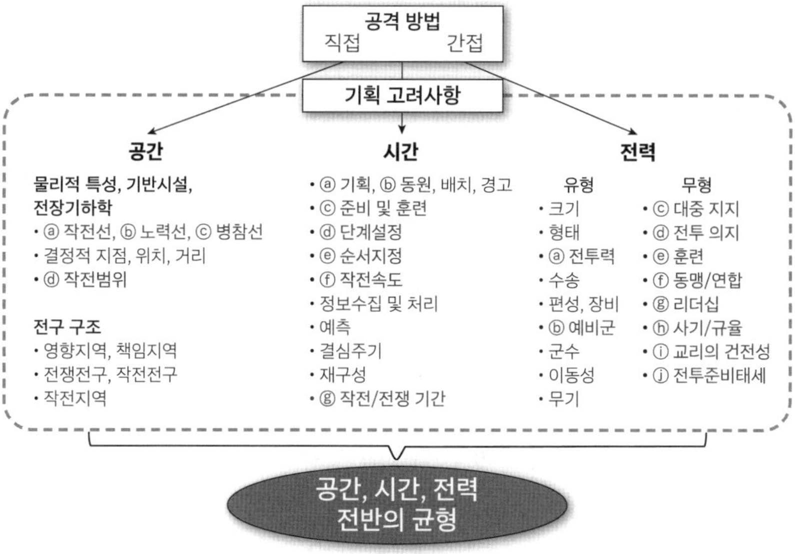

〈그림 I-4-13〉 공간, 시간, 전력의 균형

* 출처: U.S. JCS, JP 5-0 Joint Planning, p. Ⅳ-20.

〈그림 I-4-13〉과 같이 우크라이나가 실제 전투력을 적용하는 데 공간, 시간, 전력의 전반적인 균형을 유지했는지를 분석했다.

1) 공간 고려사항

1~2단계 작전 간 우크라이나는 러시아의 핵심취약점과 연계된 작전환경을 효과적으로 분석하여 러시아의 북부 축선 거부와 수도 키이우 방어에 성공했다. 〈그림 I-4-14〉에서 보는 바와 같이 수도 키이우에 이르는 기동로는 초기 러시아의 기습으로 피탈되었으나, 2022년 3월 28일 러시아의 중간기지로 활용되는 호스토멜 비행장 등 주요 지형을 거부했다. 수도 키이우에 이르는 주요 경로를 차단하면서, 러시아를 수도 키이우 외곽지역에 격퇴했다. 이어서 우크라이나는 2022년 4월 초순 북부지역의 국경선 외곽으로 러시아를 격퇴시켜 작전목표인 수도 키이우 방어에 성공했다.

3~5단계 작전 간 우크라이나는 작전목표를 동남부 축선으로 전환하여 전반적인 작전선과 병참선을 재조정했다.

〈그림 I-4-15〉에서 보는 바와 같이 수도 키이우에서 돈바스 및 헤르손 지역으로 이어지는 지상통로를 ⓐ 작전선으로 공고하게 확보하려고 노력했다. 이를 토대로, 3단계 작전에 우크라이나는 하르키우 일대와 헤르손 일대의 1차 대공세로 주요 지형인 리만과 이지움을 확보하여 러시아의 동남부지역 지역을 점령하려는 기도를 거부했다. 이로 인해 5단계 이후 우크라이나의 작전선은 러시아가 목표에 이르는 경로인 지상 및 해상 병참선 차단에 중점을 두었다.

ⓑ 노력선 측면에서는 작전목표인 수도 키이우를 방어하기 위해 주요 도시에 대한 안정성, 행정적인 통치의 지속성을 집중적으로 부각하는 데 성공했다. 즉, 작전선을 유지하기 위해 국가 지도부의 리더십이 발휘되고, 정상적인 통치체계가 지속적으로 이루어지게 됨으로써 우크라이나의 국토방위군, 예비군의 작전 여건이 보장되었다.

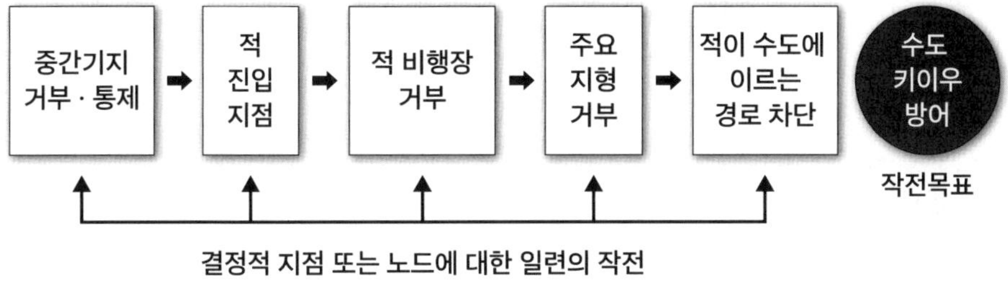

〈그림 I-4-14〉 1단계 작전 간 우크라이나의 작전선

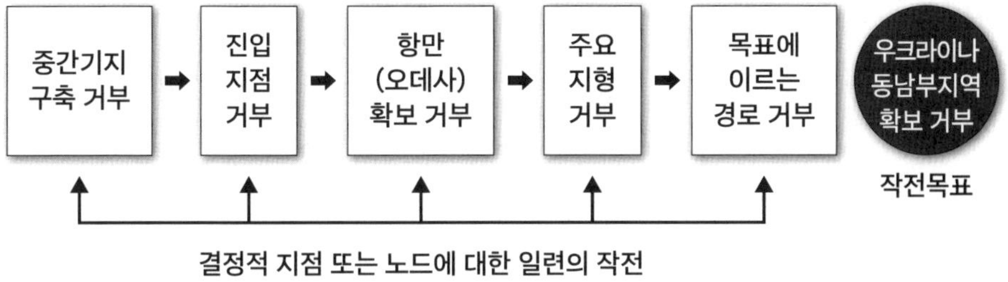

〈그림 I-4-15〉 3단계 작전 이후, 우크라이나의 작전선

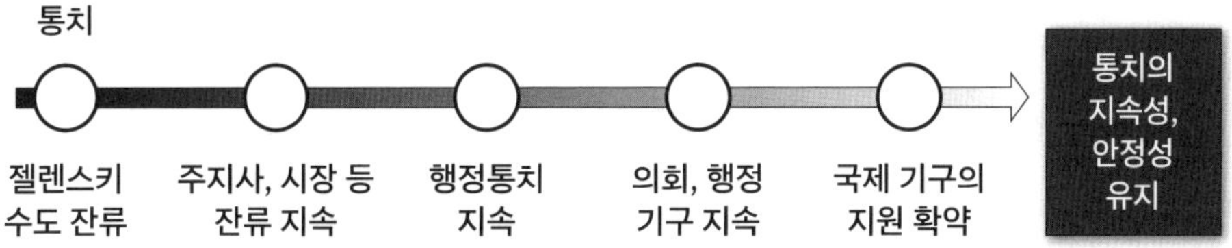

〈그림 I-4-16〉 3단계 작전 이후 우크라이나의 노력선

ⓓ 작전범위 측면에서, 러시아의 '돈바스 특별군사작전'을 거부하기 위해 군사작전의 거리와 기간을 한정하려고 노력했다. 즉, 돈바스 축선을 중심으로 주요 도시인 하르키우, 헤르손, 바흐무트 등의 교통요지를 확보하기 위해 제한된 전력을 활용한 것으로 분석할 수 있다.

공간 측면에서 주목할 만한 사항은 우크라이나가 2022년 9월 말에 1차 공세에서 북부 하르키우와 남부 헤르손 서안을 확보했으며, 2023년 6월 이후 진행 중인 2차 대공세를 통해 돈바스 전체 지역과 크림반도를 연결하는 지상 및 해상 병참선을 압박함으로써 전세를 보다 유리하게 전개하기 위해 노력했다는 것이다.

2) 시간 고려사항

우크라이나는 1～2단계 작전 간 러시아의 핵심취약점과 연계하여 작전시간에 대한 분석, 예측을 적절히 시행함으로써 키이우를 비롯한 북부 축선 공격작전에 성공했다.

이를 ⓐ 기획, ⓑ 동원, ⓒ 준비 및 훈련 측면에서 분석하면, 사전에 준비된 예비군, 국토방위군에 의해 분권화된 작전이 진행되었으며, 정규군은 서방과 합동훈련을 통해 작전·전술적 수준의 군사작전 준비를 완료했다. 즉, 주요 축선별 작전사령부의 지휘통제하에 국토방위군, 예비군 등을 활용하여 러시아의 기갑 및 기계화부대를 영토의 종심으로 유인했다.

이것은 2016년 이후, 우크라이나군 대부분의 대대급 이상 부대가 NATO군과 9주간의 합동훈련 프로그램(JMTG-U)을 이수한 결과다.[8] 합동훈련 프로그램의 결과는 3단계 하르키우에서 펼친 2차 대공세 작전에서 진가를 발휘했다. 즉, ⓐ 기획, ⓑ 동원, ⓒ 준비 및 훈련 측면에서 헤르손 일대를 주 노력으로 착각하게 하는 양공작전을 기획하고, 예비전력의 동원, 서방의 기동전 교리를 적용하는 준비 및 훈련 측면에서 성과를 보였다.

작전 수행 간의 ⓓ 단계설정, ⓔ 순서 지정, ⓕ 작전 속도, ⓖ 작전 및 전쟁 기간 측면에서 우크라이나는 수도 키이우 방어에 최우선을 두고, 러시아의 취약점에 집중하여 작전 속도, 작전 및 전쟁 기간을 확보하려고 노력했다. 즉, 러시아

---

8 조상근, "군사혁신 측면에서 본 우크라이나의 전쟁 준비", 『유용원의 군사세계』(2022. 5. 13.). JMTG-U는 Joint Multinational Training Group-Ukraine의 약자임. 美 유럽사령부 예하의 7군훈련사령부는 2016년 우크라이나 야보리브(폴란드 국경지역) 지역에 전투훈련센터를 설립하여, 미군을 비롯한 NATO군과 함께 정기적인 연합훈련을 실시하여 정규전, 비정규전 수행능력을 배양한다.

의 중간기지, 주요 지형인 공항, 항만 방어를 위한 작전단계를 설정하고, 지속적인 공격으로 러시아를 격퇴했다. 이를 통해 전쟁지도본부(키이우)를 유지하고, 각 축선별 작전사령부의 분권화된 작전수행을 독려할 수 있었다.

3~4단계 작전 간 우크라이나는 드네프르강 동안에서 러시아를 격퇴하기 위해 축선별 특성에 맞는 군사작전을 수행했다. 작전환경을 고려하여 시간에 대한 분석, 예측을 통해 군사작전을 수행하려고 노력했다.

특히, 우크라이나는 러시아의 전력을 바흐무트에 고착시킴으로써 전력을 소진하게 했다. 즉, 러시아 주력을 1년 넘게 바흐무트에서 소진시킴으로써 5단계에서 우크라이나가 2차 공세로 전환하는 계기를 만들었다. 이는 ⓓ 단계설정, ⓔ 순서 지정, ⓕ 작전 속도, ⓖ 작전 및 전쟁 기간 측면에서 우크라이나의 합동기획 능력을 보여주는 사례다.[9]

결과적으로 우크라이나는 공간과 시간이라는 작전요소를 섭렵하여 제한된 군사력을 가장 효율적으로 운용했다. 특히, 5단계 작전에서 우크라이나의 2차 대공세는 바흐무트 전투에서 러시아가 값비싼 전술적 승리 비용을 지불하도록 했다.[10] 즉, 바그너 그룹으로 대표되는 러시아의 주력에게 재편성 기간(최소한 2개월 이상)을 강요했다. 우크라이나는 이 기간 동안 러시아의 중심을 전환함으로써 동남부 전 전선에서 2차 대공세를 주도할 수 있었다.

3) 전력 고려사항

우크라이나는 2014년 크림반도 피탈과 이후 진행된 돈바스 전쟁의 교훈을 기반으로 국방개혁을 통해 전력을 보강해왔다. 이를 통해 우크라이나는 러시아의 우크라이나 침공에 대항한 군사작전에서 유·무형 전력의 통합과 연계가 비

9 Riley Bailey et al., "Russian Offensive Campaign Assessment," ISW (24 May, 2023); Christopher Solomon, "The Kremlin's Pyrrhic Victory in Bakhmut: A Retrospective on the Battle for Bakhmut."

10 Ibid.

교적 양호하게 발휘할 수 있었다고 평가된다. 지역별로 분권화된 의사결정과 시행 권한을 현장에 과감하게 위임함으로써, 전투원의 전투 의지, 훈련, 사기와 규율 등 무형의 전투준비태세가 양호하게 발휘되었다. 또한, 비대칭적 전력의 운용능력, 분산작전 및 상용기술을 접목한 저가의 맞춤형 무기체계를 활용하는 능력이 매우 우수했다.

우크라이나는 ⓐ 전투력 발휘 측면에서 러시아 군사작전의 형식과 방법에 철저하게 대응하기 위해 최적의 작전·전술적 조치를 시행했다. 즉, 변화하는 전장 상황과 적의 취약점을 적시에 공격하는 전술적 제대의 행동이 양호했다. 우크라이나의 전투력 발휘는 〈그림 I-4-17〉과 같이 크게 세 가지 양상으로 분석할 수 있다.

❶ 변화하는 전장 상황과 새롭게 발생하는 적의 취약점을 적시에 공격

❷ 작전상황에 따라 저가의 맞춤형 무기체계를 융통성 있게 구성, 작전수행

❸ 상용기술 활용, 네트워크화된 소규모 민·군 분산작전 수행

* 민간인으로부터 다양하게 수집된 정보를 실시간으로 활용, 군사작전에 적용

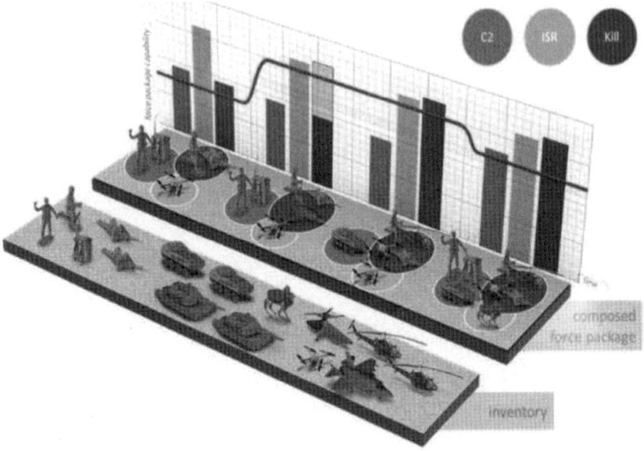

〈그림 I-4-17〉 우크라이나의 전투력 발휘 분석

* 출처: 배진석, "러시아-우크라이나전 분석", 『우크라이나 전쟁 세미나 자료』(2022).

첫째, 변화하는 전장 상황과 새롭게 발견되는 러시아의 취약점을 적시에 공격하여, 전장의 주도권을 확보했다. 먼저, 지상작전 수행개념으로 원거리는 TB2 공격형 드론, 중거리는 재블린, 단거리는 차세대경량대전차무기(NLAW, Next Generation Light Anti-tank Weapon) 등을 활용하여 사거리별 통합전투가 가능토록 했다. 예를 들어, 러시아의 전자전 차량이 정지 시에만 운용되고, 일부 대대전술단(BTG)에 방공 및 전자전 중대가 편성되지 않은 약점을 실제 현장에서 식별하고 실시간으로 공유했다. 또한, 자폭 드론이나 상업용 드론을 개조하여 대전차 수류탄을 공세적으로 활용했다.

지상작전 개념: 원거리(8~15km: TB2) + 중거리(4km: 재블린) + 단거리(1km: NLAW) + 드론

- TB2 드론에 장착된 레이저 유도 미사일을 이용하여 러시아 방공 및 전자전 장비 파괴
  * 러시아 전자전 차량은 정지 시에만 운용하는 약점 포착
  * 일부 BTG에 방공중대·전자전 중대가 편성되지 않은 약점 공격
- 기타 자폭 드론(Switchblade)을 활용, 상업용 드론을 개조하여 대전차 수류탄 투하

* 출처: 배진석, "러시아-우크라이나전 분석".

공중작전 역시, 원거리는 S-300, 중거리는 S-125, 단거리는 스팅어 미사일을 배치하여 러시아 항공기의 취약점을 효과적으로 공격할 수 있었다.

공중작전 개념: 원거리(S-300) + 중거리(S-125) + 단거리(Stardtrek, 스팅어) + 구형 전투기

- 우크라이나가 보유하고 있는 구형 장거리 방공시스템으로 인해 러시아 항공기는 저고도 비행 불가피, MANPAD[11]의 표적이 됨.
- 우크라이나 전투기는 러시아 전투기를 MANPAD에 범위 내로 유인하여 격추

* 출처: 배진석, "러시아-우크라이나전 분석".

해상작전은 기뢰를 이용하여 러시아의 해양 진출을 거부하고, 우크라이나의 항구를 방어했으며, 러시아 함정의 기동을 제한하여 취약점 노출을 유도했다. 모스크바함의 일정한 함정기동 패턴을 분석하여, 최적의 무기를 판단하고, 넵튠 미사일로 격침시켰다.

해상작전 개념: ISR + 무기(기뢰·해안방어 순항미사일) + Starlink(C2)

- 기뢰를 이용하여 러시아 해양 진출 거부, 우크라이나 항구 방어
  * 오데사 항구, 보호기뢰 부설로 러시아 함대의 상륙 시도 저지
- 러시아 함정의 기동을 제한하여 취약점 노출 유도
  * 모스크바함의 일정한 함정기동 패턴 분석, 최적의 무기 판단
  * 웹킬 중 하나인 넵튠 미사일로 모스크바함 격침

* 출처: 배진석, "러시아-우크라이나전 분석".

결론적으로 우크라이나가 러시아의 취약점을 효과적으로 공략할 수 있었던 것은 전장의 상황인식(SA, Situational Awareness)을 공유한 결과다. 이를 기반으로 지·해·공 전력과 우주 및 사이버 공간의 합동전력을 통합할 수 있었다.

---

11 MANPAD(Man-Portable Air-Defence System): 개인 또는 소규모 그룹이 발사하여 항공기나 헬리콥터를 파괴할 수 있는 단거리, 경량 및 휴대용 지대공미사일. 공중공격으로부터 부대를 보호하는 데 도움이 되며, 저공비행 항공기를 표적화하는 데 효과적이다.

둘째, 상황별 저가의 맞춤형 무기체계를 융통성 있게 구성하여 효과적인 작전을 수행했다. 아래와 같이 작전지역별 합동전장환경을 분석, 저가의 맞춤형 무기로 러시아의 핵심전력을 타격하여 전략적 우위를 달성할 수 있었다.

지상작전 개념: ISR + 무기(대전차·대공미사일) + 스타링크(Starlink, C2)

- TB2 드론을 정찰감시 및 방공무기 제압사격 수단으로 활용
  * 러시아군, 전차 및 보급후송을 지원하는 방공무기체계 무력화 (Bulks, Tors, Pantisir 등)
- 자폭 드론(Switchblade)을 러시아군 지휘노드, 전자전 차량, 포병 및 대공방어 체계 타격으로 활용
  * 드론 간 정보 공유, 선택적 공격

* 출처: 배진석, "러시아-우크라이나전 분석".

해상작전 개념: ISR(TB2) + 무기(기뢰·해안방어 순항미사일) + Starlink(C2)

- 흑해의 낮은 수심을 활용한 보호기뢰 부설, 러시아 해군의 접근을 거부
  * 오데사 인근 방어기뢰 부설, 오데사 우측으로 러시아군 접근 거부
- 해안방어 순항미사일(넵튠)로 모스크바함의 기동패턴을 고려하여 취약시기에 공격
  * 오데사 인근 러시아군 방공능력 약화(150~300km)한 후 타격

* 출처: 배진석, "러시아-우크라이나전 분석".

셋째, 기동성 있는 전력운용을 통해 러시아의 대응에 딜레마를 부여했다. 지상작전 중에 대공 및 대전차 무기를 장착한 차량을 활용하여 먼저 결심하고, 정찰감시를 통해 타격을 세트화한 결심중심전(DCW, Decision Centric Warfare)을 수행했다.

작전환경에 적합한 무기를 세트화하여, 상대적인 기동 우위를 달성했다. 즉, 타격할 핵심표적을 먼저 결심하고, 그 표적을 추적 감시하고, 타격하는 체계를 정립하여 실제 작전현장에 적용했다. 결과적으로 이에 대응해야 하는 러시아

에게 전술·작전적 수준에서 군사행동의 딜레마를 강요했다.

지상작전 개념: ISR + 무기(대공·대전차 무기 장착 차량) + Starlink(C2)

– 선(先) 결심-정찰감시-타격을 세트화한 결심중심전(DCW) 수행
  * 러시아 타격 대상 선정 이후, 푸마(Puma) 무인항공기(정찰), 자폭 드론(Switchblade)(타격) 체계 구축
- 지상군은 개조형 험비 등에 대공·대전차 무기 조합, 기동 및 타격 능력 극대화
  * 험비에 대공유도 미사일, 토우(TOW) 등 대공미사일 장착

* 출처: 배진석, "러시아-우크라이나전 분석".

해상작전 개념: ISR + 무기(기뢰·해안방어 순항미사일) + 스타링크(C2)

– 美 지원한 고속순찰함(정)에 기뢰 부설을 가능토록 선미 개조
  * 2016년부터 우크라이나에 양도 中
– 美 추가 지원 품목 중, 소형 해안 방어용 무인함정(USV) 발표
  * 장거리 감시, 러시아 함정 공격, 기뢰제거 능력 보유
  * USV의 기동성을 활용함으로써 러시아에 딜레마 강요

* 출처: 배진석, "러시아-우크라이나전 분석".

넷째, 상용기술을 활용하여 아래와 같이 네트워크화된 소규모 민·군 분산 작전을 수행했다.

지상작전 개념: ISR(TB2) + 무기(대공·대전차 미사일, 드론 등) + 스타링크(C2)

– 에어로로즈비드카(Aerozvidka) 드론부대를 창설하여 공중정찰 및 무인항공기를 군사작전에 활용
  * 폭탄 및 대전차 수류탄 투하, 옥토(Octo) 드론, 다양한 감시 및 드론센서 네트워크 활용
  * 드론 간 정보 공유, 선택적 공격이 가능한 체계 구축(1.5kg 소형폭탄 투하장비 등)

* 출처: 배진석, "러시아-우크라이나전 분석".

지상작전 개념: ISR(TB2) + 무기(드론) + 스타링크(C2)

– 스타링크 시스템 활용한 델타 시스템 적용[12]

* 지휘관이 적 상황을 실시간 확인하는 디지털 지도 활용

* 스타링크 시스템 활용, 우크라이나 포병부대에 실시간 표적 데이터 제공

* 열화상 카메라가 장착된 드론이 표적 획득 후 무인항공기를 통제하여 대전차무기 발사

* 출처: 배진석, "러시아-우크라이나전 분석".

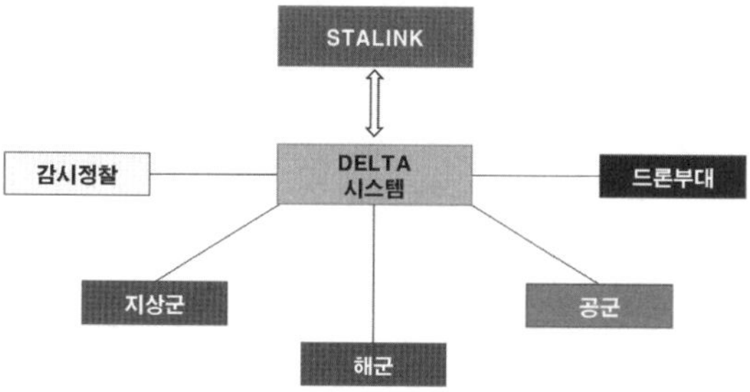

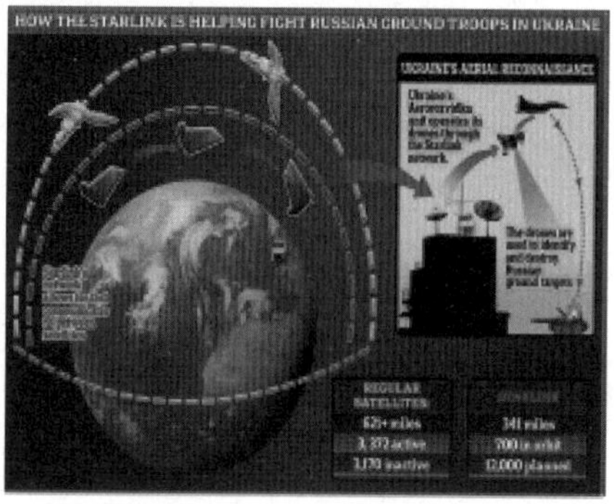

〈그림 I-4-18〉 델타 시스템(좌)과 스타링크 시스템(우)

* 출처: 배진석, "러시아-우크라이나전 분석".

우크라이나는 〈그림 I-4-18〉에서 보는 바와 같이, 합동작전을 주도하는 지휘통제의 핵심체계로 미측(일론 머스크)이 지원한 스타링크 시스템과 자체 개발한 델타 시스템을 활용했다.

상용기술을 적용하여 전략적 측면에서 러시아에 대한 광범위한 저항을 장려하고, 러시아의 우크라이나 영토점령 비용을 증가시키는 등 전장을 복잡하게 만들었다.

러시아의 활동을 추적하고 취약한 부대의 보급선을 공유하는 등 높은 수준의 상황 이해를 통해 공격 준비시간과 타격 장소 등을 최적화함으로써 러시아에

12 Alexander Freund, "Ukraine is using Elon Musk's STALINK for drone strikes," ISW (27 March, 2022).

민간 수행작전 개념: ISR(SNS) + 무기(드론) + 스타링크·델타(C2)

– 유기체적, 분권화된 개방형의 IT 아미(Army) 운영

* 40만 명 이상의 자발적 참여자를 동원한 별도의 텔레그램 채널 활용

* 러시아 주요 기관 웹사이트에 디도스(DDos) 공격 요청

– 국제 해커그룹의 자발적 참여로 웹사이트 장악·조정함으로써 러시아의 하이브리드전에 대응

* 스쿼드(Squad) 303(폴란드 해커그룹)

* 스크립트 키디(Script Kiddie) 등

* 출처: 배진석, "러시아-우크라이나전 분석".

게 복잡한 군사행동을 요구하는 딜레마를 강요했다.

예를 들어, 우크라이나 국방부는 드론 소유자나 조종사에게 서방에서 지원받은 드론을 기증하거나 제공하도록 페이스북에 호소했다. "드론이 있습니까? 드론 날릴 줄 아세요? 키이우 특수여단 112부대와 합동순찰을 개시하세요!" 등 실시간 작전에 페이스북을 활용했다.

또한, 야간에는 은폐한 러시아 전차를 열화상 카메라로 감시하고 대전차수류탄을 탑재할 수 있도록 개조된 2천 달러 정도의 상업용 옥토콥터(Octocoptor) 드론으로 공격하기도 했다. 대전차수류탄에 공기역학적 꼬리를 부착하여 간단한 드론폭탄을 개발하여 고도 300m에서 1m 오차범위로 목표물에 명중시켰다. 3D를 활용한 수류탄을 드론에서 투하하여 러시아의 트럭 등을 폭파하기도 했다.

다양한 공개출처정보(OSINT)[13]를 분석하는 트위터, 텔레그램 커뮤니티로 러시아의 군사정보를 노출시키고, 이를 불특정 다수에게 전파했다.

이 사례들을 종합해보면, 인터넷이 전쟁수행의 중요한 요소로 등장하면서

13 공개출처정보(Open Source INTelligence)는 정보수집 방법의 하나로, 공개된 출처(신문, 인터넷, 방송, 기타 공개된 자료 등)에서 합법적으로 수집한 정보를 말한다.

사이버공간을 장악하는 것이 군사작전 수행의 기반임을 알 수 있다.

ⓒ 대중 지지, ⓓ 전투 의지, ⓖ 리더십, ⓗ 사기와 규율 측면에서 우크라이나는 군사작전에 대한 국내외 대중 지지가 확고했는데, 이는 우크라이나군의 리더십, 전투 의지, 사기와 규율에 결정적인 영향을 미쳤다.

ⓔ 훈련, ⓙ 전투 준비태세 측면에서, 우크라이나는 2015년 이후부터 NATO, 미국 등 서방국가와의 합동훈련을 통해 합동작전 수행능력을 구비했다. 즉, 영국군과는 2015년 '오퍼레이션 오비탈(Operational Orbital)'을 통해 영국군 70~100여 명의 NATO 전문 훈련교관을 파견받아 전투기술, 공병, 정보기능 등을 훈련했다. 특히, 2021년에는 흑해에서 미국 주도하 우크라이나 등 30여 개국이 참가한 '시 브리즈(SEA BREEZE)' 훈련을 통해 델타 시스템을 활용하는 능력을 보유할 수 있었다.

ⓕ 동맹 및 연합 측면에서 우크라이나는 NATO를 포함한 서방전력을 효율적으로 활용했다. 이를 분석해보면, 〈그림 I-4-19〉와 같이 NATO의 동맹작전사령부의 직간접적인 지원하에 우크라이나군이 군사력을 운용했을 것으로 판단된다. 2014년 크림반도 피탈 및 돈바스 전쟁 이후에 다수의 합동훈련을 참가했으며, 〈그림 I-4-20〉에서 보는 바와 같이, 실질적인 NATO 대응군의 지휘조직의 훈련 지원을 받았다. 특히, VJTF(최고준비특임부대)가 직접적으로 지원했을 것이다. 또한, 인접 폴란드 국경 인근에 지휘소를 개소하여 우크라이나 총참모부와 공조하여 군사작전을 지휘했을 것으로 판단된다.

전쟁 초기 창설된 우크라이나의 민병대인 '영토방위 국제군단'은 명목상으로 민간 차원의 군사지원이 목적이지만, NATO 대응군이 직접적으로 지원했을 가능성이 있다.

ⓘ 교리의 건전성 측면에서 우크라이나는 미국, 영국 등 서방 교리를 적극적으로 수용하고, 러시아 군사교리에 대응하는 고유의 교리를 합동훈련에 접목하여 작전현장에서 구현했다. 즉, 구소련의 하향식 지휘통제를 탈피하여 현장

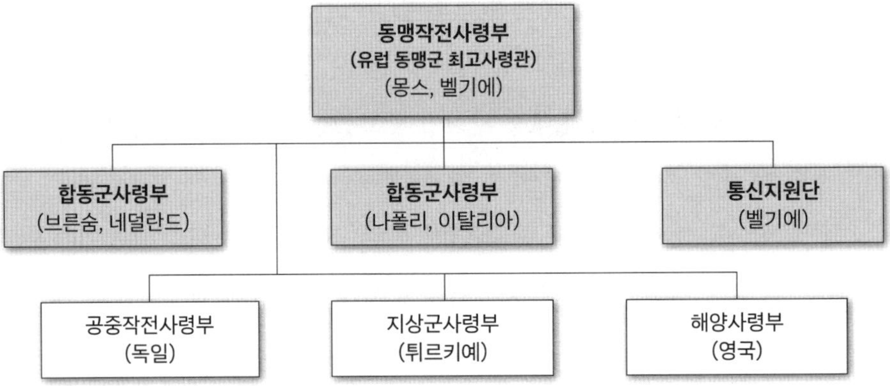

〈그림 I-4-19〉 NATO의 동맹작전사령부

* 출처: 박휘락, "나토와 한미동맹의 군사지휘체제 비교: 지휘관계를 중심으로", 『한국군사학논총』 제75권 2호(2019), p. 11.

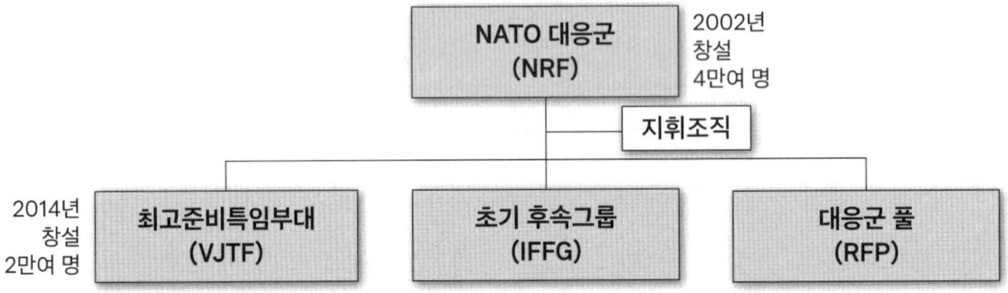

〈그림 I-4-20〉 NATO 대응군[14]

* 출처: 박휘락, "나토와 한미동맹의 군사지휘체제 비교: 지휘관계를 중심으로", pp. 11~12.

지휘관의 의사결정 권한을 위임하는 임무지휘 철학을 교리에 반영한 것으로 분석한다.[15] 이를 통해 우크라이나는 러시아의 군사 독트린에 대응하는 다양한 수

---

14 NATO가 평시 긴급사태에 신속하게 대응하기 위한 목적으로 창설된 합동군(육군, 해군, 공군, 특수전부대). 이 중 VJTF(Very High Readiness Joint Task Forces)는 회원국을 매년 순환 주둔하는 개념으로 운영된다. 이 전력의 전개에 대한 최종 결정은 북대서양이사회가 내리지만, 전개된 NATO 군사력을 운용하는 책임은 동맹작전사령부의 유럽 동맹군 최고사령관에게 있고, 현장 지휘는 합동군사령부(네덜란드, 이탈리아)가 교대로 담당한다.

15 우크라이나와 NATO와의 합동훈련 프로그램인 JMTG-U의 중점은 임무지휘훈련(Mission Command Trainning)으로, 9주간의 훈련 중 어느 정도의 다영역전투와 이를 뒷받침하는 임무지휘 능력을 배양함으로써 분권화된 작전이 가능해졌고, 작전 템포 측면에서 러시아를 압도

준의 교리를 전투현장에서 적용할 수 있었다.

3. 합동작전의 원칙 적용 및 구현 측면 평가

〈그림 I-4-21〉에서 보는 바와 같이 각 단계별로 합동작전의 원칙을 적용한 결과를 살펴보면 다음과 같다.

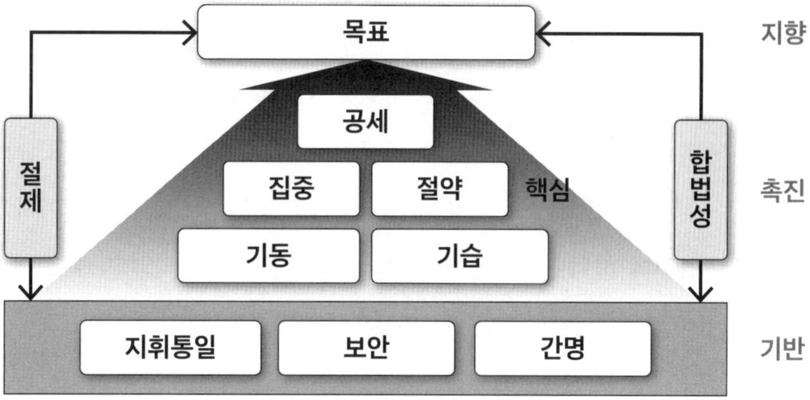

〈그림 I-4-21〉 합동작전의 원칙 간 상호관계

* 출처: U.S. JCS. JP 1 vol 1. Joint Warfighting (2023), p. Ⅲ-5 재구성.

먼저, 〈표 I-4-11〉과 같이, 1~2단계 작전 간에 우크라이나는 축선별 분권화된 작전으로 목표, 공세, 집중, 절약, 지휘통제, 보안, 절제, 합법성의 원칙을 양호하게 적용했다고 평가할 수 있다. 우크라이나는 러시아의 수도 키이우에 대한 집중적인 공세에 대해 전술·작전적 취약점을 효과적으로 분석하여, 전략적 중심인 젤렌스키 리더십을 방호했다. 러시아의 '특별군사작전'의 기도 및 징후를 사전에 분석하여 영토 내로 침공한 러시아군에 대해 전술·작전적 기습을 달성했다. 결과적으로 군사작전 전반에 영향을 미치는 지휘통일, 보안, 합법성 등 전반적인 합동작전의 승수효과를 달성했다고 평가한다.

했다고 분석된다.

〈표 I-4-11〉 1~2단계 작전 간 우크라이나의 합동작전 원칙 적용 분석

G: 양호 A: 보통 R: 미흡 N: 제한

목표	공세	집중	절약	기동	기습
G	G	G	G	N	G
지휘통일	보안	간명	절제	합법성	총평
G	G	N	G	G	G

3~4단계 작전 간, 작전지역을 동남부지역으로 한정하여 목표, 공세, 집중, 기동, 절약, 지휘통일, 보안의 원칙 등은 양호했다고 평가할 수 있다. 특히, 3단계 작전에서 진행된 1차 대공세는 기습의 원칙과 간명의 원칙이 비교적 양호하게 적용되었다. 또한, 작전환경이 돈바스 지역으로 전환되고, 우크라이나의 작전목표인 러시아의 돈바스와 크림반도 간 지상통로를 거부하기 위한 공세, 집중, 기동의 원칙이 비교적 양호하게 적용되었다. 특히, 2022년 9월 우크라이나의 1차 공세는 북부지역의 하르키우와 남부지역의 헤르손에 집중되었다. 따라서, 절약, 기습의 원칙이 적절히 적용되었다고 평가할 수 있다.

〈표 I-4-12〉 3~4단계 작전 간 우크라이나의 합동작전 원칙 적용 분석

G: 양호 A: 보통 R: 미흡 N: 제한

목표	공세	집중	절약	기동	기습
G	G	G	G	G	G
지휘통일	보안	간명	절제	합법성	총평
A	N	A	G	G	G

5단계 작전에서는 러시아의 포괄적 파괴에 맞서 러시아 본토 공격 등 확전에 대한 절제, 합법성의 원칙이 합리적으로 적용되었다고 평가한다. 이를 통해 우크라이나는 바흐무트 전투에서 러시아의 전력을 소진시키고, 자포리자 일대에서 돌파구를 형성할 수 있었다.

결과적으로 우크라이나는 러시아가 주도하는 공간, 시간에 제한된 전력을

〈표 I-4-13〉 5단계 작전 간 우크라이나의 합동작전 원칙 적용 분석

G: 양호 A: 보통 R: 미흡 N: 제한

목표	공세	집중	절약	기동	기습
G	G	G	G	G	G
지휘통일	보안	간명	절제	합법성	총평
G	N	G	G	G	G

통합하기 위해 균형된 합동작전 원칙을 적용하여 군사작전을 진행한 것으로 평가된다. 특히, 목표의 원칙을 지향하는 하나의 사고체계로서 전쟁의 원칙들을 상호보완적, 창의적으로 적용하려고 노력했다. 즉, 우크라이나는 고유한 전쟁관과 NATO 교리를 접목하여 전쟁수행의 모든 수준에서 융통성을 발휘하는 등 합동작전 원칙을 적용하려고 노력했다고 평가할 수 있다.

4. 합동기능 활성화 측면 평가

〈그림 I-4-22〉 합동기능이 공간, 시간, 전력의 균형에 미치는 영향

* 출처: U.S. JCS, JP 5-0 Joint Planning, p. Ⅳ-20.

〈그림 I-4-22〉에서 보는 바와 같이, 우크라이나는 작전단계별 공간, 시간, 전력의 균형을 이루기 위해 지휘통제에 기반한 합동기능을 활성화하려고 노력했다. 이를 합동기능 일곱 개 각 기능별로 분석하면 아래와 같다.

1) 지휘통제

우크라이나는 '임무지휘에 기반한 지휘통제 활성화'를 위해 노력했다. 〈그림 I-4-23〉과 같이 지역별 분권화 작전을 수행하여 제한된 전력의 열세를 극복하려고 했는데, 이를 가능하게 했던 노력들을 살펴보면 다음과 같다.

첫째, 젤렌스키 정부는 전투현장을 독려하는 간접지휘 성격의 미시적 동참(Micro-engage)으로 지휘계선 상에서 절제된 주도권을 행사하도록 노력했다. 즉, 우크라이나 합동군은 분권화된 지휘통제를 통해 러시아가 지역 지배를 거부하는 작전을 효과적으로 수행했다. 이것은 결과적으로 통수권자인 젤렌스키의 리더십이 대중의 지지를 받아, 우크라이나 전 국민의 결전의지로 발현하게 되었다. 우크라이나는 러시아의 미세관리와 다르게 구체적인 작전은 지역별 작전사령부에 권한을 위임하고, 다양한 현장 전력의 동시통합 효과를 달성하여 상황에

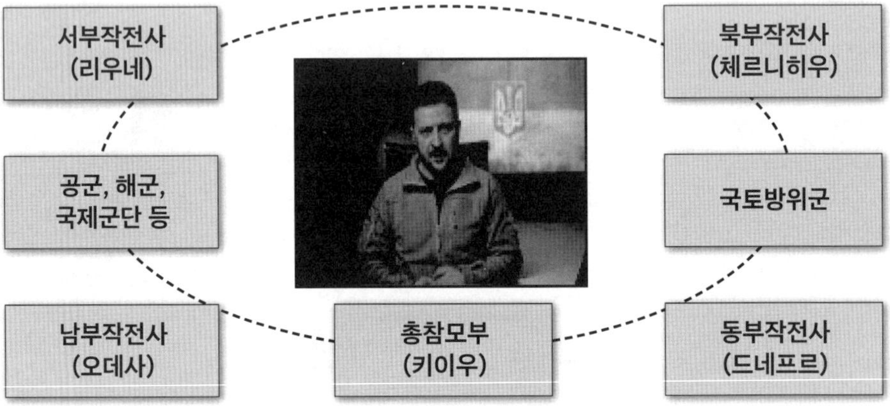

〈그림 I-4-23〉 우크라이나 지휘통제 계선

* 출처: 합동군사대학교, 『우크라이나 전쟁 분석』(논산: 합동군사대학교, 2022), p. 166.

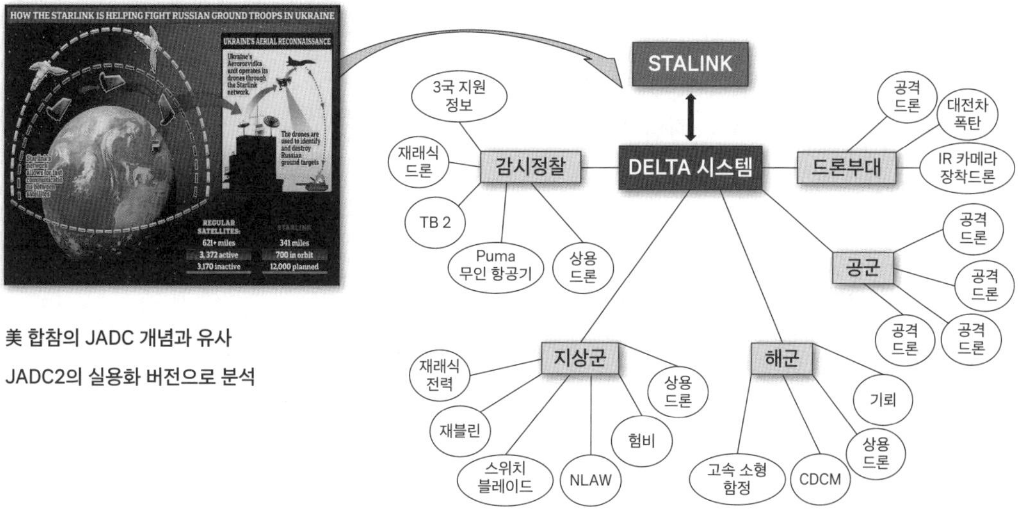

〈그림 I-4-24〉 우크라이나 델타 시스템 개념도

* 출처: 배진석, "러시아-우크라이나전 분석".

적합한 융통성을 발휘했다.

둘째, 서방의 임무지휘에 기반한 지휘통제가 전투현장에서 발휘되었다.[16] 우크라이나가 2014년 크림반도 피탈과 돈바스 전쟁의 학습효과를 전투력으로 승화시킨 기반에는 구소련의 교리를 폐기하고, 서방 교리를 습득한 것이었다. 실제로 우크라이나는 미국 등 서방 군사교육기관에 인원을 파견하여 교육했다. 특히, 우크라이나 육사생도 60여 명이 델타(DELTA) 시스템의 핵심요원으로 활동하고 있다.

셋째, 정보우위를 기반으로 적보다 빠른 결심과 그 실행 역량을 요구하는 결심 중심전(Decision Centric Warfare)을 수행하고 있다. 우크라이나는 〈그림 I-4-24〉와 같이 스타링크(Starink) 시스템에 기반한 델타 시스템으로 지휘통제체계를 구축하여 선(先) 결심-정찰감시-타격체계를 동시 통합적으로 운용했다.

또한, 미 합참이 추진 중인 합동전영역지휘통제(JADC2) 개념을 적용하여

---

16 Anthony C. King, "Mission Command 2.0: From Individualist to a Collectivist Model." 임무지휘는 21세기 서방 군사교리의 핵심 원칙임을 강조했다.

다양한 제대와 군종 간의 공유체계를 구축함으로써 결심에서 행동에 이르는 위험을 최소화하고 있다. 즉, 실시간 상황 이해를 바탕으로, 적의 취약점을 공유하면서 실시간에 적을 타격할 수 있는 결심중심전을 전투현장에서 시현하고 있는 것이다.

2) 합동정보(Information)

우크라이나는 서방 지원하에 정보작전과 연계한 다양한 사이버작전을 수행하고 있다. 특히, 공개출처정보(OSINT) 체계를 적극적으로 활용하여 인터넷 공간의 활용성을 극대화했다. 즉, 우크라이나는 인터넷 공간을 러시아 공격에 대한 실시간 전파 및 인도적 지원을 위한 허브로 활용했다. 이를 통해 우크라이나 전 국민의 전투 의지를 고양하고, 전쟁의 부당성을 경고하며, 사이버 공격에 대한 효과적인 방어수단을 제공했다.

또한, 다양한 민간 상용기술을 활용하여 소규모 민군분산작전의 기반을 제공했다. 즉, 인터넷 핵심 노드인 위성, 해저 광케이블 등을 활용하고, 인터넷 네트워크 핵심 프로토콜(TCP/IP)을 장악하여 사이버작전 수행 여건을 구축했다. 이를 통해 러시아가 주도하던 정보공간(Information Space)에서 우크라이나가 행동의 자유를 확보하는 계기를 마련해가고 있다.

3) 이동 및 기동

우크라이나는 우월한 전술적 이동 및 기동 능력을 활용하여 러시아의 점령지역 거부를 위한 도시지역 작전을 효과적으로 수행했다. 즉, 변화하는 전장 상황을 이해하고, 수시로 발견되는 러시아의 취약점을 공격함으로써 심리적 기동의 우위가 전장의 주도권을 확보하는 관건임을 증명했다.

3단계 공세작전 간에는 기동성 있는 전력운용으로 러시아에게 딜레마를 강요했다. 특히, 2022년 9월 중순에는 하르키우 전투에서 7개월간 러시아가 점령했던 지역보다 더 넓은 지역을 확보한 것은 이동 및 기동의 우위를 보여주는 대표적인 사례다.

4) 합동방호, 화력

우크라이나는 서방 지원 전력을 효과적으로 활용하여 제공권을 확보하고 국지적 합동화력의 우위를 확보했다. 1~2단계 작전 간 러시아의 압도적인 공군력에 대응하여 서방의 방공체계는 S-400, MANPAD를 제공받아 활용했다. 또한, 3단계 작전 이후에는 동남부지역에서 국지적으로 화력 우위를 달성하여, 하르키우 일대에서 대공세의 기반을 마련했다.

결론적으로 우크라이나는 공간, 시간, 전력을 통합하는 활동인 합동기능을 효과적으로 적용하여 군사작전을 진행했다. 특히, 지휘통제를 중심으로 합동기능의 보완과 결속을 통해 합동전력을 통합 운용하려고 노력했다. 즉, 우크라이나는 NATO와의 합동훈련을 통해 '임무지휘에 기반한 지휘통제의 활성화'를 군사작전에 적용 및 구현하는 데 성공했다고 평가할 수 있다.

5. 우크라이나 방어작전 종합평가

2023년 10월 1일을 기준으로 우크라이나의 '러시아 침공전력 격퇴 작전(가칭)'은 성공적이라고 평가한다. 5단계 군사작전 개황 중, 우크라이나는 두 차례의 대공세를 통해 전장의 주도권을 확보, 러시아를 전반적으로 압박함으로써 작전목표를 달성을 추구했기 때문이다. 이를 보다 세부적으로 평가해 보면 다음과 같다.

우선, 우크라이나는 단계별로 작전목표와 최종상태 및 중심을 식별하고, 이를 연계하려는 노력이 양호했다. 즉 우크라이나는 합동작전을 기획하고 실행하는 능력이 러시아에 비해 상대적으로 뛰어났던 것으로 평가할 수 있다. 우크라이나는 전쟁 초기 단계에서 작전목표인 수도 키이우와, 전쟁을 수행하는 지도부를 방호했다. 또한, 3단계 동남부 지역 공세로 영토 내 러시아 전력을 격퇴할 수 있는 기반을 조성했고, 5단계인 2023년 6월 이후에는 동남부 전선에서 2차 대공세를 진행했다. 이는 우크라니아가 러시아의 중심인 침공전력을 소진시키는 방향으로 핵심취약점을 선정하고, 이를 공략함으로써 최종상태를 달성할 수 있도록 하는 여건을 조성한 것으로 평가한다.

둘째, 우크라이나는 실제 전투력 적용 간에 공간, 시간, 전력의 균형 유지에 성공했다. 작전기간 중 시행착오를 통해 교훈을 축적하고, 공간과 시간이라는 작전요소들을 잘 활용하여 제한된 전력을 효율적으로 운용했다. 특히, 5단계 작전에서 우크라이나의 2차 대공세는 바흐무트 전투에서 러시아가 값비싼 전술적 승리 비용을 지불하도록 강요함으로써, 우크라이나의 전략적 중심인 서방의 지원을 지속적으로 이끌어 수 있었다.

셋째, 합동작전의 원칙 적용 측면에서 우크라이나는 본질적인 전쟁의 원칙을 군사작전에 적용하는 데 성공했다. 즉, 목표의 원칙을 지향하는 하나의 사고체계로서, 우크라이나는 기습의 원칙, 절제 및 합법성 원칙을 적용하려는 노력이 돋보인다. 특히, 우크라이나는 2023년 6월, 2차 대공세가 개시된 직후, 전장 상황을 고려하여 러시아의 전력을 소진하는 방향으로 목표를 변경하는 심리적 기동을 발휘했다고 평가할 수 있다.

넷째, 우크라이나는 '임무지휘에 기반한 지휘통제 활성화'를 통해 합동기능들을 적절히 통합 및 운용했다고 평가한다. 전쟁 초기 제한된 전력이지만, 서방 지원 전력을 적절하게 활용하여 합동기능을 긴밀하게 연계하고, 상호 보완함으로써 효과적인 통합전투력을 발휘했다.

결과적으로, 우크라이나는 합동작전 수행 측면에서 주요한 작전요인을 분석하고 러시아의 취약점에 대한 공간, 시간, 전력을 균형 있게 적용하려는 합동작전의 원칙과 합동기능을 통합적으로 적용하는 데 성공했다.

향후 우크라이나의 작전은 어떤 요인들에 의해 좌우될 것인가? 이에 대한 전망은 네 가지 변수(기세, 영토, 핵심 군사능력, 상쇄 및 전환 역량)를 바탕으로 분석해 볼 수 있다. 먼저, 기세(Momentum) 측면에서, 우크라이나는 남중부지역 바흐무트, 자포리자주에서 우크라이나 공세와 크림반도의 지상 및 해상 병참선 차단에 기세를 유지할 필요가 있다. 특히, 2022년 가을~겨울 교착기에 러시아에게 전력 재창출의 기회를 내준 사례를 통해 판단해 볼 때, 2023년 가을의 대공세와 그 이후 작전은 우크라이나 전황의 결정적인 분수령이 될 것이다.

영토(Territory) 측면에서, 우크라이나는 2014년 이전의 영토, 즉, 돈바스 지역과 크림반도를 회복하려고 할 것이다. 이를 통해 우크라이나 재침공을 위한 러시아의 군사거점 확보를 거부할 것이다. 왜냐하면, 이 발판은 우크라이나 생존과 NATO의 안보에 영구적인 위협이 되기 때문이다.

핵심 군사능력(Core Military Capablity) 측면에서, 우크라이나는 서방의 전력지원이 지속되어야 한다. 동시에 NATO를 비롯한 서방과의 지속적인 우호관계를 형성, 재건 전망에 대한 공유가 필요하다. 2022년 우크라이나 전쟁 이후부터 서방 국가로부터 우크라이나 지원을 지속하는 우호적 분위기가 필요하다. 서방을 비롯한 국제사회의 우호적 분위기는 이 전쟁수행에 대한 우크라이나의 진솔한 의지와 능력이 있을 때 지속될 것이다. 서방의 지속적인 지원 여부는 이번 전쟁의 갈림길이 될 것이다.

상쇄능력(Offset Capablity) 측면에서, 우크라이나는 러시아의 정보작전을 거부하고, 서방과 더불어 인지전 수행에 전념해야 한다. 특히, 러시아의 휴전 내러티브에 대한 인식 조작에 유념하여 대응해야 한다. 따라서 우크라이나와 서방의 인지전 수행능력도 전황을 결정하는 중요한 요인이 될 것이다.

4절 인지전 수행 관점 분석

2022년 우크라이나 전쟁을 분석하면서 든 본질적인 의문 중 하나는 '2014년 돈바스 전쟁과 2022년 우크라이나 전쟁은 왜 다르게 수행되고 있는가?'였다. 이 절에서는 인지전 수행 관점에서 우크라이나 전쟁을 분석하고, 우리에게 어떤 함의를 주는지 분석했다.

1. 2014년 돈바스 전쟁과 2022년 우크라이나 전쟁은 왜 다른가?

〈그림 I-4-25〉에서 보는 바와 같이 2014년 돈바스 전쟁은 크림반도 합병에 이어, 러시아의 일방적 침탈로 본격적인 전쟁은 45일 만에 종료된 단기전이었다. 러시아의 하이브리드전이 적용된 가짜 깃발 작전 등 회색지대 전략에 NATO를 비롯한 서방과 우크라이나는 속수무책이었다.

그러나, 2022년 우크라이나 전쟁은 1년 넘게 진행 중이며, 기존 러시아의 하이브리전으로 대표되는 정보작전, 영향공작이 무기력하게 전개되고 있다. 결과적으로 러시아의 고전과 우크라이나의 선전, 그리고 주변국의 군비경쟁이 가속화되는 의외의 결과로 진행되고 있다.

동일한 공간에서 동일한 국가가 8년 만에 재개한 전쟁이 다른 양상으로 전개되는 원인을 양국의 인지전 수행 관점에서 분석해 보면 다음과 같다.

〈그림 I-4-25〉 2014년 돈바스 전쟁과 2022년 우크라이나 전쟁 비교

1) 인지전 수행 개념

인지전의 정의에 대한 합의된 개념은 없다. 하지만, 권위주의 국가에서는 아주 오랫동안 전쟁에 적용하고 있으며, 자유민주주의 국가에서도 2017년 이후, 인지전이라는 용어를 사용하면서 현재 및 미래전에 적용할 준비를 진행하고 있다. 〈그림 I-4-26〉에서 보는 바와 같이 인지전은 '외부 주체에 의한 여론의 무기화'로 정의된다. 여론의 무기화를 하는 목적은 '전장환경에 영향력을 행사'하고, '상대국에 불안정화를 도모'하기 위한 것이다. 따라서, 매우 다양한 내러티브와 현란한 수사학이 전장 전반에 걸쳐서 넘치게 된다.

2) 러시아의 인지전 수행 양상

〈그림 I-4-26〉에서 보는 바와 같이 푸틴은 전쟁의 목표를 우크라이나의 비나치화(Denazification)와 비무장화(Demilitarization)라고 공공연하게 주장했다.

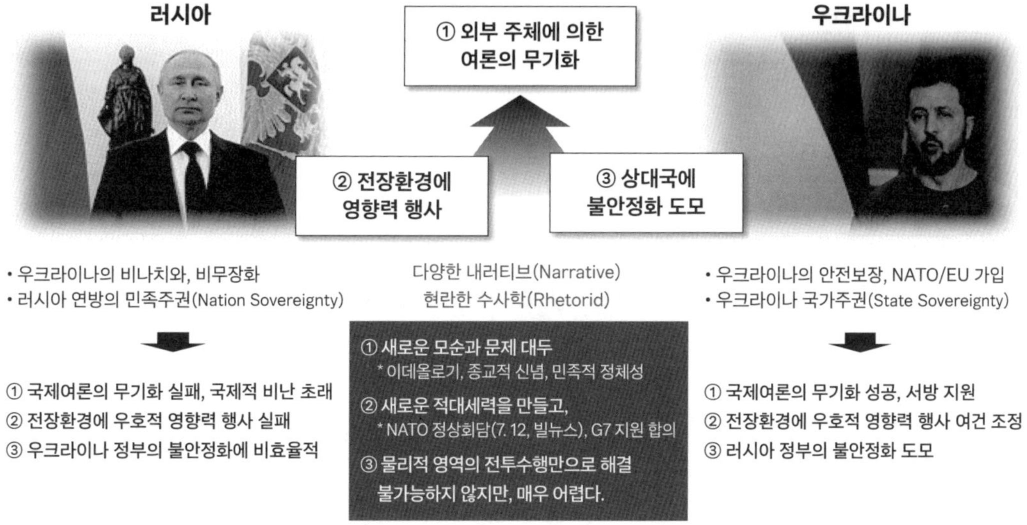

〈그림 I-4-26〉 러시아와 우크라이나의 인지전 수행 비교

* 출처: 한상근, "인지전 수행관점에서 본 우크라이나 전쟁", 『월간 국방대』 66호(2023).

동시에 주변 국가들에게는 러시아 연방의 민족주권(Nation Sovereignty)을 자극하는 다양한 내러티브를 구사하고 있다.[17]

그러나, 전쟁 초기부터 국제여론이 러시아에 등을 돌리고, 오히려 국제적 비난이 증대되면서, 러시아는 전장에 매우 중요한 영향력을 미치는 우호적인 환경을 조성하는 데 실패했다. 이는 2014년 크림반도 합병 시 우크라이나 정부를 불안정하게 유도했던 전황과는 매우 대조적이다.

3) 우크라이나의 인지전 수행 양상

젤렌스키는 우크라이나의 안전보장을 위해 NATO 및 유럽연합(EU)에 가입하여 자유민주주의를 표방하는 새로운 우크라이나를 만들기 위한 국가주권(State Sovereignty)을 강조하고 있다.

결정적으로 우크라이나는 2023년 7월 12일, 빌뉴스에서 개최된 NATO 정상회의에서 G7과 NATO 회원국들이 우크라이나를 지지하도록 함으로써 국제여론의 무기화에 성공했고, 서방의 지원을 받아 전쟁을 수행하는 성과를 낳았다. 이를 통해 우크라이나는 러시아의 불안정화를 초래하기 위한 영향력을 행사하는 데 주력하고 있다.

4) 인지전 수행 관점의 우크라이나 전쟁양상 평가

우크라이나 전쟁은 기존 이데올로기, 민족적 정체성, 종교 문제 등 새로운 모순과 문제를 불러일으키는 결과를 낳았다. 즉, 러시아의 우크라이나 침공은 느슨했던 NATO를 견고하게 만드는 빌미가 되었으며, 물리적 영역의 전투수행 방식으로는 근본적인 문제가 해결되지 않는다는 것을 증명했다.

17 Ioana Leucea, "The Cognitive Warfare in Designing the International Society (and the Security Environment)," *Redefining Community in Intercultural Context* (5-7 May, 2022), pp. 7~8.

예를 들어 러시아는 종교를 무기화하기 위한 다양한 공격을 시도했지만, 번번히 실패했다. 2022년 12월 크리스마스와 2023년 4월 부활절 기간 중 러시아가 실시했던 휴전 내러티브 등을 들 수 있다. 하지만, 그 효과는 미미했으며, 오히려 러시아의 정보공간을 위축시키는 결과를 초래했다. 즉, 러시아의 정보공간은 러시아 내부에서만 통용되고, 그 이외 지역에서는 충분한 영향력을 발휘하지 못하고 있다. 오히려, 러시아가 제공하는 미디어 정보에 대한 국제사회의 무조건적인 불신은 세계 여론이 우크라이나를 지지하도록 만들었다.

우크라이나 전쟁에서 최종적으로 사람의 마음을 움직이는 것은 다양한 내러티브와 현란한 수사학이 아니라 진실과 신뢰에 있음을 재확인했다.

그렇다면, 서방과 NATO는 2022년 우크라이나 전쟁에서 인지전을 주도할 수 있었는지 살펴볼 필요가 있다.

2. 우크라이나 전쟁에서 서방의 인지전 준비 분석

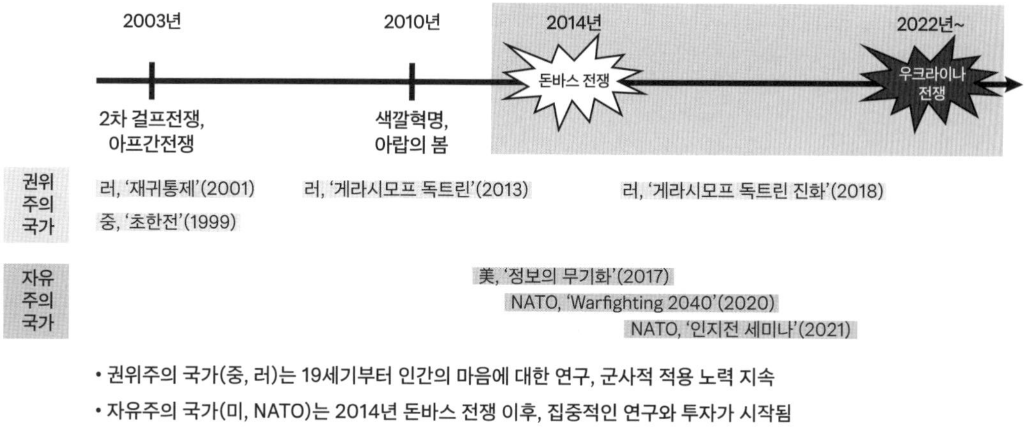

〈그림 I-4-27〉 권위주의 국가와 자유주의 국가의 인지전 발전 비교

* 출처: 김남철·최영찬·한상근 역, 『새로운 영역에서의 전쟁수행, 인지전』과 합동군사대학교, 『우크라이나 전쟁 분석』 부록 제4절, "러시아 군사독트린의 새로운 접근", pp. 376~425 재구성.

〈그림 I-4-27〉에서 보는 바와 같이 사람의 마음을 다루는 인지전은 권위주의 국가인 중국과 러시아의 전유물이었다. 즉, 20세기 초반 러시아 혁명의 본질이 변증법적 유물론에 기초한 사람의 마음에 대한 접근이었으며, 20세기 중반 냉전 이후 미국의 상쇄전략에 맞서 권위주의 국가는 또 다른 전행수행을 준비했다. 중국의 초한전, 러시아의 재귀통제가 그 사례다.

1) 2014년 돈바스 전쟁 이후의 인지전에 대비한 연구 시작

〈그림 I-4-27〉에서 보는 바와 같이 2014년 돈바스 전쟁은 2013년 발표한 러시아의 게라시모프 독트린을 적용하여 성공한 사례다. 이에 반해 서방은 러시아의 인지전에 의해 싸워보지도 못하고 전쟁에서 패함으로써 큰 충격을 받았다. 이에 따라, 미국과 NATO를 비롯한 자유주의 국가는 인지전에 대한 다양한 연구와 투자를 시작했다. 2017년 이후 미국의 벨퍼 센터에서 인지전이라는 용어를 사용하기 시작했고, '과연 서방은 정보를 무기화했는가?'라는 자성과 더불어 인지안보(COGSEC)의 필요성에 공감하기 시작했다.[18] 이후, NATO의 동맹변혁사령부에서 주관한 인지전 세미나 등을 통해 자유주의 국가가 생존하기 위한 다양한 전략을 연구하기 시작했다.[19]

2) 2016년 이후, 러시아 정보작전의 대응방안을 전 세계에 공유

〈그림 I-4-28〉에서 보는 바와 같이 서방은 러시아 게라시모프 독트린을 다양한 기관에서 연구하면서, 러시아 군사 독트린의 취약점을 분석하고, 러시아 정보작전의 대응방안을 전 세계에 공유했다.

미국을 중심으로 한 서방에서는 2013년에 발표되었고, 2014년 돈바스 전쟁

18 Rand Waltzman, *The Weaponization of Information* (Santa Monica: The RAND Corporation, 2017).

19 NATO ACT, "Innovation Hub Warfighting 2040 Project Report."

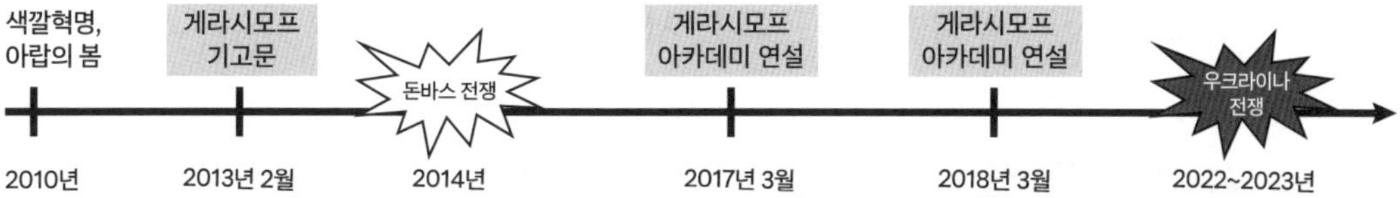

"군사과학의 가치는 통찰력"

① 색깔혁명, 아랍의 봄이 비군사적 역할에 미친 영향 분석

② 러시아의 첨단화된 군사력 건설 요구

③ 러시아 영토방위를 위한 군사체계 정립의 필요성 제기

④ 러시아 국경 외부의 평화유지 활동 중요성 강조

※ 밀리터리 리뷰 2016년 1~2월호

"국가방위를 위한 현대전과 당면 이슈"

① 현대 군사분재의 특징 분석 (비접촉전, 로봇 및 UAV 사용 등)

② 평시 하이브리드전에 대한 인식

③ 군사력 사용이 전쟁수행에 최선의 방법으로 인식

④ 포괄적 파괴에 대한 러시아군의 인식

※ 밀리터리 리뷰 2017년 11~12월호

"러시아 연방의 군사력 건설과 발전에 미치는 영향"

① 군사과학의 발전으로 포괄적 파괴 지향

② 미래 분쟁의 특징 분석(정밀무기, 로봇 기술 등 광범위한 사용; 경제적 목표와 적 국가시스템 우선 파괴)

③ 군사력 사용이 전쟁수행에 최선의 방법으로 인식

④ 미래전에 대비한 러시아 군사력 건설 방향 제시

※ 밀리터리 리뷰 2019년 3~4월호

〈그림 I-4-28〉 서방의 러시아 군사 독트린 연구 경과

* 출처: 합동군사대학교, 『우크라이나 전쟁 분석』 부록 제4절, "러시아 군사독트린의 새로운 접근", pp. 376~425 재구성.

과 시리아 내전에 적용된 게라시모프 독트린은 2016년 이후부터 다양한 관점에서 연구되었다. 『밀리터리 리뷰』(Military Review)에서는 2013년부터 2018년까지 매년 3월에 개최되는 러시아 총참모부 주관, 군사과학 아카데미의 게라시모프 연설에 주목하고, 그 장단점을 연구했다. 연구 관점은 게라시모프의 기고문과 연설을 그대로 직역하면서, '어떻게 제대로 게라시모프 독트린을 이해할 것인가?(Getting Gerasimov Right)'였다.[20] 서구적 사고의 맥락에서 게라시모프의 기고문을 하이브리드전이라고 통칭하는 것을 경계하고 전체적 맥락에서 정확한 이해를 돕고자 했다. 주목할 점은 러시아 군사 독트린은 미국을 주요 위협으로 인식한다는 것이다.

그 연구결과는 2022년 우크라이나 전쟁에서 우크라이나와 서방에게 귀중한 자료로 활용되고 있으며, 2014년과 전혀 다른 결과로 나타나고 있다. 이 글도 이와 같은 서방의 연구결과를 참고하여 러시아 군사 독트린의 분석 관점을 적용했다.

20 Charles K. Bartles, "Getting Gerasimov Right," *Military Review* (2018), pp. 30~37.

3) 프리고진의 무장반란을 통해 본 서방의 인지전 수행

2023년 6월 24일, 바그너 그룹의 수장 프리고진은 러시아 정부에 대항한 무장반란을 감행했다. 프리고진의 무장반란은 우크라이나 전쟁에서 서방이 러시아를 목표로 세계 여론을 무기화하려고 지속적으로 노력했던 인지전 수행의 결과다.

서방의 전쟁연구소(ISW)를 비롯한 다양한 매체에서 지속적인 내러티브를 형성하고, 서방과 우크라이나는 전략적 소통(SC)을 통해 러시아 내부의 권력지형에 영향력을 행사하려고 노력했다. 즉, 치열한 영향공작(Influence Operations)의 결과가 바로 프리고진이 주도한 바그너 그룹의 무장반란이었다.

미국의 전쟁연구소는 개전 이후, 양국의 전쟁지휘부의 권력지형에 대한 취재를 지속했다. 〈그림 I-4-29〉는 이를 바탕으로 양국의 권력지형도를 묘사한 것이다. 권위주의 국가 특성상 민간군사기업(PMC)을 운용하는 푸틴과 러시아 지휘부 내부에서 벌어지는 권력 투쟁을 분석하고, 이를 세계 여론에 지속적으로 공유함으로써, 러시아의 내부 갈등을 부추기는 등 불안정화를 도모했던 것이다.

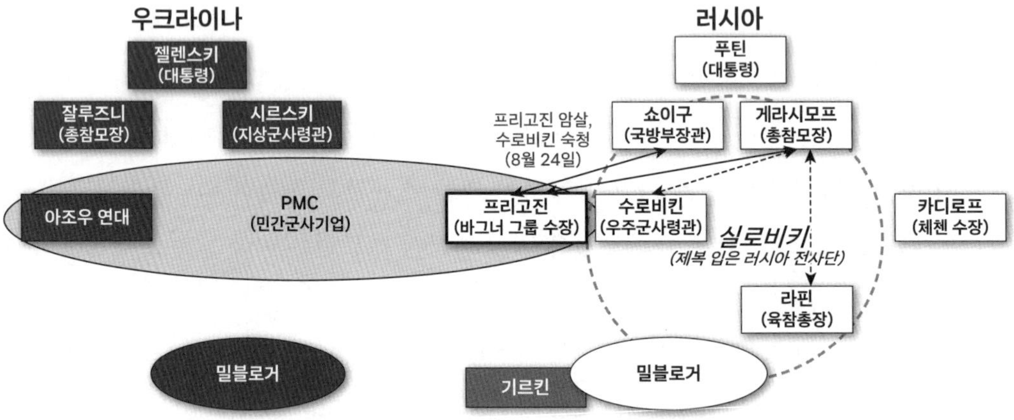

〈그림 I-4-29〉 바그너 그룹의 무장반란을 통해 본 양국의 권력지형도

* 출처: "Russian Offensive Campaign Assessment," ISW (2022~2023)의 정보작전 관점에서 분석한 양국의 지휘부 권력 관계를 재구성.

프리고진 사태는 푸틴의 리더십에 심대한 타격을 가함으로써, 이후 우크라이나 전쟁과 러시아 권력 투쟁 등 정치변동에 큰 영향을 주고 있다.

2023년 8월 24일 무장반란 2개월이 된 시점에서 프리고진이 암살된 이후에 측근인 수로비킨(Sergey Surovikin)도 숙청되었으나, 여전히 바그너 그룹에 대한 영향력은 지속되고 있다. 인지전 수행 관점에서 프리고진의 무장반란 사태를 어떻게 활용할 것인지는 양국 군사지도부의 선택에 달려 있다. 그 선택의 향방은 전장에서 인지우세를 달성하는 데 중요하며, 이는 궁극적으로 전쟁의 승리에 영향을 미칠 것으로 판단된다.

3. 인지전은 21세기 새로운 전쟁수행 양상

21세기 인지전은 20세기 정보전과 다르다. 20세기 지식 만능의 시대에서 21세기 첨단 정보과학기술 시대로 넘어오면서, 이성(추론, Reason)의 중요성이 더욱 커졌다. 따라서 과거 20세기의 생존 방식인 생각의 파편과 조각(Bits and Pieces)만으로 상황을 판단하는 것은 결국 많은 오류에 직면하는 결과를 낳게 되었다. 21세기 정보과학기술 혁명의 시대에는 모든 사람에게 적시에 생각의 패턴과 의미를 개발하여 결심하며 독립적으로 행동하는 역량이 요구되기 때문이다.[21]

인지전은 사이버·정보·심리학·사회공학적 능력 등을 통합한다. 즉, 인지전은 NBIC[22]를 통합하여 발전하고 있으며, 그 기반은 사이버·정보·심리학·사회공학적 능력을 통합화는 역량이다. 따라서, 인지우세(Cognitive Superiority)를 달성하는 기반은 바로 사회구성원의 인지역량(Cognitive Competence)이라고 할 수 있다.

인지전이 기존의 정보전, 심리전, 사이버전 등과 다른 점은 제반 국력의 수

---

21 John Boyd, “Destruction and Creation”(3 September, 1976), p. 1.

22 Nano·Bio·Information Technology, Cognitive Science

〈표 I-4-14〉 2023년 우크라이나 전쟁 중 NATO의 인지안보 독려 기고문(2023. 4. 5.)

인지전: 사람의 마음을 강화하고 방호하는 것 전쟁수행은 첨단 과학기술, 범사회적 참여와 범세계 상호연결성이 증가하면서 극적으로 변화했다. 더 많은 사람들이 합법적인 정보와 조작된 정보를 구별할 수 없다. 인지전에 대한 동맹 전체의 이해를 개선하는 것은 NATO 회원국과 우방국의 우선순위다. 2023년 4월 5일, NATO의 전략전발전센터

* 출처: NATO, "Cognitive Warfare: Strengthening and Defending the Mind," p. 1.

단을 동시 통합하여 수행하는 활동으로, 상대적 우위를 달성하기 위해 개인 및 집단 인지에 영향을 미치고, 보호하고 또는 파멸시킴으로써 그 조직의 태도와 행동에 영향을 미치는 전쟁수행 양상이다.[23]

전술한 바와 같이 2022년 우크라이나 전쟁은 2014년 돈바스 전쟁 등 이전의 전쟁수행 양상과는 전혀 다르게 전개되고 있다. 인지전에 적응한 서방국가가 과거 재귀통제에 머물러 있는 러시아를 비롯한 권위주의 국가를 압도하고 있는 것이다.

서방은 우크라이나 전쟁에서 러시아가 진실을 호도하는 조치들을 집요하게 밝혀내고 있다. NATO 회원국과 동맹국들은 최우선 순위로 인지안보(COGSEC; Cognitive Security)라는 개념을 강조함으로써 러시아의 인지전에 효과적으로 대응하고 있다.[24]

NATO는 〈표 I-4-14〉와 같이 '인지전의 진정한 의미는 무엇인가(What does Cognitive Warfare really mean)?'라는 자문과 함께 그것은 '사람의 마음을 강화하고 방호하는 것'이라고 결론짓고 이를 NATO 회원국 및 자유민주주의 국가들과

---

23 NATO, SWDC, "Cognitive Warfare: Strengthening and Defending the Mind" (5 April, 2023), p. 2.

24 국가정책 및 군사작전의 목표 달성을 지원하기 위해 선정된 정보나 기도를 조직적이고 계획적으로 표적 대상에 전달하여 상대국가, 집단, 단체 및 개인의 견해, 감정, 태도와 행동을 주체 측에 유리하게 유도하는 제반 활동. 합동참모본부, 『합동·연합작전 군사용어사전』, p. 57.

〈표 I-4-15〉 2023년 우크라이나 전쟁 중 NATO의 인지안보 독려 기고문(2023. 5. 9.)

인지전: 군사정보지원작전(MISO)을 넘어 인지전에는 적대세력보다 우위를 점하기 위해 개인, 집단 또는 대중 수준 인지에 영향을 미치거나 보호하거나 방해함으로써 태도와 행동에 영향을 미치기 위해, 다른 국가권력 수단과 동시 통합하여 수행되는 활동이 포함된다. 현실에 대한 인식을 개조하기 위해 고안된 범사회적 조작은 인간의 인지가 중요한 전쟁수행 영역으로 형성되면서 새로운 표준이 되었다. 2023년 5월 9일, NATO의 전략전발전센터

* 출처: NATO, "Cognitive Warfare: Strengthening and Defending the Mind," p. 1.

공유하고자 노력하고 있다.[25]

또한, NATO는 〈표 I-4-15〉와 같이 인지전이 기존의 군사정보지원작전(MISO, Military Information Operations)을 넘어서는 새로운 접근임을 역설하고 있다. 그 이유는 인간의 인지(Human Cognition)가 중요한 전쟁수행 영역으로 형성되고 21세기는 범사회적 조작(Whole-of-society Manipulation)이 전쟁수행의 새로운 표준(New Normal)이 되어가고 있기 때문이다.

인지전은 21세기 새로운 전쟁양상으로 정립되고 있다. 따라서, 자유민주주의 국가는 핵심 민주주의 가치를 보호할 수 있도록 인지전을 교육하고, 주변 국가와 협력하며, 적대세력의 인지공격을 방호하고, 인지우세 달성을 위해 범세계적인 전략적 여건을 조성해나가기 위한 범국가적 행동에 우선순위를 두어야 한다.

25 인지전은 인간의 두뇌가 전쟁터이고, 사람의 마음이 무기인 전쟁양상이다. 즉, 인간의 인지(Cognition)가 전쟁수행의 영역으로 형성된 21세기 초연결·초지능화 시대에 인간의 인식을 개조하는 것이 가능해졌고, 개인, 집단을 넘어 모든 대중(Population)에게 특정 주제를 여론화하여 영향을 미치는 범사회적 조작이 전쟁수행의 새로운 표준이 되었다.

5절 소결론 및 정책적 함의

1. 소결론

양국의 전쟁을 작전구상의 이론과 실제, 시·공간 및 전력의 균형을 유지하는 전투력 운용 측면, 합동작전 원칙 및 합동기능 측면에서 요약하면 아래와 같다.

1) 양국 작전구상의 이론과 실제 비교

우크라이나 전쟁에서 우크라이나와 러시아 양국의 작전구상 요소의 분석 틀은 〈그림 I-4-30〉과 같다.

먼저, 러시아는 우크라이나 중심에 접근하는 작전목표, 최종상태 선정이 모호하여 군사력 운용의 효과가 미흡했다. 즉, 우크라이나의 전략적 중심인 젤렌

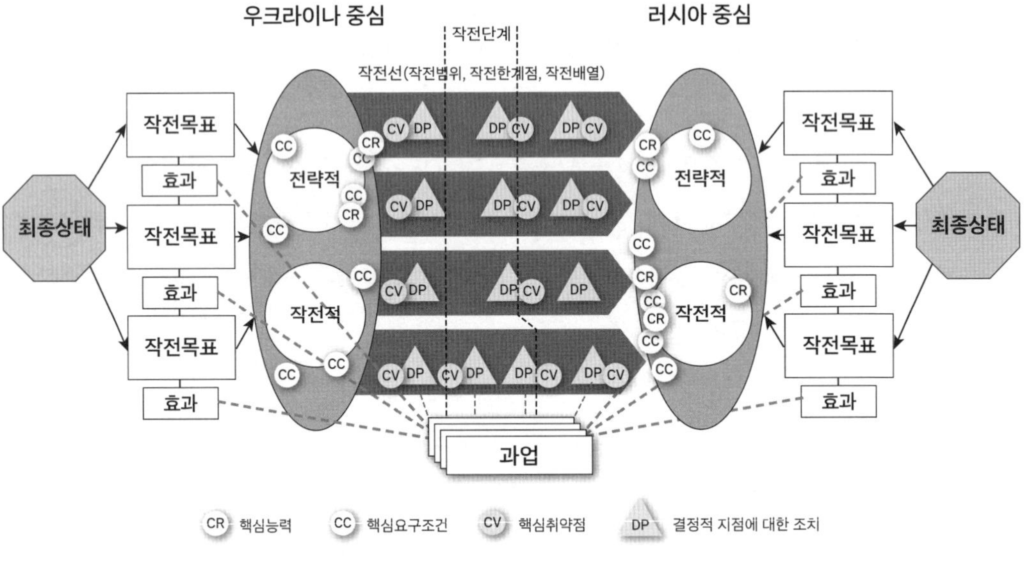

〈그림 I-4-30〉 양국의 작전구상 요소의 개념적 분석 틀

* 출처: 미 합참대, 『합동기획 교재』(2018)의 내용을 재구성

〈표 I-4-16〉 군사작전 간 양국의 중심 분석

러시아[대(對)우크라이나]	구분	우크라이나(대러시아)
젤렌스키 리더십, 키이우	1~2단계	기갑 및 기계화부대
서방의 우호적 성향	3~5단계	점령지역 안정화, 전선 방어전력

스키의 리더십, 국민의 전투 의지를 간과했고, 오히려 상대방의 중심을 더욱 강화시켜주는 우를 범했다. 또한, 우크라이나의 작전적 중심인 델타 시스템 등에 대한 파악이 미흡하여, 주요작전 간 주도권 확보가 제한되었다.

반면, 우크라이나는 러시아의 중심에 접근하는 작전목표, 최종상태 선정이 비교적 양호하여 군사력을 효과적으로 운용할 수 있었다. 즉, 러시아의 전략적 중심인 푸틴의 리더십, 대서방 관계를 식별하여 핵심취약점인 작전수행 간 러시아의 불법적 행위에 대한 여론전에 집중했다. 결과적으로 우크라이나는 상대적인 전력의 열세에도 불구하고 전쟁 초기 키이우 방어에 성공했다.

전장이 동부전선으로 전환됨에 따라, 중심의 특성을 이해하는 정도는 양국의 군사력 운용의 격차를 심화시키고, 전쟁의 주도권에 영향을 미쳤다. 〈표 I-4-16〉은 군사작전 단계별로 양국의 변화된 중심을 분석한 것이다.

양국이 중심을 식별하고, 분석하는 기준은 〈그림 I-4-31〉에서 제시한 관점을 중심으로 검토할 필요가 있다.

러시아는 우크라이나의 중심인 서방의 '젤렌스키 리더십'과 '서방의 우호적 성향'인 ① 우크라이나의 전략적 수준의 무형적 요소를 간과했고, 이를 소홀히 함으로써 ⓕ 자신의 중심을 위험에 빠뜨릴 수 있으며, 우크라이나의 두 차례의 공세를 통해 ⓖ 중심이 전환될 수 있음을 간과했다.

이에 반해, 우크라이나는 4단계 작전 간 서방의 지원이 지연되어, 1차 공세의 기회를 잃어버리게 되었다. 따라서 ① 전략적 수준에서 무형적 요소를 포함하고, ⓚ 간혹, 시간과 공간의 요인에 따라 달라진다는 것을 경험했다. 이 시기에 러시아는 동원전력 및 지휘체계를 보강하는 등 ⓓ 행동의 자유를 허용 또는 강

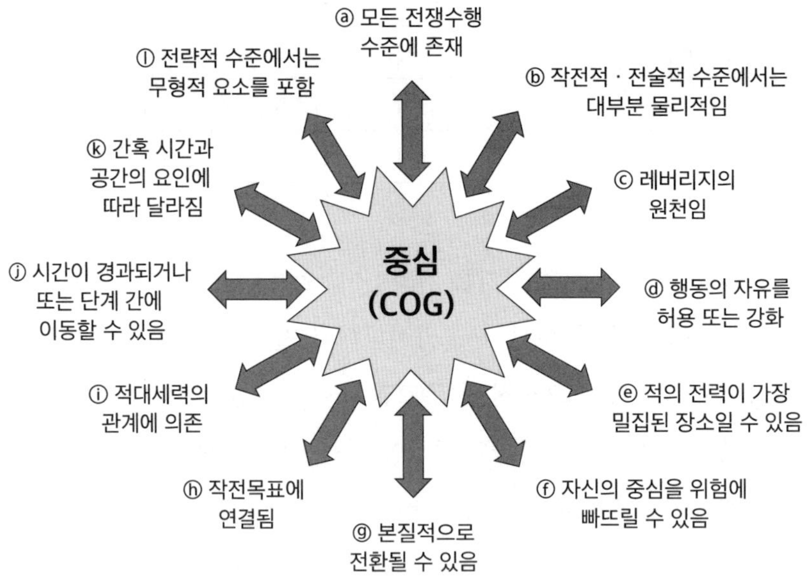

〈그림 I-4-31〉 중심의 특성

* 출처: U.S. JCS, JP 5-0 Joint Planning (2020), p. Ⅳ-23.

화하고, ⓖ 중심이 전환될 수 있음을 증명했다.

바그너 그룹의 무장반란은 ⓘ 적대세력의 관계에 의존하고, ⓗ 작전목표에 연결되어, ⓐ 전쟁 전체에 영향을 미칠 수 있다는 것을 증명했다.

결론적으로 군사력 운용의 핵심은 중심의 특성을 올바르게 이해하여 국가 리더십의 의지(Will)와 이를 수행할 수 있는 능력(Capability) 간의 간격(Gap)을 극복하는 군사지도부의 합동기획 역량에 달려 있다.

2) 시·공간, 전력의 균형을 유지하는 실제 전투력 운용

우크라이나 전쟁은 합동전력 즉, 시간, 공간, 전력의 균형을 유지하고 통합하는 것이 인간의 인지능력을 기반으로 발휘됨을 보여주었다. 즉, 하드웨어 교체만으로 국민의 전투 의지, 단결력 등을 담보할 수 없으며, 인간의 마음(Human

Mind)을 이해해야 진정한 전투력 발휘가 가능함을 증명했다.

전쟁 승리는 합동군을 중심으로 한 통합활동(Unified Action)에 달려 있다.[26] 우크라이나 전쟁에서 통합활동은 국내 전력(상비·예비·상용전력)뿐만 아니라, 동맹, 다국적 전력, 그리고 NGO 및 PVO[27]의 결속이 되어야 전투현장에서 실제 전력으로 발휘 가능하다는 것이 증명되었다. 즉, 러시아는 제한된 동맹전력(체첸, 시리아, 민간군사집단 등)을 활용하여 전력 발휘가 효과적이지 못했으나, 우크라이나는 다양한 통합활동을 통해 동맹관계가 구축되지 않았음에도 불구하고 서방의 다양한 전력과 상용전력을 활용하는 적응성과 융통성을 발휘했다.

3) 합동작전의 원칙 적용

러시아는 전쟁 초기 전 영역에 대한 기동 및 기습의 효과를 달성했으나, 절제 및 합법성의 원칙이 미흡하여 전 작전단계에 곤란을 겪었다. 이는 목표의 원칙을 지향했으나, 작전목표가 불명확하여 상호작용이 미흡했기 때문이다. 이에 반해 우크라이나는 목표의 원칙을 지향한 기습의 원칙, 절제 및 합법성의 원칙, 지휘통일 및 간명의 원칙의 적용이 비교적 양호했다.

전쟁의 본질에 충실한 합동작전의 지배적인 원칙들은 군사작전에서 준수되고 적용되어야 한다. 즉, 합동작전의 원칙은 합동군이 합동전력을 운용할 때 적용해야 할 작전수행 지침이며, 목표의 원칙을 지향하여 각 원칙 간 상호의존 및 보완되어야 하는 하나의 사고체계다.

26 U.S. JCS, *JP 1 vol 1. Joint Warfighting*, p. Ⅲ-1.

27 개별참여기구(Private Voluntary Organization)로 비정부기구(NGO) 중, 국제군단 등 개별적으로 전쟁에 참가한 개인 및 조직을 통칭한다.

4) 합동기능 적용

(1) 임무지휘 관점에서 양국 군사력 운용 비교

임무지휘는 오늘날 서방 군사교리의 핵심원칙으로 공인된 지휘철학이다. 이는 19세기 임무지휘가 태동한 독일의 임무형 전술에서 비롯되어, 20세기 초반의 제1·2차 세계대전을 거치면서 군사이론으로 정립되었다. 21세기 들어서는 미국을 비롯한 서방 군대에서 상호 의존적인 집단주의 모델로 정립하여 교리화하고 있다.[28]

러시아는 지휘통제를 실제 군사작전에 적용하는 데 미흡한 반면에, 우크라이나는 임무지휘를 합동성 발휘의 근간으로 수용하여 군사작전을 수행하고 있다. 〈그림 I-4-32〉는 지휘관 의도를 비롯한 임무지휘 원칙 간의 특징적 요인을

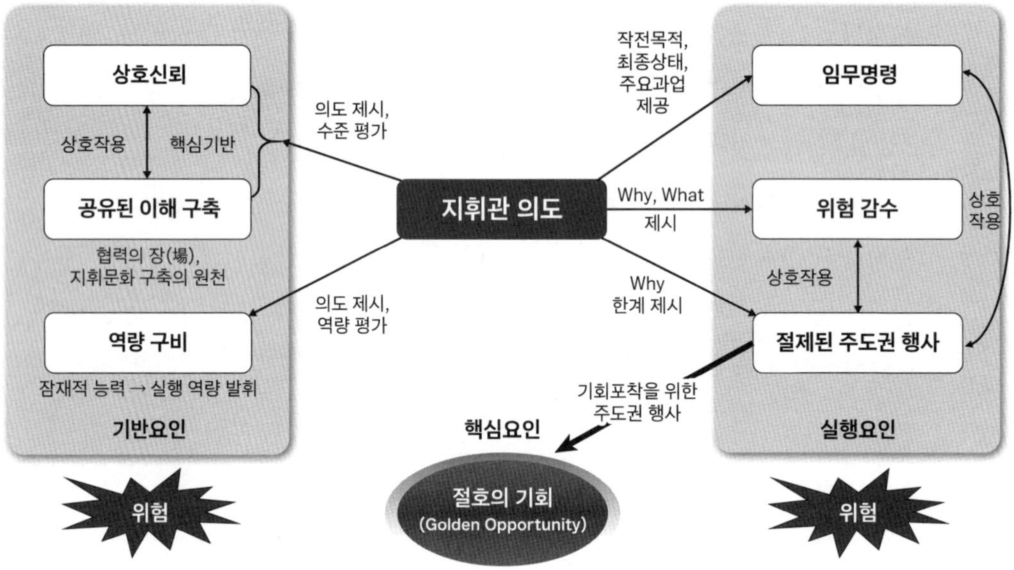

〈그림 I-4-32〉 임무지휘 원칙

* 출처: U.S. Army, ADP 6-0 Mission Command: C2 of Army Forces (2019), p. Ⅳ-20 재구성.

---

28 Anthnoy C. King, "Mission Command 2.0: From Individualist to a Collectivist Model," p. 9.

형상화한 것이다. 임무지휘의 핵심요인인 지휘관 의도를 구현하기 위해 상호 신뢰와 공유된 이해가 구축된 조직은 잠재적 능력을 실행 역량으로 발휘할 수 있다. 이를 통해 조직은 간결한 임무명령이 생활화되고, 위험을 감수하여 절제된 주도권을 행사하게 되면, 절호의 기회를 포착할 수 있다. 그림에서 보듯이 각 임무지휘 원칙 간에는 지휘관과 의도를 중심으로 밀접한 상호작용을 통해 활성화될 수 있다는 것을 보여준다.

특히, 지휘관 의도는 왜 이 전쟁을 수행하는지(Why), 또, 그 임무를 달성하기 위해 무엇을 해야 하는지(What)를 명확하게 제시한다. 이를 개인 및 조직이 어떻게 활성화할 수 있는지는 상호 신뢰와 공유된 이해를 구축하는 정도에 달려 있으며, 이는 결국 조직의 역량을 구비하는 과정이다. 지휘관 의도는 임무명령의 핵심요소인 작전목적, 최종상태, 주요 과업을 제시하며, 위험을 감수해야 하는 이유와 한계를 제시한다. 이를 통해 전장에서 피아에게 동일하게 주어지는 절호의 기회를 포착하는 절제된 주도권을 행사할 수 있다.

임무지휘 관점에서 양국의 군사력 운용을 비교하면 다음과 같다. 먼저, 지휘관 의도 측면에서 러시아는 군사작전의 명확한 목적(작전목표, 최종상태, 중심 등)이 없이 소위 '특별군사작전'에 참가했으나, 우크라이나는 영토 내 적군 격퇴라는 명확한 젤렌스키의 의도를 공유했다.

상호 신뢰 및 공유된 이해 측면에서 러시아는 전투원 간 승리에 대한 확신을 공유하거나, 전쟁의 정당성에 대한 공유된 이해가 부족했으나, 우크라이나는 국가생존과 번영이라는 절체절명의 확신을 공유하고, 전쟁의 정당성에 대한 공유된 이해가 상대적으로 높은 수준을 유지하고 있었다.

역량 구비 및 위험감수 측면에서 러시아는 게라시모프 독트린이라는 이론을 실제화하는 역량이 구비되지 않았으며, 전투현장에서 위험감수에 대한 의지도 빈약했다. 반면에, 우크라이나는 2014년 크림반도 피탈 및 돈바스 전행 이후, 8년여간의 서방 교리를 접목한 합동훈련을 통해 역량을 구비하고, 이를 바탕으로 실제 전투현장에서 위험을 기꺼이 감수하는 수준에 이르렀다.

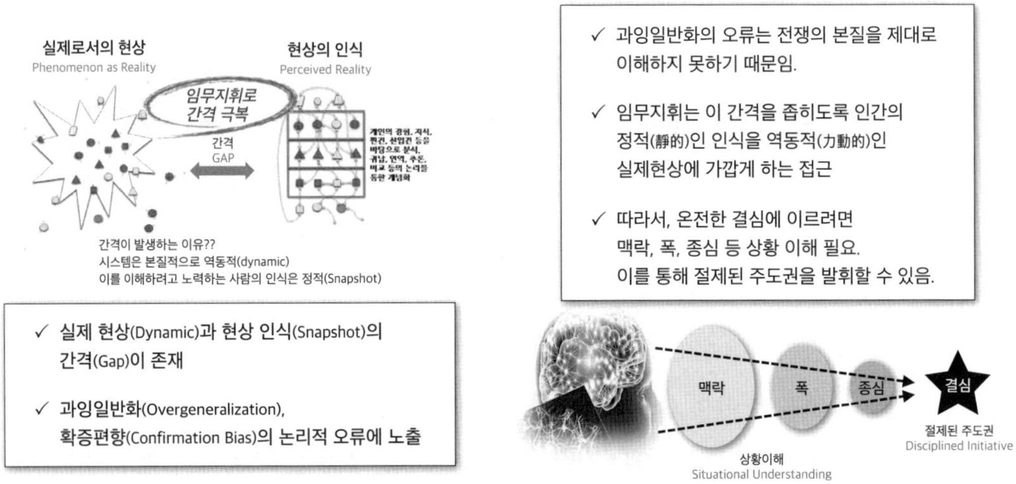

〈그림 I-4-33〉 실천 철학으로서의 임무지휘

* 출처: John Boyd, "Destruction and Creation"의 내용을 재구성

임무명령 활성화 및 절제된 주도권 행사 측면에서 러시아는 소위 '국가방위지휘통제센터'에서 전투현장을 미세관리(Micromanagement)하여, 임무명령이 활성화된 전쟁의 주도권 행사가 근본적으로 제한되었다. 이에 반해 우크라이나는 지역별 분권화작전을 수행하여, 제대별 현장 지휘관이 임무명령을 통해 전장 상황의 변화에 적합한 절제된 주도권 행사를 시행했다.

반(反)허약(Anti-fragile) 관점[29]에서, 우크라이나의 분권화된 조직이 러시아의 집권화된 조직보다 적응성에서 우위를 발휘했다. 〈그림 I-4-33〉에서 보는 바와 같이 전투현장은 실제로서의 현상과 이를 바라보는 현상 인식의 간격이 존재한다. 따라서, 전투원은 과잉 일반화(Overgeneration)와 확증편향(Confirmation Bias)의 논리적 오류에 노출될 수 있다. 임무지휘는 이 간격을 좁히도록 인간의 정적인 인식을 역동적인 실제 현상에 가깝게 하는 접근이다.

러시아는 객관적으로 강한 조직이라는 과신에 빠져서, 새로운 환경에의 적

29 Dan G. Cox, "Mission Command and Complexity of the Battlefield," Military Review (May-June, 2018), p. 2. 개방된 체계에서, 분권화된 조직이 집권화된 조직보다 적응(Adaptation)을 수용할 가능성이 더 커진다는 나심 탈레브(Nassim Taleb)의 이론을 재해석했다.

응과 개선에 실패하여 집권화된 지휘통제를 지속하고 있다. 즉, 교리적 도그마의 한계에 노출되어 이론을 실제화하는 데 역량이 미흡했다. '국가방위지휘통제센터'에서 과잉 일반화, 확증편향에 빠져서 전투현장의 역동성을 왜곡하는 오류를 지속하고 있다. 대표적인 사례로, 바흐무트 전투에서 피로스의 승리에 집착하여 소모적인 전력을 투입하는 우크라이나에게 2차 대공세 기회를 내주는 결과를 초래했다.

반면에 우크라이나는 러시아의 기습 침공이라는 예기치 않은 스트레스로부터 무엇인가를 얻고, 적용하며, 개선하는 방법을 모색하는 등 기민한 적응성을 보여주고 있다. 결국, 우크라이나의 대담함(Boldness)이 러시아의 소심함(Timidity)에서 오는 평정심의 상실을 유발했다고 볼 수 있다.

(2) 합동 다기능적 관점에서 양국 군사력 운용 비교

임무지휘는 합동전력 발휘의 근간이다. 〈그림 I-4-34〉와 같이 지휘통제(C2) 기능은 임무지휘를 기반으로 합동기능을 결속하고 통합한다. 즉, 임무지휘

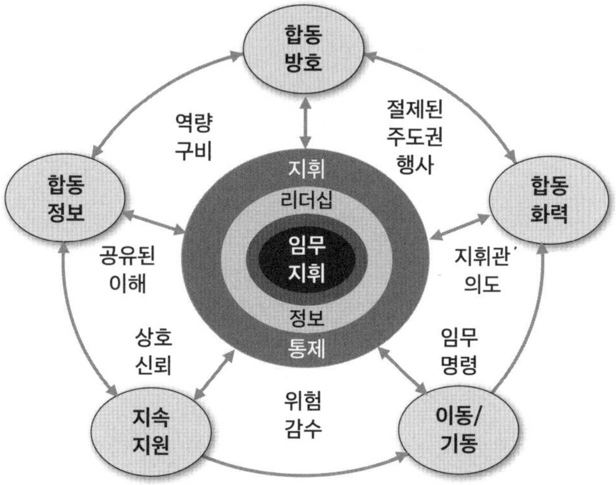

〈그림 I-4-34〉 합동기능과 합동전력

* 출처: 합동군사대학교, 『우크라이나 전쟁 분석』, p. 175.

는 모든 합동기능의 기반(Core)으로 지휘통제 요소인 리더십과 정보를 통해 임무지휘 원칙을 합동기능에 적용하여 군사활동에 목적과 방향을 제시한다.

러시아는 임무지휘 개념이 모호하고, 지휘통제를 포함한 합동기능의 구분이 불명확했다. 반면에 우크라이나는 임무지휘 교리를 수용하여 합동전력을 발휘하려고 노력했다. 러시아는 합동기능을 결속하고 보완하는 데 미흡했으나, 우크라이나는 합동기능을 합동전력을 발휘하는 요체로 두고, 합동다기능적 접근을 통해 군사작전을 효율적으로 수행했다.

지휘통제는 지휘의 술(術)과 통제의 과학(科學)을 조합하는 노력을 통해 발휘된다. 하지만, 러시아는 지휘통제를 군사과학의 측면에서만 접근하여 술(術)적인 측면이 부족했다고 판단한다.[30] 이에 반해 우크라이나는 임무지휘에 기반한 젤렌스키를 비롯한 주요 지휘관들의 지휘의 술(리더십)과 전투현장에서 공개출처정보(OSINT)가 활성화된 통제의 과학(정보)을 조합하려고 노력했다.

임무지휘 원칙은 다른 합동기능을 통합하여 발휘되어야 한다. 전쟁 초기 러시아가 지속지원 기능이 원활하지 못한 이유는 이를 조정 통제하는 지휘통제 기능이 미흡했기 때문이다. 이에 반해 우크라이나는 임무지휘 원칙에 기반하여 지휘통제 기능이 활성화되면서, 모든 합동기능이 긴밀하게 연계되고 상호 보완되어 전체 기능이 통합되면서 임무완수에 접근했다. 즉, 우크라이나는 합동기능의 다기능적 접근을 통해서 임무지휘 원칙을 적용하고 구현했다고 평가할 수 있다.

2. 정책적 함의

우크라이나 전쟁은 유사한 상황에 놓인 우리에게 다양한 성찰과 시사점을

30 게라시모프 독트린 중, '군사과학(Military Science)은 통찰력(Foresight)에 있다'라는 제목과 같이 술(Art)보다는 과학(Science)으로 접근을 시도하는 경향이 있다.

제공한다. 이를 정리해보면 다음과 같다.

1) 우리 합동군에게 다양한 성찰의 기회 제공

우크라이나는 서방의 지원을 받으며 우크라이나 전쟁을 수행하고 있다. 우크라이나는 국가의 생존을 위해 동맹의 필요성이 절실한 가운데 전쟁을 수행하고 있다고 볼 수 있다. 따라서, 처칠이 이야기했던 동맹의 필연성에 대해 생각해보는 계기가 된다.

> "동맹과 함께 싸우는 데 있어 더 나쁜 것은 오직 한 가지뿐인데, 그것은 동맹국 없이 싸우는 것이다." - 윈스턴 처칠

* 출처: https://www.nytimes.com. Wartime Lies (1997. 4. 27.)

즉, 우크라이나는 동맹이 없는 가운데 지난 8년간 전쟁을 준비해왔다. 우리는 한미동맹을 기반으로 연합방위체제를 70년 동안 구축해오면서 우크라이나처럼 싸울 수 있는지에 자성을 하게 된다. 이를 위해 우리는 다음과 같은 질문에 스스로 답해야 하는 시기에 직면했다.

(1) 우리는 얼마나 한미연합방위체제를 발전시키고 있는가?

우리는 지난 70년 동안 한미연합방위체제를 발전시키려고 부단하게 노력해왔다. 〈그림 I-4-35〉는 한미동맹의 군사(M) 분야인 한미연합방위체제의 지휘구조를 개념화한 것이다.

이 구조에서 중간 부분인 연합영역은 한미동맹의 역사이기도 하다. 즉, 1968년 북한의 1·21 사태를 계기로 한미안보협의회(SCM)가 구성되었으며, 이후 양국의 주요한 국방 현안을 논의해 왔다. 1976년 북한의 8·18 도끼만행사건을 계기로 군사협의회(MCM)가 구성되었으며, 이를 통해 1978년 10월 한미연

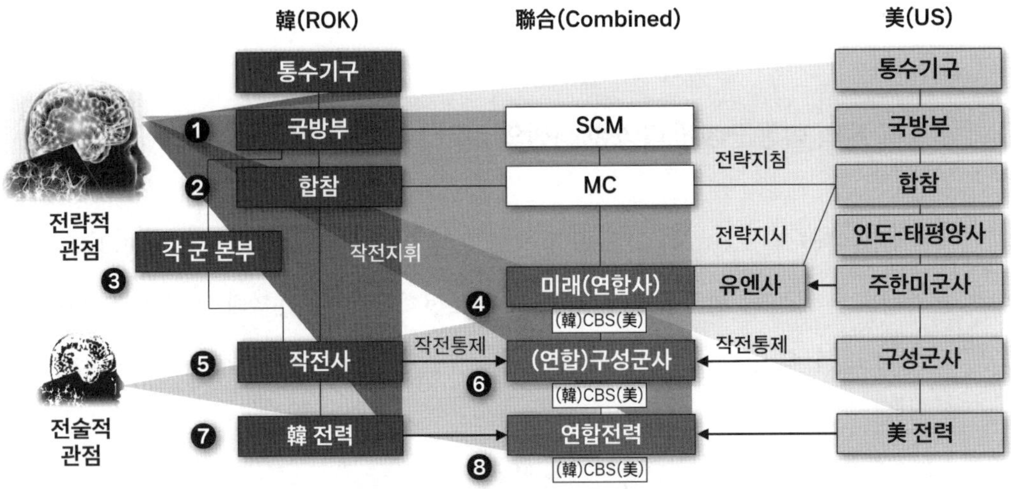

〈그림 I-4-35〉 한미연합방위체제의 지휘구조

* 출처: 합동군사대학교, 『우크라이나 전쟁 분석』, p. 176.

합군사령부가 창설되었다. 연합영역은 한미 양국 군의 전쟁수행 역량을 지속적으로 격상시킨 결과물이다. 한미동맹은 이에 만족하지 않고, 전작권 전환을 목표로 미래연합사(Future CFC)를 창설하기 위한 준비를 지속하고 있다.

그럼에도 불구하고 우리는 막연하게 한미동맹을 강화해야 한다고 말하지만, 구체적으로 어떤 분야에서 어떻게 기여해야 하는지에 대해 확신이 없는 경우가 있다. 그 이유는 우리가 전략적 관점이 아닌 전술적 관점인 ❺~❽에 치중하고 있기 때문이 아닌지 살펴볼 필요가 있다. 따라서, 우리는 전략적 관점에서 한미연합방위체제를 새롭게 발전시켜야 한다. 즉, 전작권 전환이란 연합영역을 한 측이 주도하는 것이라는 공유된 이해가 필요하다.

전략적 관점에서 한미연합방위체제를 공유하면, 연합영역을 주도하는 능력을 갖추기 위해서 미측을 본질적으로 이해하고, 알아가야 한다는 인지우세를 달성하게 될 것이다.

(2) 우리는 합동군인가? 우리는 합동작전을 주도하고 있는가?

우크라이나는 민·관·군·경이 일치된 가운데 제한된 여건하에서 놀라운 통합활동(Unified Action) 역량을 보여주고 있다. 2022년 우크라이나 전쟁 직전에 통합군제에서 합동군제로 전환하면서, 통합활동을 주도하는 전투현장에서 다양한 능력을 통합하는 합동군의 역량을 유감없이 보여주고 있다.

우리 한국군의 군제는 합동군제다.[31] 하지만, 우리의 인식과 실제 행동은 여전히 3군 병립제의 그늘에 가려져 있으며, 검증되지 않은 통합군제를 논하지는 않는지 반성해보아야 한다. 따라서, 합동성을 저해하는 자군 중심주의를 탈피하기 위해 합동작전을 수행하는 이론과 현실을 연계하는 노력을 통해 합동군으로서 근원적 변화(Deep Change)가 필요한 시점이다.

합동군으로의 근원적 변화를 위해서는 우선적으로 다음 두 가지 문제점을 해결해야 한다. 〈그림 I-4-35〉 한미연합방위체제의 지휘구조를 통해 살펴보면 몇 가지 문제를 식별할 수 있다.

첫째, 우리 군은 합동작전을 수행하기 위해서 미군과 합동성에 대한 관점을 일치시키는 능력이 필요하다. 즉, 그들은 범세계 통합작전(GIO)을 수행하는 합동군(Joint Force)의 관점에서 포괄적·맥락적으로 접근하나, 우리는 각 군 또는 병과의 입장에서 개별적, 좁은 시각에서 접촉함으로써 심각한 합동작전 수행의 문제를 야기할 수 있기 때문이다.

둘째, 전작권 전환은 연합영역을 주도하는 합동작전 수행능력이 요구되는데, 합동군이 주체가 아닌, 각 군 수준에서 벗어나지 못하는 악순환을 해결하려는 노력이 필수적이다.

우리는 합동군이라는 용어를 의도적으로 사용하고, 우리 스스로가 합동군으로서 합동작전을 수행할 수 있는 능력을 만들어가야 한다. 만약, 합동군의 정체성을 우리 스스로가 확립하지 못한다면, 현재 및 미래의 전쟁 양상에 적절하게 대응할 수 없을 것이다. 21세기 전쟁 성격의 변화에 새롭게 대두된 인지전이

31 1990년 10월에 기존 3군 병립제에서 합동군제로 전환되면서, 자문형 합동참모본부를 통제형 직제로 확대 편성하여 전투를 주 임무로 하는 전투부대에 군령권을 행사하도록 개정했다. 「국군조직법」 제2조(국군의 조직), 「국군조직법」 제9조 제3항.

우리에게 인지혁명(Cognitive Revolution)을 요구하는 절절한 교훈이다.

(3) 우리는 한미연합방위체제를 주도하기 위해 준비하고 있는가?

한미동맹은 대한민국의 안보와 번영의 기반이다. 대한민국 군대는 합동군으로서 동맹의 군사적 분야인 한미연합방위체제를 치명적 무기(Lethal Weapon)로 만드는 것이 주요한 과업이다.

한미연합방위체제를 치명적 무기로 만들려면, 동맹의 주체로서 기존과 다른 우리 대한민국 군대의 역할이 필요하다. 즉, 연합영역을 주도하는 한국군의 역량을 구비하는 방향으로 한국군의 국방혁신이 추진되어야 한다. 이를 위해 다음 네 가지 질문에 대답할 수 있어야 한다.

첫째, '국방혁신을 위해 합동군으로서 나 자신은 무엇을 하고 있는가?'에 자문해야 한다. 전작권 전환은 연합방위체제를 주도하는 역량을 구비하는 기회로 인식하여, 지금 우리가 하는 모든 과업이 그 역량을 주도하는 것에 집중되어야 한다. 우크라이나 전쟁은 합동성 구현의 현장이었다.

둘째, 이를 추진하기 위해서는 대한민국 국군의 일원이라는 정체성에 대해 자문해야 한다. '우리는 전문직업군(Professional Arms)인가?'에 대한 질문을 끊임없이 반복해야 한다.

셋째, '대한민국 군대가 전문직업군이라면, 군인이 가져야 할 가치는 무엇인가?'에 대해 고민해야 한다. 과연 한미연합방위체제의 공유된 가치는 무엇인지에 대해 성찰해야 한미연합방위체제를 위해 무엇을 해야 할지 자신의 직책에서 구상할 수 있다.

넷째, 이와 같은 논리적 전개가 체계화되고 행동화되어야 한다. 즉, 정책문서와 예하 수행제대의 각종 문서에 개념이 정립되어야 하며, 이를 행동화하는 제대별 예규를 작성해야 한다. 우리는 한미연합방위체제를 주도하는 합동군으로서 내 직책과 조직에서 도전과 용기, 그리고 이를 내면화하여 행동할 수 있는 확신이 절실하게 요구된다.

2) 인지전 수행관점에서 합동성 구현 노력 결집

NATO를 비롯한 서방국가는 우크라이나 전쟁을 통해 러시아를 비롯한 권위주의 국가에 맞서 인지전을 수행하고 있다. 그 승패는 인간영역(Human Domain)을 누가 더 깊게 연구하고 발전시켜 개인과 조직이 모인 국가를 튼튼하게 하고 대비하는가에 달려 있다.

우크라이나 전쟁은 인지전 수행 관점에서 우리에게 무엇을 해야 하는지를 돌아보게 한다. 인지전 수행은 실제 작전현장에서 전투력을 운용하는 합동전투 수행개념(Joint Warfighting Concept)으로의 접근이 필요하다. 이를 위해 다음 두 가지 측면에서 검토가 필요하다. 첫째, 양국의 작전구상의 이론과 실제 측면을 면밀하게 검토해야 한다. 중심의 특성을 명확하게 이해한 가운데, 미래전에 대비한 전략술(Starategic Art)과 작전술(Operational Art)을 자유자재로 활용하고 적용할 수 있어야 한다. 이에 따라, 아직 명확하게 교리화되지 않은 전략술에 대한 연구가 필요하다.

둘째, 기존의 작전술을 21세기 새로운 전쟁수행 개념인 인지전 수행 관점에서 재검토해야 한다. 즉, 작전술은 생각의 무기로서, 전략적 IQ를 획기적으로 발전시킬 수 있는 대응책이 필요하다. 이 전략술과 작전술을 실제 역량으로 발휘하는 것은 임무지휘에 기반한 합동 다기능적 관점에서 접근해야 한다. 즉, 임무지휘는 합동전력 발휘의 근간으로 타 합동기능을 통합하는 관점에서 다음과 같은 연구방향과 중점을 통해 발전되어야 한다. 우선, 인지전 양상은 제반 국력의 수단이 융합되어 동시통합적으로 수행되기 때문에 기존 군사작전의 한정된 범위를 확장할 필요가 있다. 즉, 정보작전, 전략적 소통(Strategic Communication) 등이 제 국력요소(DIME) 전반을 이해한 가운데 진행되어야 한다.

이 모든 행위는 통합활동(Unified Action)을 지향하는 합동성 구현 노력으로 결집해야 한다. 기존의 통합 및 협조 활동은 단순한 개념적 수사였다면, 인지전의 승리를 위한 통합활동은 실제적이고, 행동 지향적이어야 하며, 스며들도록

「특별군사작전」이 수행된 지 1년 6개월이 훨씬 지나고 있다. 역대 러시아 연방 총참모장으로는 최초로 전투현장(우크라이나) 전구사령관으로 임명된 지도 8개월이 넘어가고 있다. 나 자신이 10년 전에 게라시모프 독트린을 직접 발표하고, 나름대로 국방혁신에 전념했으나, 이 전쟁을 통해 그 적나라한 결과가 드러난 것에 참담하다. 무엇이 문제일까?

2014년 크림반도 병합과 돈바스 전쟁, 2015년 시리아 내전과는 전혀 다른 전쟁양상이 전개되고 있다. 지난 10여 년간 구축한 우리 전력은 전투현장에서 신통치 않으며, 오히려 우리 전력이 소진되고, 서방에게 발가벗겨진 채로 노출되고 있다는 느낌을 떨칠 수가 없다. 무엇인가 조직적으로 교묘하게 우리를 압박하고 있다. 우리가 자랑하는 재귀통제 기술(Reflexive Control Technics)은 전혀 먹히지 않고, 오히려 서방의 인지전이 판도를 주도하고 있다.

바그너 그룹의 무장반란은 나를 직접 지목하고 있다. 나의 정치적 생명과 군인의 삶도 불투명하다는 느낌을 떨쳐버릴 수가 없다. 나는 어떤 정책·전략적 결단을 내려야 하나?

2023년 9월 4일,
러시아 연방 총참모장 발레리 게라시모프,
「돈바스 특별군사작전」 전구사령관

〈그림 I-4-36〉 러시아 연방군 총참모장의 고뇌

* 출처: 합동군사대학교, 『우크라이나 전쟁 분석』 부록 제4절, "러시아 군사독트린의 새로운 접근", pp. 376～425 재구성.

해야 한다. 또한, 21세기 임무지휘 구현과 연계하여 인지전이 수행되어야 한다. 즉, 20세기의 개인주의 모델에서 21세기 집단주의 모델로 전환되는 임무지휘가 되어야 한다.[32]

아울러, 진행 중인 우크라이나 전쟁의 교훈을 통해서 〈그림 I-4-36〉과 같은 메시징을 통해 내러티브를 생성할 수 있는 능력을 키워야 한다. 기존의 전통적인 물리적 및 운동전 접근에서 비물리적 및 비운동전을 병행한 접근을 통해 주요 행위자에게 영향력을 행사하고, 불안정화를 도모하여, 여론을 무기화하는 다양한 접근이 필요하다.

만약, 이런 형태의 메시지가 우크라이나 전쟁에서 확산된다면, 어떤 효과를 초래할 것인지에 대한 예측도 매우 흥미로울 것이다.

32 Anthony C. King, "Mission Command 2.0: From Individualist to a Collectivist Model."

3) 합동군 관점의 미래 지휘통제(Future C2) 대책 강구

우크라이나의 델타 시스템은 스타링크를 기반으로 우크라이나 전체를 통합하는 개념을 적용했다. 전쟁 초기 러시아가 모든 영역에서 우크라이나를 압도하는 전력이 있음에도 불구하고 전략·작전적 및 전술적 전쟁수행 수준에서 고전했던 원인은 모든 영역의 능력을 동시 통합하는 데 필수적인 지휘통제의 연결성이 취약하기 때문이었다. 따라서, 〈그림 I-4-37〉에서 보는 바와 같이 전쟁의 템포가 더욱 증가하는 미래 전장에서 초연결성에 기반한 '합동전영역지휘통제(JADC2)[33] 체계'가 조기 구축되어야 한다.

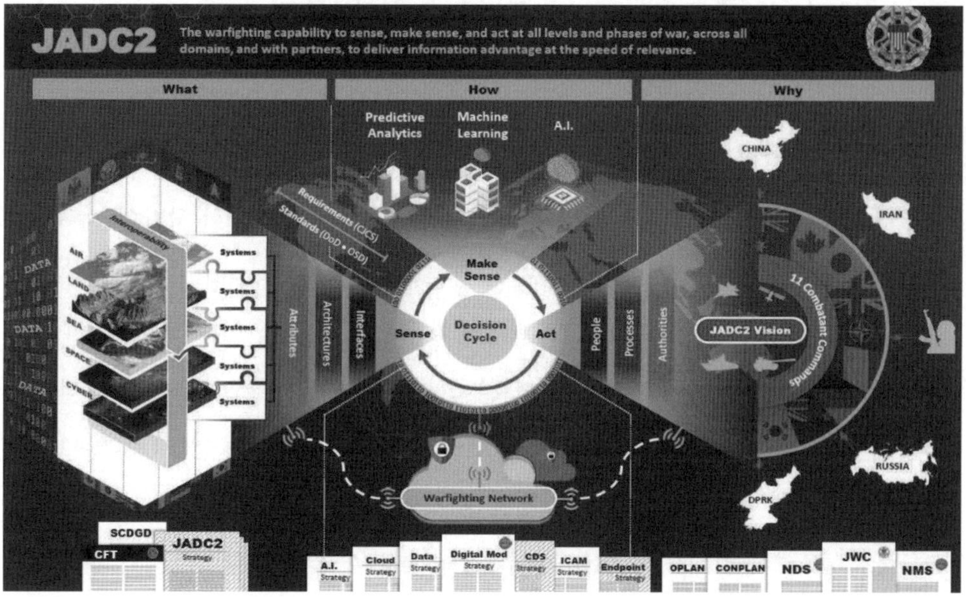

〈그림 I-4-37〉 미 합동전영역지휘통제(JADC2) 체계

* 출처: U.S. Department of Defence, *Summary of the Joint All-Domain Command and Control* (JADC2) Strategy (U.S. DOD, 2020), p. 6.

33 JADC2가 왜(Why) 필요하고, 무엇을(What) 대상으로, 어떻게(How) 작동되는지를 설명하며, 기존 CRS 보고서(2021. 3.)의 개념을 구체화했다. 11개의 전투사령부가 JADC2 비전을 공유한 가운데, 세 가지의 능력인 감지-의미 파악-행동을 합동 전투수행망(Warfighting Network)을 통해 정보 및 결심우위에 적용하는 능력을 활용한다. U.S. Department of Defence, Summary of the Joint All-Domain Command and Control (JADC2) Strategy, p. 3.

무엇보다도 JADC2의 전략적 중요성을 인식하고, 한미연합방위체제에서 적용 가능한 방안을 강구해야 한다. 즉, 단순한 지휘통제(C2) 체계로만 접근하지 말고, 모든 영역에 분산된 센서, 타격수단, 데이터를 합동군 전체에 연결하는 지휘통제 개념(Concept of C2)이자 비전(Vision)으로 접근해야 한다. 이를 통해 분산된 임무지휘(Distribted Mission Command)를 활성화하여 영역, 플랫폼, 기능적 계선에 관계없이 지휘관 의도(Commander's Intent)를 달성해야 한다. 한미연합방위체제의 중요한 파트너인 미군과의 상호운용성에 기반한 긴밀한 상호의존성(Interdependance) 보장을 위해 제반 노력의 통합이 요구되는 시점이다.

4) 연구기관별 특성에 맞는 미래전 연구활동 활성화

우크라이나 전쟁과 관련하여 다양한 세미나가 진행되고 있다. 비슷한 주제로 세미나를 진행하게 되면 전황을 설명하면서 결과론적인 평가나 단순한 분석에 치우칠 우려가 있다. 따라서, 연구기관별 특성에 부합한 다양한 시각의 연구가 필요하다. 이를 통해 미래의 전쟁양상을 가늠할 수 있다. 곧 우리에게 현실로 다가올 미래전 연구와 연계하여 포괄·맥락적 관점에서 접근이 필요하다고 하겠다.

우크라이나 전쟁은 여전히 현재 진행형이다. 이 전쟁은 우리가 피 흘리지 않으면서, 21세기 새로운 전쟁 양상을 우리에게 알려주는 귀중한 기회다. 피상적이고 결과론적인 전쟁 양상을 소개만 할 것인지, 아니면 그 속에 몰입하여, 새로운 시각으로 우리의 시선을 높일 것인지는 우리의 몫이다. 우크라이나 전쟁을 기존의 관점이 아닌, 새로운 관점으로 해석하고 적용하려는 끊임없는 노력을 다짐하고 동시에 제안한다.

5장
주요전력 운용

1절 주요전력 운용 연구 접근방법

1. 연구 배경

계속되는 언론의 보도를 통해 우크라이나 전쟁에서 어떤 무기들이 전투에서 사용되고 있는지를 잘 알 수 있다. 하지만, 이번 전쟁에서 어떤 무기가 가장 많이 사용되었고, 주요 전투 국면에서 결정적인 역할을 한 무기는 무엇이었으며, 그 효과는 어떠했는지에 대한 분석은 미흡한 실정이다. 특히, 군사력 규모에서 압도적 우위에 있었던 러시아가 고전하고 있는 이유에 대한 객관적이고 합당한 분석은 제시되지 못하고 있다. 따라서 전쟁수행 간에 사용된 무기체계와 그 운용 효과를 분석하는 것은 전쟁의 판도를 예측하게 해주는 동시에, 미래에 벌어질 전쟁 양상에 대비하여 어떠한 준비를 해나갈 것인가에 대한 실마리를 제공해주는 중요한 사안이다.

많은 군사 전문가들은 이번 전쟁에서 우크라이나가 운용한 휴대용 대전차 및 대공미사일과 무인기가 작전 측면에서 가장 효과적이었다고 진단한다.[1] 이러한 무기들이 전쟁 초기에 효과를 발휘했던 것은 러시아 전차와 장갑차의 효과적인 운용을 방해했기 때문이다. 즉, 우크라이나의 방어체계를 쉽게 돌파할 수 있을 것으로 예상했지만, 서방에서 지원된 대전차 무기(AT4, NLAW, 재블린)에 의해 전차와 장갑차가 무력화되면서 전세가 역전되었다. 전쟁이 지속되면서 바이락타르 TB-2 무인기나 장거리 미사일 등도 운용되었고, 서방에서 전차 및 포병 화력이 지원되었다. 개전 초기 미국의 일론 머스크가 제공한 스타링크 시스템도 효과적으로 운용되었다. 이처럼 이번 전쟁은 재래식 무기부터 첨단무기가 운용되면서 전력 운용의 효용성을 검증하는 시험장이 되었다.

1 델핀 파팽, 『러시아 지정학 아틀라스』(경기: 서해문집, 2023), p. 148.

2. 연구 방법 및 범위

무기란 '전쟁에서 적대 세력에 대해 살상·거부·승리하기 위해 사용하는 도구'를 말한다. 고대에 사용된 칼이나 활 등은 개인이나 소규모 인원이 간단하게 사용했지만, 과학기술의 발달로 보다 정교하고 복잡한 '체계'로 발전되었다. 즉, 무기체계란 '인간-기계체계(Man-machine System) 및 부대의 개념으로 유도무기·항공기·함정 등 전장에서 전투력을 발휘하기 위한 무기와 이를 운영하는 데 필요한 장비·부품·시설·소프트웨어 등 제반 요소를 통합한 것을 말한다.[2] 이와 유사한 개념으로 전력(戰力, War Potential)이 있는데, 이는 전쟁을 수행할 목적과 기능을 갖는 조직적인 무력 또는 군사력으로서 군사무기체계, 장비, 조직, 전술교리, 군사훈련 및 기반시설을 포괄하는 개념이다.

이러한 맥락에서 5장에서는 우크라이나와 러시아가 전쟁에서 운용한 단순 무기체계뿐만 아니라, 주요 전력의 운용에 관해서도 분석했다. 이를 위해 국내외 언론에 보도된 내용을 기반으로 연구기관이나 전문가들의 견해를 참조했다. 하지만, 아직까지 전쟁이 진행 중인 상황에서 객관적으로 어떤 무기체계가 더 효율적이라고 단언하기는 쉽지 않다. 일반적으로 특정 무기체계에 대한 분석은 수명주기인 소요기획 - 획득·정책 - 개발·생산 - 배치·운용 및 이를 지원하는 분석평가의 영역까지를 포함한다. 하지만, 5장에서는 전투를 수행하는 과정에서 식별된 주요 전력들의 성능과 운용만을 분석의 대상으로 선정했다. 양국의 무기체계 운용은 〈표 I-5-1〉과 같이 『전력발전업무훈령』에 제시된 무기체계 분류를 적용하여 분석했다.

2 합동참모본부, 『합동·연합작전 군사용어사전』(2022), p. 105.

〈표 I-5-1〉 무기체계 세부 분류

구분	분류
지휘통제·통신 무기체계	지휘통제 체계·통신체계·통신장비
감시·정찰 무기체계	전자전·레이더·전자광학·수중감시·기상감시장비 등
기동 무기체계	전차·장갑차·전투차량·기동 및 대기동, 지원장비 등
함정 무기체계	수상함, 잠수함, 전투근무지원정 등
항공 무기체계	고정익, 회전익, 무인기 등
화력 무기체계	소화기, 대전차화기, 화포, 유도무기 등
방호 무기체계	방공, 화생방, EMP 방호
그 밖의 무기체계	사이버, 우주감시, 우주정보지원, M&S 체계 등

* 출처: 국방부, 『국방전력발전업무훈령』(2021), 별표4(무기체계 세부 분류)

2절 전쟁 개시 직전 양국의 군사력 비교

3장에서 논의한 러시아의 군사력 건설 과정을 요약해보면, 먼저 우크라이나는 소련에서 독립했던 1991년, 소련의 16개 군관구 중에서 키이우, 오데사, 트랜스카르파티아 등 세 개의 군관구를 인수하고, 병력을 78만 명으로 유지함으로써 유럽에서 1위의 군사력을 보유했다. 하지만, 정치 및 경제적인 사유로 감군과 감축이 단행되었고, 2014년 크림반도 사태와 돈바스 내전을 겪으면서 국방비를 증액하는 등 군 전력의 현대화를 추진했지만, 그 실효성은 미흡했다. 반면, 러시아는 푸틴의 강한 러시아 건설 정책에 따라 국방력이 강화되었다. 전쟁 발발 직전인 2022년의 양국 군사력은 〈표 I-5-2〉와 같이 병력의 규모와 전력 면에서 러시아가 우세함을 볼 수 있다. 글로벌 파이어파워(GFP)도 러시아의 군사력을 세계 2위, 우크라이나는 22위로 평가한 바 있다. 국방예산 측면에서도 우크라이나와 러시아의 2021년 국방비는 각각 46억 5천만 달러, 512억 달러로 10배 이상의 차이가 나는 것을 알 수 있다.

〈표 I-5-2〉 우크라이나와 러시아의 군사력 현황

구 분		우크라이나	러시아
병력	정규군	20만 명	90만 명
	예비군	90만 명	200만 명
전투기		98대	1,511대
공격헬기		34대	544대
탱크		2,596대	12,240대
장갑차		12,303대	30,122대
화포		2,040문	7,571문
국방비 예산(2021)		46.7억 US 달러	512억 US 달러

* 출처: 국방부, "우크라이나 사태 교훈분석", 『3차 합동토의 발표자료』(2022. 10.)

이러한 압도적인 전력의 우세에도 러시아가 고전하고 있는 이유는 무엇일까? 우크라이나에 대한 서방의 무기지원도 그 이유가 될 수 있겠지만, 그보다도 병력을 포함한 주요 전력을 어떻게 운용했는가가 그 이유를 보다 더 신뢰성 있게 말해주고 있다.

3절 전쟁 단계별 주요 운용전력

1. 1단계 작전(2022. 2. 24.~4. 7.): 러시아의 공세

우크라이나를 침공할 당시 러시아는 15만 명의 병력과 전차와 장갑차로 편성된 120개의 대대전술단(BTG)을 핵심전력으로 운용했다. 반면 우크라이나는 국가방위군을 포함하여 25만여 명이었다. 하지만, 세계 2위 수준의 압도적 군사력으로 우세할 것으로 예상했던 러시아의 군사력은 침공 초기 단계에서 여러 가지 이유로 제대로 된 성능을 발휘하지 못한 채 고전하게 되었다. 전쟁 초기

〈표 I-5-3〉 우크라이나 전쟁에서 주목받은 주요 무기체계

러시아		우크라이나	
 전차(T-90/T-72)	 탄도미사일(이스칸데르) "기만탄 섞어 발사"	 대전차미사일(재블린) "우크라이나 구원자"	 무인기(바이락타르 TB2) "구형 드론 맹활약"
 극초음속미사일(킨잘) "세계 최초 실전 사용"	 전술핵 "러, 핵무기 사용 위협"	 휴대용대공미사일(스팅어) "러 군용기 격추"	 지대공미사일(Buk) "러 제공권 장악 실패"

* 출처: 국방부, 『우크라이나 전훈 분석 결과보고』(2022. 10. 13.)

(2022. 2. 24.)에 대부분의 군사 전문가들은 러시아의 압승을 예상했지만, 러시아의 공세가 꺾인 4월 말을 기준으로 러시아는 2만여 명의 병력을 손실하고 전차 760여 대, 장갑차 1,980여 대, 전투기 160여 대가 파괴되었고, 흑해 함대의 기함인 모스크바함이 격침되면서 러시아의 공격력이 약화되었다. 이에 따라 러시아는 주전장을 돈바스 지역으로 조정할 수밖에 없었다.

러시아 대대전술단의 핵심전력은 T-64, 72, 80, 90 계열의 다양한 전차로 구성되었다. 반면 우크라이나는 러시아의 전차 및 장갑차를 이용한 공격에 주요 도시에서 시가전을 수행하며 휴대용 대전차무기와 무인기를 활용했다. 우크라이나군이 운용한 대전차무기는 재블린, 차세대 경량 대전차 무기(NLAW: Next generation Light Anti-tank Weapon), 팬저파우스트(Panzerfaust) 등이었다. 미국이 제공한 스위치블레이드(Switchblade)와 튀르키에 바이락타르사의 TB2 등도 활약했다.

공군 전력의 경우, 러시아 최신예 전투기들을 투입했지만, 서방이 지원한 스팅어 대공미사일에 의해 격추되었다. 러시아 해군의 모스크바함도 2022년 4

월에 우크라이나의 넵튠 대함미사일에 격침되었다. 한편, 초기 전투에서 우크라이나군의 지휘통신망을 보강했던 미국의 군사위성과 스타링크는 정찰 및 지휘통제, 화력 유도에서 효율적으로 운용되어 러시아의 공세를 저지할 수 있었다.

2. 2~3단계 작전(2022. 4. 8.~2023. 2.): 전장 전환 및 우크라이나 반격

러시아는 우크라이나 침공 2개월이 지난 2022년 4월 키이우에 대한 공격이 지연되고 전투력이 급격히 저하됨에 따라 우크라이나 북부지역에서 철수하여 동남부지역에 전투력을 집중했다. 우크라이나는 러시아 합병지역인 크림반도와 헤르손 지역을 탈환하기 위해 반격을 감행하고, 러시아의 주 보급로인 크림반도를 폭파했다. 러시아는 크림대교 폭파에 대한 보복으로 민간인 거주지역이 포함된 주요 도시에 대해 미사일 및 자폭 드론에 의한 공격을 수행했다. 특히, 이란제 드론인 '사헤드-136'을 이용하여 민간인 거주지역에 대한 무차별한 공격을 감행했다. 러시아는 아직까지 핵을 사용하지는 않고 있지만, 전장 상황을 유리하게 조성하기 위해 핵 공격 위협도 불사했다. 사실 러시아는 야르스 ICBM, Tu-95MS 전략폭격기와 툴라급 전략 핵잠수함을 보유하여 언제든지 핵을 투사할 수 있는 상황이었다.

반면 우크라이나는 서방의 무기 지원이 본격적으로 이루어지면서 전투력이 보강되고 있었다. 초기 단계부터 운용되었던 대전차 및 대공미사일을 포함하여 소련제 전투기와 전차 등이 보충되었고, 미국으로부터 지원된 하이마스나 페트리엇 대공미사일, 대드론 방어 무기체계 등이 운용되면서 러시아에 대한 공세 전환이 가능했다.

3. 4단계 작전(2023. 2.~현재): 양국 교착상태(진지전)

전쟁이 장기화되면서 양국의 주요 무기와 탄약 비축량 등 전쟁지속능력에 대한 관심과 국제적 지원이 계속되었다. 서방의 우크라이나에 대한 지원뿐만 아니라 중국을 비롯한 이란과 북한이 러시아에 대한 군사지원에 참여하면서 국제전으로 비화되고 있다.

영국을 포함한 서방에서 지원된 전차(첼린저-2, 레오파드-2)와 자주포 및 미국에서 우크라이나에 지원한 브레들린 장갑차 등은 러시아의 위협이었고, 이러한 무기들은 러시아의 무기보다 기동성과 방어력 측면에서 우수한 무기들로 교착되어 있는 현 전선을 타개할 게임체인저로 부각되었다.

한편, 전쟁 초기 단계부터 민간의 상용 물자들이 군수용으로 운용되었다. 이 중 대표적인 것은 중국제 DJI 드론이었다. 이는 휴대와 운용이 용이한 소형의 드론이었지만, 정찰 및 표적탐지는 물론, 휴대용 폭발물을 장착하여 전장에서 활용되면서 그 위력을 발휘했다.

4절 주요전력 운용의 특징과 효과

이번 우크라이나 전쟁에서 주목받은 주요 무기체계들의 운용 효과에 대한 분석을 통해 향후 우리 군의 대비 방향을 설정할 필요가 있다. 2023년 7월 말 기준 양국의 주요 장비 피해 현황은 〈표 I-5-4〉와 같다. 발표된 피해 현황은 각국의 입장에 유리하게 발표되어 신뢰성에 다소 의문은 있으나, 이번 전쟁의 치열함과 양상을 이해할 수 있는 유용한 자료다.

〈표 I-5-4〉 러시아-우크라이나군의 주요 장비 피해 현황(2023. 7월 말 기준)

구분	러시아 피해 (우크라이나 발표)	우크라이나 피해 (러시아 발표)
전차/장갑차	12,358	11,010
대포/박격포	4,786	5,646
다연장포	698	1,140
대공포	458	427
항공기	315	457
무인기	4,007	5,308
차량	7,247	11,939

* 출처: 한국 국방외교협회, 『주간 국제안보 군사정세』(2023. 7. 24. ~ 7. 30.).

1. 러시아 전차는 왜 효과적이지 못했는가?

전차는 제1·2차 세계대전 이후 지상전에서 우수한 기동성과 화력으로 공세적 주도권을 장악하기 위한 수단으로 적에게 치명적인 위협이었다. 독일은 고착된 방어진지를 돌파하기 위해 전차를 전격전에 주요 전력으로 활용함으로써 전차의 전술적 운용개념을 완성했다면, 소련은 무기로서의 개념을 완성했다고 볼 수 있다. 소련은 전차가 가진 세 가지 특성인 화력, 방어력, 기동성을 균형 있게 조합하여 T-34 전차를 생산했다. 이는 동시대에 생산된 다른 전차에 비해 생산성과 운용성이 탁월하여 제2차 세계대전 당시 5만 7천여 대가 생산되어 전장에서 운용되었다. 〈표 I-5-4〉의 피해 현황에서 보는 바와 같이 양국은 1만여 대가 넘는 전차를 파괴했다고 주장하고 있다. 이는 전차가 이번 전쟁에서 양국의 주된 전투수단으로 운용되었다는 것을 신뢰성 있게 뒷받침하는 것이다.

이번 우크라이나 전투에서 러시아 지상군의 핵심은 전차와 장갑차로 편제된 대대전술단(BTG)으로 120개 이상의 부대가 투입되었지만 전술적 운용 면에

〈그림 I-5-1〉 러시아의 대대전술단 모습과 파괴된 전차

* 출처: 방종관, "푸틴 대대전술단의 위력", 『중앙일보』(2022. 2. 15.)

서 몇 가지 취약점을 보였다. 러시아의 대대전술단은 전면전이 아닌 소규모 전투에서 기동력을 이용하여 신속히 특정 지역을 확보하기 위해 편성된 조직체였다. 하지만 이번 우크라이나 침공과 같은 전면전의 상황에서 러시아의 대대전술단은 부대의 측면과 후방엄호를 위한 보병부대의 지원을 받지 못해 대전차 화기에 의해 많은 피해를 보았다. 또한 능동방어체계와 정비 및 지속지원 능력이 미흡했고, 정찰 자산을 보유하지 못해 전차의 화력을 효율적으로 운용하지 못했다. 이러한 이유로 러시아는 초기 전투에서 대부분의 전차들이 파괴[3]되었고, 전선을 동부지역으로 조정할 수밖에 없었다.

러시아군의 전차 운용은 우크라이나 지형의 특징인 '라스푸티차'와 기상에 제한을 받아 효율적이지 못했다. 또한 러시아 전차들의 피탄율을 낮추기 위해 포탑을 작고 납작하게 설계했지만, 포탑 아래에 포탄을 저장하여 대전차 화기에 피격 시 포탑이 날아가는 '잭 인더 박스(Jack in the box)'[4] 현상이 발생했고, 방호력 증가를 위해 보강한 반응장갑의 효과 미흡 등 성능과 설계 면에서도 문제점을 보였다. 한편, 우크라이나군은 서방에서 지원한 재블린 등 대전차 무기와 지형적 이점을 이용하여 러시아군의 주력인 대대전술단을 효과적으로 저지할 수

3 『CNN』(2022. 4. 25.)에 의하면 개전 이후 9주 동안 러시아군 전차 약 580대가 손실되었다.

4 '잭 인더 박스'는 상자 뚜껑이 열리면 안에 있던 인형이 갑자기 튀어 오르는 장난감으로, 전차가 공격을 받으면 포와 사수를 보호하기 위해 만들어진 장갑 구조물인 포탑이 통째로 하늘로 튀어 오르는 현상을 묘사한다.

있었다. 이러한 대대전술단 운용의 문제로 인해 일부에서는 '전차 무용론'이 제기되기도 했지만 전차는 자체 취약점인 방호력을 보강하는 등 차세대 전차 개발을 통해 당분간은 지상 전장의 지배자로 위력을 발휘할 것으로 보인다. 우리 군도 K-2 흑표 전차의 성능(파워팩, 능동방어체계 등) 개선을 통해 기동성과 생존성을 보강하고 전술적 운용능력을 높여가야 할 것이다.

2. 전장에서 전투력을 발휘하지 못한 러시아 공군

러시아 공군은 우크라이나에 비해 10배가 넘는 1,400여 대의 전투기를 보유한 강국으로 알려졌으나, 실제 밝혀진 러시아 전투기는 이에 훨씬 못 미치는 645대였으며, 이 중 315대는 우크라이나군에 의해 격추된 것으로 보고되고 있다. 무엇보다 심각한 것은 전투기 보유 숫자만이 아니라 러시아는 대규모의 전술기를 보유하고 있음에도 개전 이후 제대로 된 공군력 운용의 모습을 보여주지 못하고 있다는 것이다. 최근 전투에서 러시아군의 전투기나 폭격기가 운용되는 것을 볼 수 없는 현상은 이러한 주장에 더욱 신뢰성을 갖게 한다.

러시아가 자랑했던 최강의 4.5세대 전투기 Su-35, 34 등이 연이어 격추되는 것은 물론 가용한 부품의 부족 문제, 정밀 유도무기의 재고 부족으로 유도가 불가능한 멍텅구리 폭탄 등을 저고도에서 투발할 수밖에 없는 문제 등으로 러시아의 수많은 전투기들이 우크라이나군의 공격에 쉽게 격추되었다. 또한 공군 전술기 부족으로 수십 년 동안 창고에 방치되어 있던 치장물자인 Mig-29를 복원해야만 했다. 이 전투기는 우크라이나군이 운용했던 MIg-29의 개량형에 비해 성능이 뒤처지는 것으로 알려졌기 때문에 투입되더라도 공중전을 장악하지는 못할 것으로 예상하고 있다.

러시아의 공군력 운용 실패를 조종사들의 훈련 부족에 따른 숙련도 미흡이나 지상군에 대한 화력지원 개념의 전술이나 교리상의 문제 때문으로 치부하는

〈그림 I-5-2〉 러시아 공군의 수호이 및 파괴된 공격헬기

* 출처: "러, 800억어치 헬기 추락", 『서울신문』(2022. 10. 13.)

경우가 있다. 개전 초기 우크라이나 방공망이 건재했고, 장사정의 S-300 대공미사일과 단거리 스팅어 휴대용 대공미사일을 효율적으로 운용했던 우크라이나의 전술적 승리 때문이라고 보는 것이 보다 타당한 분석이다.

3. 전투의 판도를 바꾼 무인기(드론)의 효용성

이번 우크라이나 전쟁에서 무인기의 활약은 전쟁의 국면을 전환하는 주요 전력이었다. 러시아와 우크라이나 양측은 50종류 이상의 다양한 무인기를 적극적으로 사용했다. 우크라이나는 자국이 보유한 A1-SM 퓨리어(공격용), Leleka-100(정찰용) 및 고고도 무인기인 Tu-141(정찰용)과 터키제 바이락타르 TB2 드론은 물론 미국이 제공한 스위치블레이드 100대를 지원받아 적극적으로 운용했다. 우크라이나는 이러한 무인기를 운용하여 러시아의 공군기지나 탄약고, 연료 저장시설 등을 공격해 상당한 전과를 기록하기도 했다.

러시아도 이스라엘제 서처(Searcher)를 면허 생산한 파포스트(Farpost)와 자체 개발한 올란(Orlan)-10을 운용했다. 특히, 이란제 샤헤드-136은 공격용 자폭 드론으로 탐지가 어렵고 100m까지 하강하여 목표물을 타격할 수 있었는데, 우크라이나의 수도인 키이우 등 주요 도시에 은밀히 접근하여 공격함으로써 공

〈그림 I-5-3〉 민간인과 우크라이나군이 운용하는 FPV 드론

* 출처: 서강일 외, "우크라이나군의 FPV드론 전투사례 연구", 『JCCT』(2023. 5.)

포감을 주었다. 이러한 무인기는 동계 기간 중 민간지역에의 전기와 난방 공급을 차단하기 위해 우크라이나의 발전소를 포함한 주요 사회기반시설을 공격하는 데 사용되었다. 이처럼 이번 전쟁에서 무인기가 양국의 주요 전투에서 중요한 역할을 수행했다. 우크라이나는 드론을 이용하여 러시아군의 움직임과 위치를 감시하고, 주요 표적에 화력을 유도함으로써 러시아군의 전차, 장갑차, 군수부대에 막대한 피해를 줄 수 있었다.

주목할 만한 것은 이 전쟁에서 군용으로 개발된 무인기의 활약도 있었지만, 민간에서 운용되었던 소형 상용 드론(FPV: First Person View)도 운용되어 전장에서 효용성이 입증되었다는 점이다. 〈그림 I-5-3〉에서 보듯이 FPV 드론은 드론에 소형 폭발물을 부착하여 조작자가 전용 고글을 통해 영상을 보면서 조종하는 형태로, 소형으로 휴대가 용이하고 저렴한 비용 등으로 소부대 전투에서 유용하다.

우크라이나군은 FPV 드론에 대전차수류탄이나 RPG-7 탄두를 탑재하여 건물 내부에 은폐된 러시아군을 식별하여 정밀 타격하거나, 기계화부대의 이동 상황을 식별하여 선두와 후미의 전차를 타격함으로써 부대의 기동을 정지시키는 등 전투에 효율적으로 운용했다. 전투원의 생존성을 보장하면서 직접적인 접촉이 없는 상태에서 타격할 수 있었고, 특히 도시지역에서 높은 전투력을 발휘했다.

한편, 이번 전쟁에서 러시아의 무인기 공격에 우크라이나군은 소화기와 중

〈그림 I-5-4〉 군용으로 활용 가능한 대무인기 시스템

* 출처: "이석수의 군사탐구", 『한국일보』(2023. 1. 9.)

기관총을 동시에 사격하는 화망을 구성하여 무인기를 격추시키거나 휴대용 대공미사일이나 전파방해 장비들을 이용하여 대응했다. 일반적으로 무인기를 잡는 방법은 물리적 타격(사격, 충돌, 레이저 등)으로 직접 파괴하는 하드-킬 방식과 재밍(Jamming)이나 전파 방해 등으로 무력화하는 소프트-킬 방식이 있다. 무인기의 위협에 대응하기 위한 기술을 개발하고 있지만, 무인기가 소형이고 낮은 고도에서 느리게 비행하여 탐지가 어려운 이유로, 무인기 대응에 대한 확실한 묘책을 내놓지 못하고 있다.

이처럼 무인기는 비대칭 전력으로 미래 전쟁에서 더욱 다양한 형태의 무인기가 운용되면서 중요한 역할을 수행할 것이다. 따라서 우리 군도 최근 창설된 드론작전사령부를 중심으로 각 군에 분산되어 운용하고 있는 무인기들을 통합적으로 운용해야 하고, 공격용 무인기를 포함하여 다양한 형태의 무인기를 개발하고, 무인기의 전술적 운용능력을 획기적으로 높여야 한다.

아울러 고도화된 북한의 무인기 위협에 효율적으로 대처할 수 있는 방안도

모색해야 한다. 공격하는 북한의 무인기를 조기에 탐지 및 식별하고, 공중에서 다중으로 차단할 수단의 개발과 타격체계를 통합한 시스템이 구축되어야 한다.

4. 미래전의 핵심인 우주 정보자산의 활약

전쟁에서 정보의 우위는 전쟁의 승패를 결정하는 중요한 요인이었다. 이번 우크라이나 전쟁에서 상대적으로 열세한 전력을 가진 우크라이나군이 러시아군의 공격을 버텨내며 반격의 기회를 갖게 된 것도 정보의 우위에서 기인한 것으로 분석할 수 있다. 미국에서 제공한 압도적인 정보자산인 군사위성과 무인기들은 러시아군이 어디에 있는지 손바닥 들여다보듯 파악할 수 있었다. 러시아군이 우크라이나군의 통신망을 파괴했을 때에도 일론 머스크가 제공한 스타링크를 운용하여 정보의 우위를 유지할 수 있었다. 과학기술의 발달로 인공위성과 같은 정보자산은 앞으로도 미래전에서 그 중요성이 더욱 높아질 것이 분명하다. 이 때문에 세계의 주요국들은 우주에 대한 관심과 전력을 확보하는 노력과 관심을 집중하고 있다.

우크라이나는 러시아 침공 몇 달 전부터 미국의 정보 수집 및 분석에 기반하여 침공을 예측했다. 정보 수집의 주요 근원은 서방의 지구 관측 위성 상업 운용사들과 영상 가공 판매사들의 다양한 위성 영상과 우크라이나가 운용한 무인기에 기반한 것이었다. 우크라이나는 미국의 KH-11과 같은 중대형급 첩보위성을 통해 획득된 15cm 이하의 고해상도 정보와 민간업체에서 운영한 소형 위성군에서 획득된 정보들을 상호보완적으로 활용할 수 있었다.

러시아는 전쟁 이전에 우크라이나의 주요 기관들을 해킹하고 사이버 공격을 통해 여론과 정보시스템을 교란했다. 이후 전투에서도 레이더 교란이나 무선통신 시스템에 대한 재밍 공격을 가해 원활한 작전 수행을 방해했다. 이는 기본적으로 정보통신 시스템을 무력화하고 허위 정보를 유포하는 것이 얼마나 전장에 유효한지를 보여준 사례다.

한편, 러시아가 우크라이나의 기간 통신망을 파괴했음에도 미국의 스페이스X의 스타링크 인터넷망 서비스를 이용해 C4I 체계를 유지함으로써 전투를 계속할 수 있었다. 스타링크는 지구 저궤도 상에 배치된 총 2천 기의 소형 위성을 통해 우크라이나 군인 및 국민들에게 초고속 위성 인터넷 서비스를 제공할 수 있었다.

러시아군은 개전 초기 자체 위성항법체계인 '글로나스'를 사용하지 못했는데, 이는 우크라이나 IT부대의 해킹에 노출되었기 때문이었다. 이로 인해 러시아 공군은 위치정보를 제공받지 못해 공군력을 효과적으로 운용하지 못했다.

5. 고속기동 포병 로켓 시스템(HIMARS)과 금지 탄약 사용

러시아는 초기 전투에서 전차를 중심으로 대대전술단을 운용했지만, 군수지원 등의 문제로 키이우 공세에 실패했다. 이후 크림반도와 돈바스 지역에서 우세한 포병 화력으로 전투에 집중하면서 국지적인 우위를 점하고 있었다. 러시아는 압도적인 화력을 운용하여 하루에 200여 명의 사망자와 500여 명의 부상자를 발생시키는 등 국지적인 성공을 거두게 되었다.

〈그림 I-5-5〉 하이마스의 주요 제원

* 출처: 『조선일보』(2022. 7. 27.)

이에 서방을 비롯한 미국은 포병 화력의 열세를 극복하기 위해 155mm 방사포와 하이마스(HIMARS)를 지원했다. 우크라이나군은 서방이 지원한 화력을 이용하여 러시아의 탄약고와 지휘부를 효과적으로 공격할 수 있었고, 이는 러시아에게 큰 위협이 되었다. 하이마스는 〈그림 I-5-5〉와 같이 227mm GPS 유도미사일에 의한 저고도 정밀타격능력을 보유하고 있으며, 차량탑재 방식으로 신속한 기동이 가능한 특징을 보유하고 있기 때문에 러시아의 방공망을 회피하면서 탄약고 등 보급시설과 주요 지휘소에 대한 공격이 가능했다. 또한 기존 포병으로는 도달할 수 없는 70km의 사거리를 정밀하게 타격할 수 있어 전투의 양상을 바꾸는 게임체인저의 역할을 수행했다.

한편, 서방에서 지원된 40km의 사거리를 갖는 M777 견인포와 대포병 레이더를 운용하여 러시아군의 포병 진지를 직접 타격함으로써 우크라이나군의 피해를 줄일 수 있었다.

한편, 전쟁이 장기화되면서 러시아는 국면을 타개하기 위해 핵 사용 위협을 포함하여 국제적으로 금지되어 있는 진공폭탄과 집속탄을 사용했다. 진공폭탄은 폭발 시 주변의 산소를 빨아들이기 때문에 폭발 시 발생하는 높은 압력으로 인명이 즉사하거나 순간적으로 불에 타서 사망하게 된다. 러시아는 침공 초기 우크라이나 제2의 도시인 하르키우 시내에 진공폭탄을 사용하여 민간인에 대한 많은 피해를 주었다. 이러한 반인륜적 무기들은 국제법으로 사용이 금지되어 있지만 전투의 양상이 불리해질 경우 핵무기 사용의 위협과 함께 전투의 국면을 전환하기 위해 언제든지 사용될 것이며, 이로 인해 무고한 민간인의 피해는 더욱 많아질 것으로 판단된다.

집속탄(Cluster Bomb)은 하나의 폭탄 속에 수백 개의 자탄이 포함되어 모폭탄이 공중에서 폭발하면 수백 개의 소형탄이 뿌려져 광범위한 지역을 초토화하는 무기다. 한 발에 축구장 여러 개의 면적을 초토화하거나, 수십 대의 전차와 장갑차를 파괴할 수 있어 주로 적의 보병 및 전차 등 기계화부대가 밀집된 곳에서 운용된다.

집속탄은 민간인에 대해 큰 피해를 유발할 수 있어 진공폭탄이나 백린탄 등과 같이 반인륜적 폭탄으로 규정하고 있으며, 2008년 오슬로 조약(집속탄 금

〈그림 I-5-6〉 확산탄 작동 과정

지 국제협약)을 국제적으로 체결했다. 우리나라의 경우 북한의 장사정포 위협에 대비하여 넓은 정면에 대한 효과적 제압을 위해 집속탄 금지협약에 가입하지 않은 상태다.

6. 스마트폰 등 상용 장비의 무기화

누구나 손에 들고 있는 스마트폰이 웬만한 무기 못지않은 위력을 발휘하고 있다. 스마트폰은 우크라이나 곳곳의 정보나 전쟁범죄의 증거 수집, 상대국과 정보전쟁을 벌이는 다양한 기능을 수행하고 있다. 스마트폰은 GPS 기능과 사진 및 영상 촬영 기능을 갖추고 있어 군사작전에도 유용하게 사용될 수 있다. 전투 수행 간 표적의 위치나 지형을 식별할 수도 있다. 소셜 미디어 역시 군인들이 상호 소통하고 정보를 공유할 수 있으며, 전쟁에 대한 국민들의 여론이나 인식을 형성하는 데 사용되고 있다. 일론 머스크가 제공한 스타링크나 상용 드론도 정보 획득뿐 아니라 소형 폭탄과 통합되어 공격용으로 사용되었다.

하지만, 이러한 민간의 상용 장비가 군사 목적으로 사용될 때 잠재적인 위협에 노출될 가능성도 있다. 스마트폰은 군인들의 위치가 추적될 수 있고, SNS는 군사작전 계획을 노출할 수도 있으며, 스타링크는 적의 사이버 공격의 표적이 될 수도 있다.

7. 미국 등 서방의 군사지원과 전후 복구

미국은 러시아의 침공 이후 우크라이나에 대전차 미사일, 로켓포, 드론, 장갑차 및 탄약 등 330억 달러 이상(서방을 포함하면 1천억 달러 이상)의 군사지원을 제공했다. 이러한 지원은 우크라이나가 러시아와 전투를 수행하는 데 많은 도움이 되었고, 전쟁에 지대한 영향을 미치고 있다. 이러한 미국 등 서방의 군사지원은 러시아에 대한 강력한 신호였으며, 우크라이나 국민들에게 러시아와 싸울 수 있는 희망을 심어주었다.

우크라이나 전쟁 기간 세계의 주요 언론이나 SNS는 전장의 실상을 생생하게 전달함으로써 국제적 여론에 영향을 미치고 있다. 이러한 영향으로 각국 정부는 물론 민간단체까지도 러시아에 대한 제재와 우크라이나에 대한 지원을 하고 있다. 러시아에 대한 제재 활동은 주로 경제 분야에서 나타나고 있다. 서방의 사이버 신속 대응팀은 우크라이나의 기반시설에 대한 사이버 공격을 방호하고, 어나니머스와 같은 국제 해킹 조직은 러시아의 위성항법체계, 철도망 등 기반시설을 무력화했다. 이러한 결과 공세적이던 러시아의 공격작전이 둔화되었고, 병참선의 신장이나 병력, 장비, 물자 등의 부족 현상이 발생되었다.

우크라이나에 대한 미국을 비롯한 서방의 지원은 전쟁 초기 단계에서는 헬

멧, 방탄복 등과 같은 개인방호장비 중심이었지만, 전쟁이 지속되면서 러시아군의 전차 및 장갑차 부대에 대응할 수 있는 재블린, NLAW 등의 대전차 무기를 제공했고, 대공무기인 스팅어 등이 지원되었다. 이후 우크라이나의 반격이 시작되면서 전차와 하이마스 등 공격용 무기들이 지원되었다.

한편, 러시아에 대한 권위주의 국가들의 지원도 지속되고 있다. 최근 북한에서 지원된 것으로 보이는 포탄 등을 포함하여 중국과 이란 등의 군사 및 경제적 지원은 전쟁의 국면에 지대한 영향을 미칠 것이므로 국제적 관심사가 되고 있다. 전쟁 이후에 우크라이나 재건 사업[5] 참여를 위한 서방국가들의 움직임도 나타나고 있다. 우크라이나 재건은 논의와 자금 지원을 주도하고 있는 미국과 서방을 중심으로 진행될 가능성이 높지만 우리나라도 적극적 참여를 위해 사전 준비와 지원이 필요할 것으로 판단된다.

8. 국제의용군 등 용병의 활약

우크라이나 전쟁은 군인이 주도하는 국가 간의 전쟁의 차원을 넘어서고 있다. 초권력화된 글로벌 기업, 비정부기구 등 다양한 비국가 행위자들의 활동과 영향력이 많아지고 있다. 무엇보다 이번 전쟁은 용병이 주역으로 활동한 전쟁이 될 것이다. 용병은 돈을 받고 전투에 참가하는 군인이다. 이제는 비즈니스이며, 전 세계에 30만 명이 있고, 용병 산업에 연간 350조 원이 사용된다고 한다.[6]

우크라이나는 개전 직후 민간 군사·보안업계 채용 사이트에 용병 구인공고를 올려 '국제의용군' 2만여 명을 운용했다. 러시아군도 15만 명의 병력으로 침공했지만 개전 초기에 상당수의 병력을 잃어 그해 9월에 부분 동원령을 통해 약

5 젤렌스키 대통령은 "우크라이나 재건사업은 우리 시대 유럽의 가장 큰 경제 프로젝트가 될 것입니다. 그 규모는 수천억 달러로 추정되고, 인프라 재건 비용까지 포함하면 1조 달러 이상도 될 수 있습니다"라며 인터넷에 홍보하는 글을 게재했다.

6 『조선일보』(2023. 5. 19.).

〈그림 I-5-7〉 우크라이나를 지원하는 국제여단(좌)과 러시아 바그너 그룹 휘장(우)

30만 명을 소집했다. 동원된 병력의 상당수는 교도소에 수감된 죄수나 노년층이었다. 이러한 상황에서 푸틴 대통령의 측근이었던 푸리고진이 2014년 창설한 '바그너 그룹' 운용이 불가피하게 되었다.

언론 보도에 따르면 전 세계 민간 군사기업의 규모나 숫자에 대한 명확한 통계는 없지만, 전 세계에 약 170여 개의 용병업체가 존재하고, 약 30만 명이 일하고 있는 것으로 추정된다. 일반적으로 용병들은 급식·수송·의료 등 후방지원 업무를 수행하지만, 이번 우크라이나 전쟁에서는 전투 현장에서 핵심 전투요원으로 임무를 수행하고 있다.[7]

향후, 인구감소에 따른 병역자원의 확보는 우리에게도 심각한 문제가 될 수 있을 것이다. 국방개혁법에 포함된 상비병력 50만의 규정을 삭제할 수밖에 없는 현실을 고려할 때 우리 군에서도 이러한 용병들이 후방지원 업무는 물론 전투를 직접 수행하는 날이 올 수도 있을 것이다.

9. 부대 편제와 지휘체계의 중요성

〈표 I-5-2〉와 같이 러시아와 우크라이나의 병력 규모는 90만 명 대 20만 명

7 『조선일보』(2023. 5. 19.).

으로 러시아가 압도적으로 많았다. 무기와 장비가 많아도 이를 직접 운용할 병력이 부족하다면 전쟁의 승패를 장담할 수 없고, 병력을 어떻게 효율적으로 편성하고, 지휘 및 통제하는가에 따라 병력의 열세는 극복될 수 있다. 러시아와 우크라이나 양국이 이번 전쟁에서 병력과 장비를 어떻게 운용했는지, 부대의 편성과 지휘체계의 효율성 측면에서 분석해보면 다음과 같다.

러시아 지상군은 다섯 개 군관구에 분산 배치되어 있어 우크라이나 전쟁에 투입될 수 있는 병력은 제한되었다. 실제로 개전 초기 우크라이나 전쟁에 투입된 러시아의 서부와 남부 군관구의 병력은 최소 15만 명, 최대 18만 명으로 추정하고 있다. 이는 우크라이나 육군 병력인 12만 6천 명에 비해 압도적으로 많다고 볼 수 없다.[8] 개전 초 투입되었던 러시아 공격부대의 핵심은 120여 개의 대대전술단(BTG)으로, 주요 부대는 한 개의 전차중대와 세 개의 보병중대로 이루어졌고, 이들을 지원하는 한 개의 대전차중대와 두세 개의 자주포중대, 두 개의 방공중대가 편성되어 있다. 이와 같이 대대전술단은 신속한 해외작전 및 기동을 위한 부대로 독립적인 작전 수행이 가능하도록 편제를 경량화한 것이 특징이다. 하지만, 독립적이고 분권화된 작전을 기대했던 대대전술단들은 정보 수집과 의무 부대의 편성이나 보급 및 정비와 같은 지속지원 부대의 편성이 미흡하여 능력을 제대로 발휘하지 못했다. 부대편성도 전문화되지 못한 징집병 위주로 전문성을 갖춘 부사관단으로의 편성은 미흡했다. 러시아 육군 병력의 60~70%는 징집된 자원으로, 이들은 1년간 복무하여 숙련도가 부족한 인원들로 구성되었다. 또한, 부사관의 경우 전체 병력 중에서 비율이 약 5.3%로 미군의 39%에 비해 현저히 낮은 수준이다. 부사관은 장기간 복무하면서 축적한 전투기술과 지식의 전문성을 바탕으로 전투부대의 핵심적인 역할을 담당해야 하는 계층이다. 이러한 병력 편성과 부사관 계층의 취약성은 전투 수행능력과 직결되었다.

반면, 우크라이나는 크림반도와 돈바스 내전 이후 NATO식 계급체계를 적

8 정병주, “2022 우크라이나 전쟁과 러시아 연방군 전쟁수행 평가”, 『서강대학교 박사학위 논문』(2023), p. 236.

용하면서 서방의 부사관 제도를 도입했을 뿐만 아니라 NATO식 군사훈련 방식과 전투수행 교리를 도입하고 적용했다. 또한, 현장 지휘관에게 임무수행 방법과 수단을 결정하게 하여 자율성을 보장한 미군의 '임무지휘'를 적용했던 것도 우크라이나군이 이번 전쟁을 효율적으로 수행한 하나의 요인이었다.

5절 소결론 및 정책적 함의

이번 우크라이나 전쟁은 서방의 민주주의와 러시아를 중심으로 한 권위주의 국가들의 대리전 양상을 보이고 있다. 서방과 러시아 측이 그동안 개발했던 다양한 무기체계들이 운용되었고, 첨단 과학기술에 기반한 무기들의 시험장이 되었다. 전투력의 근간은 물리적 타격력을 갖춘 플랫폼의 수량과 질적 수준에 의존하고 있음은 분명하다. 하지만, 이번 전쟁을 통해 우리는 전차, 항공기, 자주포 등의 보유량, 그들의 정확성이나 사거리 등도 중요하지만, 이러한 플랫폼을 어떻게 운용할 것인가에 대한 개념과 실전에서 이들을 통합적으로 운용할 수 있는 지휘통제 체계의 확보가 더욱 절실하다는 사실을 알 수 있었다

이번 전쟁은 재래식 무기와 첨단 무기가 공존한 각축장이었다. 휴대용 대전차 및 대공무기와 무인기를 비롯하여 위성과 사이버 체계 등 다양한 무기체계들이 주요 전투 국면에서 주목받는 역할을 수행했다. 전통적으로 전투가 수행되던 지상·해상·공중 영역에서는 전차나 항공기, 포병 화력 중심의 재래식 무기들도 여전히 위력을 발휘하고 있다. 하지만, 사이버 공간 및 우주 영역까지 전투가 확대되어 SNS는 물론 상용 위성도 중요한 역할을 담당하는 시대가 되었다. 이러한 새로운 전장에서 우세를 확보하여 적보다 먼저 의사결정을 달성하는 것이 전쟁의 승패를 결정지을 수 있기 때문이다. 한편, 이러한 무기체계들이 개별적으로 운용되기보다는 정찰·감시-결심-타격을 연결하는 네트워크에 기반한 의사결정전(DCW) 수행을 위해 통합적으로 운용되었던 것도 이번 전쟁의 특징 중의

하나였다.

따라서, 향후 우리 군의 전력 발전은 단순히 살상력을 높이기 위한 화력 수단의 양적 증강을 넘어 우주 및 사이버 영역에서 전투를 수행할 수단을 확보해야 한다. 또한, 다양한 전투에서 운용될 수 있는 무인 체계를 개발하고, 적보다 먼저 상황을 인식하고 결심할 수 있는 자동화된 지휘·통제 체계를 구축해야 한다. 추가적으로 ① 핵 위협 및 핵전쟁 상황에서 초전 공중우세 확보를 위한 전력, ② 사이버 및 우주 전쟁 수행을 위한 무기체계의 개발, ③ 무인 전투체계 및 워리어 플랫폼의 전력화, ④ 극초음속미사일 등 전략무기의 비대칭성 강화, ⑤ SNS를 전·평시 작전의 수행수단으로 활용할 수 있는 방안 모색, ⑥ 미래 전장에 부합한 고(High)-저(Low)급 전력의 균형적 확보, ⑦ 효율적인 지휘통제 및 정보분석을 위한 전장 지휘통제 체계를 고도화하는 노력을 기울여야 한다.

참고문헌

국문 단행본 및 논문

고재남·엄구호.『러시아의 미래와 한반도』. 서울: 한국학술정보, 2009.

국방대학교.『미·중·일·러 북한의 군사전략』. 논산: 국방대학교, 2017.

국방부.『국방전력발전업무훈령』. 2021.

_____. "우크라이나 사태 교훈 분석".『3차 합동토의 발표자료』. 2022. 10.

_____. "우크라이나 전쟁 전훈 분석".『4차 합동토의 발표자료』. 2022. 12. 20.

_____.『우크라이나 전훈 분석 결과보고』. 2022. 10. 13.

김남철·최영찬·한상근 역.『새로운 영역에서의 전쟁수행, 인지전』. 논산: 합동군사대학교, 2022.

김영준. "러시아의 군사전략".『미·일·중·러·북한의 군사전략』. 논산: 국방대학교, 2019.

김재엽. "미국의 공해전투(Air-Sea Battle): 주요 내용과 시사점".『전략연구』 vol. 19, no. 54, 2012.

델핀 파팽.『러시아 지정학 아틀라스』. 경기: 서해문집, 2023.

박정호 외.『우크라이나 위기와 러·미 갈등: 주요쟁점과 시사점』. 세종: 대외경제정책연구원, 2022.

박휘락. "나토와 한미동맹의 군사지휘체제 비교: 지휘관계를 중심으로".『한국군사학논총』 제75권 2호, 2019.

배진석. "러시아-우크라이나전 분석".『우크라이나 전쟁 세미나 자료』, 2022.

설인효. "비전통 안보위협의 부상과 한미일 안보협력 방안".『한일군사문화연구』 제31집, 2021.

손무, 임근춘 해설.『한 글자씩 따라 해석하는 직역 손자병법』. 서울: 황금알, 2023.

송은희. "비전통 안보 위협요인 분석 및 대응방안".『사회과학연구』 27(1), 2016.

양욱.『모자이크전을 통한 결심중심전의 미래전』. 서울: 아산정책연구원, 2023.

외교부.『러시아 개황』. 2021. 10.

_____.『우크라이나 개황』. 2020. 2.

육군군사연구소.『러시아-우크라이나 국방개혁과 새로운 전쟁』. 계룡: 육군군사연구소, 2019.

육군대학. “우크라이나-러시아 전쟁연구”.『군사평론』475호 부록, 대전: 육군대학, 2022.
_____. “우크라이나-러시아 전쟁연구”.『군사평론』476호 부록, 대전: 육군대학, 2022.
이승기. “러시아의 새로운 전쟁과 국방개혁”.『합동군사대학교 세미나 자료』, 2022.
정병주. “2022 우크라이나 전쟁과 러시아 연방군 전쟁수행 평가”. 서강대학교 박사학위 논문, 2023.
정보사.『세계의 군사력』. 2022.
정한범 외.『2020 동아시아 전략평가』. 서울: 동아시아안보전략연구회, 2020.
조석문. “21세기 러시아의 군사안보전략”. 국방대학교 석사학위 논문, 2022.
조지프 나이, 양준희·이종삼 역.『국제분쟁의 이해: 이론과 역사』. 파주시: 한울엠플러스(주), 2018.
조한범.『우크라이나 사태 평가와 국제질서 변화 전망』. 서울: 통일연구원, 2022.
존 J. 미어셰이머, 이춘근 역.『강대국 국제정치의 비극』. 서울: 김앤김북스, 2017.
최영찬.『미래의 전쟁 핸드북』. 논산: 합동군사대학교, 2022.
충남대학교 국가전략연구소.『2040년대 비전통 안보위협에 대한 적정 국방의 역할 및 요구능력 연구』. 서울: 국방부, 2022.
하준수. “러시아 국방개혁의 성과와 전망”.『국방대학교 안보과정 정책연구보고서』, 2020.
한국 국방외교협회.『주간 국제안보 군사정세』. 2023. 7. 24. ~ 7. 30.
한상근. “프리고진 무장반란을 통해 본 서방의 인지전 수행”.『월간 국방대』66호, 2023.
한용섭 외.『미·일·중·러·북한의 군사전략』. 논산: 국방대학교, 2019.
합동군사대학교.『우크라이나 전쟁 분석』. 논산: 합동군사대학교, 2022.
_____.『’22년 합동교리 발전 세미나』. 공군호텔 3층 그랜드볼룸, 2022.
합동군사대학교 역. 미 Joint Doctrine Note 1-18『전략(Strategy)』. 논산: 합동군사대학교, 2019.
합동참모본부.『합동·연합작전 군사용어사전』. 서울: 합동참모본부, 2022.
_____.『합동교범 0, 군사기본교리』. 서울: 합동참모본부, 2022.
_____.『합동교범 5-0, 합동기획』. 서울: 합동참모본부, 2018.
해군미래혁신연구단.『러시아 해양전략과 해군』. 계룡: 해군미래혁신연구단, 2021.

영문 단행본 및 논문

Agnia Grigas. *Beyond Crimea: The New Russian Empire*. New Haven and London: Yale University Press, 2016.

Anthony C. King. "Mission Command 2.0: From Individualist to a Collectivist Model." *The Army War College Quarterly*, vol. 47, 2017.

Boyd John, "Destruction and Creation." 3 September, 1976.

Charles K. Bartles. "Getting Gerasimov Right." *Military Review*, May-June 2018.

Christopher Solomon. "The Kremlin's Pyrrhic Victory in Bakhmut: A Retrospective on the Battle for Bakhmut." *ISW*, 24 May, 2023.

Dan G. Cox. "Mission Command and Complexity on the Battlefield." *Military Review*, May-June, 2018.

Daniel Sukman and Charles Davis. "Divided We Fall: How the U.S. Force Is Losing Its Joint Advantage over China and Russia." *Military Review*, March-April, 2020.

David R. Stone. *Hammer & Rifle: Militarization of the Soviet Union*, 1926-1933. Lawrence, KS: University Press of Kansas, 2000.

Department of Defense. *Summary of the 2018 National Defense Strategy of The United States of America*. Washington D.C., 2018.

Edward Lucas. *The New Cold War: Putin's Russia and the Threat to the West*. London: Palgrave Macmillan, 2008.

Freund Alexander. "Ukraine is using Elon Musk's STALINK for drone strikes." *ISW*, 27 March, 2022.

John J. Mearsheimer. "Why the Ukraine Crisis is the West's Fault: The Liberal Delusions that Provoked Putin." *Foreign Affairs*, September/ October, 2014.

Lennart Samuelson and Vitaly Shlykov. *Plans for Stalin's War Machine: Tukhachevskii and Military-Economic Planning*, 1925-1941. New York: St. Martin Press, 2000.

Lester Grau. "Russian Force Structure for Large Scale Combat Operations." https://community.apan.org (2023. 11. 22.)

Leucea Ioana. "The Cognitive Warfare in Designing the International Society (and the Security Environment)". *Redefining Community in Intercultural Context*, 5-7 May, 2022.

Nataliya Bugayoba. "Target Russia's Capability, Not Its Intent." *ISW,* 25 Dec, 2022.

NATO. "Cognitive Warfare: Strengthening and Defending the Mind." 5 April, 2023.

NATO ACT. "Innovation Hub Warfighting 2040 Project Report." *Innovation Hub,* 2022.

Rand Waltzman. *The Weaponization of Information*. Santa Monica: The RAND Corporation, 2017.

"Russian Offensive Campaign Assessment." *ISW*, 2022~2023.

Stephen F. Cohen. *Soviet Fates and Lost Alternatives: From Stalin to the New Cold War*. New York: Columbia University Press, 2009.

_____. *Failed Crusade: America and the Tragedy of Post-Communist Russia*. New York and London: Norton & Company, 2001.

The White House. *National Security Strategy of the United State of America*. Washington D.C., December, 2017.

The Joint Staff. *Description of the National Military Strategy 2018*. Washington D.C., 2018.

U.S. Army. *ADP 6-0 Mission Command: C2 of Army Forces*. 2019.

U.S. Department of Defence. *Summary of the Joint All-Domain Command and Control (JADC2) Strategy*. 2020.

U.S. JCS. J*P 1 vol 1. Joint Warfighting*. 2023.

_____. *JP 5-0 Joint Planning*. 2020.

Valery Gerasimov. "The Value of Science Is in the Foresight: New Challenges Demand Rethinking the Forms and Methods of Carrying out Combat Operations." *Military Review,* January-February, 2016.

_____. Translated by Dr. Harold Orenstein "Russian General Staff Chief Valery Gerasimov's 2018 Presentation to the General Staff Academy: Thoughts on Future Military Conflict—March 2018." *Military Review*, January-February, 2019.

Zibigniew Brezezinski. *The Grand Chessboard: American Primacy and its Geostrategic Imperatives*. New York: Basic Books, 1997.

_____. *Strategic Vision: America and the Crisis of Global Power*. New York: Basic Books, 2012.

신문기사 및 기타

"러시아, 극초음속미사일 '아반가르드' 실전배치". 『VOA뉴스』 2019. 12. 28.

"러, 800억어치 헬기 추락". 『서울신문』 2022. 10. 13.

방종관. "푸틴 대대전술단의 위력". 『중앙일보』 2022. 2. 15.

서강일 외. "우크라이나군의 FPV드론 전투사례 연구". 『JCCT』 2023. 5.

"이석수의 군사탐구". 『한국일보』 2023. 1. 9.

『조선일보』 2023. 5. 19.

『조선일보』 2022. 7. 27.

Bugayoba Nataliya. "Target Russia's Capability, Not Its Intent." ISW, 2022.

『CNN』 2022. 4. 25.

DARPA. "Tiles Together a Vision of Mosaic Warfare." https://www.darpa.mil/work-with-us/darpa-tiles-together-a-vision-of-mosiac-warfare (검색일: 2023. 5. 19.)

"Implementing Decision-Centric Warfare: Elevating Command and Control to Gain an Optionality Advantage." https://www.hudson.org/national-security-defense/implementing-decision-centric-warfare-elevating-command-and-control-to-gain-an-optionality-advantage (검색일: 2023. 5. 19.)

"Joint All-Domain Operations (JADO) integrates platforms, sensors, weapons, and joint all-domain command and control (JADC2) systems." https://lockheedmartin.com/en-us/capabilities/multi-domain-operations.html (검색일: 2023. 5. 19.)

Solomon Christopher. "The Kremlin's Pyrrhic Victory in Bakhmut: A Retrospective on the Battle for Bakhmut." ISW, 24 May, 2023.

TRADOC Pamphlet 525-3-1. "The U.S. Army in Multi-Domain Operations 2028." 2022, https://www.army.mil/article/243754/the_u_s_army_in_multi_domain_operations_2028 (검색일: 2023. 5. 19.)

U.S. Department of Defense. "Joint Operational Access Concept (JOAC)." https://dod.defense.gov/Portals/1/Documents/pubs/JOAC_Jan%202012_Signed.pdf (검색일: 2023. 5. 19.)

『YTN』 2023. 8. 20.

『YTN』 2023. 11. 11.

II부

우크라이나 전쟁 특별기획 논고

미래전은 첨단무기가 아닌, 더욱 원시적인 무기로 싸우는 전쟁이 될 것이다. 과학기술 없이 전쟁에서 이기려고 하면 안 되며, 과학기술만으로 전쟁에서 이길 수 없다.

마틴 반 크레벨드(Martin Van Creveld)

1장
미래전 관점*

* 이 글은 『한국군사』 13호, 2023년에 발표한 논문을 수정 및 보완한 것이다.

1절 서론

우크라이나 전쟁은 군사 강대국인 러시아가 일방적으로 우크라이나를 석권함으로써 단기간 내에 종료될 것으로 생각되었다. 군사력 수준 세계 2위인 러시아가 22위에 있는 신생 약소국 우크라이나를 강압하기는 어려운 문제가 아니라고 생각했기 때문이다.

그런데 이 전쟁은 러시아가 우크라이나의 결사 항전 의지를 굴복시키지 못해 전선 교착상태가 유지된 가운데 소규모 공방전이 지속되고 있다. 전쟁 초반에 비해 미국 중심의 서방측 군사 지원에 토대를 둔 우크라이나가 동부전선에서 대대적인 반격을 호언장담할 정도로 공세적 의지가 강해지고 있다.

러시아는 핵을 보유한 강대국이라는 이미지를 활용하여 소모전, 즉 우크라이나의 자원 고갈과 서방측 군사 지원의 한계를 유도해내려 하고 있다. 반면 우크라이나는 러시아의 본토에 응징 보복할 수 있다는 의지를 내비치면서도 서방측의 확전 우려를 고려하여 상실지역에 대한 탈환을 목표로 대공세를 준비하고 있다. 현재의 전선 교착상태는 '강한 자가 아니라 적응하는 자가 살아남는다'라는 적자생존의 현장을 보여주는 듯하다.

우크라이나 전쟁은 탈냉전 이후 군사적 최강대국인 미국 및 NATO 중심의 서방측과 러시아 중심의 동유럽 국가들이 개입하고 있다는 점에서 국제전이다. 또한 우크라이나 영토 내에서만 전투가 이루어진다는 점에서 제한전이라고 할 수 있다. 러시아는 전쟁이 아닌 '특별군사작전'이라는 명칭을 사용하면서 전면전이 아닌 국지전이라고 위장한다. 우크라이나는 국민과 자원이 총동원된 총력전을 수행하면서 러시아군을 격퇴하고 상실지역을 회복하는 데 총력을 기울이고 있다.

우크라이나 전쟁을 계기로 세계가 미국과 유럽 중심의 자유민주주의 진영과 중국·러시아로 대표되는 권위주의 진영으로 갈라지면서 '신냉전'이 현실화할 가능성이 커지고 있다. 언론의 보도에 따르면, 러시아-우크라이나 양측 사망자가 최소 20만 명, 난민 등 지원 대상자가 1,800만 명, 물적 피해가 150조 원 이상이라는 전쟁의 처참함이 드러나고 있다. 이러한 전쟁은 발생해서도 안 되고 있어서도 안 될 인류의 비극적 사건임이 틀림없다.

이러한 맥락에서 이 연구는 다음과 같은 의문에 대한 해답을 찾는 데 초점을 둔다. 첫째, 러시아는 왜 전 지구적 세계화가 발전되고 있는 현시점에서 국제적 고립을 감수하고서라도 우크라이나를 침공할 수밖에 없었는가? 둘째, 핵무기를 보유한 군사 강대국이 비핵국가이면서 군사적 약소국을 무력으로 쉽게 장악하지 못한 이유는 무엇인가? 셋째, 강대국에 못 미치는 비핵국가는 국가안보를 위해 어떤 대응과 준비를 해야 하는가? 넷째, 과학기술의 발달은 전쟁의 패러다임과 전쟁방식을 어떻게 변화시킬 것인가? 다섯째, 우크라이나의 전쟁은 지정학적으로 공통점이 많은 한반도의 안보와 미래전에 어떠한 함의를 줄 것인가?

이러한 질문에 대한 해답은 군사 전문가들에게 한반도의 안보와 미래전에 대한 개념과 준비 방향을 연구하는 데 폭넓은 통찰력을 제공해줄 수 있다. 한반도는 현재 최강대국인 미·중 패권경쟁의 접점에 있다. 따라서 '신냉전' 국제체제가 형성된다면, 중국은 자신의 국가이익을 위해 러시아와 같은 무력 침공을 한반도에서 자행할 가능성이 있어 보인다. 그러므로 한국은 새로운 위협에 대응할 준비와 능력을 갖추어 무력분쟁이 발생하기 이전의 단계에서 갈등을 해소하고, 무력 충돌이 있더라도 유리한 환경에서 종결할 수 있어야 한다.

우크라이나 전쟁은 아직 진행 중인 전쟁이다 보니 전쟁 기획에 관련된 비문 자료들을 획득할 수 없고 공식적으로 발표된 내용들도 많지 않다. 전쟁이 어떻게 종결될지 알지 못하는 상황이기도 하다. 그렇다 보니 전쟁의 원인, 정치적 목적과 군사목표, 전쟁방식, 종결조건 등에 대한 분석은 전장에서 나타난 현상들을 기초로 귀납적으로 추론할 수밖에 없다.

전쟁은 수많은 군사 활동들의 집합체다. 이러한 활동들은 전쟁을 효율적이고 체계적으로 수행할 수 있도록 국가 전쟁지도부로부터 최하위 말단 부대에 이르기까지 일련의 연관된 활동들로 구성된다. 전쟁의 승리는 이러한 활동들을 조직하고 통제하여 군사적 최종상태에 도달하는 것이다.

군사교리에서는 이러한 활동들을 책임과 권한, 임무의 성격에 따라 전략·작전·전술적 수준의 활동으로 구분한다.[1] 전략적 수준의 활동은 전쟁의 기획과 결심, 준비와 관련된 활동이다. 작전적 수준의 활동은 전역과 주요 작전 수행에 관련된 활동이며, 전술적 수준의 활동은 교전과 전투에 관련된 활동들이다.

전쟁연구가들은 미국이 1970년대 월남전에서 '전술적으로 승리했지만, 전략적으로 실패했다'라고 평가했다. 이것은 전술적 수준의 활동이 전략적 수준의 활동과 연계성을 갖지 못해 전술적 성과를 전략적 수준의 성과로 승화시키지 못함으로써 전쟁의 목적 달성에 실패했다는 표현이다.

미국은 이러한 문제를 해결하기 위해서 작전술이라는 개념을 발전시켰다. 작전술은 전략지침을 군사작전으로 전환하고, 전술 활동을 조직 및 지도함으로써 전술적 활동이 전략적 수준의 목표 달성에 연계되도록 전략과 전술의 중간적 역할을 한다.

우크라이나 전쟁에서 귀납적 추론의 의미는 다양한 언론매체에서 공개되고 있는 러시아·우크라이나군의 전술적 활동(교전과 전투, 소부대 활동)을 관찰함으로써 작전·전략적 수준의 활동을 추정해보는 것이다. 추정에 활용할 수 있는 개념적 도구는 군사전략·군사력 운용·군사력 건설의 관점이다. 군사전략의 관점은 합동교리의 '전략기획의 틀'을 활용하여 국가이익, 위협분석 및 평가, 군사전략 목표 및 개념 설정, 군사력 건설, 작전기획지침 작성에 이르는 사고 과정을 추론한다. 군사력 운용의 관점은 작전술의 영역으로, 합동작전의 구상과 적용의 적합성을 검토한다. 군사력 건설의 관점은 러시아·우크라이나의 국방개혁과 군사력 현황 등 군사력 창출 성과를 평가한다.

이 전쟁이 한반도 안보와 미래전에 주는 함의를 분석하기 위해서는 공격적 현실주의 입장에서 군사 강대국인 중국의 행태에 초점을 둔다. 지정학적 관점에

---

1 합동참모본부, 『합동교범 0, 군사기본교리』(서울: 합동참모본부, 2022), pp. 1-28~1-32.

서 우크라이나와 유사한 안보환경을 상정해 볼 것이다. 공격적 현실주의자들은 무정부 상태의 국제체제 구조 때문에 국가들은 공격적으로 행동하고 패권을 추구할 수밖에 없다고 주장한다.[2] 이유는 첫째, 국제체제에는 국가보다 상위의 통치기관이 존재하지 않는다. 즉 정부들을 지배할 수 있는 정부가 존재하지 않는다. 둘째, 강대국은 상대방을 해치거나 혹은 파멸시킬 수 있는 수단인 공격적 군사력을 보유하고 있다. 공격적 군사력을 가진 강대국들은 모두 상호 간에 잠재적으로 위험한 존재들로 간주될 수 있기 때문이다. 셋째, 어떤 나라도 상대방 국가가 공격적 군사력을 사용하지 않을 것이라고 확신할 수 없다. 상대방의 의도를 확실하게 알 수 없는 상황에서는 어떤 국가라도 여러 가지 이유를 들어 공격할 가능성이 있기 때문이다. 넷째, 강대국은 가장 중요한 목표인 그 나라의 생존, 즉 자신의 영토보전과 국내 정치질서의 자주성을 추구한다. 국가가 외국에 의해 정복당하는 경우 다른 목표를 추구할 수 없어서 국가안보는 무엇보다도 중요한 목표이기 때문이다. 다섯째, 강대국들은 합리적 행위자로서 안보환경을 잘 인식하고 그러한 환경 속에서 어떻게 하면 생존할 수 있는가에 대해 전략적으로 생각하기 때문이다. 공격적 현실주의자들은 강대국들이 상대방에 대해 공격적으로 생각하고 행동하는 일반적 행동 패턴을 두려움(Fear), 자조(Self-help), 그리고 힘의 극대화(Power Maximization)로 분류한다.

군사 강대국인 러시아가 우크라이나를 침공한 이유를 공격적 현실주의 입장에서 설명해본다면, 두려움과 힘의 극대화 행동 패턴을 적용해 볼 수 있다. 첫 번째는 우크라이나가 NATO 회원국으로서 친서방 국가에 편입된다면, NATO의 동진과 함께 미국의 전략무기들이 러시아의 턱밑에 배치됨으로써 러시아를 군사적으로 압도할 수 있다는 점에 대한 두려움 때문이다. 두 번째는 '힘의 극대화'를 추구하기 위함으로써, 러시아가 유라시아지역에서 패권을 추구하기 위한 정치적 수단의 하나로 군사적 공격을 선택했다고 볼 수 있다. 이와 관련하여 미국 등 서방은 러시아가 과거의 소련처럼 유럽에서 제국으로 부활하는 상황을 억제

2 존 J. 미어셰이머, 이춘근 역, 『강대국 국제정치의 비극』(서울: 김앤김북스, 2017), p. 103.

하기 위해 우크라이나를 군사적으로 지원하면서 대리전 수행을 이끌고 있다고 설명할 수 있다.

이러한 맥락에서 이 연구의 목적은 우크라이나 전쟁이 단기 속결전에서 장기전·소모전 양상으로 변화되는 원인을 분석해봄으로써 한반도의 안보와 미래전에 주는 함의를 도출하는 데 있다. 우크라이나 전쟁은 21세기 정보기술 혁명에 의한 네트워크 중심 작전 환경하에서 국제전, 제한전, 총력전, 대리전의 양상을 복합적으로 보여주고 있다. 이러한 전쟁 양상의 변화 요인을 분석하고 전쟁 수행상의 함의 내용을 이해하는 것은 미래 전쟁방식과 안보 정책을 구상하는 데 폭넓은 통찰력을 제공해주기 때문이다. 이러한 통찰력은 동북아지역에서 중국의 행태와 위협을 분석하고, 여기에 대비할 수 있는 국방 정책 및 전략을 수립하는 데 필요한 전략적 사고력을 발휘하게 할 것이다.

2절 전쟁 수행방식에 관한 이론적 배경

안보의 개념은 탈냉전 이후 국제화와 세계화의 급속한 발전으로 전통적 안보와 비전통적 안보를 포함하는 포괄안보 개념으로 확대되었다. 전통적 안보는 외부의 군사적 위협으로부터 국가의 생존을 보전하는 군사력 중심의 국방안보를 의미한다. 비전통 안보는 군사안보를 중심으로 한 전통안보 위협에 포함되지 않는 다양한 안보 위협 전반을 지칭하는 개념이다.[3]

비전통 안보 위협은 국민과 인류에 위협을 가하는 비국가적 행위자, 초국가적 안보 위협, 비군사적 안보 위협, 비전통적 안보 위협 행위자들이 촉발하는 새로운 형태의 위협을 지칭한다. 비전통 안보는 전통적 안보와는 달리 국경선의 의미가 크지 않고, 우방국과 적국의 구별이 뚜렷하지 않으며, 특정 국가 단독으

3 설인효, “비전통 안보위협의 부상과 한미일 안보협력 방안”, 『한일군사문화연구』 제31집 (2021), p. 51.

로 감당하기에는 어렵다는 인식에서 출발한다.[4] 여기에 해당하는 대표적인 위협이 사이버, 테러, 기후변화, 재해재난, 감염병, 사회재난, 인구감소와 같은 요인들이다.

포괄안보는 국가적 안보 위협이 다양해지고 국가 간 상호의존성이 심화함에 따라 안보의 대상 영역으로 정치·군사뿐만 아니라 경제, 환경, 자원, 마약, 인권, 난민 등 비군사적 분야에서 오는 위협까지도 포함한 개념이다. 일부 학자들은 비전통 안보가 포괄적 안보 개념과 같다고 주장한다.[5]

포괄안보 시대에 전쟁은 군사적 무력 충돌이라는 전통적 관념을 변경시킨다. 산업혁명으로 인한 과학기술의 발달이 비군사적 수단의 역할을 증대시킴으로써 무기를 활용한 군사력의 영향을 초월하게 했다. 그렇다 보니 정치, 외교, 경제, 타 비군사적 수단이 군사적 수단과 조합하여 사용됨으로써 국가 간의 분쟁 양상이 새로운 형식과 방법으로 '경쟁의 연속체(Competition Continuum)'를 형성하게 되었다.[6]

포괄안보 개념은 전쟁과 평화 사이의 모호한 영역의 확대로 폭력과 위법에 대한 회피 가능성이 증대되고 무력 충돌에 못 미치는 수준에서 갈등을 해소해야 하는 회색지대 위협에 대한 대응 방안을 요구하고 있다.

---

4 충남대학교 국가전략연구소, 『2040년대 비전통 안보위협에 대한 적정 국방의 역할 및 요구능력 연구』(서울: 국방부, 2022), p. 342.

5 송은희, "비전통 안보 위협요인 분석 및 대응방안", 『사회과학연구』 27(1) (2016), p. 255.

6 경쟁의 연속체에 대한 개념은 손한별, "경쟁 개념의 한국군 적용 검토", 『제22-2차 홍릉 군사전략 포럼』(2022. 9. 30.), pp. 7~26 참조.

1. 전쟁 패러다임의 변화

전쟁 패러다임은 전쟁에 대한 특정 시대 사람들의 견해나 사고를 지배하는 인식체계를 의미한다. 전쟁 패러다임의 전환은 전쟁의 성격과 방식이 기존의 것과 근본적으로 차이점을 보일 때 이루어진다. 전쟁 패러다임을 전환하는 요인으로는 문명의 진화, 새로운 과학기술의 등장, 전쟁수행의 경험, 세대 간 사고방식의 차이 등을 설정할 수 있다.[7] 제1차 세계대전 때 대규모 화력전, 참호전, 소모전의 전쟁이 제2차 세계대전 때는 지·해·공 입체작전과 대규모 기동전으로, 걸프전이나 이라크 전쟁 때는 장거리 정밀타격에 의한 효과 위주 마비전 등으로 전쟁의 수행방식이 도약적으로 변경되었는데 이러한 것을 패러다임의 변화라고 볼 수 있다.

미국은 세계 군사력 1위의 국가로서 전쟁 패러다임의 변화를 선도하고 있다. 미국의 전쟁 수행개념 발전과정을 살펴보면, 첫 번째가 공지전투(Air-Land Battle) 개념이다. 이것은 육군과 공군의 합동작전으로 적의 전투제대와 후속제대를 동시에 타격함으로써 조기에 주도권을 장악하고 공·지 입체 기동을 통해 적을 마비시킴으로써 승리를 쟁취하는 '기동 마비전' 수행개념이다. 공지전투 개념은 종심감시(Deep See)-종심통제(Deep Control)-종심타격(Deep Strike)의 방식을 고안해냄으로써 화력 소모전의 전쟁을 기동 마비전의 전쟁으로 변화시키는 계기가 되었다.

이후 1990년대 군사 과학기술 혁명의 영향으로 각종 센서와 타격수단을 지휘통제망과 연결함으로써 '감시-결심-타격'의 체계가 완성되었다. 시스템 복합체계를 완성함으로써 시스템적 접근의 전쟁방식이 탄생했다. 정찰타격 복합체, 신시스템 복합체계, OODA 루프, 네트워크 중심전 등의 전쟁이론이 이를 뒷받침한다. ① 정보·감시·정찰(ISR) 체계, ② 첨단 C4I 체계, ③ 정밀타격 체계를 상호 연계 및 결합함으로써 3요소 간의 중첩영역에서 작전적 시너지 효과가 발생

---

7 최영찬, 『미래의 전쟁 핸드북』(논산: 합동군사대학교, 2022), pp. 13~21.

한다. 이러한 시너지 효과를 극대화하는 것이 전쟁 승리의 요인이 되었다.

시스템적 접근방식이 진화하면서 전투지향점 중심의 접근이론이 등장했다. 5원 이론, 병렬전쟁 이론, 비선형전 이론들이 그것이다. 군사목표를 달성할 수 있는 최적의 중심을 선정하고 그 중심을 조기에 무력화 또는 파괴하는 데 노력을 집중하는 전쟁수행 방식이다. 이것은 전선을 기준으로 피아간 구분이 확실한 상태에서 접적·집중·선형전의 양상을 비접적, 분산, 비선형의 형태로 다면·다점·다방향·다차원의 전선 형성 형태로 변경시켰다.

전투지향점 중심의 접근방식이 새로운 과학기술과 결합하면서 효과창출 중심의 접근이론들이 등장했다. 효과중심작전, 신속결정작전 등의 이론에서 제시된 바와 같이 적 전체 파괴에서 핵심·급소파괴 중심, 영토점령보다는 시스템 통제, 군사력 파괴보다는 영향력 발휘 및 통제를 우선으로 하는 전쟁수행 방식이다. 신속결정작전은 동시적, 병행적, 비선형적, 비대칭적으로 전쟁을 수행함으로써 과도한 자원의 소모 없이 최소한의 인명피해와 물리적 파괴로 단기간 내 전쟁의 목표를 달성하는 전쟁수행 개념이다.

미국은 탈냉전 이후 급부상하는 중국과의 경쟁에서 우위를 차지하기 위해 새로운 전쟁 수행개념을 발전시켜왔다. 공해전투(Air-Sea Battle)[8], 합동작전 접근개념(JOAC)[9], 국제공역에서의 접근 및 기동 개념(JAM-GC)[10], 다영역 작전

8 미국은 태평양에서 중국의 해양력 팽창을 봉쇄하기 위한 새로운 개념으로 공군과 해군의 합동작전 수행개념인 공해전투를 발전시켰다. 김재엽, "미국의 공해전투(Air-Sea Battle): 주요 내용과 시사점", 『전략연구』 vol. 19, no. 54(2012), pp. 187~216.

9 합동작전접근 개념(Joint Operational Access Concept): 중국의 해양력 팽창을 봉쇄하기 위한 개념인 공해전투에서 육군의 역할 부재가 논란이 일자 미 합참에서는 육군과 해병대의 역할이 포함된 합동작전개념을 새롭게 발전시켰다. U.S. Department of Defense, "Joint Operational Access Concept (JOAC)," https://dod.defense.gov/Portals/1/ Documents/pubs/ JOAC_Jan%202012_Signed.pdf (검색일: 2023. 5. 19.)

10 국제공역에서의 접근 및 기동 개념(Joint Concept for Access and Maneuver in the Global Commons)은 합동작전접근 개념이 중국에게 직접적인 위협으로 인식되어 중국의 반발을 초래했다. 미국이 중국과 해상에서의 무력 충돌을 기정사실화하고 있다는 비판이 제기되었다. 이러한 불필요한 자극과 오해를 피하고자 중국을 해양 봉쇄한다는 개념에서 벗어나 국제공역에서의 접근 및 기동을 위한 합동개념을 발전시킨 것이다. 전 세계 국제공역에 대한 공간 지배

(MDO)[11], 합동전영역작전(JADO)[12]의 개념이 그것이다. 이러한 전쟁수행 개념의 기본 가정은 핵무기를 보유한 강대국끼리는 전면전을 수행하지 않는다는 것이다. 전면전 수행보다는 무력분쟁에 못 미치는 수준에서 문제를 해결하는 데 초점을 맞추고 있다. 미국과 대등한 수준의 경쟁자(중국·러시아)는 지상·해상·공중·우주·사이버·전자기 스펙트럼 영역에서 전략·작전·전술적 교착상태(Stand-off)를 창출하여 행동의 자유를 억제할 수 있다고 간주한다. 이러한 역전 현상은 지금까지 미국이 누려온 군사적 우위를 상쇄하고 특정 영역에서는 미국의 능력을 초월하게 되어 미국의 군사력 투사가 불가능해지는 상황을 조성할 수 있다. 중국의 이러한 능력을 반접근·지역거부(A2/AD) 체계라고 칭하고 있다.

전 영역 교착상태를 극복하기 위한 전쟁 수행개념이 '경쟁-무력분쟁-경쟁으로의 회귀' 모형이다. 경쟁은 평시의 상황에서 갈등이 무력분쟁으로 확산하지 않도록 경쟁의 우위를 달성한다는 개념이다. 그러나 무력 충돌 상황이 발생하면 적의 A2/AD 체계를 돌파하고, 적 능력을 와해시킴으로써 협상을 위한 유리한 여건을 조성하는 데 목적을 둔 군사작전을 수행한다. 경쟁으로의 회귀는 분쟁을 해결한 후 유리한 위치에서 경쟁의 상태로 전환한다는 개념이다. 이러한 전쟁방

능력을 확보하기 위해 동맹국 및 협력국과의 상호운용성 향상을 확보하는 개념이다. Michael E. Hutchens et. al., "joint Concept for Access and Maneuver in the Global Commons; A New Joint Operational Concept," Joint Force Quarterly 84 (Jan. 27, 2017). https://ndupress.ndu.edu/Media/News/Article/ 1038867/joint-concept-for-access-and-maneuver-in-the-global-commons-a-new-joint-operati/ (검색일: 2024. 2. 23.)

11 다영역 작전(Multi-Domain Operations)은 중국의 A2/AD 전략에 대응하기 위한 미 육군의 새로운 작전 수행개념이다. 핵을 보유한 강대국끼리의 전면전은 이루어지지 않는다는 가정하에 경쟁이나 무력 충돌 아래의 수준에서 국가적 갈등을 해소하고, 무력 충돌이 불가피할 경우 돌파-와해-전과확대-경쟁으로의 회귀라는 전쟁 수행모델을 제시하고 있다. TRADOC Pamphlet 525-3-1 (2022), "The U.S. Army in Multi-Domain Operations 2028," https://www.army.mil/article/243754/the_u_s_army_in_multi_domain_operations_2028 (검색일: 2023. 5. 19.)

12 합동전영역작전(Joint All Domain Operations)은 미 육군에서 제시한 다영역 작전을 해군과 공군 등 기타 군의 의견을 수렴하여 미 국방성 차원에서 교리화하고 있는 미 합동군의 새로운 작전 수행개념이다. "Joint All-Domain Operations (JADO) integrates platforms, sensors, weapons, and joint all-domain command and control (JADC2) systems," https://lockheedmartin.com/en-us/capabilities/multi-domain-operations.html (검색일: 2023. 5. 19.)

식은 다양한 위협을 관리하면서 최소의 희생으로 최대의 성과를 달성하고자 하는 전쟁방식이다. 미국은 원정작전을 기본으로 하며 분쟁지역의 영토점령이나 자원의 탈취 등에는 큰 의미를 두지 않는다. 분쟁만 해결할 수 있다면 희생 없이 분쟁을 해결하고 본대로 복귀하는 것이 최선의 방식이기 때문이다.

미국 국방고등연구계획국(DARPA)은 2017년에 미국의 새로운 전투 수행 방식으로 모자이크전(Mosaic Warfare)을 제시했다.[13] 미국의 잠재적 적대국들이 공격적 무기체계를 활용한 시스템 파괴전 수행능력을 발전시킴으로써 미국의 '전 영역 우세 달성(Full Spectrum Dominance)'을 제한하게 되었다. 모자이크전은 21세기 '경쟁평준화 시대'를 맞이하여 미국이 지속적인 경쟁우위를 차지하고, 군사 행동의 자유를 확보하고자 개발한 미래전 수행 방식이다. 핵심개념은 임무 중심의 치명성을 확보하기 위해 경쟁하고 있는 전 영역에서 적보다 먼저 탐지-결심-타격함으로써 적이 선택할 수 있는 가용한 수단들을 제거하는 방식이다. 빠른 결심으로 적의 의지와 능력을 무력화하는 특징을 들어 '결심 중심전(Decision-Centric Warfare)'이라고 한다. 모자이크전은 저렴한 무기, 신속성, 치명성, 유연성, 규모 변화의 융통성을 핵심요소로 활용한다. 특정 목표를 공격하기 위해 값이 비싸고 정밀한 무기체계를 만들기보다는 저렴한 무인체계를 만들어 기존의 능력과 창의적으로 연동시키고, 전장 상황의 변화에 바로 응할 수 있도록 지속적인 조합을 만들어내는 방식이다.

전쟁 패러다임의 변화는 새로운 위협의 출현과 대응 개념의 발전과정에서 이루어진다. 현재의 인류는 전쟁과 평화의 구분이 모호해진 '회색지대(Gray Zone)'의 작전환경에서 생활하고 있다. 회색지대는 '위협과 불확실성'이 내재하

13 모자이크전은 미 육군에서 제시한 다영역작전을 구현하기 위한 능력개발 모델이라고 할 수 있다. 특징은 임무별 최적의 합동전력을 다양하게 조합하여 전투력을 발휘하는 개념이다. 기존에는 킬체인에 연결된 하나의 부대나 무기체계가 고장 나거나 파괴되면 체계상 전체적인 작전이 실패하거나 불가하게 되었는데 모자이크전에서는 문제가 되는 부분이나 체계를 다른 부대나 기능으로 대체하면서 유연한 회복탄력성(Resilience)이 보장되는 전력 운용이 가능한 체계다. "DARPA Tiles Together a Vision of Mosaic Warfare," https://www.darpa.mil/work-with-us/darpa-tiles-together-a-vision-of-mosiac-warfare (검색일: 2023. 5. 19.)

고 있는 공간이다. 어느 영역에서 위협이 발생하든 최적의 대응 전력을 조합하여 신속히 대응하는 형태의 전쟁방식이 요구되는 시대라고 하겠다.

2. 전쟁 방식의 변화

미래의 작전환경은 지상·해상·공중·우주·사이버·전자기 스펙트럼 영역 등 인간이 인식하고 영향력을 발휘할 수 있는 전 공간으로 확장될 것이다. 또한 인공지능을 기반으로 한 초연결 사회의 도래는 군사력 운용에 있어서 시간과 장소의 제약을 극복할 수 있는 능력을 부여한다. 개별 전장 영역에 배치된 각 전투단위가 상호운용성(Interoperability), 상호의존성(Interdependency) 등을 기반으로 서로 다른 영역으로 전투력을 투사할 수 있게 된다. 따라서 각 군은 자신의 고유 영역에 한정되지 않고 교차 영역에서 상호 중첩되어 작전을 수행할 수밖에 없다. 수많은 감시센서와 지휘통제 네트워크가 얽혀 있는 전장 공간의 특성상 특정 영역에서 우세 달성이 가능할 수 있어도 전 영역에서 우세를 달성할 수 있는 국가는 제한될 것이다.

미국이 시도하고 있는 모자이크전이나 합동전영역작전은 이렇게 확장된 전쟁 공간을 염두에 두고 구상한 개념이다. 적보다 먼저 결심하고 정확한 판단으로 선제 타격함으로써 필요한 영역과 선정한 시간에 상대적 우세를 달성함으로써 '기회의 창(Window of Opportunity)'을 열고 그 창을 통해 결정적 공세를 강행하는 전쟁 수행개념이다. 이러한 전쟁방식을 결심중심전(Decision-Centric Warfare)이라고 칭한다.[14] 결심중심전을 수행하기 위한 새로운 수단들이 개발되고 있는데, AI 기반의 지능형 C4I, 유·무인 복합전투체계, 합동전영역지휘통제

14 "Implementing Decision-Centric Warfare: Elevating Command and Control to Gain an Optionality Advantage," https://www.hudson.org/national-security-defense/implementing-decision-centric-warfare-elevating-command-and-control-to-gain-an-optionality-advantage (검색일: 2023. 5. 19.)

(JADC2) 등이 대표적이다.

전쟁영역의 확장은 우주·사이버·전자기 스펙트럼에 이어 인지 영역(Cognitive Domain)으로 이어지고 있다. 인지 영역은 인간의 두뇌·마음을 대상으로 영향력을 행사하여 전쟁의 목적을 달성하고자 하는 연구 분야다. 인간의 마음을 공략 대상으로 보고 군사작전에 적용하고자 하는 방식이 인지전(Cognitive Warfare)인 것이다.[15] 인지전의 표적은 대중의 신뢰(Trust)이고 그 신뢰를 공격하기 위해 기존 선전(Propaganda) 활동을 더욱 적극적으로 행사한다. 여론을 무기로 활용하는 것이다. 이를 위해 '인지조작' 활동을 통해 '인지우세(Mind Superiority)'를 달성하는 것이 목표다. 적대세력의 인지 기능을 공격함으로써 평시 여론 형성으로부터 전시 의사결정에 이르기까지 지속적인 영향을 미치는 것이다.

전쟁 공간과 수단의 확대는 새로운 전쟁방식을 요구하고 있다. 지금도 경쟁적으로 발전하고 있는 우주전(Space Warfare), 사이버전(Cyber Warfare), 비살상전(Non-Lethal Warfare), 무인로봇전(Unmanned Robot Warfare), 스워밍전(Swarming Warfare) 등은 인지전과 결합함으로써 새로운 전쟁의 성격과 방식을 창출해낼 것이다.

3절 우크라이나 전쟁 분석

2022년 2월 24일에 시작된 러시아의 우크라이나 침공은 단기 속결전이 될 것이라는 예상과는 달리 지금도 진행 중이다. 러시아와 우크라이나는 서로가 승리를 자신하는 분위기를 연출하고 있지만, 유엔은 "지금까지 승자도 없고, 앞으로도 없을 것이다. 종전만이 답이다"라고 평가했다. 전쟁연구가들은 인류가 전쟁하는 목적이 '보다 더 나은 상태의 평화'를 추구하기 때문이라고 설명한다. 그

15 인지전의 출현과 핵심 내용은 김남철·최영찬·한상근 역, 『새로운 영역에서의 전쟁수행, 인지전』(논산: 합동군사대학교, 2022)를 참고할 것.

런데 전 세계인이 목격한 이번 전쟁은 생명, 가정, 직장, 기대감 등이 사라진 대량 학살과 파괴의 현장뿐이었다.

러시아는 과거 구소련이 국제안보 문제에 대해 행사했던 영향력을 그대로 인정받고, 포스트 소비에트 공간을 러시아의 고유 세력권으로 유지하기를 희망한다. 러시아의 독점적 세력권을 수호하고 전통적 영향권을 복구하기 위해 그 어떤 대가라도 감수할 의도가 있어 보인다. 미국과 NATO 등 서방측의 제재에도 불구하고 군사적 대결도 불사하겠다는 강한 결의를 드러내고 있다. 2008년 조지아 전쟁, 2014년 크림반도 합병, 2015년 시리아 내전 개입, 그리고 2022년 우크라이나 전면 침공 등에서 러시아의 의도를 확인할 수 있다.

우크라이나는 러시아의 제국적 부활을 억제할 수 있는 지정학적 급소다. 미국은 우크라이나를 러시아의 영향권으로부터 분리하여 서방 진영으로 편입하는 것이 전략적으로 중요한 가치가 있다고 생각한다. 지정학·지경학적 이익 확보라는 측면에서, EU에 대한 통제권 확보, NATO의 결집력 강화, 유럽에서 미국의 지도력 제고, LNG(액화천연가스) 수출시장 확대, 군산복합체의 활로 제공 등 러시아를 공동 위협으로 삼아 유럽에서 일정 수준의 긴장감을 항구화하는 것이 미국에 유리하기 때문이다.

우크라이나는 상실된 전 지역을 회복할 때까지 전쟁을 멈추지 않겠다는 결의를 보이면서 서방측에 군사적 지원을 호소하고 있다. 서방측의 군사적 지원이 중단되지 않는 한 우크라이나의 항전은 멈추지 않을 것이며 공동의 승리는 달성될 것이라고 자신한다.

군사전문가들은 우크라이나 전쟁이 러시아의 첨단 과학무기에 의해 주도되는 모자이크전이나 전영역통합작전과 비슷한 형태의 전쟁 양상이 나타나리라고 짐작했다. 21세기 정보기술 혁명의 결과에 기대하는 심리도 있지만, 군사강대국들이 주도해온 전쟁방식의 공통점이 첨단무기에 의한 신속결정전의 수행이었기 때문이다.

1. 국제협력전 시대의 전쟁 수행

포괄안보 개념에서 전쟁 수행은 개인 안보로부터 국가안보가 달성될 때까지 전 범위의 위협을 제거하는 활동이다. 전쟁의 주체는 군인과 비군인 모두가 해당하며, 수단은 군사적 수단과 비군사적 수단, 무기 및 비무기, 군용 및 민간용을 가리지 않고 활용할 수 있는 모든 장비와 물자이고, 방법은 정규전 및 비정규전, 살상 및 비살상, 물리적 파괴 및 심리적 마비 등을 복합적으로 추구하는 개념이다. 우크라이나가 수행하고 있는 결사항전의 방식이 포괄안보 시대의 전쟁방식에 가깝다고 할 수 있다.

러시아-우크라이나의 전쟁 상황은 4단계로 구분해 볼 수 있다.[16] 1단계(2022. 2. 24.~4. 7.)는 러시아가 특별군사작전을 선포하면서 북부축선 키이우, 동부축선 돈바스, 남부축선 헤르손 및 자포리자 도시지역 확보를 위해 여러 방면에서 동시에 우크라이나를 침공했던 시기다. 러시아는 이 공격에서 예상치 못한 우크라이나의 도시지역 요새화 전투에 막혀 큰 손실을 보고 전선을 조정해야 했다.

2단계(2022. 4. 8.~8. 28.)는 러시아가 최초 공격에 실패하여 북부지역에서 철수하고, 동부와 남부지역의 목표를 달성하기 위해 노력을 집중했던 시기다. 러시아는 이러한 집중으로 북부지역 키이우를 제외한 목표 대부분을 달성하는 듯했다.

3단계(2022. 8. 29.~11. 11.)는 우크라이나의 반격기라고 할 수 있다. 미국 등 서방의 군사지원을 받은 우크라이나가 전력을 창출하여 기습적으로 하르키우를 탈환하고, 러시아의 보급선을 차단함으로써 남부의 헤르손 지역을 탈환하는 성과를 거둔 시기다. 러시아는 손실된 전투력을 보완하기 위해 부분동원령을 선포할 수밖에 없었다.

4단계(2022. 11. 12.~현재)는 교착기라고 할 수 있다. 러시아와 우크라이나

---

16 합동군사대학교, 『우크라이나 전쟁 분석: 군사적(합동성) 관점에서의 전훈 분석 및 함의』(논산: 합동군사대학교, 2022), p. 111.

는 그동안의 치열한 전투로 전쟁 수행능력이 거의 한계에 도달한 듯 보인다. 각국은 전열을 재정비하는 한편 전투력 복원에 집중하면서도 돈바스지역 바흐무트라는 요충지 도시를 두고 7개월 넘게 치열한 참호전을 펼치고 있다. 전략적 목적보다는 전승을 염원하는 자국의 국민에게 전쟁의 성과를 보여주기 위한 고육지책이라고 생각된다.

러시아와 우크라이나는 진흙탕으로 바뀌는 지형의 특성상 기동이 제한되는 라스푸티차 현상이 사라지는 5월에 결전을 위한 대공세가 가능해진다. 서방측의 전차와 항공기의 지원을 받은 우크라이나가 돈바스 지역에서 반격을 위한 준비를 마무리하고, 공세의 시기만을 기다리고 있다는 관측이 제시되고 있다.

지금까지의 전황을 중심으로 러시아에 의한 신속결정작전이 1년 이상의 장기전 또는 소모전의 양상으로 변모한 이유에 대해서 군사전략, 군사력 운용, 군사력 건설 관점에서 우크라이나 전쟁을 분석하고자 한다.

1) 군사전략 관점에서의 분석

군사전략은 전쟁의 목적을 달성하기 위해 전략목표 설정(목표), 목표 달성을 위한 개념 수립(방법), 개념을 구현하기 위한 자원의 할당(수단)이라는 세 개 요소로 구성된다. 군사전략의 3요소가 균형을 이루고 있을 때 성공 가능성이 크다. 목표는 적당한데 방법이나 수단이 부적절하거나 부족한 경우, 방법과 수단은 충분한데 목표가 부적절한 경우, 목표와 방법은 적합한데 수단이 부족한 경우 전략의 불균형이 발생하게 된다. 전략의 불균형은 군사작전을 위태롭게 만든다.

이번 전쟁에서 러시아의 정치적 목적은 포스트 소비에트 공간에서의 지배권 및 영향력 회복이라고 추정된다. 요망 효과는 첫째, 우크라이나의 NATO 가입 방지와 유라시아지역에 민주주의 체제가 확산하는 것을 차단하는 것이다. 둘째, 미국이 동유럽의 신규 NATO 회원국에 전략무기나 미사일방어체계를 배치하는 것을 방지하는 것이다.

이러한 정치적 목적을 달성하기 위한 군사전략 목표는 ① 돈바스(도네츠크+루한스크) 지역 해방, ② 수도 키이우 등 주요 도시 장악, ③ 우크라이나 전쟁지도부 제거, ④ 크림반도를 러시아 영토와 직접 연결 등이다.

러시아는 이러한 전략목표를 달성하기 위해 수도 키이우를 조기에 고립하고, 우크라이나의 주력을 격멸하며, 전쟁지도부를 제거하고 NATO군 개입을 차단하기 위한 북부·동부·남부 세 개 축선 동시 공격으로 신속결정작전을 수행했다. 이를 위해 120여 개의 대대전술단(BTG)이 주력으로 투입되었다.[17]

신속결정작전은 과도한 자원 소모 없이 최소한의 인명피해와 물리적 파괴로 단기간 내 전쟁의 목표를 달성하기 위한 작전방식이다. 러시아의 대대전술단이 계획된 기동과 충격력을 발휘했다면 전쟁목적을 달성하는 데 충분한 군사전략이었다고 생각한다.

문제는 전략의 불균형을 적시에 해결하려는 노력이 부족했다는 점이다. 키이우 축선에서 저지당했을 때 우크라이나의 저항 강도, 도시지역의 특성, 기동로 상의 위협 등을 충분히 검토하지 않음으로써 대대전술단의 임무수행에 제한이 생겼을 때 다른 수단에 의한 조정을 소홀히 함으로써 대량손실로 이어져 공격기세를 상실하게 되었다. 군사전략 목표-수단 간에 전략 불균형이 극심해진 것이다.

러시아는 북부지역 목표를 포기하고 동부 및 남부지역 목표를 달성하기 위해 북부에서 철수하는 등 전선을 조정했다. 북부지역 목표인 수도 키이우 고립, 전쟁지도부 제거, 우크라이나 주력 격멸이라는 중요한 목표가 달성 불가능해짐으로써 본래 정치적 목적을 달성할 가능성은 현저히 낮아졌다. 우크라이나의 수도와 전쟁지도부가 건재하게 됨으로써 반격의 빌미를 제공하게 되었기 때문이다. 합리적 지도자라면, 전쟁의 정치적 목적 달성이 불가능하다면 군사작전의 실패를 인정하고 종전을 결정할 것이다.

---

17 육군대학, "우크라이나-러시아 전쟁연구", 『군사평론』 475호(2022), pp. 93~96.

우크라이나의 반격에 심대한 타격을 입은 러시아는 군사전략 목표를 수정한 것으로 판단된다. 현 전선을 유지하되 점령지역(루한스크, 자포리자, 도네츠크, 헤르손)을 합병하여 러시아의 영토에 편입하는 방안이다. 이것은 최초 군사목표(④ 크림반도를 러시아 영토와 직접 연결)를 달성하는 것이기도 하다. 러시아가 이번 전쟁을 통해 절대로 양보할 수 없는 최소한의 목표인 셈이다.

러시아는 현재의 군사전략 목표 달성을 위해 전선의 교착상태를 유지하면서 돈바스 지역의 미점령지를 조금씩 확보해나가는 소모전을 펼치거나 전쟁의 종결을 강요할 것이다.

우크라이나의 정치적 목적은 러시아군의 격퇴와 평화보장조약 체결이라고 추정된다. 요망 효과는 첫째, EU와 협력관계 구축 및 NATO의 회원국이 되는 것이다. 둘째, 친러반군 지역인 돈바스(도네츠크, 루한스크) 지역을 탈환하고 크림반도를 되찾아오는 것이다.

우크라이나의 군사전략 목표는 ① 수도 키이우 등 주요 도시 방어, ② 러시아군 격퇴(상실지역 회복)이다. 우크라이나는 이러한 전략목표를 달성하기 위해 방어 후 반격 개념을 적용하고 있으며, 수단으로는 국내 자원뿐만 아니라 국제적 지원을 총동원하고 있다. 우크라이나는 서방의 군사적 지원에 힘입어 상실지역을 탈환하기 위한 국경선 방향으로의 반격을 준비하고 있다. 전략의 불균형을 냉정하게 살펴볼 필요가 있다. 돈바스는 물론 크림반도까지 탈환한다는 목표가 적합한 것인가를 판단해야 한다. 또한 반격할 수 있는 범위와 한계를 잘 설정해야 하며, 군사적 지원에 의한 수단의 한계도 검토해보아야 한다. 목표와 개념, 수단 중 하나라도 불균형이 발생한다면, 군사작전은 위험한 상태로 떨어질 수 있기 때문이다.

2) 군사력 운용 관점에서의 분석

군사력 운용은 합동작전의 구상과 적용에 관한 것이다. 군사력 운용은 작전목표 달성을 통해 군사적 최종상태를 만들기 위한 노력들이다. 적의 중심을 조기에 파괴 또는 무력화시키는 것이 작전목표를 달성하기 위한 최고의 방법이다. 그러기 위해서는 적의 중심을 정확하게 분석하여 핵심취약점을 찾아내고 그것에 전투력을 집중함으로써 핵심취약점의 파괴를 통해 중심 전체가 무력화 또는 제 기능을 발휘하지 못하도록 만들 수 있다. 이것은 전쟁 경험을 통해 알게 된 '최소의 희생, 최대의 성과'를 창출하는 군사교리다.[18]

러시아가 선정한 군사적 최종상태는 '수도 키이우 등 주요 도시는 고립 및 장악되고, 우크라이나군의 주력은 격멸되어야 하며, 우크라이나 전쟁지도부는 제거되거나 주민과 분리되어야 하고, 우크라이나 주민들은 통제에 순응해야 하며, NATO군의 개입은 차단되어야 한다'라고 기술해 볼 수 있다. 최종상태를 만들기 위한 작전목표는 ① 수도 키이우 고립, ② 우크라이나군 주력 격멸, ③ 우크라이나 전쟁지도부 제거, ④ NATO군의 개입을 차단할 수 있는 주요 지역 확보, ⑤ 점령지역 안정화 등이다.

이와 같은 작전목표를 달성하는 데 최대 마찰력을 제공하는 힘의 원천인 중심은 무엇일까? 러시아군의 입장에서 우크라이나의 중심은 '수도 키이우' 또는 '젤렌스키의 리더십'이 가장 유력해 보인다. 또한 미국 등 서방의 군사적 지원도 충분한 중심이 될 수 있다.

그렇다면 중심을 무너뜨리기 위한 핵심취약점은 수도 키이우의 안전을 보장할 수 없도록 만드는 요소들이거나 젤렌스키의 리더십이 온전히 발휘되지 못하도록 하는 요소들일 것이다. 키이우 방어군, 방공 레이더 및 발사대, 핵심기반시설(전기, 상수도, 방송), 전쟁지도부 통신체계, SNS 체계, 위성통신망 등이 될 것이다.

---

18 합동군사대학교, 『'22년 합동교리 발전 세미나』(2022. 11. 18.), pp. 65~88.

이와 같은 추정된 요소를 가지고 러시아의 군사력 운용을 평가해본다면 대단히 미흡하다고 판단된다. 우선은 작전목표가 불분명하다. 북부·동부·남부 세 개 방향의 동시 공격의 목적이 분명하지 않다. 통상적이라면, 적의 중심을 조기에 무력화시키기 위해 충분히 강한 주 노력 부대를 투입해야 한다. 주 노력 부대의 진출을 보장하기 위해 공중우세, 화력지원의 우선순위, 보급의 우선순위 부여 등 여러 가지 노력의 집중이 이루어져야 한다. 러시아의 특별군사작전에서는 이러한 점이 관찰되지 않는다. 군사적 최종상태가 선정되어 있는지도 의문이다. 이것은 전략적 수준의 지휘관들이 제 역할을 못 하고 있다는 간접증거일 수도 있다. 러시아군은 '특별군사작전'을 총괄하는 지휘부가 부재했으며, 각 공격 단위부대를 조정하는 기능이 마비되는 등 지휘통제의 부실이 초기 전황에 치명적인 영향을 미치기도 했다.

우크라이나의 군사적 최종상태는 '수도 키이우 등 주요 도시가 방어되어야 하며, 러시아군은 격퇴되고, 돈바스 지역 및 크림반도는 탈환되어야 하며, 우크라이나는 EU와 NATO의 회원국으로 가입되어야 한다'라고 추정해 볼 수 있다. 이러한 최종상태를 만들기 위한 작전목표는 ① 수도 키이우 등 주요 도시 방어, ② 러시아군 격퇴, ③ NATO에 가입할 수 있는 여건 조성 등이 될 수 있다.[19]

이와 같은 작전목표를 달성하는 데 최대의 마찰력을 제공하는 러시아의 중심은 무엇일까? 우크라이나군 입장에서 러시아의 중심은 '기갑 및 기계화부대' 또는 '점령지역 내의 친러세력' 등이 고려된다.

그렇다면 러시아의 중심을 무너뜨리기 위한 핵심취약점은 대대전술단(BTG), 지속지원부대, 반란세력 등이 될 것이다.

이처럼 추정된 요소들을 가지고 우크라이나의 군사력 운용을 평가해본다면 자국 영토 내에서 러시아의 침공 전력을 격퇴하는 작전목표가 명확하고, 적 중심에 대한 효과적인 접근으로 군사적 최종상태를 달성하는 데 노력의 통합이 이루어지고 있다.

---

19 육군대학, "우크라이나-러시아 전쟁 연구", pp. 46~70.

군사력 운용 관점에서 러시아군보다는 우크라이나군이 군사교리를 더 잘 이해하고 적용하고 있다고 평가할 수 있다.

3) 군사력 건설 관점에서의 분석

군사력 건설은 각 군의 전투력 창출능력을 살펴봄으로써 전쟁지속능력을 판단해보고자 함이다. 군사력 건설은 단기간에 이루어질 수 없으므로 전쟁 이전의 준비와 연계하여 살펴야 한다.

러시아는 구소련 해체 후 1992년부터 2020년까지 네 차례에 걸친 국방개혁을 추진했다. 국방개혁의 목표는 NATO의 위협에 대비하고 인접국에 대한 자국민 보호, 지역분쟁의 조정자 임무를 수행할 수 있는 강한 러시아군 건설이었다. 국방개혁의 결과는 기존 여섯 개의 군관구를 다섯 개(서부·중앙·남부·동부·북부) 군관구로 조정하고, 군관구-군-사단-대대에 이르는 지휘체계를 군관구-작전사-여단 체제로 단축했으며, 부대를 감축하는 대신 무기와 주요 전투 장비를 현대화했으며, 징병제에서 지원병제로 전환한 것으로 나타났다. 러시아는 2020년까지 국방개혁을 완성하여 서방 세력에 대한 핵 억제력 유지, 국지적 분쟁에 대비하여 러시아식 하이브리드전 수행역량을 갖추었다고 자평했다.[20]

러시아군은 총참모장이 군을 직접 지휘하는 통합군 체제에서 각 군 및 준군사부대 등 모든 전력을 각 군관구의 합동전략사령관이 통제하는 합동군제로 전환했다. 이들은 지상군·해군·항공우주군의 세 개 군종과 전략로켓군, 공수군이라는 두 개의 독립군종으로 편성된다.

이러한 국방개혁의 성과에도 불구하고 러시아군은 군관구 중심의 일사불란한 지휘체계가 미흡하고 각 군의 합동작전 수행과 원활한 지속지원이 제한되고, 군의 사기 저하로 탈영이나 명령 불복종 사례가 자주 발생하는 등 전투 수행

---

20 합동군사대학교, 『우크라이나 전쟁 분석: 군사적(합동성) 관점에서의 전훈 분석 및 함의』, p. 70.

능력이 부족하다는 평가를 받고 있다.

러시아 군종별 부대구조를 살펴보면, 지상군은 다섯 개 전략사령부 예하에 10개 군사령부로 편성되고 병력은 28만 명 수준이다. 러시아 지상군 편성의 특징은 첫째, 대규모 군을 전쟁에 투입하는 사단 중심 체제에서 신속한 기동성이 요구되는 현대전에 대비하기 위해 여단 체제로 재편성되었다. 둘째, 지휘체계를 군관구-군-사단-연대의 4단계에서 군관구-작전사-여단의 3단계 체제로 단축하여 지휘통제의 효율성을 높이고 있다. 셋째, 동원제의 문제점을 해결하기 위해 계약직 전문 부사관을 늘림으로써 신속 기동이 가능한 여단으로 조직을 개편하는 모병과 징병 체제를 혼합한 시스템을 유지하고 있다. 넷째, 군부대 통폐합으로 병력이 35만 5천 명에서 22만여 명 수준으로 감축되었다.[21]

러시아 지상군의 핵심은 2012년에 취임한 세르게이 쇼이구 국방장관이 도입한 대대전술단(BTG)이다. 대대전술단은 차량화 또는 전차대대, 대전차미사일소대, 포병소대, 수색소대, 공병소대, 후방지원소대로 편성되어 있다. 이번 우크라이나 침공에서는 서부 및 남부 군관구 예하에 소속된 세 개 기계화보병사단(144·3·150사단)이 주력이 되었을 것으로 추정되고 있다.

러시아 해군은 병력 15만 명으로 네 개 함대와 카스피해 소함대로 편성되었다. 주요 장비로 항공모함 한 척, 잠수함 60척, 전투함 140척, 상륙함 48척이 있다. 러시아 해군은 태평양, 흑해, 발트해, 북해에 각각 한 개 함대를 배치했으며, 카스피해에는 한 개의 소함대를 배치했다. 이번 전쟁에서는 튀르키예가 흑해로 향하는 두 개의 해협에 대한 봉쇄 조치를 함으로써 추가적인 해군력 투입이 불가하여 상륙작전이 제한되었다.

러시아의 항공우주군은 병력 16만 5천 명 수준으로 네 개의 지역공군, 세 개의 기능공군, 아홉 개의 방공부대로 구성되었다. 공군 및 방공군은 네 개 군관구에 주요 전투력을 제공하며, 수송사령부, 장거리 항공사령부, 방공 및 미사일

21 하준수, "러시아 국방개혁의 성과와 전망", 『국방대학교 안보과정 정책연구보고서』(2020), pp. 5~38.

방어군, 우주군으로 편성된다. 주요 장비는 장거리 폭격기 214대, 전투기 888대, 공중급유기 15대를 보유하고 있다. 러시아는 우크라이나 공군력에 비해 압도적인 전투기와 폭격기를 보유하고 있음에도 개전 초기 공군력을 적극적으로 운용하지 못했다. 그 이유로는 ① 정밀유도무기의 부족, ② 러시아 지상군 지대공미사일(SAM)과의 공조 미흡, ③ 조종사의 수준 미흡 등인 것으로 추정한다.

러시아의 전략로켓군은 병력 5만 명 수준으로 세 개의 미사일군, 12개의 미사일 사단으로 구성되었다. 이들은 대륙간탄도미사일 등 모든 지상 배치 탄도미사일을 운용한다. 또한 적 지역 내의 핵 공격 수단 및 주요 정치·군사·경제·통신 시설을 파괴하고 작전지역에서 병력 또는 함정의 집결에 대한 타격임무를 수행한다.

러시아의 공수군은 병력 4만 5천 명 수준으로 네 개의 공수사단, 한 개의 공수여단, 세 개의 강습여단으로 구성되었다. 총참모부의 전략기동 예비부대로 경고 없이 임무 수행이 가능하다. 전 세계 최대 규모의 공수부대로 전쟁 시 가장 먼저 공격하고 중요지점을 점령하는 임무를 수행한다. 주요 장비는 장갑차 2,400여 대, 포 600여 문, 지대공미사일 30기를 보유하고 있다.

러시아군은 표면적인 전력에서는 우크라이나군보다 월등히 우세하나, 러시아의 경제력과 산업기반은 우크라이나를 지원하는 미국과 NATO 및 유럽연합의 수준에 비해 열세할 수밖에 없다. 러시아 공군 조종사들이 이번 전투에 임할 수 있는 충분한 비행훈련과 연습, 공중 정밀타격 기량을 갖추지 못한 점이나 군수 보급지원 능력의 제한, 서방의 경제제재로 인한 후속 군수물자를 추가로 생산할 수 없는 상황을 고려할 때 전쟁을 지속할 수 있는 전투력 창출에는 많은 문제가 발생할 것으로 생각된다. 일부 전문가들은 러시아가 심각한 경제난으로 이어져 푸틴 정권의 몰락으로 이어질 수도 있다고 전망하기도 한다.[22]

우크라이나군은 1991년 구소련으로부터 독립 당시 소련군을 인수하여 핵

22 합동군사대학교, 『우크라이나 전쟁 분석: 군사적(합동성) 관점에서의 전훈 분석 및 함의』, pp. 72~88.

무기를 포함하여 세계 4위의 수준이었다. 흑해함대의 18.3%를 인수하여 운영하기도 했다. 그러나 정치 지도자들의 무능과 부패, 징병제에서 모병제로의 정책 전환의 실패, 장병들의 훈련 부족 등으로 전력이 약화할 수밖에 없었다고 생각된다. 우크라이나는 평시에는 기간편성 부대 위주로 운용하고, 전시에 예비군을 소집하여 완편하는 구소련식 징병제와 예비군 동원체제를 유지하고 있다.

우크라이나군은 2014년 크림반도와 돈바스 내전 이후 러시아의 위협에 대응하기 위해 2015년부터 적극적인 국방개혁을 추진했다. 영국 등 NATO에서 전문 교관을 지원받아 NATO 가입을 목표로 한 작전·전투 능력 배양 등을 핵심으로 했다. 또한 미국 등 서방으로부터 현대화된 무기체계를 도입하여 훈련 및 준비태세를 강화했다.

우크라이나군은 통합군제로 국방부장관-총참모장이 지휘한다. 총참모장 예하에 참모총장과 총사령관의 직위를 분리하여 운용하고 있다. 참모총장은 군정 분야를, 총사령관은 군령 분야를 관장하고 있다. 병역제도는 국민개병제와 모병제를 동시에 적용하고 있다. 현재 우크라이나군에 복무 중인 모병은 약 6만 명 수준이며 이들은 동부 교전지역에 우선하여 투입되었다고 한다.

우크라이나군은 지상군, 공군, 해군으로 구성되며, 병력은 25만 5천 명, 준군사병력 7만 7천 명, 예비전력 8만 명 정도를 보유한 수준이다. 이들은 네 개 작전사령부(동·서·남·북부)로 배치되며, 각 작전사령부 예하에는 두 개의 전차 여단과 한 개의 전차대대, 일곱 개의 기계화보병여단, 네 개의 차량화보병여단, 두 개의 산악여단으로 편성되어 있다. 우크라이나군의 여단은 미군의 여단전투단(BCT) 구조를 모델로 독립작전 수행이 가능하도록 전투·전투지원·근무지원부대를 통합 편성했다. 또한 미군을 비롯한 NATO군과 정기적인 연합훈련으로 정규전 및 비정규전 수행능력을 체득함으로써 러시아군의 여단에 비해 제병협동 능력이 뛰어나고 분권화 전투가 가능하여 러시아군보다 상대적으로 우세한 것으로 알려져 있다.[23]

23 육군대학, "우크라이나-러시아 전쟁연구", 『군사평론』 476호(2022), pp. 35~58.

우크라이나 전쟁이 장기·소모전으로 진행된다면 전투력 창출 측면에서 러시아가 점점 더 불리해질 수밖에 없다. 러시아 자체만의 전력 창출에는 한계가 있지만 미국 중심의 서방측 군사 지원은 요망 상태가 달성될 때까지 지속될 가능성이 크기 때문이다. NATO에서 지원하는 전투기와 미국에서 지원하는 에이브럼스 전차가 우크라이나의 전투력에 통합되는 시기가 오면, 러시아의 현전선 유지 및 점령지역 통합 전략은 위태롭게 될 확률이 높다.

2. 전쟁 패러다임과 전쟁방식의 변화

우크라이나 전쟁은 핵무기를 보유한 강대국과 비핵 약소국 간의 전쟁이라는 점, 제4차 산업혁명 시대에 새롭게 등장한 신무기들의 실험장이라는 점, 지능형 무기체계의 등장으로 새로운 전쟁 수행개념들을 검증해 볼 수 있다는 점 등에서 다양한 분야의 전문가들이 주목하고 있다.

'글로벌 스트라이크'와 '글로벌 미사일 방어'라는 개념이 실효성을 발휘하게 됨으로써 적의 반격으로 인해 용납할 수 없는 피해를 방지할 수 있을 뿐만 아니라 지구상의 어느 지점에서라도 단시간 내에 적의 목표와 군사력을 파괴할 수 있게 되었다. 미국의 경우 고도의 기동성을 갖춘 혼합 형태의 군사력을 창출하는 데 목표를 둔 전 지구적 통합작전의 교리를 채택하고 있다. 모자이크전이나 합동전영역작전의 개념이 그것이다. 또한 인간의 마음을 대상으로 하는 인지전의 개념을 발전시키고 있다.

러시아 총참모장 게라시모프는 국가 간 분쟁 해결에서 군사적 수단보다는 비군사적 수단의 활용이 더 중요할 수 있다는 점을 통찰하여 군사작전 시 군사적 수단과 비군사적 수단의 활용 방법을 중요시하는 하이브리드전 수행모델을 제시했다.

전쟁 패러다임과 전쟁방식의 변화는 전장 영역별 군사작전 수행 모습을 관찰함으로써 도출해 볼 수 있다.

1) 지상작전

우크라이나군은 러시아군의 핵심취약점과 연계된 작전환경의 공간을 분석하여 적의 북부축선 키이우 방어에 성공함으로써 반격의 여건을 조성할 수 있었다. 우크라이나군은 내선작전의 이점을 활용하여 적 부대의 기동을 거부하는 중간 기지와 비행장, 주요 기동로를 거부하여 적이 수도에 이르는 진격로를 차단함으로써 수도 키이우 방어에 성공했다.

우크라이나군의 하이브리드전 수행은 비대칭적 전력 운용 방법에서 식별할 수 있다. 비대칭적 전력 운용은 작전 상황에 따라 저가의 맞춤형 무기체계를 융통성 있게 구성한다. 상용기술인 인터넷망을 활용하여 민간인으로부터 실시간 다양한 정보를 획득함으로써 소규모의 민·군 분산작전을 수행했다.

우크라이나군은 러시아군의 취약점을 적시에 공격하기 위해 지상작전 수행개념을 개발했다. 그것은 첫째, TB2 드론에 장착된 레이저 유도 미사일을 사용하여 러시아군 방공 및 전자전 장비를 원거리(8~15km)에서 파괴한다. 둘째, 러시아군 전자전 차량은 정지 시에만 운용하는 약점을 활용하여 중거리(4km)에서 재블린 등 대전차무기로 파괴한다. 셋째, 단거리에 접근한 적들에 대해서는 자폭드론이나 상업용 드론을 개조한 대전차 수류탄 투하 드론을 활용하여 공격한다.

2) 해상작전

우크라이나군은 델타 시스템[24]을 기반으로 전장 상황인식을 정확히 할 수

24 델타 시스템은 드론 데이터, 위성, 센서 및 인적 자원을 통합한 대화형 지도를 생성하여 러시아군의 공격을 추적할 수 있도록 하는 상황인식 소프트웨어를 통칭하는 용어다. 델타 체계는

있게 됨으로써 지·해·공 전력과 우주 및 사이버 전력을 통합적으로 운용할 수 있었다.

우크라이나군의 해상작전 개념은 기뢰를 이용하여 러시아 해군이 해양으로 진출하는 것을 거부하고 우크라이나의 항구를 방어하는 것이었다. 오데사항에 보호 기뢰를 부설함으로써 러시아 함대의 상륙 시도를 저지할 수 있었다. 또한 러시아 함정의 기동을 제한하여 취약점 노출을 유도하고 웹킬 중 하나인 넵튠 대함미사일을 발사하여 모스크바함을 격침시켰다. 즉 감시정찰자산(ISR)과 기뢰 및 해안순항미사일(무기체계)을 스타링크(Starlink)[25]에 연결하여 신속한 감시-결심-타격체계를 유지하는 것이 항구방어의 성공 요인이 되었다.

3) 공중작전

우크라이나군의 공중작전 개념은 정보 우위를 기반으로 적보다 빠른 결심과 그 실행 역량을 요구하는 결심중심전(Decision-Centric Warfare)을 수행했다. 스타링크(Starlink) 시스템에 기반한 DELTA 시스템이 연동됨으로써 지휘통제의 핵심역량이 갖춰져 적보다 신속한 정찰감시-결심-타격체계 운용이 효과를 발휘한 것이다.

러시아 항공기는 우크라이나가 보유하고 있는 구형 장거리 방공시스템으로 인해 저고도 비행이 불가피하게 되었으며 저공비행 하는 러시아의 전투기는 MANPAD[26]의 표적이 되었다.

지형정보체계를 활용하여 피아 위치정보를 가시화해주고, 공중 및 지상 감시자산을 활용하여 표적정보를 최신화하며, 작전 실시간 표적정보를 전송해준다.

25 스타링크는 우주 프로젝트의 일환으로 기계공학·컴퓨터공학·컴퓨터공학·우주산업 등 여러 기술 분야가 합쳐진 융합기술이다. 지구를 중심으로 수백 대의 저궤도 위성을 쏘아 올려 전 세계 어디서나 데이터 네트워크의 연결이 가능하게 해주는 네트워크 통신 기술이다.

26 MANPAD(Man Portable Air Deference System)는 개인 또는 소규모 그룹이 발사하여 항공기나 헬리콥터를 파괴할 수 있는 단거리, 경량 및 휴대용 지대공미사일이다. 공중공격으로부터 부대를 보호하는 데 유용하며 저공 비행기를 격추하는 데 효과적이다.

4절 한반도 미래전에 주는 함의

우크라이나 전쟁에서 표출되고 있는 전쟁의 방식은 군중 속의 전쟁이면서 유·무인 복합체계를 활용한 민군조합형 분산 작전의 수행이라고 할 수 있다. 비핵 약소국인 우크라이나가 핵 강국인 러시아의 공격을 효과적으로 저지하고 있는 방식인 만큼 한반도 안보와 미래전에 주는 함의가 많다고 생각한다.

우크라이나와 한국의 지정학적 유사성을 비교하여 한반도에서 발생할 수 있는 최악의 시나리오를 구상해봄으로써 명확한 함의를 밝힐 수 있다.

1. 한반도의 미래전 양상 추정

미국은 서반구의 지역 패권국이며, 중국은 아시아에서 급부상하고 있는 잠재적 지역 패권국이다. 미국은 중국이 지역 패권국이 되는 것을 차단하기 위해 이 지역의 역외 균형자(Offshore Balancer)로서 아시아로의 회귀를 선포하고 다양한 세력균형 정책을 펼치고 있다. 쿼드, NATO의 역할 강화, 한미-미일 동맹의 강화 등이 이러한 맥락에서 탄생했다. 또한 모자이크전, 합동전영역작전(JADO) 등 전쟁 수행개념에서의 혁신을 추구하고 있다.

한미동맹은 태생적으로 북한의 위협에 대응하기 위한 것으로 북한지역을 포함한 한반도 전체의 안보 문제를 해결하기에는 한계가 있다. 우크라이나의 경우 전쟁이 있기 이전에 친러 정책을 버리고 친서방 정책의 천명을 분명히 하고, EU와의 관계 개선 및 NATO 회원국이 되기 위해 노력했다. 이러한 노력 때문인지 미국 및 NATO 회원국들은 동맹관계가 아님에도 불구하고 군사적 지원을 지속하고 있다.

중국이 북한지역을 무력으로 침공했을 때 북한을 군사적으로 지원할 국가들을 검토할 필요가 있다. 우선 미국이다. 미국은 중국과의 전면전을 피하고자 우크라이나전의 경우처럼 직접적인 군사력을 투입하는 것보다 북한이 대리전을 수행할 수 있도록 군사적 지원에 한정할 것이다. 다음은 한국이다. 한국은 한반도의 통일을 목표로 북한군과 함께 중국군을 격퇴하는 데 총력을 기울여야 한다. 일본은 미국과의 동맹관계를 고려하여 미국의 요청에 응하는 수준에서 군사적 지원을 검토할 것이다. 러시아는 중국과의 협력관계를 유지하기 위해 묵인하는 정도로 중국과 협력관계를 유지할 것이다. 나머지 주변국들은 한반도의 상황에 큰 관심을 기울이지 않을 것이다. 이미 중국의 지역 패권을 인정할 수밖에 없는 상황에서 중국과의 관계를 고려하지 않을 수 없기 때문이다. 이러한 상황이 된다면, 중국은 북한지역에서 어느 정도의 완충지대를 확보하는 선에서 협상에 의한 종전을 시도할 것이다. 점령지역의 범위로는 휴전선, 평양~원산선, 청천강~함흥선 등을 고려해 볼 수 있다.

결국 한국은 중국과의 군사적 충돌을 대비해야 한다. 첫째, 한국은 무력 충돌 이전에 주변국 간 군사협력 강화 정책을 적극적으로 추진하여 중국의 세력 팽창을 견제하고, 필요시 군사적 지원을 요청할 수 있을 정도의 신뢰 관계를 구축해야 한다. 군사협력 대상 국가는 한미동맹의 강화에 도움을 주면서 중국과 갈등을 빚고 있는 국가들이다. 인도, 베트남, 필리핀, 호주 등이 적합해 보인다. 이들의 공통점은 중국에 비해 국력이 열세하고, 지리적으로 인접해 있으며, 중국의 팽창을 심각한 위협으로 인식하고 있다는 점이다. 또한 유엔사 회원국들과의 군사협력 강화다. 16개국의 유엔사 회원국들은 한반도 유사시 참전을 약속한 국가들이다. 이들과 포괄적 안보 협력관계를 강화함으로써 중국의 무력 침공을 응징하는 데 동참할 수 있는 공감대를 형성해놓아야 한다. 유엔사 후방기지가 있는 일본과의 군사 협력관계 구축도 중요한 과제다.

둘째, 중국의 무력 침공을 거부할 수 있는 비대칭적 대응능력을 갖추어야 한다. 우크라이나군이 저렴한 무장형 드론을 활용하여 값비싼 러시아 전차를 파괴했듯이 가성비가 높은 무인체계를 개발하여 중국의 전투력을 원격으로 타격할 수 있는 시스템을 구축할 필요가 있다. 스타링크나 델타 시스템처럼 상용 네트워크 기술을 무기체계와 연계하여 실시간 민·군 분산작전이 가능할 수 있도록 만드는 것이다.

셋째, 폐쇄된 북한 사회를 개방된 사회로 유도할 수 있는 활동들을 강화해야 한다. 북한 주민들이 자유민주주의와 시장 경제체제의 우월성을 깨달을 수 있도록 언론매체와 출판, SNS 등 다양한 접촉의 기회를 만들어주어야 한다. 민족의 동질성이나 정체성이 확립되지 않는다면 통일한국의 미래는 기대하기 어렵기 때문이다. 우크라이나 돈바스 지역에 있는 친러 반정부 세력들이 두 개의 인민공화국을 선포하고 분란전을 일으켜 러시아의 공격 명분을 제공했듯이 북한 주민들의 적극적인 협력이 없다면 중국의 침공을 막기가 힘들 것이다. 지금부터라도 통일 여건을 조성하기 위한 '인지전(Cognitive Warfare)'을 시작해야 한다.

넷째, 한국이 주도할 수 있는 한·미 연합방위체제를 발전시켜야 한다. 우크라이나 전쟁은 국제협력전이다. 약소국인 우크라이나는 상용기술과 연합·다국적 전력을 통합적으로 운용하여 러시아의 진격을 저지했다. 합동작전이 가능했던 것은 우크라이나가 NATO의 교리를 배우고 훈련과 연습을 통해 숙달되어 있었기 때문이다. 한반도 통일전쟁은 한국군 주도의 합동작전이 주가 되어야 한다. 동맹국과 군사적 지원국들의 다양한 전력을 효과적으로 운용하기 위해서는 평시부터 훈련되어야 한다. 국제협력전을 수행할 수 있는 능력 중에서 필수적인 것은 합동전영역지휘통제(JADC2) 체계 구축이다. 한반도 전체를 '감시-결심-타격'할 수 있는 상황인식 및 위성통신 체계를 구축해나가야 한다.

다섯째, 국민의 정신 무장 확립이다. 이번 전쟁에서 보았듯이, 도시지역으로 진격하는 러시아의 탱크를 맨몸으로 가로막고 빨리 돌아가라고 고함치던 우크라이나 시민이 있었다. 화염병을 던지며 도시를 방어하는 시민도 있었다. 전쟁은 기계가 아닌 인간이 수행하는 활동일 수밖에 없다. 인간의 활동을 지배하는 것은 정신이다. 평시부터 전 국민을 대상으로 호국정신 고양 교육 프로그램을 제도화해야 한다.

2. 전쟁방식의 진화

우크라이나 전쟁에서는 화염병으로부터 정찰·자폭드론, 수류탄 투하 무장형 드론까지 재래식 무기와 첨단 과학무기가 혼합되어 운용되고 있다. 또한 '전장 밖의 전쟁'으로 서방 대 러시아가 정치·외교·경제·여론·법률전을 치열하게 펼치고 있다.

군중 사이의 전쟁이다 보니 민간 요소와 통합된 합동작전이 시너지 효과를 발휘하고 있다. 국민이 가지고 있는 휴대폰 및 네트워크 망을 통해 전파되는 적에 대한 정보는 유인된 타격 지점에서 최적의 무기로 공격하는 민·군 통합 분산작전이 효과를 발휘했다. 저렴한 상용 드론을 개조하여 수류탄을 투하하거나 적 전차와 함께 자폭하게 함으로써 가성비 높은 파괴의 효과를 창출하기도 했다.

이번 전쟁에서 나타난 전쟁의 양상은 군사와 비군사적 수단이 결합한 하이브드리전, 전쟁 당사국과 군사적 지원국이 참가한 국제협력전, 인간의 정신을 공격 대상으로 한 인지전, 적보다 빠른 결심과 조치를 강조하는 결심중심전, 각종 탐지 센서망-지휘통제망-타격체계망을 연결함으로써 실시간 상황파악 및 지휘통제가 가능해진 네트워크 중심전 등이었다.

한국의 전쟁방식은 핵무기를 고도화시키고 있는 북한의 도발을 억제하고, 억제 실패 시 조기에 주도권을 확보하여 반격함으로써 신속히 국경선을 확보하며, 제3국의 개입을 차단하여 통일 여건을 조성하는 방법이다. 이것은 재래식 전력 위주 대칭 전략이며, 지역점령과 전선 북상을 목적으로 하는 선형전략이고, 주력을 격멸하면서 진격하는 섬멸전략이라고 평가받는다.[27]

러시아가 이번 전쟁에서 우크라이나를 침공할 때 사용했던 기계화부대 위주의 '기동마비전'에 가까운 방식이다. 러시아의 기갑·기계화 부대인 120여 개의 대대전술단(BTG)은 우크라이나의 도시지역에서 상대적으로 저렴한 무장형

27 한윤기·손한별, "한반도 전략환경의 변화와 한국의 전쟁전략", 『국가전략』 제26권 4호(2020), p. 161.

드론이나 대전차무기에 파괴되어 그 임무를 달성하지 못했다. 산악과 하천, 열악한 북한의 지형적 특징을 고려할 때 기동마비전 수행의 성공 가능성은 희박하다고 할 수 있다.

기동에 의한 적 지역의 점령이 어렵다면, 정밀화력에 의한 마비전을 수행하는 방식을 고려할 수 있을 것이다. 스타링크나 델타 시스템처럼 정보 우위의 네트워크 기반하 '정밀타격 화력전'을 수행하는 방식이 검토되어야 한다. 미국이 최근 발전시키고 있는 모자이크전이나 합동전영역작전(JADO)과 맥락을 같이하면서 한미동맹의 차원에서 기술협력과 상호운용성을 보장받을 수 있는 공동의 노력이 이루어져야 한다.

한국형 정밀타격 화력전 방식은 중국의 북한지역 침공의 대응 방안으로도 활용할 수 있다. 한국군이 북한지역에 투입될 수 없는 상황에서도 장거리 미사일과 폭격으로 중국 지상군의 진출을 저지할 수 있기 때문이다. 중국이 미국의 태평양에서의 접근을 차단하기 위해 제1·제2도련선을 선정하여 장거리탄도미사일부터 중장거리 미사일 체계를 해안에 배치하고 있는 것과 같이 사거리별 타격 수단을 갖춘다면, 기동으로 인한 손실과 시간의 지연 없이 중국군의 진출을 저지할 수 있을 것이다. 이 방식은 중국의 A2/AD 체계를 모델로 하여 한국형 반접근·지역거부 전략개념을 발전시키는 것이다.

5절 결론

우크라이나 전쟁은 핵을 보유한 군사 강국 러시아가 비핵 약소국인 우크라이나를 기습적으로 침공하면서 시작되었다. 군사력의 차이만을 생각하면 우크라이나가 빠르면 72시간, 길어도 3주 이내에 항복할 것으로 생각되었다. 그런데 우크라이나는 현재에도 러시아의 공세를 차단하고, 상실한 지역을 탈환한다는 작전목표를 갖고 대대적인 공세를 준비하고 있다.

왜 이러한 결과가 만들어졌는가? 우선 군사전략적 관점에서 이유를 찾는다면, 군사전략 목표-개념-수단 간에 불균형이 심화되었기 때문이다. 군사전략 목표가 수도 키이우 등 주요 도시를 장악하고 전쟁지도부를 제거하며, NATO군 개입을 차단하는 것이었다면, 초기 북부축선 주 노력 방향에 전투력을 집중하고, 선두제대의 공격이 둔화되었을 때는 후속제대 또는 예비대를 투입하여 초기의 성과를 확대해나가야 했다. 우크라이나의 중심인 수도 키이우나 젤렌스키의 리더십을 온전하게 놔두고 북부전선에서 철수한 것이 가장 큰 실책이었다. 전략 목표 선정은 적합했으나 이를 위한 자원(수단)의 할당이 잘못됨으로써 군사전략 균형이 무너져 생긴 결과다.

군사력 운용 관점에서 본다면, 러시아는 군사적 최종상태-중심-핵심취약점 공략 등 일련의 작전선 선정이 잘못되었다. 전략목표나 군사적 최종상태가 변경될 경우, 새로운 계획을 수립하거나 준비된 보조계획 또는 예비계획을 시행해야 한다. 러시아의 경우 동남부 축선으로 전선을 조정한 이후에 전략목표나 군사적 최종상태를 조정하거나 새로운 계획을 수립하거나 해야 했는데 그러한 새로운 형태의 군사력 운용이 관찰되지 않았다. 즉 작전적 수준의 활동이 미흡했다. 또는 그러한 역할을 담당하는 작전적 수준의 지휘관이 없었다고 생각된다.

군사력 건설 관점에서 분석한다면, 러시아는 4차에 걸친 국방개혁을 통해 2020년대 강한 군대 건설 목표를 달성했다고 자평했다. 그런데 러시아가 초기 북부축선 공격에서 대량피해를 입었을 때 전투력 복원이나 재편성의 능력이 보이지 않았다. 파괴된 전차나 장비는 방치되고, 연료가 떨어진 장비들은 도로 상에 방치되어 있었다. 이러한 군대가 세계 2위의 강한 군대라고 평가하기엔 한참 모자라 보인다. 군사력 창출에 있어서 계획대로 진행되는 게 없어 보인다.

우크라이나가 러시아의 공격을 저지하고 반격의 기회를 만들 수 있었던 이유는 미국, NATO 등 서방의 군사적 지원 때문이기도 하지만, 젤렌스키 대통령의 전쟁지도와 국민의 단합된 애국심이 있었기 때문이다. 우크라이나는 스타링크 및 델타 시스템을 활용하여 정보 우위를 달성하고, 유·무인 복합전 및 민군 통합의 분산작전을 수행한다. 이러한 작전의 특징은 저렴한 무기를 사용하여 고가의 적 장비를 파괴하는 가성비 높은 전투 성과를 달성한다는 것이다.

우크라이나 전쟁이 한반도의 안보와 미래전에 주는 함의는 한국은 중국의 북한지역 무력 침공 상황에 대비해야 한다는 것이다. 대비 방향은 첫째, 한반도 주변국 간 군사협력 강화 정책을 적극적으로 추진하는 것이다. 특히 인도, 베트남, 필리핀, 호주 등 중국의 세력 팽창을 자국의 안보 위협으로 인식하고 있는 국가들이다.

둘째, 중국의 무력 침공을 거부할 수 있는 비대칭 대응능력을 갖추는 것이다. 우크라이나가 실행하고 있는 드론 등의 유·무인 복합전과 민·군 통합 분산작전이 가능한 체계가 요망하는 능력이다.

셋째, 북한 주민을 대상으로 하는 인지전을 강화해야 한다는 것이다. 민족의 동질성 회복을 위한 노력이면서 폐쇄된 북한 사회를 개방시킬 수 있는 노력을 강화해야 한다.

넷째, 한국이 주도하는 한·미 연합방위체제를 발전시켜야 한다. 한반도의 통일전쟁은 한국군 주도-미국군 지원의 방식으로 추진될 수밖에 없기 때문이다.

다섯째, 국민의 호국정신 함양 교육 강화다. 미래전은 도시지역의 군중 속에서 이루어질 가능성이 크다. 이런 환경에서는 국민의 결사 항전 의지만큼 강력한 전투력은 없다.

끝으로 한국의 미래전 수행방식은 '한국형 A2/AD' 체계를 운용하는 것이다. 정보 우위 네트워크 기반하 '정밀타격 화력전'을 수행하는 방식이다.

이 연구는 공개된 자료의 부족으로 관찰을 통한 추론의 결과물이다. 주관적 추정에 의한 내용이므로 실체와는 다를 수가 있다. 하지만 군사교리와 연구물들을 종합적으로 활용했으므로 전쟁에 대한 통찰력을 제공하는 데는 제한이 없다. 향후 전쟁이 종결되고 나면 지금의 분석내용들을 참고하여 실체적 진실을 밝혀볼 기회를 얻게 될 것이다.

참고문헌

국문 단행본 및 논문

김남철·최영찬·한상근 역.『새로운 영역에서의 전쟁수행, 인지전』. 논산: 합동군사대학교, 2022.

김재엽. “미국의 공해전투(Air-Sea Battle): 주요 내용과 시사점”.『전략연구』vol. 19, no. 54, 2012.

설인효. “비전통 안보위협의 부상과 한미일 안보협력 방안”.『한일군사문화연구』제31집, 2021.

손한별. “경쟁 개념의 한국군 적용 검토”.『제22-2차 홍릉 군사전략 포럼』. 2022. 9. 30.

송은희. “비전통 안보 위협요인 분석 및 대응방안”.『사회과학연구』27(1), 2016.

육군대학. “우크라이나-러시아 전쟁 연구”.『군사평론』제475호, 2022. 9.

_____. “우크라이나-러시아 전쟁 연구”.『군사평론』제476호, 2022. 12.

존 J. 미어세이머, 이춘근 옮김.『강대국 국제정치의 비극』. 서울: 김앤김북스, 2017.

최영찬.『미래의 전쟁 핸드북』. 논산: 합동군사대학교, 2022.

충남대학교 국가전략연구소.『2040년대 비전통 안보위협에 대한 적정 국방의 역할 및 요구능력 요구』. 서울: 국방부, 2022.

하준수. “러시아 국방개혁의 성과와 전망”.『국방대학교 안보과정 정책연구보고서』, 2020.

한윤기·손한별. “한반도 전략환경의 변화와 한국의 전쟁전략”.『국가전략』제26권 4호, 2020.

합동군사대학교.『’22년 합동교리발전 세미나』. 2022.

_____.『우크라이나 전쟁 분석: 군사적(합동성) 관점에서의 전훈 분석 및 함의』. 합동군사대학교, 2022.

합동참모본부. 합동교범 0,『군사기본교리』. 서울: 합동참모본부, 2022.

영문 단행본 및 논문

“DARPA Tiles Together a Vision of Mosaic Warfare.” https://www.darpa.mil/work-with-us/darpa-tiles-together-a-vision-of-mosiac-warfare (검색일: 2023. 5. 19.)

“Implementing Decision-Centric Warfare: Elevating Command and Control to Gain an Optionality Advantage.” https://www.hudson.org/national-security-defense/implementing-decision-centric-warfare-elevating-command-and-control-to-gain-an-optionality-advantage (검색일: 2023. 5. 19.)

"Joint All-Domain Operations (JADO) integrates platforms, sensors, weapons, and joint all-domain command and control (JADC2) systems." https://lockheedmartin.com/en-us/capabilities/multi-domain-operations.html (검색일: 2023. 5. 19.)

Michael E. Hutchens et. al., "joint Concept for Access and Maneuver in the Global Commons ; A New Joint Operational Concept." Joint Force Quarterly 84, Jan. 27, 2017. https://ndupress.ndu.edu/Media/News/Article/1038867/joint-concept-for-access-and-maneuver-in-the-global-commons-a-new-joint-operati/ (검색일: 2024. 2. 23.)

TRADOC Pamphlet 525-3-1 (2022), "The U.S. Army in Multi-Domain Operations 2028." https://www.army.mil/article/243754/the_u_s_army_in_multi_domain_operations_2028 (검색일: 2023. 5. 19.)

U.S. Department of Defense, "Joint Operational Access Concept (JOAC)." https://dod.defense.gov/Portals/1/Documents/pubs/JOAC_Jan%202012_Signed.pdf (검색일: 2023. 5. 19.)

2장
무인기 운용 관점*

* 이 글은 『국방연구』 66권 2호, 2023년에 발표한 논문을 수정 및 보완한 것이다.

1절 서론

합동참모본부 자료에 의하면, 2022년 한 해 북한이 자행한 미사일 도발은 역대 최대인 약 41차례(탄도미사일+순항미사일)였다. 이것은 2021년 대비 약 다섯 배 정도 증가된 수치이며, 김정은 집권 이래 최다 횟수다. 발사한 미사일 수도 약 89발로 북한 보유 추정 미사일 발수의 약 1/12~1/15 정도에 해당하는 양이다.[1] 아울러, 북한은 현 정부 출범 이후에도 도발 강도를 지속 증가시키며, 판문점 선언과 함께 이루어진 '9·19 남북군사합의'를 유명무실하게 만들었다. 무엇보다도, 2022년 11월 초에는 '대남군사작전'이라는 미명하 전대미문의 대규모 도발과 함께 탄도미사일을 울릉도 지역으로 발사하여 공습경보를 울리게 했다. 그것도 모자라, 12월 말에는 2014년 파주 소형무인기 추락 사건 이후 8년 만에 서울 상공뿐만 아니라 경기 김포와 파주, 인천 강화지역 상공에 소형무인기 다섯 대를 침투시키며 온 국민뿐만 아니라 전 세계를 놀라게 했다.[2] 그렇다면 왜 한국군의 군사적 대응과 지속적인 대북 경고성명에도 북한은 소형무인기 영공 침범과 같은 강도 높은 도발을 지속하는 것일까? 또한, 반복되는 북한 소형무인기 도발의 의도는 무엇이며 한국군은 어떻게 준비하고 대응해야 할까?

이에 대해서 일부 언론에서는 저강도 도발을 통한 안보 불안감 고조, 대정부 신뢰 저하 및 남남갈등 유도 등과 같은 북한의 정치·전략적 목적 달성에 방점을 두고 설명하고 있다.[3] 또한, 일부는 북한의 핵·미사일 고도화에 대응하기 위

---

1 반종빈·김영은·김민지, "최근 북한 미사일 발사 및 도발일지", 『연합뉴스』(2022. 12. 31.)(검색일: 2023. 3. 12.). 미사일 도발 횟수와 발수가 각 기관 및 출처에 따라 조금씩 다른 이유는 북한의 '대남군사작전' 기간인 11월 2일부터 5일까지 발사한 횟수와 발수가 정확하지 않아 대략적인 추정 숫자로 계산되었기 때문이다. 이 장에서는 합참자료와 연합뉴스에 보도된 자료를 근거로 했다.

2 "북한 무인기: 서울까지 침투한 북한 무인기가 격추되지 않은 이유", 『BBC News Korea』(2022. 12. 27.)(검색일: 2023. 2. 28.).

3 조의준·노석조, "북 의도대로 남남갈등에 빠져", 『조선일보』(2023. 1. 7.)(검색일: 2023. 2. 28); "북한 무인기: 서울까지 침투한 북한 무인기가 격추되지 않은 이유", 『BBC News Korea』.

한 한국군의 3축 체계 확충과 한미동맹의 확장억제 실행력 제고에 추가적인 비용을 부과하기 위해, 재래식 전력인 무인기를 활용하여 저강도지만 고비용 대응이 필요한 체계 구축을 강요한다고 전술적 목적에 방점을 두고 설명하고 있다.[4]

물론, 현재의 강 대(對) 강 상황에서 북한의 소형무인기 영공 침범과 같은 과감한 도발을 통해 새로운 정부와 한국군을 상대로 단기 전략적 우세효과를 달성하기 위한 행동이었다는 해석도 일정 부분 설득력이 있다. 그러나, 북한은 1970년대부터 이미 무인기에 관심을 보이며 중국, 러시아, 시리아, 이란 등으로부터 무인기 관련 기술 획득에 노력해왔다. 그리고 첫째, 2012년 김정은이 집권하자마자 첫 군사훈련 참관지로 무인기 부대를 방문했다는 점, 둘째, 2014년부터 2017년까지 다섯 차례의 북한 소형무인기의 영공 침범이 있었다는 점, 셋째, 2021년 1월 8차 당 대회에서 핵·미사일과 함께 500km를 정찰할 수 있는 무인기 개발을 강조한 사실 등을 고려해 볼 때,[5] 북한은 장기적인 발전계획을 가지고 무인기를 쉬지 않고 개발 및 발전시켜왔다고 평가해야 할 것이다.

따라서, 북한의 무인기 도발 의도를 분석할 때는, 상황이나 시간 속에서 발생 가능한 북한의 도발 기회 요소만을 반영한 단기전략 중심으로 한국군의 대응방안을 수립해서는 안 된다. 이것은 장기적으로 북한이 획책할 수 있는 다양한 도발 상황과 전시 북한의 무인기 운용 양상 대비 측면에서 다양한 문제점을 노정할 가능성이 크기 때문이다. 또한, 북한은 최근 러시아-우크라이나전에서 약소국인 우크라이나군이 무인기를 활용하여 러시아의 키이우 점령을 저지하고 돈바스 중심 특별군사작전으로 전세를 전환시키는 과정을 분석하고 있을 가능성이 크다.[6] 그러므로, 북한의 무인기 도발에 대해 지속 가능하며 전시 대비 효과적인 대응방안을 고안하기 위해서는, 북한이 생각하는 단기 전략적 목표와 함

4 남성욱, "북 무인기 도발에서 배워야 할 교훈", 『한국일보』(2023. 1. 16.) (검색일: 2023. 2. 28.).

5 정영교, "김정은 이상했던 '미끄럼틀 구경'... 무인기, 10년 비밀작전이었다", 『중앙일보』(2022. 12. 30.) (검색일: 2023. 2. 28.).

6 합동군사대학교, 『우크라이나 전쟁 분석: 군사적(합동성) 관점에서의 전훈 분석 및 함의』(합동군사대학교, 2022), p. 177.

께 북한의 무인기 발전 방향 및 러시아-우크라이나전 전훈 분석이 반영된 중·장기 전략적 개념을 동시에 충분히 고려해야 한다. 이와 같은 방식으로 제시되어야 향후 북한이 발전된 무인기 능력을 사용하여 또 다른 영공 침범 도발을 할 경우뿐만 아니라, 전시 무인기를 운용한 정찰 및 공격 등에 대해 단호하게 대처할 수 있기 때문이다. 아울러, 국지도발이나 전면전 상황에서도 북한의 무인기 공격에 성공적인 거부 및 격파를 장담할 수 있는 방책과 함께 이에 대비할 수 있는 올바른 군사력 건설 방향을 결정할 수 있기 때문이다.

이러한 관점에서 이 글의 목적은 북한의 도발 의도 및 목적을 평가하고, 우크라이나 전쟁에서 양국의 무인기 운용사례를 기반으로 북한의 향후 무인기 개발 및 운용전략을 분석한 후, 이를 기초로 우리의 대응방안을 제시하는 것이다. 이 글의 연구범위 및 기간은 북한 김정은 정권이 들어선 2012년부터 현재까지의 무인기 발전상황 및 전시 운용사례들을 대상으로 선정했다. 문제해결을 위한 접근방법은 사례연구를 통한 질적 연구방법(Qualitative Research Method)으로, 언론 보도나 연구논문에서 제시한 다양한 실례 등을 기초로 비교 및 분석했다. 그 이유는 단일 또는 소수 사례를 근거로 했을 시 발생할 수 있는 선택 편향(Selection Bias)과 연구자 개인의 생각이나 경험적 영향으로 인한 해석 편향(Interpretation Bias)을 최소화하며 일반화될 수 있는 이론적 설명을 하기 위함이다.[7]

다음 절에서는 무인항공기 체계의 분류에 대해서 이론적으로 고찰하고, 소형 무인기의 적절한 기준에 대해서 논의했다. 3절에서는 북한의 무인기 도발 의도가 회색지대 전략 측면에서 어떠한 의미를 지니는지를 평가했고, 4절에서는 러시아와 우크라이나의 전쟁 중 무인기 사용 사례를 분석하고, 이것이 북한의 향후 무인기 개발 및 운용양상에 어떤 영향을 미칠 것인지를 조망했다. 5절에서

7 J. W. Creswell and C. N. *Poth, Qualitative Inquiry and Research Design: Choosing among Five Approaches* (4th ed.)(Sage Publication, 2017), pp. 97~102; G. King, Robert Keohane and Sidney Verba, *Designing Social Inquiry: Scientific Inference in Qualitative Research* (Princeton University Press, 1994), pp. 91~95.

는 합동전투발전요소(DOTMLPF-P)[8]를 중심으로 전·평시 북한의 무인기 운용에 대한 우리의 대응방안 및 군사력 건설 방향을 제시했다. 결론에서는 이 글의 핵심내용을 요약하고 향후 연구방향에 대해 논의했다.

2절 무인항공기 체계(Unmanned Aircraft Systems) 분류에 관한 이론적 논의

무인기의 정의와 분류에 대해서 일치된 개념을 공유하기 위해서 이에 대한 논의를 우선적으로 하고자 한다. 『합동·연합작전 군사용어사전』(2020. 7.)에 의하면, 무인항공기(UAV, Unmanned Aerial Vehicle)는 말 그대로 사람이 탑승하지 않고, 원격조종 또는 자율로 비행할 수 있는 항공기(비행체)라고 정의하고 있다.[9] 비록 이 사전에 정의가 포함되어 있지는 않지만, 이와 동일한 의미로 사용되는 단어가 드론(Drone)이다. 현재 군 내에서나 민간에서도 무인항공기(UAV)와 드론을 구분해서 사용하는 경우는 찾아보기 힘들다. 하지만, 각 군의 무인체계 분류 방식을 살펴보면, 무인 무기체계와 무인 전력지원체계를 설명할 때 무인항공기와 드론이 다른 형태의 체계인 것처럼 분류한 사례가 있다.[10] 국방부에서도 이와 같은 문제를 해결하기 위해 2021년 4월에 〈표 II-2-1〉과 같이 "공중무인체계(드론)"이라는 포괄적인 개념의 용어가 포함된 국방 공중무인체계(드론)

8 합동참모본부, 『합동·연합작전 군사용어사전』(서울: 합동참모본부, 2020), p. 383. 교리(Doctrine), 조직(Organization), 훈련(Training), 물자(Material), 리더십(Leadership), 인력(Personnel), 시설(Facility), 정책(Policy)을 의미한다.

9 합동참모본부, 『합동·연합작전 군사용어사전』, p. 108.

10 김성진, "국방 무인체계 개념 정의와 분류방안", 『국방논단』 제1919호(2022. 11. 10.), pp. 3-4. 무인체계 관련 ① 육군은 드론과 로봇으로 분류, ② 해군은 무인 무기체계와 드론 전력지원 체계로 분류, ③ 공군은 공중 무인전투 체계와 지상 무인전투 체계로 분류, ④ 해병대는 무인항공기, 드론, 로봇, 무인차량으로 분류하고 있다. 따라서, 각 군이 공통으로 사용할 수 있는 드론에 대한 통일된 개념이 필요한 상황이다.

〈표 II-2-1〉 국방 공중무인체계(드론) 분류

대분류	세분류	최대 이륙중량	운용고도(feet)
소형 무인항공기 (Small UA)	그룹-1	25kg 이하	500AGL(Above Ground Level) 이하[12]
중형 무인항공기 (Medium UA)	그룹-2	25~150kg	20,000MSL(Mean Sea Level) 이하
대형 무인항공기 (Large UA)	그룹-3	150kg 이상	20,000MSL 이하
	그룹-4		20,000~60,000MSL
	그룹-5		60,000MSL 이상

* 출처: 국방부, “국방 공중무인체계(드론) 발전 정책지침”(2021. 4.); 임종춘, “북한 무인기 도발 관련 SUAS 대응능력 향상방안”, 『2023-1차 KIMA FORUM』(2023. 2. 14.), p. 3; 임종춘·조승균, “미래전 대비 작전적 민첩성 구현을 위한 자율군집비행 활용 복합작전개념 연구(소형 UAS)”, 『사단법인 21세기군사연구소 용역 연구보고서』(2021. 12. 15.), pp. 6~13.

발전 정책지침을 발간했다.

그러나, 여전히 무인기 분류체계 통일에 대한 각 군과의 소통이 지연되고 있어 용어 사용에 있어 많은 혼란이 발생하고 있다.[12] 게다가, 한국군에서 북한의 소형무인기에 대한 대응책을 세우려고 노력하고 있지만, 소형무인기가 어떤 것인가를 명확하게 정의하고, 모두가 공통으로 인식하고 있는 개념은 찾아보기 힘들다. 무인기의 형태 측면에서 바라보면, 실전에서 사용되고 있는 중·대형 고정익 무인항공기도 많이 있지만, 정찰, 전자전, 폭격 등 다양한 임무를 수행하는 초소형 콥터형 상용드론 등이 앞다투어 등장하고 있다. 앞으로의 비약적인 발전을 고려한다면 결국, 유인항공기의 분류체계와 유사한 독립된 무인기 분류체계 및 명명법이 필요하게 될 것이다. 따라서, 현 단계에서는 공중무인체계(드론)에

11 절대고도(AGL, Above Ground Level)는 지형을 고려한 고도로 지상 물체의 고도에 기준고도(500ft)를 더한 고도를 의미하고, 일정 고도 이상으로 지형에 대한 고려가 불필요할 시 해수면 고도(0ft)를 기준으로 산정한 진고도(MSL, Mean Sea Level)를 일반적으로 사용한다.

12 임종춘·조승균, “미래전 대비 작전적 민첩성 구현을 위한 자율군집비행 활용 복합작전개념 연구(소형 UAS)”, p. 11.

〈표 II-2-2〉 미군 무인항공기 체계(UAS) 구분

무인항공기 구분	최대 이륙중량	정상 작전고도(feet)	속도(Knots)
그룹-1	0~20lbs(9kg)	1,200AGL 미만	100노트
그룹-2	21~55lbs(25kg)	1,200AGL~3,500AGL 미만	100~250노트
그룹-3	56~1319lbs(600kg)	3,500AGL~18,000MSL 미만	100~250노트
그룹-4	1320lbs(600kg) 이상	3,500AGL~18,000MSL 미만	Any Airspeed
그룹-5	1320lbs(600kg) 이상	18,000MSL 이상	Any Airspeed

* 출처: US Department of Defense, "Counter-Small Unmanned Aircraft Systems Strategy"(Jan. 7, 2021), p. 29.

대한 각 군의 공감대가 형성된 포괄적인 분류체계 구축이 필요하고, 이 기준을 바탕으로 한 소형무인기의 범주 설정과 함께 구체적인 대응방안을 고안하는 것이 적절한 순서일 것이다.

항공법을 기준으로 유인항공기는 기체 자체중량, 최대 이륙중량 등을 기준으로 항공기, 경량항공기(자체중량 115kg 초과 ~ 최대 이륙중량 600kg 이하), 초경량 비행장치(1인승, 자체중량 115kg 이하)로 분류된다. 또한, 목적에 따라 민항기, 군용기, 무인기 등으로 분류되고 있으며, 군용기는 임무에 따라 NATO-Code를 사용하여 명명하고 있으며, RQ-4 Global Hawk, MQ-9 Ripper와 같이 무인기에 대해서 'Q'로 분류하고 있다. 그리고, 임무형태에 따라서 'R'은 정찰(Reconnaissance), 'M'은 다목적(Multi-purpose) 등을 의미한다.

그러나, 소형 무인항공기 체계(S-UAS, Small Unmanned Aircraft Systems)에 대해서는 미군 내에서도 각 군 간 차이가 있다. 예를 들면, 미 육군과 미 해군은 그룹-1(최대 이륙중량 9kg 미만)만을 소형 무인항공기 체계(S-UAS)로 분류하고 있고, 기타 그룹은 무인항공기 체계(UAS)로 분류하고 있다. 미 공군은 그룹-1~3을 소형 무인항공기 체계로, 그룹-4, 5를 원격조종항공기(RPA, Remotely Piloted Aircraft)로 분류하고 있다.[13] 즉, 한국군과 미군 사이에도 2022년 12월 26

13 임종춘, "북한 무인기 도발 관련 SUAS 대응능력 향상방안", p. 3.

일 침투한 북한의 소형무인기에 대해서 통일된 용어로 명명하기에는 다소 제한 사항이 있다는 것을 알 수 있다.

지금껏, 북한이 우리나라에 침투시킨 무인기는 대부분 기폭이 1~3m 수준의 소형무인기다. 이들을 탐지할 수 있는 레이더는 매우 제한적이다. 공군의 레이더는 무인기의 기폭이 대략 6m 이상은 되어야 탐지할 수 있다.[14] 또한, 6m 미만 무인기의 자체중량이 15~20kg 된다고 해도 여기에 임무에 따라 추가 부품을 장착하게 된다고 하면 25kg은 쉽게 초과할 수 있다. 예를 들면, 소형 정찰드론은 카메라를 장착해야 하고, 최근 러시아가 사용하고 있는 이란제 사헤드-136 소형 자폭드론은 기장은 3.5m 정도지만, 자체중량 200kg에 폭탄중량이 30~50kg이므로 최소 230kg을 초과한다.[15] 그러므로, 이 장에서는 문제가 되는 북한의 소형무인기에 대한 대비책을 세우기 위해서, 국방부의 정책지침, 한·미 공군의 분류 등을 바탕으로 소형무인기(S-UAS)의 기준을 ① 크기(기폭 또는 기장) 6m 미만, ② 최대 이륙중량 300kg 이하, ③ 속도는 250kts 이하, ④ 고도는 20,000ft(MSL) 미만인 항공기로 설정했다. 미 공군의 기준(그룹-1~3)을 준용하면서 국방부와 공군의 기준, 러시아-우크라이전 드론 운영사례 등을 반영하여 보완했다. 무인기의 크기를 포함한 이유는 레이더에 잘 탐지되지 않는다는 것이 소형무인기의 가장 큰 전략적 이점이기 때문이고, 속도를 250kts 이하로 확대한 이유는 러시아-우크라이나전에 사용되고 있는 Mavic-3 등과 같은 콥터형 소형 상용 드론의 속도가 100kts 이하인 경우가 많기 때문이다.

---

14 양낙규, "'무인기 대응시스템 갖췄다더니'… 군 내부자료엔 "3m급 이하 탐지 못해"", 『아시아경제』(2023. 1. 29.)(검색일: 2023. 3. 11.).

15 Isabelle Khurshudyan, Mary Ilyushina and Kostiantyn Khudov, "Russia and Ukraine are fighting the first full-scale drone war," The Washington Post (2022. 12. 2.), p. 6. (검색일: 2023. 1. 20.)

3절 북한의 무인기 도발 의도

현시점에서 북한이 왜 소형무인기를 서울에 보냈는지를 결과론적으로만 바라보면 답을 찾기 어려울 것이다. 하지만, 2022년 초부터 현재까지 북한의 도발 양상을 하나의 스펙트럼으로 보고 분석해보면 새롭게 관심을 끄는 부분을 찾을 수 있다.[16]

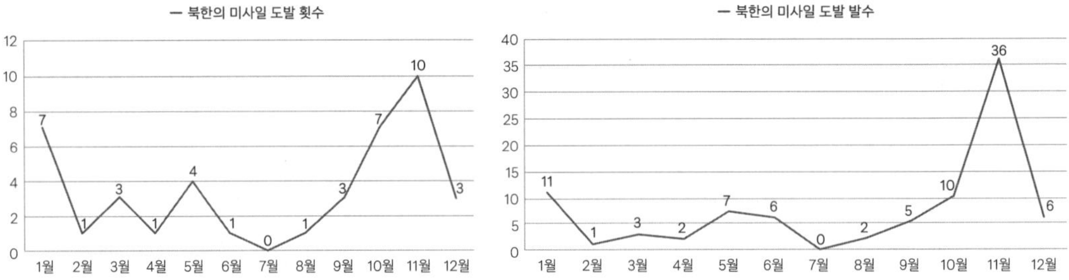

(a) 북한의 미사일 도발 횟수 **(b) 북한의 미사일 발수**

〈그림 II-2-1〉 2022년 북한의 미사일 도발 횟수 및 발수[17]

〈그림 II-2-1〉(a)에 나타난 바와 같이 북한은 연초부터 많은 미사일 도발을 시도했다. 한미 UFS 연합훈련 이후인 9월부터 약 4개월 동안 북한은 미사일을 총 23회 발사했다. 이것은 이전 8개월 동안 18회 발사한 것보다 약 25%나 많은 수치다. 〈그림 II-2-1〉(b)에 나타난 바와 같이 미사일 발수는 57발(9월 이후) 대 32발(1~8월)로, 기간이 1/2임에도 약 20%나 증가한 수치다. 특히, 2022년 11월 북한의 '대남 군사작전' 기간에 시행한 대규모 도발로 인해 미사일 도발 횟수 및 발수가 급격하게 증가했다. 이 당시 북한은 "우리의 이태원 사고 및 미국의 중간선거와 같은 이벤트들이 한미의 대응을 최소화하며 자신들의 도발 효과를

16 북한의 미사일 도발 횟수는 합참 자료와 반종빈·김영은·김민지(2022)의 연합뉴스 자료를 근거로 했고, 북한의 미사일 도발 발수는 나무위키 2021-2022 북한 미사일 도발을 참조하여 작성했다.

극대화할 수 있는 전략적 여건 즉, 기회"로 인식했던 것으로 추정된다. 이와 같은 시기적 기회 요소는 "노후 미사일 및 탄약 소모 등과 같은 대내적 문제 해결"과 ICBM(화성 15형 추정, 11월 3일) 발사를 통해 "한국과 국제사회에 대한 위협을 극대화하고자 했던 북한의 의지"[17]와 결합되었다. 결과적으로 지대공 미사일(SAM), 단거리탄도미사일(SRBM) 등을 섞어 쏘는 대규모 도발로 이어지며 미사일 발수가 증가한 것으로 평가된다. 즉, 한미연합훈련에 대한 불만을 표현하고자 했던 북한의 의지가 남북 간 강 대(對) 강의 대립상황을 연출했고, 여기에 시기적으로 전략적 효과를 노릴 수 있었던 기회의 창이 북한에게 열림에 따라 미사일 도발의 강도를 높이게 되었다는 설명이다.

2022년 12월 26일에 있었던 북한 소형무인기의 대한민국 영공 침범도 북한과의 강 대 강 대립의 연장선에서 발생했다. 이것은 2022년 11월 2일에 있었던 북한의 SA-5가 NLL 이남 26km 지점에 낙탄 시, 유사한 상황이 다시 발생할 것이라는 예측과 대비가 필요했다. SA-5가 낙하한 지점이 영해는 아니지만, NLL 이남 26km 지점이다. 북한의 미사일이 NLL 남쪽에 떨어진 사례는 분단 이후 처음이다. 설상가상으로, 이에 대한 한국군의 군사적 대응은 2022년 10월 5일 현무-2의 비정상 발사에 이어, 11월 2일 NLL 이북으로 공대지 미사일 세 발 발사 시에도 체계 오류에 의한 발사지연 등 매끄럽지 못한 면모를 보였다.[18] 이것은 북한의 도발을 통한 살라미 전술(Salami-slicing Tactics), 혹은 회색지대 전략(Gray-zone Strategy)에 한국군의 군사적 대응이 충분하지 못했다는 것을 의미한다.[19] 따라서, 이러한 미비점이 북한에게 또 한 번의 시기적 기회라고 오인하게

17 김홍철, "북한의 대규모 군사도발 원인분석과 우리의 대응 및 억제력 향상 방안", 『국방논단』 제1927호(2023. 1. 11.), p. 5; Benjamin A. Most and Harvey Starr, Inquiry, Logic, and International Politics (University of South Carolina Press, 1989), Ch. 2.

18 김재혁, "우리 군 대응 사격 또 차질... 북 NLL 이남 도발 대응 과정서 잇달아 오류", 『채널A』 (2022. 11. 4)(검색일: 2023. 3. 12.), p. 1.

19 북한의 영공침범은 2014년 파주에서 추락된 무인기 발견 외에도 백령도, 삼척, 아 7사단 지역, 인제 무인기 추락 등 밝혀진 것만도 5회다. 여기에 우리가 알지 못했던 무인기 침범까지 고려하면 상당히 많은 횟수의 영공 침범이 있었을 것으로 추정된다.

하며, 소형무인기의 서울 상공 정찰과 같은 더 강도 높은 도발을 두려움 없이 하게 만든 것이라는 평가를 가능하게 한다.

회색지대 전략의 핵심은 현재 상황 변경을 위해 현상 유지를 원하는 국가(Status-quo State, 대한민국)가 강하게 대응하지 않을 정도의 도발을 장기간 실시하며, 점진적으로 현상 타파국가(Revisionist State, 북한)의 전략적 목표를 달성하는 것이다.[20] 만약 현상 유지를 원하는 방어국가가 도발에 대해 결정적으로 대응하지 못하면, 현상타파 국가는 이것을 하나의 성공적인 선례로 인지하고, 계획된 다음 도발로 빠르게 진행한다.[21]

이러한 관점에서 2022년 북한의 도발을 전반적으로 다시 조명해보면, 연초 북한의 많은 미사일 도발에도 과거와 유사한 군사적 대응을 하던 한국군의 모습을 보고 북한은 다음 단계의 증강된 도발을 기획해도 문제가 없을 거라고 판단했을 가능성이 크다. 게다가, 2022년 10월과 11월에 수행된 군사적 대응에서 발생했던 현무-2 비정상 발사, PAC-2와 천궁 발사 실패, 스파이스-2000과 SLAM-ER(-Standoff Land Attack Missile-Expanded Response) 발사 오류 등은 북한의 지도부에 충분한 공포를 유발하며 추가적인 회색지대 도발을 억제할 정도로 결정적이지 못했다.[22] 오히려, 북한이 더 강도 높은 도발을 해도 한국군의 대응이 치명적이지 못할 것이라는 잘못된 생각을 심어주는 계기가 되었을 수도 있었다. 결국, 약 한 달 반 뒤인 12월 26일, 북한은 기만용 무인기 네 대를 포함 총 다섯 대를 이용해 대한민국의 영공을 침범하는 치밀하고도 대범한 도발을 감행했다.

---

20 황원준·이호령, "북한의 회색지대전략: 단거리 미사일 발사 사례를 중심으로", 『국방연구』 제63권 14호(2020), p. 5; Lyle j. Morris, Michael J. Mozarr, Jeffery W. Hornung, Stephanie Pezard, Anika Binnendijk, Marta Kepe, Gaining Competitive Advantage in the Grey Zone (Rand Corporation, 2019), p. 8.

21 Michael J. Mazarr, Mastering the Gray Zone: Understanding a Changing Era of Conflict (Carlisle: U.S. Army War College Press, 2015), p. 35; US DoD, "2022 National Defense Strategy of the USA," US DoD (2022), p. 12.

22 서울평양뉴스 편집팀, "군, 'NLL 이북' 사격 때도 오류... 도발 대응 과정서 '실수 연발'", 『서울평양뉴스』(2022. 11. 4.)(검색일: 2023. 3. 12.)

그렇다면 자위권 차원에서 북한 지역에 군단급 무인 정찰기인 '송골매' 두 대를 MDL 이북 5km 지점까지 정찰시킨 한국군의 맞대응 전략(Tit for Tat)이 북한의 다음 도발을 억제할 수 있을 정도로 결정적이었을까? 연말·연초 방사포 도발을 시작으로 자유의 방패(Freedom Shield, 2023. 3. 13~23.) 훈련이 종료된 이후인 현재까지 북한의 미사일 도발은 끊임없이 이어지고 있다. 다행스럽게도 대한민국의 영공 침범과 같은 도발은 발생하지 않고 있어서, 일부에서는 이러한 측면에서 아군의 대응이 어느 정도 성공적이었다고 평가하기도 한다.

그러나, 2022년 12월 북한 소형무인기 서울 상공 침범은 한국군의 탐지, 식별, 추적, 정보공유 등의 측면에서 많은 보완이 필요하다는 점을 인식하게 했고, 북한 무인기와의 교전 시에도 합동성, 상호운용성, 대응전략 수행 등에서 다수의 문제점을 노출시켰다. 무엇보다도 한국군의 대응이 도발의 실체인 '북한의 영공 침범 무인기'를 격추하지 못했다는 점에서 차후 북한의 무인기 도발을 억제하기 위한 노력은 실패했다. 이와 반대로, 북한은 그들의 작전이 성공했다고 판단할 가능성이 크다. 그러므로, 북한은 다음 단계의 회색지대 전략을 진행한다는 차원에서라도, 또는 한국군이 앞으로 구축할 대응체계 시험 및 남한 내 지속적인 위기 고조를 통한 대국민 혼란 가중 차원에서라도, 약점을 교묘하게 이용한 새로운 형태의 무인기 도발을 재계획할 것이라고 보는 것이 타당하다.

결론적으로, 북한의 평시 무인기 도발은 단기전략 차원에서 전형적인 회색지대 전략과 살라미 전술을 통해 한국군의 사기 저하 및 남남갈등을 부추기기 위해서 수행했다고 평가할 수 있다. 아울러, 앞으로도 지속적이고 다양한 무인기 도발로 대한민국 정부와 군의 추가적인 억제 노력 및 대응 의지를 약화시키며, 궁극적으로 자신들이 추구하는 정치·전략적 목적을 달성하기 위해 노력할 것이라고 추론할 수 있다. 이에 대한 한국군의 충분한 준비와 대응방안 수립이 긴요한 상황이다.

4절 우크라이나 전쟁에서의 무인기 운용사례 분석 및 북한의 무인기 운용방식 전망

북한이 무인기를 운용하고 발전시키는 이유가 단지 도발을 위한 것은 아니다. 북한은 핵·미사일 능력 발전과 함께 자신들의 약점인 정찰능력 향상을 통한 전면전 대비를 위해 무인기 개발에 집중해나갈 것으로 판단된다. 그 과정 중에 단기전략 목표를 추구할 수 있는 평시 여건 조성 또는 기회의 창이 열리면, 북한은 언제든지 무인기의 발전현황을 점검하는 형태의 도발을 시도할 것이다. 즉, 북한의 평시 무인기 도발은 전면전 대비와 같은 중·장기 전략과 연결되어 있다고 보아야 한다. 만약, 전·평시 및 단·장기 전략 차원에서의 북한의 무인기 개발 방향과 목적 분석이 병행되지 않는다면, 근본적인 이해를 통한 우리의 대응방안이 도출되기는 어려울 것이다.

아울러, 왈츠(1979), 아렌귀인 토프트(2001), 클라크 등(2020) 다수의 학자들은 다른 지역의 전쟁에서 승리를 견인했던 군사전략이나 무기체계에 대해서, 경쟁국과의 잠재적인 전쟁에 대비하는 국가들은 자국의 전략 및 군사력 건설에 반영하기 위해 전훈을 연구하고 분석한다고 주장한다.[23] 북한도 예외도 아닐 것이다. 물론, 우크라이나 전쟁이 종료된 상태가 아니기에 국가적 수준에서의 승리전략을 규정하기는 시기상조다. 그러나, 과거의 전쟁형태와는 사뭇 다르게, 러시아와 우크라이나 양국 모두 수천 대의 무인기를 사용하여 자신들의 전략적 목표를 달성하려고 하는 양상이 전쟁 초기부터 현재까지 일관되게 이어지고 있다. 이러한 측면에서 북한도 무인기의 운용전략에 대한 전훈분석을 통해 전략 및 전술 변화를 추진할 것이라는 가정도 배제하기 어렵다. 따라서, 전쟁 이후 북

23 Ivan Arrenguin-Toft, "How the Weak Win Wars: A Theory of Asymmetric Conflict," *International Security 26*(1)(2001), pp. 93~128; Kenneth Neal Waltz, *Theory of International Politics* (Addison-Wesley Publishing Company, 1979); Bryan Clark, Dan Patt and Harrison Schramm, "Mosaic Warfare: Exploiting Artificial Intelligence and Autonomous Systems to Implement Decision-Centric Operations," *Center for Strategic and Budgetary Assessments* (2020), pp. 1~2.

한도 러시아와 우크라이나의 무인기 운용방식 및 전략을 흡수하려고 노력할 것이고, 이것은 북한의 무인기 운용전략, 개발, 훈련 등에 적용되어 발전될 것이라는 예측이 더 개연성 있다고 평가해야 할 것이다. 이와 같은 논리적 사유를 기반으로, 이 절에서는 먼저 우크라이나 전쟁에서의 각국 무인기 운용사례를 분석하고, 이와 연계하여 전시 북한의 무인기 운용방식을 조망해보기로 한다.

1. 러시아의 무인기 운용방식

우크라이나 전쟁에서의 무인기는 과거와는 다르게 전쟁의 모든 플랫폼들과 긴밀하게 연결되어 작전에 활용되고 있다. 러시아의 경우는 전쟁 초기 주요 소형무인기인 오를란(Orlan)-10(〈표 II-2-3〉 ③)을 활용하여 우크라이나 지역 정찰, 관측, 감시, 재밍(Jamming) 및 인명구조, 전투훈련, 라디오 시그널(Radio Signal) 감지 등의 임무를 수행했다. 이것은 120~ 600km까지 텔레메트리 데이터(Telemetry Data)를 전송할 수 있고, 18시간 체공 및 5km까지 상승할 수 있는 전천후 소형 무인체계(wingspan, 3.1m)다.[24] 두 대에서 세 대로 구성된 오를란-10 군집드론은 전방 상공에서 우크라이나군을 정찰하고, 전자전을 수행하여 우크라이나군의 지휘통제 마비를 시도하거나, 표적을 획득하여 대대전술단(BTG, Battalion Tactical Group)의 러시아 포병에 전달하여 즉각적인 공격이 가능하게 했다. 아울러, 전투 피해평가를 통해 지휘부에서 재공격 여부를 결정할 수 있게 했고, 우크라이나 지역 종심에 침투하여 우크라이나군인들을 대상으로 투항하라는 메시지를 전달하는 심리전 등 다양한 임무를 수행했다.

2022년 9월경까지 우크라이나군은 러시아의 오를란-10(〈표 II-2-3〉 ③) 소형무인기를 580여 대 격추했고, 서방의 대러 경제제재로 인해 무인기에 필요한

24 Airforce Technology, “Orlan-10 Unmanned Aerial Vehicle (UAV),” Airforce Technology (2021. 3. 15.).

〈표 II-2-3〉 러시아-우크라이나전에 운용되고 있는 러시아 무인기 현황

구분	크기(m)/무게 (기장×기폭)	항속거리	센서	특징
 ① 모하제르 (Mohajer)-6, 이란	7.5×10/ 670kg	12H(시간), 5km(고도) 203km/ h(속도)	-	정찰/공격용 [무장: 공대공 미사일, 유도폭탄, 로켓(최대 4발)]
 ② 샤헤드 (Shahed)-136, 이란	3.5×2.5/ 199kg	2500km (비행 거리) 185km/ h(속도)	위성 항법	공격용 장거리 자폭 드론 (GPS 신호 유도 36kg 탄약)
 ③ 오를란-10, 러시아	1.8×3.1/ 16.5kg	18H(시간), 5km(고도) 150km/ h(속도)	비디오카메라 (열화상)	표적용 (낙하산 착륙)
 ④ 엘론-3, 러시아	0.56×0.83/ 5.3kg	1H40'(시간), 4km(고도), 120km/ h(속도)	영상증강카메라 (열화상)	정찰용 (낙하산 착륙)
 ⑤ 엘론, 러시아	0.45×1.47	1H(시간), 3km(고도), 100km/ h(속도)	디지털카메라	정찰용
 ⑥ DJI 마빅 (MAVIC)-3, 중국	0.34×0.28/ 0.89kg	46분(시간), 6km(고도), 20m/s(속도)	망원카메라	작은 크기의 접이식 드론 (초경량 비행장치)
 ⑦ 자라 랜싯 (Zala Lancet), 러시아	미상/ 12kg	40분(시간) 약 110km(속도)	-	정찰/공격용 (Lancet1 무장정찰용, Lancet2 충동자폭형 63kg 탄두 장착) * 레이저 요격 파괴 어려움

* 출처: Khurshudyan et al. (2022); BBC (2023); 임종춘(2023); 임종춘·조승균(2021); Airforce Technology (2021) 등

전자부품이 부족하게 되었다. 이로 인해 오를란-10(〈표 II-2-3〉 ③)의 생산에 차질을 빚게 되었고, 전선에서 러시아 무인기의 정찰 활동도 현저하게 감소하기 시작했다. 결국, 적의 위치를 파악하지 못하는 러시아 지휘관들은 후퇴를 결정할 수밖에 없는 상황에 놓이게 되었다. 물론, 러시아가 이렇게 된 요인에는 러시아군의 경직된 지휘통제 체계도 한몫했다. 예를 들면, 전선에서 러시아군이 무인기 및 소형드론 정찰을 통해 주요 표적을 식별했다고 해도, 고위급의 허가를 받아야만 공격을 수행했다. 이와 같은 의사결정 방식은 결국 작전의 템포를 지연 또는 중단시켰고, 때때로 상부의 승인을 기다리는 동안 표적이 사라져서 공격을 포기하는 경우도 있었다.[25] 결과적으로 러시아는 무인기의 공급 제한과 러시아 군내 위임 및 임무지휘 관련 교리 및 훈련 부족으로 1단계 작전이 실패했다고 봐도 무리가 아닐 것이다.[26]

러시아는 무인기에 필요한 전자부품의 부족분을 채우기 위한 노력의 하나로, 중국과 고위급 회담 및 정상회담을 통해 드론 부품을 조달하고자 노력했다. 일 예로, 폴리티코(Politico)지는 임포트지니어스(ImportGenius) 데이터를 인용하여, 2022년 6월부터 12월 사이에 중국 회사가 운용하는 선박이 소총, 방탄조끼 등 군사 물품들과 드론 부품을 탑재하고 12회나 러시아를 드나들었다고 폭로했다. 그리고, CNN에서도 최근 무장탑재가 가능하도록 개조된 중국제 무진(Mugin)-5 드론을 우크라이나군이 격추했다고 보도했다.[27] 또한, 러시아는 경제제재로 인한 작전적 제한사항을 극복하고 우크라이나군의 전쟁지속지원 능력 저하 및 국민의 결사항전 의지 말살이라는 목표 달성을 위해, 이란제 샤헤드-136(〈표 II-2-3〉 ②) 소형 자폭드론(약 2만$)을 활용하여 우크라이나 지역의

---

25 Khurshudyan et al., “Russia and Ukraine are fighting the first full-scale drone war,” p. 6.

26 합동군사대학교, 『우크라이나 전쟁 분석: 군사적(합동성) 관점에서의 전훈 분석 및 함의』, pp. 172~176.

27 Karolina Hird, Riley Bailey, Angela Howard, George Barros, Nicole Wolkov, Layne Philipson, and Frederick W. Kagan, “Russian Offensive Campaign Assessment,” *Institute for the Study of War and AEI’s Critical Threats Project 2022* (March 16, 2023), pp. 1~2.

전기 공급 및 발전 시설, 군수 및 생산시설, 주요 지휘소 등을 공격하고 있다.[28] 이 소형무인기(드론)는 동체에 레이더에 탐지될 수 있는 철제 소재가 거의 없고 저고도로 비행하여 탐지가 어렵다. 현재, 우크라이나군은 이를 요격하기 위해 S-300(약 15만$) 및 SA-11(Buk)과 같이 상대적으로 값비싼 지대공 미사일을 사용하거나, 재래식 전투기를 이용한 공대공 미사일 요격방식으로 자폭드론들을 차단하고 있다.

산술적으로도 쉽게 인지할 수 있다시피, 이와 같은 대응방식은 비용 대 효과 측면에서 비효율적이어서 최적의 대응방식이 될 수 없다. 설상가상으로, 러시아의 군사전문가 아크세노브(Aksenov)는 러시아군이 애초부터 이러한 비용 비대칭성을 전략적으로 이용하기 위해 이란으로부터 샤헤드(〈표 II-2-3〉 ②) 자폭드론들을 도입했다고 주장했다. 무인기와 소형무인기(드론) 공격을 통해 우크라이나의 전투자산을 소진시킴과 동시에 러시아가 무기를 생산할 수 있는 시간을 확보하기 위한 포석이라는 것이다.[29] 이렇듯 무인기와 소형무인기(드론)는 3~5일이면 전쟁이 종료될 수 있다고 판단하여 부족한 군수물자를 기반으로 단기 속전속결 전쟁을 계획한 러시아에게 재정비의 기회를 제공했다. 게다가, 전쟁 초기 러시아의 작전계획 실패 및 경제제재로 의한 수세적 상황에서 돈바스 지역에 한정된 특별군사작전 수행을 위해 필요한 시간 확보를 가능하게 했다. 이와 같은 측면에서, 무인기는 러시아의 전략·작전·전술적 수준에서 매우 중요한 역할을 담당하고 있다고 평가할 수 있다.

---

28 The Kyiv Independent News Desk, "Air Force: Ukraine downs 20 Russian kamikaze drones overnight," *The KYIV INDEPENDENT* (February 11, 2023); BBC, "How are 'kamikaze' drones being used by Russia and Ukraine?," BBC (2023. 1. 3.). 2023년 12월 12일 CNN 방송에서도 우크라이나군이 우크라이나의 전기시설 등을 공격하는 러시아제 샤헤드-136/131 20대를 격추했으며, 러시아의 미사일과 드론 공격이 증가되고 있다고 보도했다.

29 Khurshudyan et al., "Russia and Ukraine are fighting the first full-scale drone war," pp. 7~8.

2. 우크라이나의 무인기 운용방식

전쟁 초기 우크라이나군은 스타링크 기반 델타 체계를 통해 전장 상황을 정확하게 파악한 상태에서 전략 및 작전 기획을 신속하게 할 수 있었다. 이를 기반으로 수행된 전장 의사결정의 기민함과 이를 가능하게 했던 우크라이나군의 무인기와 소형무인기(드론)에 의한 임무 수행은 러시아군이 따라잡기 어려운 수준이었다.[30] 이처럼 양국 군 간에 존재한 의사결정과 임무수행 측면에서의 상대적 속도 비대칭성은 러시아군의 공격 및 대응에 큰 혼란을 유발했다. 예를 들면, 튀르키예(Turkey) 무인기인 TB-2(〈표 II-2-4〉 ② Bayraktar, 2019년 도입, 약 5백만 불)와 같은 공격 무인기는 장착된 레이저 유도 미사일을 이용하여 러시아군 방공 및 전자전 장비를 파괴하는 대공제압(SEAD) 임무뿐만 아니라, 대대전술단(BTG)의 전차부대의 임무를 교란 및 파괴하는 등 다양한 공대지 타격임무를 성공적으로 수행했다.

게다가, 러시아군의 근접지역에서는 미국에서 제공한 스위치블레이드(switchblade, 〈표 II-2-4〉 ③) 소형 자폭드론을 활용하여 러시아군의 지휘노드, 전자전 차량, 포병 및 대공방어체계를 타격함으로써 대대전술단의 군사작전을 무력화하는 데 직접적인 역할을 했다.[31] 결과적으로, 공격 무인기와 소형 자폭드론은 우크라이나군의 전쟁 초기 주도권 회복뿐만 아니라, 러시아군의 전략목표를 돈바스 지역으로 전환하게 만드는 데 중요한 역할을 수행했다.

전선이 동남부 지역으로 한정되어 반격 및 교착 상태에 있는 현재와 같은 상황에서 무인기의 운용은 큰 변화는 없으나 소형무인기(드론)의 역할이 조금 더 부각되고 있다고 보면 좋을 것이다. 운용사례를 하나 들어보면, 우크라이나군은 우선 소형 정찰드론을 러시아 지역에 침투시켜 지휘소, 포병부대, 전자

---

30 The Indian Express, “How Elon Musk’s Starlink is Helping Ukraine in the Fight aganist Russia,” The Indian Express (February 20, 2023)(검색일: 2023. 3. 3.).

31 합동군사대학교, 『우크라이나 전쟁 분석: 군사적(합동성) 관점에서의 전훈 분석 및 함의』, pp. 156~160; Khurshudyan et al., “Russia and Ukraine are fighting the first full-scale drone war,” p. 7.

전 체계, 무기저장소 등의 좌표를 획득한다. 이후, 동일한 침투 회랑을 이용하여 공격 드론을 침투시켜 폭격하거나, 하이마스(HIMARS, High Mobility Artillery Rocket System)와 같이 서방에서 제공한 정밀유도 무기체계로 주요 표적들을 파괴한다. 그리고 다시 소형 정찰드론을 투입하여 전투피해를 평가(BDA, Battle Damage Assessment)하는 방식으로 운영하고 있다.[32]

또한, 우크라이나군은 작년 봄에 오치(Ochi)라고 불리는 4인 1조 무인기 작전팀(한 개 Ochi team: 4만$ 소요)을 조직 및 운용하며, 러시아군의 세밀한 군사활동을 매트리스-300(〈표 II-2-4〉 ⑦) 또는 마빅-3(〈표 II-2-3〉 ⑥) 쿼드콥터로 감시 및 정찰했다. 그리고, 군사적으로 중요한 정보 등이 확인되면 스타링크에 실시간으로 연결하여 인근 부대와 상황을 공유하고, 공격 여부를 즉각적으로 결정 및 시행하여 러시아군의 능력을 심각하게 약화시켰다.

우크라이나군은 장거리 지대지미사일을 보유하고 있지 않아서 종심표적에 대한 공격이 제한된다. 따라서 러시아군의 전략적 핵심표적들을 탐지했다 하더라도 공격할 수 있는 자산을 보유하고 있지 못해서 종종 포기하곤 했다. 하지만, 우크라이나가 운용 중인 TB-2와 같은 무인기는 러시아의 대공망을 회피하여 전선에서 약 500km 안쪽에 있는 사라토프주 엔겔스 전략폭격기 공군기지에 대한 공격을 가능하게 했다.[33] 또한, 해양 드론들(Marine Drones)과 협업하에 크림반도에 있는 러시아 해군자산들에 대한 공격도 성공하는 성과를 달성하기도 했다.[34] 동시에 가격 측면에서도 다른 무기체계에 비해 매우 저렴(한 개 Ochi team: 약 4만$)하고, 항공기와는 다르게 단기간의 훈련으로도 충분하게 전투력을 발휘할 수 있는 요원들을 양성할 수 있어서 매우 효과적이다.

현재에도 상용 소형 콥터형 드론인 중국제 마빅(Mavic) 쿼드콥터(약 3천

---

32 BBC, "How are 'kamikaze' drones being used by Russia and Ukraine?," p. 4.

33 김미향, "'러시아 공군기지에 또 드론 공격... 군인 3명 사망'", 『한겨레』(2022. 12. 26)(검색일: 2023. 4. 7.).

34 Stefan Wolff and David Hastings Dunn, "Ukraine War: Drones are transforming the conflict, bringing Russia on to the frontline," *THE CONVERSATION* (December 13, 2022), p. 2.

〈표 II-2-4〉 러시아-우크라이나전에 운용되고 있는 우크라이나 무인기 현황

구분	기장×기폭(m)/ 무게	항속거리	센서	특징
 ① A1-CM 퓨리아	9×20/ 5.5kg	1H(시간), 2.5km(고도), 100km/ h(속도)	디지털카메라 (주/야간)	정찰용 (낙하산 착륙, 반자율/자율)
 ② TB-2 바이락타르, 터키	6.5×12/ 630kg (최대 이륙중량)	27H(시간), 7km(고도), 220km/ h(속도)	디지털카메라	정찰용 및 공격용 (로켓 장착 가능)
 ③ 스위치블레이드, 미국	6×6/ 2.5kg	4.5km(고도), 160km/ h(속도)	-	자폭형 무인항공기
 ④ 벡토(Vector), 독일	2.8×2.8/ 5kg	2H(시간), 72km/h(속도)	EO/IR카메라	정찰용 (수직 이·착륙 가능)
 ⑤ 사이프리오트 포세이돈(Cypriot Poseidon) H10	1.9×3.5/ 22kg (최대 이륙중량)	7H(시간), 4km(고도), 75km/h(속도)	열영상카메라	빠른 이·착륙 가능 (비행 안전의 이점)
 ⑥ R-18 아에로로즈비드카 (Aerorozvidka)	1.2×1.2/ 17kg	45분(시간), 5km(고도), 12m/s(속도)	디지털카메라	정찰용 및 공격용 (무장투하 시 경장갑차 무력화)
 ⑦ 매트리스 (MATRICE) 300 RTK	0.8×0.67/ 9kg (최대 이륙중량)	55분(시간), 5km(고도) 23m/s(속도)	6 방향 듀얼 비전 및 ToF 센서	작은 크기의 접이식 드론 (초경량 비행장치)

* 출처: Khurshudyan et al. (2022); BBC (2023); 임종춘(2023); 임종춘·조승균(2021); Airforce Technology(2021) 등

$),[35] 우크라이나 자체 개발한 R-18 옥토콥터(〈표 II-2-4〉 ⑥, 폭약 장착 시 6마일 이동, 4만$), 독일의 벡토(〈표 II-2-4〉 ④, 195,600$)[36], 사이프리오트 포세이돈(〈표 II-2-4〉 ⑤, 31만 8천euros) 등 다양한 상용무인기(드론)들이 우크라이나 전쟁에 계속 공급되고 있다.[37] 이와 같은 소형무인기(드론)는 전장에서 감시 및 정찰 임무 외에도, 임시방편식으로 제조된 소형 폭탄을 장착하고 지뢰제거 작전, 전투부대의 사기 저하를 위한 심리전, 탱크 및 기지공격 등에 활용되고 있어서 비용 대 효과 측면에서 매우 유용하다. 우크라이나 디지털 개혁 장관은 현재 1천 대의 무인기 및 소형무인기(드론) 구매 계약을 완료한 상태이고, 향후 약 1만 대를 전선에 배치할 계획이라고 언급할 정도로 무인항공기 체계(UAS)에 대한 호평이 상당하다.[38] 이와 같은 평가는, 현재뿐만 아니라 앞으로의 러시아-우크라이나 전선 하늘에도 무인기와 소형무인기(드론)의 활동과 소음으로 가득할 것이라는 전망을 가능케 한다. 이러한 전장 상황은 과거에는 찾아볼 수 없었던 전쟁의 새로운 모습이다. 그러나, 미래의 전쟁에서는 오히려 당연하다는 표현이 부족할 정도로, 소음 차원이 아닌 지·해·공을 덮을 정도로 많은 무인기와 소형무인기(드론)가 결정적인 전투를 이끌어가는 핵심무기체계로 자리매김할 것이라고 예측해본다.

---

35 상용무인기인 중국제 마빅스 쿼드콥터는 러시아와 우크라이나가 전장에서 동시에 사용함에 따라 피아 식별의 문제를 야기하고 있다. 비록, 중국 DJI 회사는 전쟁 중인 두 국가에 드론 판매를 중지했으나, 우크라이나의 경우 다른 국가의 자원자들에 의한 펀드 및 우크라이나 TV 스타에 의한 구매를 통해서 마빅스 드론이 우크라이나군에 제공되고 있다.

36 Andrey Gurkow, "Drones for Ukraine, made in Germany," dw.com (February 1, 2023).

37 The Odessa Journal, "Poseidon Drones for 318,000 euros Are at Service in Ukraine. What Other Drones Did Ukraine Defenders Receive from Western Partners?," *The Odessa Journal* (August 2, 2022).

38 Khurshudyan et al., "Russia and Ukraine are fighting the first full-scale drone war," pp. 4~5.

3. 북한의 무인기 운용방식 전망

북한은 자신들의 공군력 열세와 감시 및 정찰을 위한 군사위성의 부재로 인한 대남 정보수집의 어려움을 극복하기 위해, 1980~1990년대에 러시아로부터 DR-3, 프첼라-1T(〈표 II-2-5〉 ⑦)를 수입했고, 중국으로부터는 D-4와 D-5(〈표 II-2-5〉 ⑥)를 수입했다. 그리고, 중동국가인 시리아로부터는 미국제 무인표적기인 MQM-107D(〈표 II-2-5〉 ④)를 밀수입하는 등 다양한 경로로 무인기를 도입했다. 나아가, 이를 역설계하는 방식으로 자체 개발했고 현재는 자폭형 무인기 100여 대를 포함하여 2~8m급 길이의 무인기 약 1천 대를 보유하고 있다고 다수의 언론이 앞다투어 보도하는 실정이다.[39]

최근 국내외 언론 보도와 전문가들의 주장들에 의하면, 북한이 중국제 CASC 레인보우(Rainbow) CH-4와 유사한 18m급 중고도 무인공격기(〈표 II-2-5〉 ①)를 개발하고 있고 이러한 모습이 위성으로 확인되었다고 한다.[40] 이러한 점을 종합해 볼 때, 우크라이나 전쟁을 관망하고 있는 북한도 튀르키예의 TB-2(〈표 II-2-4〉 ②)와 같은 무인공격기의 유용성을 인지하고 개발에 박차를 가하고 있는 것으로 판단된다.[41] 이것은 전시 장거리 공격 임무를 단독으로 수행할 수 있다는 측면에서 북한도 필요하다고 평가했을 수 있다. 아울러, 이란과 미사일 개발 협력 등 다양한 군사교류를 진행하고 있는 북한이 '샤헤드-136'(〈표 II-2-3〉 ②)과 같은 소형 자폭드론을 수입하여 이를 역설계하는 방식을 통해 자체적으로 대량 생산할 것이라는 가능성도 배제하기 어렵다.

북한은 MDL 이북 20km 내에 약 20개소 혹은 그 이상의 무인기 발진기지를

---

39 정충신, "북한, 무인기 1000대 보유. 한, '드론킬러' 띄우고 '레이저 요격' 나선다", 『문화일보』(2023. 1. 3.)(검색일: 2023. 2. 28.); 정준기, "북 무인기 최대 1000여 대... 정찰 → 자폭용으로 진화 중", 『한국일보』(2022. 12. 27.)(검색일: 2023. 2. 28.).

40 Dylan Malyasov, "Mysterious Unmanned Plane Spotted in North Korea," Defense Blog (December 7, 2022).

41 Sukjoon Yoon, "How to Respond to the New North Korean Threat from UAVs," 38 NORTH (January 27, 2023), p. 4; Dylan Malyasov, "Mysterious Unmanned Plane Spotted in North Korea."

운용하고 있으며, 이곳에 수백 대의 1~6m급 소형무인기(드론)를 배치하고 있는 것으로 한국군 정보당국과 국가정보원은 평가하고 있다.[42] 이것은 북한도 러시아와 우크라이나의 경우와 마찬가지로 전시 무인기 및 소형무인기(드론)를 활용한 근접작전 및 전투를 위해 조직과 부대시설을 구축하고 있는 것으로 분석될 수 있다. 부연하면, 상대적으로 감시 및 정찰 능력이 열세인 북한은 개전과 동시에 신속하게 아군 지역에 무인 자산들을 투입하여 감시·정찰하고, 러시아의 '오를란-10'(〈표 II-2-3〉 ③) 혹은 우크라이나의 '오치 팀(Ochi team)'이 수행하고 있는 방식과 유사하게, 한국군의 주요 표적에 대한 좌표를 측정, 이를 후방 공격부대에서 실시간으로 전송하여 타격하는 방식의 작전을 지금부터 준비할 것이라는 예측이다.

북한은 실질적으로 무인기와 소형무인기(드론) 능력 발전에 지속적으로 노력하고 있다. 구체적인 사례를 들어 설명하면 다음과 같다. 북한은 2014년 소형무인기(〈표 II-2-5〉 ⑧) 침투로 국내를 떠들썩하게 한 4년 뒤인 2018년 9월 9일 정권수립 70주년 공연 시, 수십 대의 소형드론을 활용하여 '빛나는 조국'이라는 대형문구를 새기는 등 다수의 정치행사에서 '드론쇼'를 펼쳤다. 이것은 북한이 군집 드론 운용 개념을 정확히 이해하고 있으며, 관련 기술과 경험을 계속 축적해왔고, 이를 선보인 것으로 해석해야 한다.[43] 더욱 심각한 것은, 4년 뒤인 2022년 12월 26일에 무인기 다섯 대가 군집을 이루어 대한민국의 영토를 침범했다는 점이다. 이 중 네 대는 서북도서 지역을 각각 다른 경로로 비행하다가 사라졌고, 서울지역을 정찰한 소형 무인기(〈표 II-2-5〉 ⑧) 한 대는 한국군의 대응을 회피하고 북으로 귀환한 것으로 알려졌다. 이것은 북한이 군집 드론 비행뿐만 아니라, 개별 무인기에 각각의 임무를 다르게 부여할 수 있는 능력을 보유하

42 문광호·신주영, 국정원 "북한 무인기 대통령실 촬영 가능성 배제 못해", 『경향신문』(2023. 1. 5.)(검색일: 2023. 6. 27.); 김귀근, "한반도 무인기 각축장... 남북, 서로 휘저을 태세", 『연합뉴스』(2023. 6. 24.)(검색일: 2023. 6. 27.).

43 박수찬, "'북한 얕봤다'... 드론쇼에 무인기 도발 나선 북, 한국은 또 '뒷북'", 『세계일보』(2023. 1. 28.)(검색일: 2023. 2. 7.)

〈표 II-2-5〉 북한 무인기 현황

구분	기장×기폭(m)/ 무게	항속거리	센서	특징
 ① CH-4, 중국	8.5×18/ 1,330Kg	30H(시간), 5km(고도) 180km/ h(속도)	디지털카메라	정찰/공격용 (무장 탑재능력 345kg)
 ② VR-3 레이, 시리아	8×2.2/ 1,230Kg	15분(시간), 5km(고도), 950km/ h(속도)	디지털카메라	정찰용 (제트 추진을 위한 발사장비 운용)
 ③ 청매	6.2×9.6	약 1,000km	EO/IR카메라	정찰/공격용 (소형폭약/화학)/ 전자전
 ④ MQM-107, 미국	5.6×5.8/ 664kg (최대 발사중량)	약 800km	-	공격용 (100kg 이상 폭약)
 ⑤ 방현-Ⅰ/Ⅱ, 북한	3.6×4.8(Ⅰ) 5.1×5.6(Ⅱ)/ 12.7kg	약 280km	광학/비디오 카메라	정찰/공격용 (소형폭약/화학)
 ⑥ ANS-104(D-4), 중국	3.3×4.3/ 28kg	2H(시간), 2.5km(고도) 150km/ h(속도)	TV 카메라	정찰용 (ANS-104 발전모델 → 방현 1, 2)
 ⑦ 프첼라 1-T, 러시아	2.8×3.2/ 138kg (최대 이륙중량)	2H(시간), 2.5km(고도), 180km/ h(속도)	디지털카메라	정찰용 (발사대 발사, 낙하산 회수)
 ⑧ UV-10CAM, 중국	1.8×2.4	2H(시간), 5km(고도) 162km/ h(속도)	디지털카메라	정찰용 (낙하산 착륙, 14년 백령도 발견)
 ⑨ SKY-09P, 중국	1.2×1.9/ 12kg	3H(시간), 4km(고도)	디지털카메라	표적용 (14년 파주, 삼척 발견)

구분	기장×기폭(m)/무게	항속거리	센서	특징
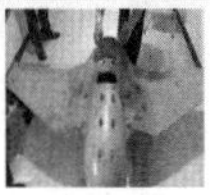 ⑩ 2m급 소형무인기	1.9×2.9(인제) 1.2×1.9(파주)/ 15kg	약 100~400km	디지털카메라	정찰/공격용 (소형폭약/화학)

* 출처: 임종춘(2023); 임종춘·조승균(2021); Malyasov (2022); Yoon (2023) 등

고 있음을 방증하는 것이다.

2022년 12월 도발을 통해 한국군은 북한의 현재 무인기 기술 수준에 아직까지는 다소 한계가 있음을 인지했다. 하지만, 많은 학자 및 군사전문가들이 주장한 바와 같이 북한도 우크라이나 전쟁을 통해 성공적인 무인기 운용전략을 연구하고 이를 자국의 전략에 반영 및 군사력 건설 기조를 결정하는 참고자료로 활용할 가능성이 크다.[44] 따라서, 북한도 현재의 전쟁에서 효과가 증명되고 있는 무인기와 소형무인기(드론)가 새로운 비대칭 무기로 사용될 수 있다고 생각할 가능성이 크다. 게다가, 2021년 1월 제8차 당 대회를 통해 군사정찰위성 운용 등 5대 과제와 함께 500km 무인정찰기 개발을 핵심사안으로 열거한 바 있다.[45] 따라서, 북한이 향후 소형무인기 발전을 더디고 여유 있게 추진할 것이라는 예측은 설득력이 없다. 오히려 북한은 새로운 소형무인기 도발을 가까운 시일 내에 할 것이며, 그때는 지금의 문제점을 해결한 다른 차원의 소형무인기(드론) 기술을 이용할 것이고 도발의 폭과 범위도 넓어지고 고도화될 수 있음을 예상해야 한다.

나아가, 전시에는 스워밍(Swarming) 이론에서 주장하는 바와 같이, 다수의 무인기를 동시다발적으로 침투시키며, 각각의 무인기와 소형무인기(드론)가 서

44 Hong-Cheol Kim, "Impact of Ukraine War on South Korea's Military Strategy and Future Warfare," RINSA FORUM, vol. 82. (2022. 10. 31.), p. 2.; Clark et al., "Mosaic Warfare: Exploiting Artificial Intelligence and Autonomous Systems to Implement Decision-Centric Operations," pp. 1~2.

45 "북한 무인기: 서울까지 침투한 북한 무인기가 격추되지 않은 이유", 『BBC News Korea』, pp. 1~2.

로 다른 임무를 수행하는 작전 및 전투 능력을 확보했을 것이라고 간주해야 한다. 그리고, 이에 대한 대응계획 수립과 함께 평시 훈련도 합동성 기반하에 철저하게 실시해야 할 것이다. 이와 같은 관점의 연장선에서, 우리의 향후 대응 방향도 단순히 평시 한 대나 소수의 소형무인기 침투 도발에 대응하기 위한 저고도·국지방공체계 구축에 한정되어서는 안 된다. 전·평시 북한 군집 드론의 도발, 침투, 공격, 테러 등을 가정한 종합 대응체계를 지금부터, 조금 더딜 수도 있지만, 면밀하고 체계적으로 구비하는 데 역할을 집중해야 한다.

5절 북한 무인기 대응방향

북한의 무인기 영공 침범은 한국군의 다양한 문제점들을 노정시켰다. 또한, 우크라이나 전쟁을 통한 북한의 향후 전시 대비 무인기 발전 가능성은 한국군에게 경종과 함께 많은 도전과제를 제시하고 있다. 따라서, 이에 대비하기 위한 대응방안도 단기뿐만 아니라 중·장기 측면에서 면밀한 검토 및 접근이 필요하다. 먼저, 장기적이고 거시적인 측면에서 전·평시 북한의 무인기에 대응하기 위해 한국군이 추진해야 할 구체적인 정책 방향을 설정해야 한다. 이와 연계하여, 단기적이고 미시적인 측면에서 긴요하게 구축해야 할 대응체계 수립 및 단계적이고 체계적인 군사력 건설을 진행해야 한다. 이에 대한 세부적 논의를 위해, 이 절에서는 기능적 해결책 분석법(Functional Solution Analysis)인 합동전투발전요소 'DOTMLPF-P' 틀을 사용하기로 한다.

1. 교리(Doctrine)

북한은 무인기 및 소형무인기를 이용하여 추가적인 도발을 할 것이고, 전시에도 주요 정찰 및 공격자산으로 사용할 것이 예상되는바, 이에 대비하기 위한 미래 전략개념이 포함된 합동교리 및 작전운용교범의 작성이 필요하다. 현재는 『합동방공작전』 교범[46]과 『합동국지도발작전』 교범에 일부 제한적 내용만 포함되어 있다. 그러나, 지난 12월 26일 한국군의 대응상황을 복기해보면, 북한의 무인기와 소형무인기 대응을 위한 세부적이고 구체적인 합동작전 개념과 대응 매뉴얼 구축이 긴요함을 알 수 있었다. 따라서, 향후 출범할 '합동드론사령부'는 『합동무인기작전』 교범에 대한 소요를 제기하고, 실질적이고 활용 가능한 교범 작성을 위해 합참 차원의 적극적인 노력이 요구된다.

2. 구조·편성(Organization)과 인적자원(Personnel)

북한의 무인기는 평시 회색지대 전략을 위한 도발 혹은 인지전(Cognitive Warfare) 차원의 획책을 위해 지속 개발될 것이다. 그리고, 전시 군집전투를 수행하기 위해 무인기의 소형화 및 자율비행을 목표로 한 발전 노력이 있을 것으로 예견된다. 이것은 미래 한반도에서 전쟁이 발발한다면 작전 전반에 걸친 핵·미사일 위협과 함께, 무인기와 C4ISRPGM(Command, Control, Communications, Computers, Intelligence, Surveillance, Reconnissance, Precision Guided Munitions)이 연결된 복합전이 될 가능성이 크다는 의미이기도 하다. 그러므로, 합참과 합동드론사령부에서는 전·평시 북한의 무인기 및 소형무인기(드론) 운용방식을 분석하고, 이에 대한 대응전략 고안 및 무인기를 통한 공격 및 방어 개념을 전시 작전계획에 반영하고 이에 필요한 구조·편성·인원 등에 대한 최적안을 도출해 나아가야 한다.

미 합동소형무인기체계대응실(JCO, Joint C-SUAS Office)이 수행했던 바와 같이, 각 군 및 민간이 보유한 무인기 및 소형무인기(드론)를 "효율성, 유용성,

---

46 합동참모본부, 『합동방공작전』(서울: 합동참모본부, 2023), pp. 16~18.

지속성, 통합성” 측면에서 평가 및 분류하여,[47] 군사전략 목표에 부합되는 무인기 및 소형무인기(드론) 운용체계를 구축해야 한다. 또한, 이와 같은 중요한 업무를 수행할 무인항공기(드론) 체계(UAS) 전문 인재를 양성하고, 이들이 적시적소에서 전문성을 발휘할 수 있도록 인력관리에 관심을 가져야 한다. 상용 드론의 전시 활용을 위해서도, 민군 복합 전문가 그룹(장교, 부사관, 병사, 민간인 등) 등을 운영하여 새로운 전쟁방식에 대한 연구 및 필요 전력 건설을 위한 소요제안 등이 이루어질 수 있도록 기반을 구축해나가야 한다.

3. 교육·훈련(Training)

합동성을 기반으로 영공을 침범한 적성 무인기에 성공적으로 대응하기 위해서는 상호운용성이 확보된 C4I 체계를 기반으로 한 정기적인 훈련체계 구축이 필수적이다. 고속 상황전파 체계는 상황을 공유하는 것 외에 실제 무인기 대응 작전에 도움을 줄 수 있는 부분이 제한된다. 따라서, 육군의 헬기 조종사, 이동형 대공포 운용요원, 레이더 운용요원, 해군의 함정 근무요원, 공군의 KA-1 조종사, 중앙방공통제소 관제사, 합참 및 유관기관 사령부 지휘통제요원 등 실시간 작전 참여요원들이, 공통으로 사용할 수 있는 C4I 체계, 합동교리 등을 바탕으로 정기적인 교육 및 합동 대응훈련을 수행하여, 합동작전 경험 축적 및 합동성 강화에 노력해야 한다.

실례로, 미국은 월남전, 이란 인질 구출작전, 그라나다 침공작전 등에서의 합동작전 실패 경험을 통해, 각 군 간 상호 의사소통을 가능하게 해줄 C4I가 없으면 얼마나 큰 피해를 입을 수 있는지 잘 인식하게 되었다. 이후 1986년 골드워터-니콜스 법안(Goldwater-Nichols Act)을 통해 상호운용성 강화를 위한 체계 구

47 임종춘, “북한 무인기 도발 관련 SUAS 대응능력 향상방안”, p. 19.

축과 교리 발전 및 정기적 훈련 등을 통해 각 군 간의 합동성 강화에 노력했다.[48] 이것은 걸프전, 코소보전, 이라크전 등 이후 전쟁에서 진가를 발휘했다. 우리 군도 전시 대비뿐만 아니라 향후 다시 침범해 올 북한의 소형무인기(드론) 대응을 위해 필요한 C4I 체계 및 탐지·추적·격파 능력을 구축하고, 병행하여 정기적인 연합 및 합동 무인기 대응훈련을 통해 우리 군의 대응능력 향상에 집중해야 한다.

4. 무기·장비(Material)와 리더십(Leadership)

현장 지휘관들은 합참의장의 위임을 받아, 각각의 감시 레이더들로부터 집결된 항적정보를 기초로 분권화된 임무수행을 할 수 있는 능력을 구축해야 한다. 기본적으로 북한 무인기의 이동 및 기동방향은 설계자만 알 수 있고, 감시 및 추적하는 방어자, 즉 우리 군은 반응에 의한 대응을 해야만 할 가능성이 크다. 또한, 표적의 향후 이동에 대한 불확실성이 크기 때문에, 이를 종합적으로 추적하여 향후 경로를 예상하고 요격 방향을 실시간으로 지시할 수 있는 관제와 지휘통제 시스템이 필요하다. 이것이 가능하기 위해서는 근거리 감시레이더, 국지방공 레이더, TOD, 대포병 탐지레이더 등으로 식별된 항적 정보가 추적 및 요격을 위해 실시간으로 중앙방공통제소(MCRC)에 공유되어야 한다. 아울러, 공유된 정보를 기반으로 합동작전이 가능하도록 관련 기관을 연결하는 C4I 체계와 함께, 우크라이나 델타 체계와 같이 임무지휘 여건을 보장할 수 있는 지휘통제 상황 인식체계(C2 Situational Awareness System)가 최우선으로 구축되어야 한다.[49]

48 Gordon Nathaniel Lederman, "Reorganizing the Joint Chiefs of Staff: The Goldwater-Nichols Act of 1986," ABC-CLIO (1999), Ch. 4.

49 Oacar Rosengran, "Network-centric Warfare in Ukreaine: The Delta System," Defense Geopolitics Technology (February 3, 2023), pp. 1~5; Kateryna Tyshchenko, "Ukraine's Defense Forces to Introduce Delta System which Gives Advantage over Occupiers," *Ukrainska Pravda* (February 4, 2023),

이 체계는 항적 요격에 대한 중앙집권적 지휘·통제뿐만 아니라, 종합된 공유정보를 기반으로 만들어진 공통작전상황도(COP)를 기반으로 실시간 상황 모니터 및 신속한 의사결정을 통한 추적 및 요격을 가능하게 해줄 수 있기 때문이다.

향후 북한의 소형무인기 도발 시 성공적인 요격 및 격추를 위해서는 첫째, 아군 간의 오인사격, 항공기간 충돌, 주민 피해 등을 방지하기 위해 육·해·공 및 해병대 전력 사용기준을 설정하고, 둘째, 통합된 기획을 통해 소형무인기(드론)처럼 지역과 지역을 이동하는 공중표적에 대해서 관련 부대 간 서로 교전을 양보해서 놓치는 일이 없도록 세밀한 매뉴얼 작성이 긴요하며, 셋째, 합동성 기반하 소형무인기를 격추할 수 있도록, 지휘관들이 리더십을 발휘하여 평시부터 무인기 대응을 위한 충분한 교육·훈련을 해야 할 것이다. 러시아-우크라이나전에서 군사력 세계 22위의 우크라이나군의 지휘관들이 세계 2위의 러시아군을 상대로 초반 약세를 뒤집고 전세를 역전시킬 수 있었던 것은 합동성과 전문성을 기반으로 한 임무지휘 리더십이다.[50] 따라서, 해당 지역 및 담당 구역 전력운용 사령관들은 소형무인기 대응에 있어서 분권화된 대응작전을 수행할 수 있도록 전문성이 충만한 리더십을 갖추어야 한다.

5. 시설(Facilities) 및 보안(Security)

전력화 소요 기간을 최소화하여 소형무인기(드론) 탐지·식별·요격 체계를 신속하게 구축하고, 이들의 위치에 대한 보안이 유지되어야 한다. 북한도 핵·WMD와 함께 무인기가 강력한 비대칭 무기로 활용될 수 있다고 판단하고, 전시 무인기뿐만 아니라 정전 시에도 소형무인기(드론)를 활용한 공격계획을

pp. 1~3; UAS Vision, "Elon Musk's Starlink Helps Ukrainians Control Drones," UAS Vision (March 21, 2022).

50 합동군사대학교, 『우크라이나 전쟁 분석: 군사적(합동성) 관점에서의 전훈 분석 및 함의』, pp. 86~87, 177~178.

수립할 가능성이 크다. 그러므로, 신속하게 소형무인기 대응을 위한 국지방공 레이더를 적시 적소에 설치하고, 나아가, 소형드론에 초점을 맞춘 레이더의 개발을 신속하게 착수하고, 이에 대한 지속적인 관심을 경주해야 한다.

또한, 무인기와 드론에 대한 감시체계는 최적의 위치에 배치할 수 있어야 하며, 선정된 위치에 대해 군사보안이 요구된다. 북한의 무인기가 다시 우리 영공을 침범한다면, 아군의 레이더 감시망을 회피하기 위한 경로를 선정할 것이다. 지난 12월과 다르게 해안선을 지나 먼 바다로 나가서 남쪽으로 침투한 뒤 후방지역에서 정찰을 시작하며 아군의 무인기처럼 위장할 가능성도 배제할 수 없다. 임무 종료 시에는 인구밀집지역 혹은 아군의 대공감시망을 회피할 수 있는 경로를 선정하여 북쪽으로 귀환하려 할 가능성도 상존하므로 이와 같은 절차에 대한 대비도 병행해야 한다.

방어개념 수립 시에는, 전방의 감시전력이 북한 무인기와 드론을 탐지할 수 없을 가능성을 고려하여, 육·해·공·해병대 전력을 거리별 축차방어가 가능하도록 배치해야 하고, 침투 거부효과 측정을 위해 정기적인 '무인기와 소형무인기(드론) 대응 합동훈련'을 실시하여, 근본적인 문제점 개선에 노력해야 한다. 또한, 무인기와 드론에 대한 대응 효과를 극대화하기 위해서는, 전방지역에 기배치된 한국군의 대공 감시장비의 위치 및 제원에 대한 보안 유지가 중요하다. 북한에게 한국군의 탐지·식별 장비 위치에 대한 불확실성을 높이는 것이, 향후 북한의 무인항공기 체계를 활용한 추가적인 기만 및 회색지대 전략을 거부 및 억제할 수 있는 효과적인 방법이 될 수 있기 때문이다.

6. 정책(Policy)

여기에 기술된 정책 방향들은 전술한 내용과 다소 중첩되는 부분이 있을 수도 있다. 하지만, 정부와 군 차원에서 종합적으로 검토되어야만 효과가 있는 문제들이라고 생각하기에 하나의 카테고리로 묶어서 제시했다.

첫째, 통합방공 및 미사일방어(IAMD: Integrated Air and Missile Defense) 체계 구축 차원에서의 전·평시 북한 무인기 및 소형무인기(드론)에 대한 대응개념 설정이 필요하다. 미국도 이미 인태사령부(Indo-Pacific Command)가 2018년에 작성한 "IAMD Vision 2028"과 2022년 "Missile Defense Review"[51]를 통해 역내 고조되는 중국의 탄도 및 순항 미사일과 더불어 극초음속 무기체계 및 무인항공기 체계(UAS)" 위협까지 포괄적으로 대응할 필요성을 제시했다. 같은 맥락에서 북한도 장기적으로 복합 무인기 운용을 통한 정찰 및 공격체계를 구축하고 있을 가능성이 있다.

한국군도 2022년 12월에 침투한 소형무인기에만 한정된 국지적 대응체계의 건설에만 몰두하지 말고, 지금부터라도 장기적으로 전·평시 통합방공 및 미사일 방어체계를 설계한다는 차원에서 무인기 대응전략 개념을 발전시키고, 이를 토대로 한 포괄적이고 세부적인 대응체계 건설로 접근해야 한다. 물론, 초소형 무인기(드론) 탐지레이더와 같은 특정 대응 무기체계에 대한 기술발전 제한으로 전체적인 체계 완비가 다소 지연될 수도 있다. 하지만 다소 늦더라도 실질적으로 대응능력이 검증된 무기체계를 중심으로 단계적이고 치밀하게 구축해 나가야 한다. 이것만이 결국 실전에서 효과 발휘를 담보할 수 있고, 각 군 간 전력 및 예산 중복투자를 방지할 수 있어서 국가적으로도 경제성과 노력의 통합성을 동시에 충족할 수 있는 합동 대응체계를 건설할 수 있기 때문이다.

둘째, 전시 북한이 무인체계 기술을 지속 발전시켜 군집 드론 및 자폭 드론에 의한 주요 표적 공격을 시도할 수 있으므로, 초전에 북한의 무인기 기지를 타격할 수 있도록 Pre-ATO 표적에 반영해야 한다. 아울러, 한국군도 우크라이나의 'Ochi Team'의 형태로 소규모 무인기 부대 조직 및 이들의 실질적인 공격 역량을 강화하는 방안을 검토하여, 전쟁 초기 북한의 핵·WMD 표적뿐만 아니라, 장사정포 대응에 있어 주도적인 역할을 할 수 있도록 싸우는 개념 및 훈련방식으로

51 US DoD, "2022 Missile Defense Review," US DoD (2022), p. 8.

변화시켜나가야 할 것이다.

셋째, 인공지능(AI)을 활용하여 북한 무인기와 드론의 비행 특성을 심층학습(Deep Learning) 시켜 다른 비행체(새떼, 구름, 풍선 등)들과 혼동을 방지하고, 위협을 즉각적으로 식별할 수 있는 인공지능 및 4차 산업혁명 과학기술 기반 탐지·식별체계 개발이 필요하다. 예를 들면, 과거 북한 소형무인기 영공침범사례(5회)에 대한 침투경로 및 무인기 제원을 분석한 데이터와 함께 시뮬레이션을 통해 추가적인 데이터를 생산하여 인공지능(AI)을 심층학습(Deep Learning) 시키고, 이를 기반으로 '인공지능 기반 탐지 및 식별 프로그램'을 개발하는 것이다. 이것은 향후 북한의 소형무인기(드론)가 재침입 시 즉각적인 경보음을 제공할 것이고, 새, 풍선 등과 같은 물체 및 잡음(Noise)과 혼동하지 않은 상태에서 우리 군이 표적에 대해 즉각적이고 단호한 대응이 가능하도록 도움을 줄 것이다.

미군은 미래 원활한 모자이크전(결정중심작전) 수행을 위해 합동전영역작전(JADO)과 이를 보장하기 위한 합동전영역지휘통제(JADC2) 개념을 발전시켜 나가고 있다. 그리고, 이를 가능하게 해줄 빅데이터 축적, AI 및 클라우딩 서비스 구축 등에 천문학적인 예산을 투입하고 있다. 한국군은 아직 이 개념을 완전하게 실행할 만한 기반능력 및 체계를 구축하지 못한 상태다. 그러나, 국방혁신 4.0을 통해 과학기술을 기반으로 전영역통합작전(ADIO) 개념을 발전시키고 있다. 이 노력은 결국 교차영역 간 상승효과(Cross-domain Synergy)를 증진시키고 한국군의 합동성 강화에 크게 공헌할 것이다. 또한, 장기적으로 AI 기반 소형무인기 대응체계는 탐지·식별뿐만 아니라 추격·요격 합동작전에 이바지할 것이므로 이에 대한 적극적인 관심과 투자가 요구된다.

넷째, 정찰 및 타격 무기체계는 우주 및 지상전력, 하드킬(Hard Kill)과 소프트킬(Soft Kill) 무기체계가 통합 운용될 수 있도록 건설해야 한다. 향후 북한의 무인기 침투에 대해 완벽하게 대비하려면, 우선 스타링크 형태의 초소형 군집위성 체계를 동맹국들과 연계하여 구성하고, 이를 통해 북한의 무인기 발진기지 감시·정찰이 가능해야 한다. 소형무인기(드론)에 대해서는 다소 제한되더라도,

중·대형 무인기에 대해서는 이륙부터 목표지역으로 이동하는 경로를 추적할 수 있는 수준의 체계를 갖추어야 한다.

아울러, C4I 체계를 통해 전방 및 필수지역에 배치된 근거리 감시레이더, TOD, 국지방공 레이더, 대포병 탐지레이더를 통한 탐지 정보가 실시간으로 타격체계에 전달되어 요격이 이루어지도록 해야 한다. 타격체계는 대공포(비호, 30mm 이동형 자주포, 발칸 등), 공격헬기, 저속 요격 항공기(KA-1 등), 안티드론건, 레이저 등과 같은 하드킬 방식 무기체계와 전자전(전파방해, 기만), 전파차단 장비(SS) 등과 같은 소프트킬 방식 무기체계를 복합으로 구축해야 한다. 이를 통해 무인기 및 소형무인기(드론)의 침투경로 상황에 따라 인구밀집지역 등 부수적 피해 예상지역에서는 소프트킬 방식으로 대응하고, 기타 지역에서는 하드킬 방식으로 대응하는 맞춤형 방식이 가능하도록 해야 할 것이다.

다섯째, 무인기와 소형무인기(드론)에 대한 분류도 미래지향적으로 변경되어야 한다. 미래의 무인기 형태는 4차 산업혁명 기술로 인해 자동화, 로봇화, 소형화가 될 가능성이 크다. 실제로, 우크라이나 전쟁의 전장에서 가장 활개를 치고 있는 소형무인기는 크기 8m 수준의 '매트리스 300 RTK'와 3.5m 수준의 '마빅스-3' 콥터형 드론들이다. 따라서, 무인항공기 체계(UAS) 분류도 이와 같은 초소형화 추세를 반영해야 한다.

〈표 II-2-6〉은 〈표 II-2-1〉 국방부 공중무인체계(드론) 분류체계와 〈표 II-2-2〉 미군 무인항공기 체계(UAS) 분류체계를 기준으로 무인기 탐색에 가장 중요한 척도가 되는 무인기의 크기를 포함하여 제시한 무인항공기(드론) 체계 분류

〈표 II-2-6〉 무인항공기(드론) 체계 분류방안

구분	크기	최대 이륙중량(lbs)	작전고도(feet)	속도(Knots)
초소형 무인기(드론)	1m 미만	9kg 미만	1,200ft AGL 미만	100노트 이하
소형무인기(드론)	1~6m 미만	10~300kg 미만	1200ft AGL~20,000ft MSL	100~250노트
무인기	6m 이상	300kg 이상	20,000ft MSL 이상	Any Airspeed

방안이다. 이것은 현대전과 미래전 양상뿐만 아니라 향후 초소형 무인기(드론)들의 지속적인 발전 가능성을 고려한 것이다.

육·해·공·해병대의 무인기 체계에 대한 개발이 적극적으로 진행되고 있음에도, 앞서 논의한 바와 같이, 여태껏 각 군 간 무인체계 개념 정의 및 분류체계가 상이하다.[52] 따라서, 종종 각 군에서 추구하는 사업 목표가 다른 것처럼 소요제기가 되었으나, 결과적으로 요구되는 무인기는 거의 유사한 제품을 원하는 경우도 있다. 일부의 경우는 기존의 무인기에 상호운용성 확보를 위한 체계 설치와 약간의 변경만 하면 사업목적에 부합하는 작전운용능력을 충족할 수 있음에도 불구하고 새롭게 소요제기 하는 경우도 있다. 합동성을 기반으로 한 무인체계 개념 정의 및 분류체계를 구비하지 않으면 비경제성, 노력의 중첩으로 국방예산의 낭비를 초래할 수 있다. 따라서, 각 군이 동의하는 분류체계 확립은 이러한 문제를 극복하고 효과적인 대응계획을 수립하는 선결조건이라고 본다. 이를 위해 〈표 II-2-6〉은 하나의 좋은 지침(Guidance)이 될 수 있을 것이다.

6절 결론

북한은 회색지대 전략의 일환으로 미사일 및 무인기 도발을 지속하고 있다. 앞으로도 이와 같은 상황이 크게 변화될 것이라는 생각은 기대하기 어렵다. 그 첫 번째 이유로, 북한은 제8차 당 대회를 통해 핵미사일 능력 고도화와 무인기의 발전이 북한의 장기전략 차원에서 반드시 달성되어야 하는 목표로 제시했기 때문이다. 둘째로, 우크라이나 전쟁을 통해 미국과 같은 강대국을 상대로 약소국인 북한이 싸울 시, 무인기가 제공할 수 있는 작전적 효과성과 유용성이 탁월하다는 점을 깨달았기 때문이다. 결국, 북한은 무인기를 계속해서 개발할 것이고 과정 중에 전략적인 기회의 창을 활용하여 (신형)무인기 재도발을 할 것이

52 김성진, “국방 무인체계 개념 정의와 분류방안”, pp. 3~4.

며, 이를 통해 한국군의 대비태세와 대응능력을 시험할 것이 자명하다.

북한의 회색지대 전략을 타파하기 위해서라도 북한이 재도발을 할 경우, 북한 지역에 '송골매' 무인정찰기를 보낸 것보다 더 강력한 군사적 대응이 수반될 것이라고 명확히 인식시키는 능동적 억제전략(Proactive Deterrence Strategy)을 추진해야 한다. 그리고, 한국군의 가장 강력한 대북 비대칭 능력인 경제력과 과학기술력 등을 활용하여, 북한과의 핵 및 재래식 무기 경쟁에서 3축체계의 강화를 통한 거부 및 억제가 가능하도록 요구능력을 갖추어야 한다. 아울러, 향후 무인기 대응을 위해 제시된 DOTMLPF-P 합동전투발전 분야별 목표를 조기에 달성하여 북한의 소형무인기뿐만 아니라 핵·미사일 대응에 있어서도 무인항공기(드론) 대응체계(UAS)가 주요한 역할을 할 수 있도록 발전시켜야 한다. 그래서, 북한이 핵·미사일을 발사하는 '핵 버튼'이 있다고 공갈하면, 대한민국에게는 이를 무력화할 수 있는 '군집 드론 버튼'이 있다고 선언할 수 있을 정도로 우주력 기반 자동 무인항공기(드론) 체계 발전에 과감한 투자를 해야 할 것이다. 이에 대해 많은 학자와 전문가들의 관심이 요구된다.

현대전과 미래전에서 전쟁 영역은 기존 지상·해상·공중 영역에서 우주·사이버·전자기 스펙트럼 영역이 추가되며 확장 일로에 있다. 여기에 4차 산업혁명 기술은 무인항공기(드론) 체계를 자동화·소형화·편재화시키며 전장에서의 비중을 현저하게 증가시키고 있다. 이것은 미래의 전장이 유·무인전, 우주전, 사이버전, 비물리전, 특수작전 등 전 영역에 걸친 복합전이 될 수 있음을 의미한다. 역으로, 이것은 또한 적과의 교전뿐만 아니라 전장에서 우군 간 충돌 또는 작전의 혼란이 가중하는 결과를 초래할 수 있음을 뜻하기도 한다. 미 방위고등연구계획국(DARPA)은 2021년 미 육군 및 공군과 협력하여, 미래 전장에서 미군 자산 간 충돌방지 및 적 공격 회피를 위해 '신속 전술수행을 위한 공중공간 종합인식 프로그램'(ASTARTE, Air Space Total Awareness for Rapid Tactical Execution program) 개발에 착수했다.[53] 그리고, 최근에는 통합임무 기획 및 공역 통제장비

53 Emma Helfrich, "ASTARTE to enable effective, real-time airspace operations," *Military Embedded*

(IMPACT, Integrated Mission Planning and Airspace Control Tools) 시연에도 성공했다.[54] 이 장비는 AI, 가상기술 등 4차 산업혁명기술을 기존 지휘통제 체계에 접목하여 호환이 가능한 체계로 발전시킨 것으로, 향후 예견되는 위협에 대해 과학기술 접목을 통한 진화적 대비의 좋은 사례라고 판단한다. 미래 무인기 위협에 대한 대비도 마찬가지다. 하루아침에 이룰 수는 없지만, 하루라도 준비하지 않으면 이룰 수 없다는 자세로, 국익과 안보 차원에서 단계적이며 세밀하게, 단기와 중·장기 목표를 고려하여 대응전략을 수립해야 한다. 아울러, 북한의 무인기 위협에 대한 효율적이고 궁극적인 억제가 가능한 다양한 방향들에 관해서도 활발한 후속연구들이 진행되길 기대한다.

Systems (9 April, 2020).

54 DARPA Public Affairs, "DARPA, Services Demonstrate Battlefield Airspace Deconfliction Software," *Defense Advanced Research Project Agency* (23 February, 2023).

참고문헌

국문 단행본 및 논문

김성진. “국방 무인체계 개념 정의와 분류방안”. 『국방논단』 제1919호, 2022. 11. 10.

김홍철. “북한의 대규모 군사도발 원인분석과 우리의 대응 및 억제력 향상 방안”. 『국방논단』 제1927호, 2023. 1. 11.

임종춘. “북한 무인기 도발 관련 SUAS 대응능력 향상방안”. 『2023-1차 KIMA FORUM』, 2023. 2. 14.

임종춘·조승균. “미래전 대비 작전적 민첩성 구현을 위한 자율군집비행 활용 복합작전개념 연구(소형 UAS)”. 『사단법인 21세기군사연구소 용역 연구보고서』, 2021. 12. 15.

합동군사대학교. 『우크라이나 전쟁 분석: 군사적(합동성) 관점에서의 전훈 분석 및 함의』. 논산: 합동군사대학교, 2022.

합동참모본부. 『합동방공작전』. 서울: 합동참모본부, 2023.

황원준·이호령. “북한의 회색지대전략: 단거리 미사일 발사 사례를 중심으로”. 『국방연구』 제63권 제14호.

영문 단행본 및 논문

Airforce Technology. “Orlan-10 Unmanned Aerial Vehicle (UAV).” *Airforce Technology*. 2021. 3. 15.

Andrey Gurkow. “Drones for Ukraine, made in Germany.” *dw.com*. February 1, 2023.

Benjamin A. Most and Harvey Starr. *Inquiry, Logic, and International Politics*. University of South Carolina Press, 1989.

Bryan Clark. Dan Patt. and Harrison Schramm. “Mosaic Warfare: Exploiting Artificial Intelligence and Autonomous Systems to Implement Decision-Centric Operations.” Center for Strategic and Budgetary Assessments, 2020.

Creswell, DARPA Public Affairs. “DARPA, Services Demonstrate Battlefield Airspace Deconfliction Software.” *Defense Advanced Research Project Agency*, 23 February, 2023.

Dylan Malyasov. “Mysterious Unmanned Plane Spotted in North Korea.” *Defense Blog*, 2022. 12. 7.

Emma Helfrich. “ASTARTE to enable effective, real-time airspace operations.” *Military Embedded Systems*, 9 April, 2020.

G. King, Robert Keohane, and Sidney Verba. *Designing Social Inquiry: Scientific Inference in Qualitative Research*. Princeton University Press, 1994.

Gordon Nathaniel Lederman. *Reorganizing the Joint Chiefs of Staff: The Goldwater-Nichols Act of 1986*. ABC-CLIO, 1999.

Hong-Cheol Kim. "Impact of Ukraine War on South Korea's Military Strategy and Future Warfare." *RINSA FORUM*, Vol. 82, 2022.10.31.

Isabelle Khurshudyan, Mary llyushina and Kostiantyn Khudov, "Russia and Ukraine are fighting the first full-scale drone war." *The Washing Post*. 2 December, 2022.

Ivan Arrenguin-Toft. "How the Weak Win Wars: A Theory of Asymmetric Conflict." *International Security 26* (1), 2001.

J. W., Creswell and C. N. Poth. *Qualitative Inquiry and Research Design: Choosing among Five Approaches* (4th ed.). Sage Publication, 2017.

Kateryna Tyshchenko. "Ukraine's Defense Forces to Introduce Delta System which

Karolina Hird, Riley Bailey, Angela Howard, George Barros, Nicole Wolkov, Layne Philipson, and Frederick W. Kagan. "Russian Offensive Campaign Assessment." *Institute for the Study of War and AEI's Critical Threats Project 2022*, March 16, 2023.

Kenneth Neal Waltz. *Theory of International Politics*. Addison-Wesley Publishing Company, 1979.

Gives Advantage over Occupiers." *Ukrainska Pravda*, 4 February, 2023.

Khurshudyan, Isabelle, Mary llyushina and Kostiantyn Khudov, "Russia and Ukraine are fighting the first full-scale drone war." *The Washing Post*. 2 December, 2022.Lyle j. Morris, Michael J. Mozarr, Jeffery W. Hornung, Stephanie Pezard, Anika Binnendijk, Marta Kepe. *Gaining Competitive Advantage in the Grey Zone*. Rand Corporation, 2019.

Michael J. Mazarr. *Mastering the Gray Zone: Understanding a Changing Era of Conflict*. Carlisle: U.S. Army War College Press, 2015.

Oacar Rosengran. "Network-centric Warfare in Ukraine: The Delta System." *Defense Geopolitics Technology*, 3 February, 2023.

Stefan Wolff and David Hastings Dunn. "Ukraine War: Drones are transforming the conflict, bringing Russia on to the frontline." *THE CONVERSATION*, 13 December, 2022.

Sukjoon Yoon. "How to Respond to the New North Korean Threat from UAVs." *38 NORTH*, 27 January, 2023.

The Indian Express. "How Elon Musk's Starlink is Helping Ukraine in the Fight aganist Russia." *The Indian Express*, 20 February, 2023.

The Kyiv Independent News Desk. "Air Force: Ukraine downs 20 Russian kamikaze drones overnight." *The KYIV INDEPENDENT*, 11 February, 2023.

The Odessa Journal. "Poseidon Drones for 318,000 euros Are at Service in Ukraine. What Other Drones Did Ukraine Defenders Receive from Western Partners?." *The Odessa Journal*, 2 August, 2022.

UAS Vision. "Elon Musk's Starlink Helps Ukrainians Control Drones." *UAS Vision*, 21 March, 2022.

US DoD. "2022 National Defense Strategy of the USA." *US Department of Defense*, 2022.

_____. "Counter-Small Unmanned Aircraft Systems Strategy." *US Department of Defense*, 7 January, 2021.

_____. "2022 Missile Defense Review." *US Department of Defense*, 27 October, 2002.

신문기사 및 기타

김귀근. "한반도 무인기 각축장... 남북, 서로 휘저을 태세". 『연합뉴스』 2023. 6. 24. (검색일: 2023. 6. 27.)

김미향. "'러시아 공군기지에 또 드론 공격... 군인 3명 사망'". 『한겨레』 2022. 12. 26. (검색일: 2023. 4. 7).

김재혁. "우리 군 대응 사격 또 차질... 북 NLL 이남 도발 대응 과정서 잇달아 오류". 『채널A』 2022. 11. 4. (검색일: 2023. 3. 12.)

남성욱. "북 무인기 도발에서 배워야 할 교훈". 『한국일보』 2023. 1. 16. (검색일: 2023. 2. 28).

문광호·신주영. "국정원, 북한 무인기 대통령실 촬영 가능성 배제 못해." 『경향신문』 2023.1.5. (검색일: 2023. 6. 27.)

박수찬. "'북한 얕봤다'... 드론쇼에 무인기 도발 나선 북, 한국은 또 '뒷북'". 『세계일보』 2023. 1. 28. (검색일: 2023. 2. 7.)

반종빈·김영은·김민지. "최근 북한 미사일 발사 및 도발일지". 『연합뉴스』 2022. 12. 31. (검색일: 2023. 3. 12.)

"북한: 김정은은 왜 또 5년 만에 무인기를 날려 보냈을까?". 『BBC News Korea』 2022. 12. 27.

서울평양뉴스 편집팀. “군, ‘NLL 이북’ 사격 때도 오류... 도발 대응 과정서 ‘실수 연발’”. 『SPN 서울평양뉴스』 2022. 11. 4. (검색일: 2023. 3. 12.)

양낙규. “‘무인기 대응시스템 갖췄다더니’... 군 내부자료엔 “3m급 이하 탐지 못해”.” 『아시아경제』 2023. 1. 29. (검색일: 2023. 3. 11.)

정영교. “김정은 이상했던 ‘미끄럼틀 구경’... ”무인기, 10년 비밀작전이었다”. 『중앙일보』 2022. 12. 30. (검색일: 2023. 2. 28.)

정준기. “북 무인기 최대 1000여 대... 정찰 → 자폭용으로 진화 중”. 『한국일보』 2022. 12. 27. (검색일: 2023. 2. 28.)

정충신. “북한, 무인기 1000대 보유. 한, ‘드론킬러’ 띄우고 ‘레이저 요격’ 나선다”. 『문화일보』 2023. 1. 3. (2023. 2. 28.)

조의준·노석조. “북 의도대로 남남갈등에 빠져”. 『조선일보』 2023. 1. 7. (검색일: 2023. 2. 28).

“How are ‘kamikaze’ drones being used by Russia and Ukraine?.” BBC, 2023. 1. 3.

3장

해군력 운용 관점*

* 이 글은 『한국군사학논총』 25권, 2023년에 발표한 논문을 수정 및 보완한 것이다.

1절 서론

미국의 군사력 평가기관인 글로벌파이어파워 2022(GFP 2022)에 의하면, 2022년 세계 해군력 순위는 러시아가 2위, 우크라이나는 66위를 차지했다.[1] 현격한 해군력 차이로 인해 2022년 2월 24일 러시아와 우크라이나 간의 전쟁이 발생했을 당시만 해도, '다윗과 골리앗의 전쟁'이라는 평가가 지배적이었다.

특히, 2022년 2월 러시아가 해군력 우위를 바탕으로 우크라이나의 흑해 항만시설을 공격하고 봉쇄했을 때, 이러한 평가는 신뢰성을 갖기에 충분했다. 러시아의 해상봉쇄는 우크라이나의 경제를 붕괴시키고 오데사 지역의 항구를 전 세계 해상교통로에서 분리하여 우크라이나의 저항능력을 무력화시키기 위한 강력한 전쟁행위였다. 또한 해상봉쇄가 우크라이나뿐만 아니라, 세계 식량위기에 영향을 미치고, 개발도상국의 불안정 증대 등 국제질서에 대한 직접적인 도전으로 발전[2]되었을 때 그러한 인식은 기정사실화되는 것 같았다.

그러나, "만약 힘이 전쟁의 승리를 의미한다면, 약소국은 강대국에 대응하여 결코 승리할 수 없다. 역사는 그렇지 않다는 것을 시사한다. 약소국 전략이 어떻게 강대국의 힘을 무관하게 만들 수 있는지를 보여주었다"[3]라고 언급한 아레귄-토프트(Ivan Areguin-Toft)의 경구는 현재까지 우크라이나 전쟁의 전황을 대변해주고 있다. 러시아 해군력의 지배력은 점차 침식되었고, 함정들 대부분은 항구에 묶여 있으며, 흑해 북부 해안을 간신히 순찰하는 정도의 영향력을 발휘하고 있다. 이는 전쟁 초기에 러시아의 해군함정이 오데사 인근 전 해안을 초계하고, 상륙작전을 시도했던 것과는 대조를 이룬다.[4] 따라서 이 글은 강력한 해군

---

1 Global Firepower 2022 (GFP)

2 유지원, "러-우크라, 흑해를 통한 곡물수출 재개 협상 진전", 『KMI 북방물류리포트』, Vol. 227(22 July, 2022), pp. 4~5.

3 Ivan Arreguin-Toft, "How the Weak Win Wars: A Theory Asymmetric Conflict," *International Security*, Vol. 26, No. 1 (2001).

4 H. I. Sutton, "Outplayed by Ukraine: What is Next for Russia's Navy in the Black Sea?," Navalnews (19 Dec., 2022) https://www.navalnews.com/naval-news/2022/12/utplayed by ukraine: what is next

력을 가진 러시아가 어떻게 해군력을 운용했고, 왜 지금의 결과를 초래할 수밖에 없었는지에 대한 사고로부터 출발했다.

우크라이나 전쟁의 결과는 해양통제권(Control of The Sea) 확보에 중점을 둔 강대국에 적합한 해군력 운용과 약소국 해군에 적합한 해양거부(Sea Denial)에 중점을 둔 해군력 운용 사이의 상호작용 때문일까? 이 질문에 답하는 과정은 이번 전쟁에서의 해군력 운용이 합동전역에 어떠한 영향을 미쳤는지를 규명하는 중요한 열쇠다. 또한, 이 과정은 미·중 패권경쟁하에서 주변 해양 강국과 경쟁과 협력을 추진해야만 하는 한국 해군에게 유용한 경험적 선택지가 될 수 있다는 점에서 학술적으로나 정책적으로 중요한 의미를 지닌다.

그러나 러시아가 강력한 해군력을 보유하고 있었음에도 왜 러시아의 해군력이 전쟁에 미친 영향이 미흡한지 그 원인에 집중한 연구는 부족했다. 그나마 우크라이나 전쟁 분석서 중 주목할 만한 것은 합동군사대학교와 해군 전력분석시험평가단의 연구다. 먼저, 합동군사대학교에서는 각국의 국익과 위협인식을 바탕으로 군사전략 목표 및 개념, 군사력 건설 및 작전기획지침 등 관련 군사전략을 제시하고, 군사력이 어떻게 건설되고 운용되었는지를 분석했다.[5] 또한 합동작전 원칙, 합동기능 등 군사교리적 관점에서 전쟁을 판단하고 평가했다. 이 성과물은 우크라이나 전쟁을 군사적(합동성) 관점에서 바라본 최초의 연구다. 하지만, 이는 해군전략의 상위 개념인 군사전략 측면의 분석서로 이 장에서 탐구하고자 하는 해군력 운용 목표와 방법에 대한 것으로 보기 어렵다.

해군 전력분석시험평가단의 연구는 해양작전 경과와 주요 해양작전의 결과, 평가 및 함의 등을 해양작전 측면에서 분석한 유일한 전훈 보고서다.[6] 이 분석서도 해양작전에 중점을 둔 연구로, 러시아 해양 및 해군전략, 해군력 운용에 집중한 연구라고 보기 어렵다. 또한, 가장 아쉬운 점은 해양정책, 해양 및 해군전

---

for russia's navy in the black sea/ (검색일: 2023. 1. 24.).

5 합동군사대학교, 『우크라이나 전쟁 분석: 군사적(합동성) 관점에서의 전훈 분석 및 함의』(2022).

6 해군전력분석시험평가단, 『우크라이나 전쟁 해양작전 분석』(2022).

략, 이에 따른 해군력 운용 목표, 그리고 해군력 운용 방법 등 용병술 체계 간 상호 연계성을 고려한 연구라고 보기 어려운데, 이는 전훈 보고서가 갖는 근본적인 한계와도 관련이 있는 것으로 평가된다.

이 장은 이러한 배경에서 러시아 해군력 운용의 유용성 및 한계를 발생시킨 원인에 관하여 분석하고, 이것이 한국 해군에게 주는 정책적 함의에 대해 살펴본다. 이러한 목적에서 다음 절에서는 전시 해군전략에 대한 이론적 고찰에 대해 논의한다. 3절에서는 러시아의 해양정책, 해양 및 해군전략을 분석하고, 4절에서는 러시아 해군력 운용이 왜 전역에 기여하지 못했는지 그 원인에 대해 논의한다. 결론에서는 앞의 논의에 기초하여 한국의 해군에 주는 정책적 함의를 도출한다.

2절 전시 해군전략에 관한 이론적 고찰

1. 전시 해군전략의 개념

해군전략은 해군력을 운용하는 방법을 의미한다고 볼 수 있다. 즉 국익을 보호하고 국가안보 목표를 달성하기 위해 해군력이라는 군사적 수단을 운용하는 전략이라 할 수 있다. 해군전략의 상위개념이라 할 수 있는 군사전략은 군사력 운용에 관한 방법으로, 군사력(수단) 그 자체가 아니라 군사력 또는 군사적 위협을 사용하는 것, 군사적 수단을 운용하는 방법[7]이기 때문이다.

해군전략은 해양전략의 한 부분이다. 따라서 전시 해군전략의 목표는 전시 해양전략이 추구하는 목표를 달성할 수 있는 것이어야 한다. 해양전략이 국가목표를 달성하고 국가정책을 수행하기 위해 평시 및 전시에 국가의 해양력을 운용

7　박창희, “한국의 ‘신 군사전략’ 개념: 전쟁수행 중심의 ‘실전기반 억제’”, 『국가전략』 제17권 3호 (2011), pp. 43~46.

하고 해양을 사용하는 술(Art)이며 과학(Science)이고, 해군전략이란 해양전략의 목표를 달성하기 위해 해군력을 운용하는 술이며 과학이기 때문이다.[8]

전시에 국가가 해군력을 운용하여 달성하려는 목표는 해양통제권의 확보 및 행사다. 여기서 해양통제란 자국이 필요로 하는 특정한 시기에 특정한 해역에서 적의 방해를 받지 않고 자유롭게 해양을 사용할 수 있도록 보장하고, 적의 해양사용을 거부하기 위해 적의 해군력을 효과적으로 통제하는 상태다.[9]

해양통제와 유사 개념인 해양거부는 아군의 해양통제 노력을 최소한으로 시도하면서 적의 해양사용 거부에 중점을 둔다. 수행방법으로는 적 주력과 결전, 회피, 분산된 적 세력에 대한 공격, 해상교통로 교란 및 주요 접근로에 대한 기뢰 부설 등이 있다.[10] 해양통제는 자국이 원하는 시간과 장소에서 해양의 사용을 추구하는 공세적인 해군력 사용이라고 한다면, 해양거부는 적의 해양 사용을 거부하는 방어적 사용을 의미한다. 해양거부는 19세기 프랑스 소장학파와 구소련 등 대륙국가의 전략사상이 되었으며, 해양통제는 미국, 영국 등과 같은 해양강대국의 사상이 되었다.

2. 전시 해군력 운용방법

영국의 제프리 틸(Geoffrey Till)은 전시 해군력 운용방법을 해양통제권의 확보(Securing), 행사(Exploiting)라는 두 가지 측면에서 제시했다. 틸의 분류는 기존의 주장들을 보다 명료하게 제시한 것으로 널리 인용된다. 그는 해양통제 확보 방법으로 결전(Decisive Engagement), 현존함대(Fleet in Being)와 해상봉쇄(Naval Blockade)를, 행사 방법으로 군사력 투사(Maritime Power Projection), 해상

8 해군미래혁신연구단, 『해양안보·전략용어 해설집』(2023), p. 59; 해군본부, 『해군기본교리』(2017), p. 87.

9 Ibid., p. 64.

10 Ibid., p. 51.

교통로 통제(Control of Maritime Communication)를 제시했다.[11]

결전은 '가용한 해군력을 집중하여 적 해군력을 격멸하는 것'으로, 마한, 콜벳, 브로디, 틸 등의 전략가들은 해양통제권을 확보하기 위해 가장 신속하고 확실한 방법으로 간주했다. 현존함대는 '상대적으로 열세한 함대가 결전을 회피하고 세력을 보존함으로써 존재가치가 적 함대를 견제하고 행동의 자유를 제한하는 해군력 운용개념'이다. 해양통제권 확보를 목표로 하되 전력이 열세하기 때문에 주 세력을 보존하면서 상대방과 결전을 회피하는 우회적인 방안을 택하는 것이다. 적 통상(Trade) 공격, 분리된 소부대 각개격파 등 누진적으로 적의 전력을 소모시켜 목표를 달성하는 방법이다. 해상봉쇄는 '적 또는 가상적국의 해상을 무력으로 봉쇄하여 타국과 교역 및 통항을 못 하게 하는 조치'다.[12]

군사력 투사는 '해양으로부터 육상의 정세 또는 전황에 직접적으로 영향을 미치기 위해 해상 기반 군사력을 사용하는 것으로, 영토의 실질적인 침공에서부터 소규모 기습, 해군 폭격 등에 이르는 모든 형태의 작전'을 포함한다. 일반적으로 상륙작전이 군사력 투사의 주요 형태다. 군사력 투사는 분쟁의 결과를 결정, 작전 정면의 확장, 직접적인 지상군 지원, 경제전, 해군기지 및 항구 점령 또는 공격 등을 목적으로 시행한다.[13] 해상교통로 통제는 수송능력에 대한 공격, 적국 전쟁지속능력 감소, 적국의 해상수송 능력을 방해하는 전략적 강압 등 해상교통로 공격과 이에 대한 방어를 위한 활동으로 구분된다.[14]

해양통제를 달성한다는 것은 해양통제권의 확보, 유지 및 행사라는 상호 연관된 단계로 구성된다. 해상통제권을 획득하는 것은 작전·전략적 목표를 달성하는 것을 목표로 한다. 해상통제가 확보되면 해군은 전략적 또는 작전적 성공을 공고히 하기 위해 원하는 수준의 통제를 유지해야 한다. 그 성공을 이용하

11 Geoffrey Till, Seapower: A Guide to the Twenty-First Century (New York: Routledge Taylor & Francis Group, 2013), pp. 157~220.

12 해군미래혁신연구단, pp.49~57.

13 Geoffrey Till, pp. 184~189.

14 Ibid, pp.210~220.

는 것은 해양통제를 행사함으로써 달성된다.

그러나 실제로 해양통제를 확보·유지 및 행사하는 것 사이에는 명확한 구분은 존재하지 않는다.[15] 해양통제권을 확보하는 가장 확실한 방법인 결전은 첨단 무기체계의 발달로 상호 간 막대한 피해 발생 가능성이 증대됨에 따라 함대 간 결전이 일어날 가능성은 점차 줄고 있다. 반면, 현대에는 해상봉쇄가 유용한 수단으로 등장했다.[16] 그리고 해군력은 해양의 상황에 영향을 미치고, 궁극적으로 바다에서 지상에 영향을 미치는 군사적 능력이다.[17] 따라서 해군력 운용의 궁극적인 목적은 적 해안에 위협을 가하고 상륙작전을 수행하며, 적의 해상무역을 공격함으로써 적의 군사·경제적 잠재력을 약화시키는 것이다.

해양을 통제하려고 할 때 국가들은 일반적으로 해상봉쇄, 폭격 또는 상륙을 통한 합동전역에 군사력 투사(3B, Blockade, Bombardment or Putting Boots on The Ground Via Amphibious Landing)를 혼합하여 달성하려 한다.[18] 해양통제가 적에게는 해양의 자유로운 사용 가능성을 부정하며 자신의 이익을 위해 바다를 사용할 수 있는 개념을 의미한다는 점에서 지금까지 논의된 해군력 운용 방법들은 해상봉쇄와 군사력 투사로 대별할 수 있다.

15 United States Department of the Navy, Naval Operational Planning NWP 5-01 (2013), p. A-4.

16 Bernard Brodie, A Guide to Naval Strategy (New York: Prager Press, 1965), pp. 78~79.

17 Charles W. Koburger, Jr., Narrow Seas, Small Navies and Fat Merchantmen (New York: Praeger, 1990), p. xiv.

18 B. J. Armstrong, “The Russo-Ukrainian War at Sea: Retrospect & Prospect,” War on the Rocks (21 Apr., 2022). https://warontherocks.com/2022/04/the-russo-ukrainian-war-at-sea-retrospect-and-prospect/(검색일: 2023.1.26.)

3절 러시아의 해양정책, 해양전략 및 해군전략

1. 러시아의 해양 독트린(Maritime Doctrine)

2015년과 2022년 7월에 발표된 러시아의 해양 독트린은 해양에서 러시아의 국가이익 보장을 위한 해양정책 목표, 원칙 및 방향을 제시한 전략문서로, 현재의 전략환경평가가 반영되었고, 전쟁에서 해군력 운용에 영향을 미쳤다.[19]

2015년 해양 독트린은 네 가지 해양안보 기조를 선언하고 있다.[20] 우선, 세계 해양을 여섯 개로 분류하여 각 해역에서 작전, 수송, 과학탐사 및 자원 개발에 대한 해군의 역할을 제시했으며, 둘째, 북극항로 개설 및 NATO에 대한 대응의 일환으로 북극해와 대서양에서 안보정책을 중시했다. 셋째, 지중해에 영구적인 해군력 현시 및 이를 위한 크림반도 및 세바스토폴 해군기지 활용, 넷째, 북부 및 태평양함대에 핵잠수함을 우선 배치하여 NATO의 위협에 대응하고, 태평양에서 미국의 팽창 저지는 물론, 중국 및 인도와 해양협력을 강화하는 것이다.

특히 러시아는 해양정책의 주요 지역을 대서양(발트해, 아조프해, 흑해 및 지중해), 북극해, 태평양, 카스피해, 인도양, 남극해의 여섯 개의 지역으로 분류하고 최우선 순위를 대서양에 두었다. 따라서 러시아는 대서양에서 러시아 국경에 대한 군사 기반시설 건설과 이를 세계화하려는 나토의 노력을 용납할 수 없는 것으로 인식했다.[21] 이는 러시아가 흑해와 지중해에서 군사능력의 신장과 해

19 Sarabjeet S. Parmar, "Maritime Doctrine of the Russian Federation 2022: An-Analysis," National Maritime Foundation (17 August 2022). https://maritimeindia.org/maritime-doctrine-of-the-russian-federation-2022-an- analysis-maritime-doctrine- of-the-russian-federation-2022-an-analysis/ (검색일: 2023.1.26.)

20 해군미래혁신연구단, pp. 70~71.

21 МОРСКАЯ ДОКТРИНА РОССИЙСКОЙ ФЕДЕРАЦИИ, Anna Davis, Maritime Doctrine of the Russian Federation (United States Naval War College: Russia Maritime Studies Institute, 2015), pp. 19~22; 2021년 7월 2일 개정한 러시아 국가안보전략(35조)에서도 네 가지 군사적 위협으로 ① 러시아와 그 동맹국 및 파트너에 무력을 행사하려는 시도, ② 러시아 국경 인근에서 NATO의 군사기반시설 구축, ③ 정보활동 강화, ④ 러시아에 대한 대규모 군사조직

군력을 공세적으로 운용할 수 있는 근거가 되었고, 우크라이나 침공의 사유가 되었다. 또한, 시리아(타르투스)의 러시아 해군기지에 이어 수단항(Port Sudan)의 확보에도 열을 올리게 하는 계기가 되었다.[22]

2022년 7월 31일 대통령령 512호로 발효된 2022년 해양 독트린은 2015년의 정책들을 구체화했으며, 러시아의 해양 이익 확보를 위해 보다 민족주의적인 접근방식을 통해 강경한 전략 커뮤니케이션을 실시했다. '위대한 해양 강국으로서 러시아 연방의 발전과 세계 주요 해양 강대국으로서 입지 강화'를 첫 번째 전략 목표로 선언[23]한 이 독트린은 2015년과 동일하게 세계 해양을 여섯 개로 구분했으나, 우선순위는 북극해, 태평양, 대서양, 카스피해, 인도양, 남극해 순으로 변경했다. 이는 세계 군사 및 경제적 경쟁의 초점 등 전략적 중요성이 북극해와 태평양으로 옮겨감에 따른 우선순위 조정으로 판단된다.

그러나 현재 전쟁 중인 대서양의 중요성이 낮아졌다고 판단할 수는 없다. 대서양은 러시아가 서방과 긍정적인 협력적 관계를 통해서는 영향력을 확대할 수 없는 지역을 의미하며, 이는 대서양이 러시아의 국가안보의 핵심지역이라는 것을 반증하는 것이다. 라코프(Daniel Rakov)는 이 표현은 수사학적인 전략이므로, 이러한 사실로 인해 러시아의 군사 및 전략가들이 미국과 NATO에 맞서는 데 몰두하고 있다는 진실이 은폐되어서는 안 된다고 강조했다.[24] 키리악(Olga R. Chiriac) 또한, 러시아 외교정책이라는 넓은 맥락에서, 흑해가 북극보다 덜 중요하다는 것을 의미하는 것이 아니라, 각 지역의 안보환경 특성에 맞는 해결책을

및 핵무기 사용 연습을 들고 있다. О Стратегии национальной безопасности Российской Федерации (2 июля 2021 года) http://actual. pravo.gov.ru/text.html#pnum=0001202107030001 (검색일: 2023. 1. 27.).

22 Sarabjeet S Parmar, "Maritime Doctrine of the Russian Federation 2022: An-Analysis."

23 МОРСКАЯ ДОКТРИНА, РОССИЙСКОЙ ФЕДЕРАЦИИ (31 июля 2022 года), Anna Davis and Ryan Vest, Maritime Doctrine of the Russian Federation (United States Naval War College: Russia Maritime Studies Institute, 2022), pp. 8~9.에서는 러시아의 국가해양정책의 전략적 목적을 14가지로 구체화하여 제시하고 있다.

24 Daniel Rakov, "Russia's New Maritime Doctrine Focuses on the Arctic and Asia, with the Middle East a Top Priorities," The Jerusalem institute for strategy and security (14 Oct., 2022).

필요로 한다는 것을 의미한다는 것이다. 러시아에게 흑해와 지중해는 이미 전장이고, 북극은 협력의 기회와 영향력 확대 가능성을 모두 제공할 수 있기 때문이다.[25] 즉, 현재 전장에서는 전통적인 해군력의 운용 이외에 다른 선택지가 없다는 의미다.

이는 신독트린에서 러시아 안보에 대한 중요성과 군사적 권리를 행사하려는 의지에 따라 〈표 II-3-1〉과 같이 해양 영토를 세 가지로 분류한 것만 보아도 잘 알 수 있는 내용이다.

사활적인 지역/구역은 생존을 위한 필수지역/구역으로 이 지역/구역들에 대한 통제력의 상실은 러시아 연방의 존재 자체를 위태롭게 할 수 있는 사활적 이익이 걸려 있다. 중요지역/구역은 다른 모든 정책적인 옵션을 사용해서도 해결이 불가한 지역으로, 최후의 수단(last resorts)으로서 군사력이 사용되는 지역/구역을 의미한다. 끝으로 기타지역/구역은 국익이 비폭력 수단을 통해서도 증진

〈표 II-3-1〉 러시아의 국가이익에 영향을 미치는 해양지역/구역

해양지역(구역)	주요 내용
사활적인 지역/구역 (Vital Areas/Zones)	• 러시아 연방의 내해 및 영해와 그 해저, 심해 및 영공 • 러시아 대륙붕, 배타적 경제수역 • 북극항로 수역 포함, 러시아 연방 해안에 인접한 북극 분지 • 오호츠크해역과 카스피해의 러시아 영역
중요 지역/구역 (Important Areas/Zones)	• 아조프해와 흑해 포함, 러시아 연안에 인접한 대양과 연안 • 지중해 동부지역, 흑해, 발트해, 쿠릴해협 • 아시아와 아프리카 연안을 포함, 세계 해상교통로의 지역
기타 지역/구역 (The Other Areas/Zones)	• 사활적이고 중요지역으로 구분되지 않으나 국익이 걸린 대양

* 출처: Anna Davis and Ryan Vest, pp. 5~6.

25 Olga R. Chiriac, "The 2022 Maritime Doctrine of the Russian Federation: Mobilization, Maritime Law, and Socio-Economic Warfare," Center for International Maritime Security (28 Nov., 2022), https://cimsec.org/the-2022-maritime-doctrine-of-the-russian-federation-mobilization-maritime-law-and-socio-economic-warfare/ (검색일: 2023. 2. 3.)

될 가능성이 있는 모든 국제 해상교통로를 포함한다.[26]

러시아는 해군의 활동을 "러시아 연방에 대한 침략을 방지하고 세계 해양에서 국익을 실현하고 보호하기 위한 국가의 활동"이며, "현대 러시아는 강력한 해군력이 없이는 존재할 수 없다"라고 명시하고 있다.[27] 이를 위해 각 해양에 대한 관심을 우선순위와 목표별로 세분화하고 있는 것이다. 현재의 독트린은 러시아의 해양이익에 관한 한 북극해, 흑해, 지중해 및 발트해 등이 그 중심이다.

2. 러시아의 해양전략과 해군전략 목표

우크라이나 전쟁은 대륙국가 간 발생한 전쟁으로 보이지만, 러시아의 해양정책과 전략을 분석해보면, 본질적으로 '해양에서 국익 달성에 관점을 둔 전쟁'이다.[28] 우크라이나는 러시아가 중요시하는 흑해의 북부 해안의 중앙 부분을 점하고 있으며, 부동항인 흑해함대의 모항인 크림반도의 세바스토폴항이 존재하기 때문이다. 또한 흑해와 아조프해 연안에는 러시아와 우크라이나의 경제적 생명선인 많은 주요 항구들이 위치하고 있다.

특히, 광활한 영토를 가진 러시아지만, 부동항은 북유럽의 칼리닌그라드, 블라디보스토크, 그리고 흑해를 통해 지중해로 나갈 수 있는 크림반도의 세바스토폴항 3개뿐이다. 17세기 표트르 대제 시대부터 해양무역과 유럽으로의 팽창정책으로 시작된 부동항의 확보는 러시아의 숙원사업이었다. 흑해는 지중해와 대서양, 인도양에 직접 접근할 수 있는 곳이기 때문에 러시아에게 지리전략적으로 매우 중요한 곳이다. 흑해가 없다면, 러시아 해군은 이 해역에 도달하기 위해 유럽 외곽으로 수천 마일을 항해하거나 동아시아, 동남아시아 및 인도양을 통과

26 Anna Davis and Ryan Vest, pp. 5~6.

27 Ibid, pp. 16, 39.

28 Alessio Patalano, "Russia's blockade of the Black Sea demands a global response: Impact on food supply chains has the makings of an international crisis," NIKKEIAsia (June 2, 2022).

해야만 한다. 흑해와 지중해로의 접근이 보장되지 않는다면, 러시아가 팔레스타인, 시리아, 요르단, 레바논 등 중동지역과 북아프리카 및 남부 유럽을 대상으로 해양정책을 구사하는 것도 불가능해진다. 또한, 크림반도의 흑해 해군기지가 없이는 시리아 타르투스의 해군시설을 포함하여 시리아의 러시아군 지원도 제한된다.

이러한 맥락에서 러시아의 해양전략을 다음과 같이 분석할 수 있다. 해양전략 목표는 러시아의 사활적인 이익이 걸린 해양에서 국가를 방위하고, 북극해, 흑해와 지중해를 포함한 대서양과 태평양 및 인도양 등 여섯 개의 해양에서 국가이익을 보장하는 것이다. 이를 달성하기 위한 방법은 강력한 해군력을 건설하여 해양으로의 전략적인 접근을 강화하고 해양통제권을 확보 및 행사하는 것이다. 수단으로는 항공모함 등 대양함대 건설과 전략 핵전력, 통상전력(재래식 증강)이 있다. 특히, 대형함 건조를 위해 조선역량 강화를 선언했으며, 조선 역량의 최우선 순위로 현대적인 항공모함 건조를 강조했다.[29]

러시아 해양전략을 달성하기 위한 해군전략 목표는 두 가지로 분석할 수 있다. 첫 번째 목표는 흑해 북부에서 해양통제를 달성하기 위해 우크라이나 해안을 봉쇄하여 우크라이나의 경제를 고립시키고 오데사 지역의 항구와 세계 해상교통로를 분리시켜 저항능력을 무력화시키는 것이다. 러시아는 해군력 우위를 이용하여 해양봉쇄를 부과했다. 우크라이나 해군에는 주요 전력이 부족하여 전쟁 초기 러시아 해군은 흑해 북부에서 완전한 해상통제를 달성할 수 있었다. 흑해함대에 의한 아조프해와 흑해를 연결하는 케르치 해협 봉쇄와 흑해 북부의 해상통제로 전쟁이 시작된 지 3일 만에 우크라이나는 완전히 봉쇄되었다.

두 번째 목표는 해군력 투사로 지상군과 연계를 달성하여 합동전역에 대한 시너지 효과를 창출하는 것이다. 흑해함대는 킬로급 잠수함 등에 탑재된 칼리브르(Kalibre) 순항미사일을 사용하여 지상 목표물을 공격했다. 특히, 러시아 해군

---

29 John C. K. Daly, "Russia's New Maritime Doctrine: Desperately Needed and Long Overdue," *Eurasia Daily Monitor*, vol. 19 (29 September, 2022).

은 오데사 남쪽과 루마니아 해안에서 가까운 우크라이나의 스네이크섬을 공격하여 점령했다. 또한, 우크라이나의 남부 요충지인 헤르손에서 약 100마일 떨어진 흑해의 오데사와 우크라이나 마리우폴 항구에서 남쪽으로 30마일 떨어진 아조프해의 베르디안스크에 상륙작전을 시도했다. 마리우폴은 동쪽으로 친러 분리주의 세력이 장악한 도네츠크 인민공화국과 연결되는 거점이었다.

4절 러시아의 해군력 운용 분석 및 평가

1. 러시아 해군력 운용 개요

강력한 해군력의 운용과 건설을 '강한 러시아'의 조건으로 내건 해양 독트린을 통해 러시아가 이번 전쟁에서 어떻게 해군력을 운용하려 했는지 잘 알 수 있다. 하지만 러시아는 〈표 II-3-2〉와 같이 적극적이며 공세적으로만 해군력을 운용하지 못했다. 러시아의 해군력 운용 양상은 적극적인 해군력 운용 시기와 소극적인 해군력 운용 시기로 분석할 수 있다.

먼저, 적극적인 해군력 운용 시기는 2022년 2월 24일 우크라이나 침공을 기준으로 흑해와 아조프해에 대한 해상봉쇄(2021. 4. 6. ~ 2022. 3. 11.)와 대표적인 군사력 투사 방법인 상륙작전(2022. 1. 20. ~ 3. 30.)을 준비하고 시도했던 기간이다. 이 시기에는 우크라이나 침공에 앞서 사전 해상훈련, 훈련구역에 대한 경고 및 차단 등 전쟁 여건 조성과 해군함정 등 전력 배비를 실시하고, 1년여에 걸친 단계별 해상봉쇄를 실시하는 등 공세적으로 해군력을 운용했다. 특히, 해상봉쇄는 2022년 1월 초까지는 느슨한 봉쇄를 실시하다가 침공 전후로 아조프해와 흑해 전 해상에 대한 강력하고 타이트한 해상봉쇄를 실시했다. 상륙작전도 2월 중순까지는 상륙 강습함의 배비와 훈련 위주로 실시하다가 3월 초부터 하순에 본격적인 상륙작전을 시도했다.

〈표 II-3-2〉 러시아 해군력 운용 현황

기간			세부 해군력 운용 현황
해상봉쇄 및 적극적인 군가력 투사	해상봉쇄	2021. 4. 6. ~ 2022. 1. 8.	• 러, 케르치 해협 봉쇄(2021. 4. 16 ~ 10. 31., 6개월간), 흑해 봉쇄(2021. 10. 27. ~ 11. 13, 20) • 러, 우크라이나 해상 천연가스전 지역 봉쇄(2021. 11. 29.) • 러, 우크라이나 해안 및 아조프해 항구 봉쇄(2021. 12. 8. ~ 2022. 1. 8, 1개월간) • 러, 보스포러스해협~모든 주요 항로 봉쇄(2021. 12. 15.)
		2021. 12. 1. ~ 2022. 3. 16.	• 러, 아조프해 남부 봉쇄(2021. 12. 1. ~ 2022. 3. 1., 4개월간), 북부 봉쇄(2021. 12.. 17. ~ 2022. 3. 16., 3개월간) • 러, 아조프해 남부 봉쇄구역 확장(2022. 1. 29. ~ 2. 28., 1개월간)
		2021. 12. 1. ~ 2022. 3. 11.	• 러, 오데사 및 미콜라이우 봉쇄(2021. 12. 1. ~ 2022. 3. 1., 3개월간) • 러, 세바스토폴 인근 해상 봉쇄(2022. 1. 31. ~ 2. 28., 1개월간) • 러, 오데사 해안 봉쇄(2022. 2. 10~20, 10일간), 오데사~케르치 봉쇄(2022. 2.. 11. ~ 3. 11., 1개월간) • 러, 우크라이나 해안, 세바스토폴 및 케르치 해협 봉쇄(2022. 2. 13~19., 1주간)
	상륙작전	2022. 1. 20. ~ 2. 17.	• 러시아, 대규모 해상훈련(상륙 및 해상 실사격 훈련 포함) • 러시아, 지중해 → 흑해로 상륙함 재배치(7척)
		2022. 2. 24~28.	• 거대한 지중해함대 구성 완료(북부, 발트해, 태평양함대 함정 중심) • 러, 해군 육전대 병력 오데사 및 마리우폴 진입 • 흑해함대 순항미사일 이용, 우크라이나 해군기지 공습 * 우크라이나 11개 비행장, 3개 사령부, 18개 레이더기지 등 • 러, 흑해 북부에서 우크라이나 함정(경비정) 6척 격침
		2022. 3. 5~14.	상륙작전 준비 중 기상 불량으로 철수(오데사, 미콜라이우)
		2022. 3. 15~30.	상륙작전 재시도, 상륙작전 수행은 없었음(상륙양동 효과는 달성) * 14시간 동안 90회 포격, 호위함 함대지(Kalibr) 순항미사일 8발 타격 * 제공권 미확보, 지상군 진출 지연으로 상륙작전 수행 불가
		2022. 3. 24~30.	• 러시아 상륙함 1척 침몰, 1척 심각한 피해 * 우크라이나 OTR-21 토치카 전술지대지미사일(사거리 120km) 의거 피해 • 러, 오데사 인근 상륙전력 세바스토폴 철수(3. 30.)
소극적인 군사력 투사	상호공방전	2022. 4. 3~23.	• 러, 오데사 지역 함대지 및 공대지미사일로 정밀 공격 • 우, 러시아 호위함(아드미랄 에센함) 넵튠 미사일 공격 • 우, 러시아 흑해함대 기함(모스크바함) 공격 침몰(4. 14~15.) * 바이락타르 무인기와 RK-360MC 넵튠 지대함미사일(4발 중 2발 명중) 발사
		2022. 5. 2~22.	• 우크라이나 드론, 즈미이니섬 인근 러 연안전투정(23톤) 2척 격침 • 러, 우크라이나 서부 르비우 인근 군사시설 타격 • 우크라이나 드론, 즈미이니섬 인근 러 상륙지원정(100톤급) 격침 • 러, 우크라이나 북부 지토미르 인근 민간시설 타격

기간			세부 해군력 운용 현황
	상호공방전	2022. 6. 17. ~ 8. 9.	• 우, 하푼미사일로 즈미이니섬 인근 러 구조함(1,600톤) 격침 • 러, 우크라이나 중부 빈니차 인근 민간시설 타격 • 우크라이나 드론, 세비스토폴항 흑해함대사령부 공격
		2022. 10. 29. ~ 11. 18.	• 우크라이나 드론, 세비스토폴항 호위함(아드미럴 마카로프함) 공격 • 우크라이나 고속순찰선, 노보로시스크항 공격

* 출처: "International Security Risks in the Azov-Black Sea Region in November-December 2021," Blackseanews (2 Dec. 2021), https://www.blackseanews.net/en/read/183018 (검색일: 2023. 2. 10.); "Increased Risks. Obstruction of Traffic in the Black and Azov Seas by Russia due to the Closure of Sea Areas for Military Exercises as of 15 February 2022," Blackseanews (15 Feb. 2022), https://www.blackseanews.net/en/read/184754 (검색일: 2023. 2. 10.); "The Presence of Russian Warships in the Mediterranean Sea as of 10 May 2022," Blackseanews (10 May 2022), https:// www.blackseanews.net/en/read/189129 (검색일: 2023. 2. 11.); 해군전력분석시험평가단, pp. 22-7~22-10. 내용을 종합, 재구성.

전쟁 전 러시아는 북부 및 발트함대에서 흑해로 상륙함을 전진 배치했는데 이는 우크라이나에 큰 위협이 되었다. 이는 바다를 통해 합동전역에 해군력을 투사하겠다는 의지를 표출한 것이다. 많은 전문가와 매체가 러시아가 흑해에 대한 해양통제권을 이용하여 오데사에 상륙작전을 수행하여 헤르손과 미콜라이우의 지상 전역을 지원할 것으로 예상했다.

위 시기와는 달리, 2022년 3월 30일 상륙전력이 세바스토폴항으로 철수한 이후부터 러시아의 해군력 운용은 이전에 비해 소극적으로 이루어졌다. 우크라이나는 바이락타르 무인기와 넵튠 지대함미사일, 토치카 전술지대지미사일을 운용하여 전과를 확대하고자 했고, 러시아는 이에 대한 보복공격을 실시하는 등 전술적 수준의 상호 공방전이 실시되었다. 특히, 우크라이나는 전쟁 전에 터키제 바이락타르(Bayraktar) TB2 무인기 12~16기를 조달했고, 러시아의 이동식 순항미사일 시스템을 수정하여 사거리 280km에 달하는 넵튠 지대함미사일 시스템을 생산하여 해안방어 능력을 증강하는 데 성공했다.[30] 그 결과 2022년 4월 14

30 John Guttman, "The Neptune anti-ship missile: The weapon that may have sunk the Russian flagship Moskva," Military Times (12 May, 2022). https://www.militarytimes.com/off-duty/gearscout/2022/05/12/the-neptune-anti-ship- missile-the-weapon-that-may-have-sunk-the-russian-flagship-moskva/ (검색일: 2023. 8. 19.).

〈표 II-3-3〉 러시아 지중해함대 주요 함정 구성 변화(단위: 척수)

구분	2021. 11.	2021. 12.	2022. 1.	2022. 2~7.	2022. 8.	2022. 9.	2022. 10.	2022. 11.
미사일 순양함	-	-	1(P1)	2(P1, N1)	→	1(P1)	→	-
미사일 구축함	-	-	-	4(P1, N2)	→	3(P1, N1)	→	2(P1, N1)
미사일 호위함	1	→	2(P1)					
초계함	2	→	2	1	→	→	3	→
핵 잠수함	-	-	-	-	1(N1)	→	→	-
재래식 잠수함	2	3	→	2	→	2	1	→
상륙함	3(B2)	1	8(B3, N3)	-	-	-	-	-
소해함	1	→	2	1	→	→	→	→
대상륙정	1	→	→	→	→	→	→	→
정보함	1	→	3(B1)	2(B1)	→	1(B1)	-	-
보조함	1	→	2(P1)	4(P1, N1, B1)	→	3(P1, N1, B1)	→	2(N1, B1)
터그보트	2	→	→	1	→	→	-	-
총	14(B2)	13	26(P3, N3, B4)	18(P3, N4, B2)	19(P3, N5, B2)	15(P3, N3, B2)	14(P2, N3, B1)	10(P1, N2, B1)

* 주: P(척수)-태평양함대 함정(척), N(척수)-북부함대 함정(척), B(척수)-발트함대 함정(척수)

* 출처: "The Presence of Russian Warships in the Black Sea and the Mediterranean Sea in January 2022," Blackseanews (1 February 2022), https://www.blackseanews.net/en/read/184301 (검색일: 2023. 2. 10.); "The Presence of Russian Warships in the Mediterranean Sea as of 9 March 2022," Blackseanews (9 March 2022), https://www.blackseanews.net/en/read/186116 (검색일: 2023. 2. 10.); "The Presence of Russian Warships in the Mediterranean Sea as of 10 May 2022; "The Presence of Russian Warships in the Mediterranean Sea as of 15 September 2022," *Blackseanews* (15 September 2022), https://www.blackseanews.net/en/read/194489 (검색일: 2023. 2. 10.); "The presence of Russian warships in the Mediterranean Sea as of 6 November 2022," *Blackseanews* (6 November 2022), https://www.blackseanews.net/en/read/196475 (검색일: 2023. 2. 10.) 내용을 도표화.

일에서 15일 흑해함대의 유일한 구역방공망을 제공하는 모스크바함과 13척의 주요 함정들을 격침하는 전과를 획득했다.

〈표 II-3-3〉과 〈표 II-3-4〉와 같이 2월부터 9월 초까지 지중해함대[31]는 전력

31 지중해 지역에 위기 발생 시, 또 더 멀리 아프리카, 소말리아 지역으로 군사력 투입 시 일종의 대비책으로 2013년 7월 구성된 함대. 주요 네 개 함대(태평양함대, 북방함대, 발트함대, 흑해함대)의 함정들이 교대로 투입되는 분함대로 건설되었다. 이 함대는 러시아의 유일한 해군기지인 시리아의 타르투스항을 근거지로 활동하고 있다. 타르투스항은 옛 소련 시절인 1977년부터 이곳을 러시아 함정의 수리 및 보급용 기지로 임대해 쓰고 있으며, 최근 공세적인 해양

〈표 II-3-4〉 러시아 흑해함대 주요 함정 구성 변화(단위: 척수)

구분	기본편성 (2021 기준)	재배치 현황(기본편성 대비 증감)				
		2021. 11.	2021. 12.	2022. 1.	2022. 2.	2022. 3~11.
미사일 순양함	1	1	1	1	1	-(-1)
미사일 구축함	1	1	1	1	1	1
미사일 호위함	4	4	4	4	4	2(-2)
초계함	35	37(+2)	37(+2)	37(+2)	37(+2)	34(-1)
재래식 잠수함	6	7(+1)	7(+1)	7(+1)	7(+1)	7(+1)
상륙함	10	14(+4, B2)	12(+2)	11(+1)	18(+8, B3,N3)	16(+6, B3,N3)
소해함	9	10(+1)	10(+1)	11(+2)	12(+3)	12(+3)
대상륙정	-	-	-	-	1(+1)	1(+1)
정보함	-	-	-	1(+1)	1(+1)	1(+1)
터그보트	-	3(+3)	2(+2)	3(+3)	4(+4)	4(+4)
총	66	77(+11, B2)	74(+8)	76(+10)	86(+20, B3,N3)	78(+12, B3,N3)

* 주: N(척수)-북부함대 함정(척), B(척수)-발트함대 함정(척수)

* 출처: IISS, The Military Balance 2021 (London: Routledge Taylor & Francis Group, 2021), p. 202; "The Presence of Russian Warships in the Black Sea and the Mediterranean Sea in January 2022"; "The Presence of Russian Warships in the Mediterranean Sea as of 9 March 2022"; "The Presence of Russian Warships in the Mediterranean Sea as of 10 May 2022"; "The Presence of Russian Warships in the Mediterranean Sea as of 15 September 2022"; "The presence of Russian warships in the Mediterranean Sea as of 6 November 2022"; 해군전력분석시험평가단, p. 14(양국 피해현황)의 내용을 도표화.

변화 없이 타르투스항에 배치되었고, 9월부터는 철수 및 재배치(축소)를 추진했다. 지중해함대는 많은 양의 보급품이 필요했고, 튀르키예의 해협 폐쇄로 이전에 그 역할을 수행했던 상륙함 전부가 흑해에 배치되어 필요한 물자와 장비를 지원하는 것은 사실상 불가능했다.

더욱이 타르투스항의 수리시설은 대부분 구소련 시대에 건조되어 대형 선박에 대한 수리가 불가능했다.[32] 흑해함대 전력도 우크라이나의 반격으로 2021

독트린에 기반하여 기지를 확장 건설 중이다. 인나 소볼레바, "지중해 분함대, 올 여름부터 상주 배치", RUSSIA BEYOND (18 May, 2013), https://kr.rbth.com/politics/2013/05/18/42041 (검색일: 2023. 5. 17.)

32 2022년 7월 러시아의 신해양 독트린에서 대양에서 국익 보장을 위해 강한 해군력이 필요하며, 이를 위해 조선소 능력의 확충을 강조했다. 이는 이번 전쟁의 교훈이 반영된 것으로 평가할 수

년 11월 수준으로 유지되었다.

2. 해군력 운용 방법별 분석

1) 해상봉쇄(Naval Blockade)

러시아의 해상봉쇄는 〈그림 II-3-1〉과 〈그림 II-3-2〉와 같이 2021년 4월 6일부터 2022년 3월 19일까지 1년여간 흑해 및 아조프해 전 해상과 우크라이나 전 항구를 대상으로 집중적으로 이루어졌다. 러시아의 해상봉쇄는 다음과 같은 의도와 특징을 갖는다. 첫째, 군사훈련과 해상사격 훈련을 빌미로 시작한 봉쇄

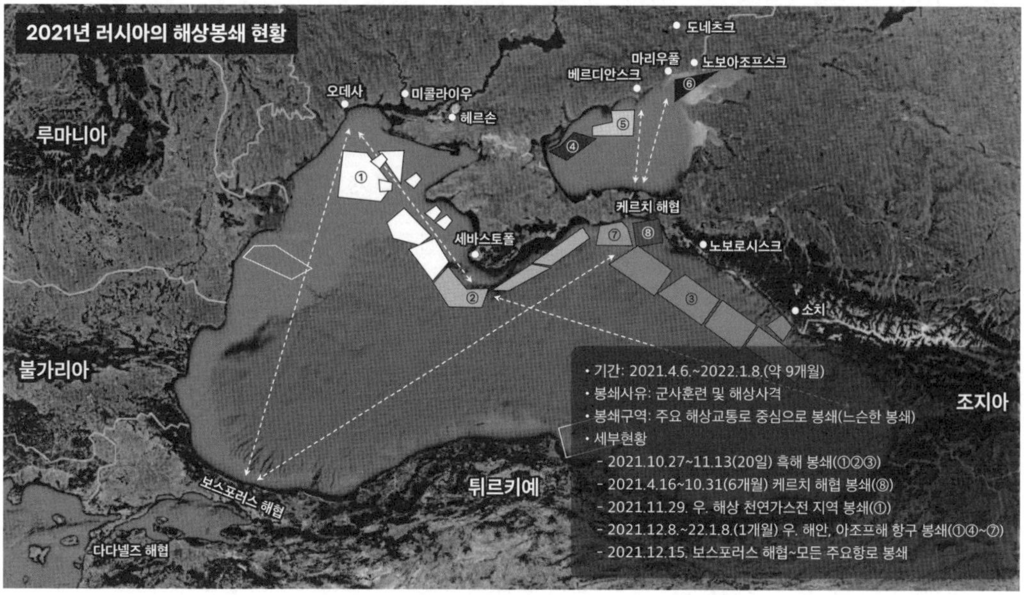

〈그림 II-3-1〉 2021년 러시아의 해상봉쇄 현황

* 출처: "International Security Risks in the Azov-Black Sea Region in November- December 2021" 재구성.

있다.

〈그림 II-3-2〉 2022년 러시아의 해상봉쇄 현황

* 출처: "Increased Risks. Obstruction of Traffic in the Black and Azov Seas by Russia due to the Closure of Sea Areas for Military Exercises as of 15 February 2022" 재구성.

는 우크라이나 침공을 사전에 염두해둔 전시 봉쇄였다. 2021년 9월부터 11월까지 3개월간 흑해 및 아조프에서 러시아가 실시한 군사훈련의 횟수가 365회(9월 129회, 10월 143회, 11월 95회)였다. 특히, 11월 한 달간 95회 훈련을 실시했는데, 그중 22회(23%)가 적군의 저항과 방해를 상정한 항공강습, 상륙작전 및 항공지원하에 해병대, 특수부대 작전이었던 점[33]은 훈련 목적보다는 전시 봉쇄를 추진하려는 의도를 갖고 있다는 사실을 신뢰성 있게 뒷받침한다.

둘째, 러시아의 2022년 봉쇄는 2021년 봉쇄의 연장선 상에서 우크라이나의 경제력을 누진적으로 고사시키려는 의도하에 시행된 것이다. 2021년 봉쇄는 우크라이나의 해상 천연가스전 지역(〈그림 II-3-1〉의 ①번)과 대부분 보스포러스 해협과 케르치 해협에서부터 우크라이나의 흑해 및 아조프해 항구로 이어지는 해상교통로에서 이루어졌다. 또한 크림반도 해안 접근을 거부하기 위해 방어적

33 "International Security Risks in the Azov-Black Sea Region in November-December 2021."

으로 이루어진 점과 해상교통량의 완전한 폐쇄보다는 운항 통제에 가까운 봉쇄[34]를 실시했다는 점에서 느슨한(loosening) 봉쇄행동[35]이었다.

반면, 2022년 봉쇄는 전 해상교통로 및 항구를 대상으로 한 광범위하고 타이트한(Tightening) 봉쇄였다. 러시아 해군이 페이스북에 게시한 2022년 2월 13일부터 19일까지 항행경보에도 별도의 상선 통항에 대한 해상교통로가 제공되지 않았다. 이는 사실상 흑해 및 아조프해에서 활동하는 상선의 이동이 완전히 봉쇄됨을 의미한다.[36] 러시아의 봉쇄는 우크라이나 침공 1년 전부터 계획한 평시 경제적 강압 행위를 전쟁 행위로 연계 및 발전시킨 것이다.

셋째, 러시아는 강력한 해군력의 이점을 활용하여 결정적으로 합동전역에 영향을 미치고자 했다. 러시아가 실시한 해상봉쇄는 역사상 가장 강력하고 가장 많이 사용된 봉쇄인 근접봉쇄였다. 근접봉쇄는 적 세력을 항내에 가두어 진출입을 못하게 하는 것으로, "적에게 이용 가능한 해양의 크기를 사실상 제로(0)에 가깝게 축소하는 것이며, 효과적으로 적의 해안을 자신의 국경으로 만드는"[37] 강도와 효과가 가장 큰 방법이다.

---

34 러시아의 해상교통로 봉쇄로 인해 2021년 11개월 동안 우크라이나 항구에서 수출 화물을 운송하는 선박이 케르치 해협 진입 시 지연시간은 선박 한 척당 평균 37.4시간으로 2020년 29.6시간에 비해 크게 증가했다. "International Security Risks in the Azov-Black Sea Region in November-December 2021."

35 엘먼과 페인은 역사적으로 실시된 18개의 봉쇄 사례에 대한 전략적 효과를 평가했는데, 전략적 효과를 달성한 봉쇄 중 신속한(Rapid) 봉쇄가 7회, 타이트한(Tightening) 봉쇄가 5회, 느슨한(Loosening) 봉쇄가 2회, 간헐적(Intermittent) 봉쇄가 1회로 분석했다. Bruce A. Elleman and S. C. M. Paine, Naval Blockades and Seapower: Strategies and Counter-Strategies, 1805~2005 (London & New York: Routledge, 2006), pp. 23~266.

36 Oleksandr Kalinichenko, "How Ukraine can prevent an imminent Russian blockade of the Black & Azov Seas," Euromaidan Press (2022. 2. 10.), https://euromaidanpress.com/2022/02/11/russia-cancels-scheduled-azov-sea-blockade-black-sea-still-to-be-blocked/ (검색일: 2023. 2. 17.)

37 Bernard Brodie, A Layman's Guide to Naval Strategy (Princeton, NJ: Princeton Univ. Press, 1942).

2) 군사력 투사(Power Projection)

2022년 3월 15일 오데사 인근에서는 두 개의 전투 그룹과 한 개의 상륙함 그룹이 식별되었고, 러시아 해군과 공군이 오데사와 그 주변에 상륙돌격 준비활동으로 90발의 미사일 공격을 실시했지만, 영국 국방부의 예상과 달리 상륙작전은 실시되지 않았다.[38]

러시아가 우크라이나 침공계획에 상륙작전을 포함하지 않은 것인가? 아니면 할 수 없었던 것인가? 권위주의 국가들의 폐쇄성을 감안해 볼 때, 이에 대한 논란은 더욱 커질 수밖에 없다. 하지만, 흑해와 아조프해의 지리적 환경과 전황 등 객관적인 자료를 분석해보면 후자에 보다 방점을 둘 수밖에 없다. 즉, 할 수 없었다는 것이다.

첫째, 불리한 환경적 요인들로 인해 결정적 작전은 수행되지 못했다.[39] 우크라이나 해안은 상륙목표 해안이 좁고, 해안선이 고지대이거나 절벽으로 상륙작전 부대가 접안할 적합한 해변이 거의 없었다. 또한, 절벽으로 둘러싸인 해안에 도시가 밀집해 있어, 상륙부대가 해안에서 도시지역 전투로 즉시 전환하는 것을 매우 어렵게 했다. 천해와 좁은 해협 통과 등 열악한 작전환경도 상륙작전을 제한했다. 상륙함들은 도선사 지원이 필요한 좁은 케르치 해협과 해협 통과 후 평균 수심이 8미터로 세계에서 가장 얕은 바다인 아조프해를 통과해야만 했다. 열악한 기후조건 역시 상륙작전의 장애물이었다. 아울러 아조프해의 겨울은 시베리아 안티 사이클론의 영향을 받아 1월 기온은 -8~-30°C이며, 낮은 염도와 천해로 해수면이 결빙되어 상륙작전을 방해했다.

둘째, 제공권을 확보하지 못한 것도 상륙작전을 실시하지 못한 요인이었다.

---

38 Tayfun Ozberk, "Russia's Amphibious Operation Dilemma," Navalnews (20 Mar. 2022), https://www. navalnews.com/naval-news/2022/03/russias-amphibious-operation-dilemma/ (검색일: 2023. 2. 20.)

39 Philip G. Wasielewski, "Russia–Ukraine: Putin's Amphibious Options are Limited," Proceedings, Vol. 148 (January 2022).

러시아는 전체 공군력의 60% 이상을 투입했다. 600여 대 항공기 등은 일일 평균 200회 출격한 반면, 우크라이나 공군은 하루 5~10회 출격했다. 하지만, 러시아는 제공권을 장악하지 못했다. 그 이유는 러시아 공군교리와 교육훈련 부족 및 무기체계의 성능 저하 등이었다.[40]

셋째, 우크라이나의 대상륙 방어작전 때문이다. 영국 국방부는 우크라이나의 대함미사일 등이 흑해함대의 효율성을 제한하는 핵심 위협으로 평가하며, 이로 인해 러시아가 오데사를 점령할 수 없었고, 결국 우크라이나 침공계획을 크게 훼손했다[41]고 평가했다. 기뢰도 상륙작전에 큰 장애물이었다. 기뢰 설치 주체에 대해 양국 간에 설전은 있지만,[42] 우크라이나는 러시아 해군의 접근을 제한하기 위해 예인선으로 기뢰를 성공적으로 부설했다.[43] 흑해에 설치된 기뢰의 규모는 370여 개로, 이를 제거하는 데 몇 년이 소요될 것으로 보고 있다.[44] 기뢰는 러시아의 해군력 운용에 큰 위협이 되었다.

끝으로, 러시아 해군의 상륙지역에 대한 정보 부재의 문제도 제기할 수 있다. 전쟁 전 러시아는 상륙작전을 위해 북부 및 발트함대에서 흑해로 여덟 대의

40 러시아 공군은 지상작전에 지장을 주지 않는 최전선에서 국지적 공중우세 확보에만 주력하는 교리에 집착하고 있었다. 조종사 교육훈련 시간도 부족(연 비행시간 100시간 미만, 서방 조종사의 연평균 비행시간은 220~240시간)할 뿐만 아니라, 소련 붕괴 뒤 항공기 개발에 필요한 선진 기술개발이 더뎌져 최첨단 기술이 적용된 무기체계 개발에 뒤처지게 됐다. 김홍석, "공중우세 기반 손쉽게 승리, 당초 예상 빗나갔다", 『국방일보』(2022. 4. 19.).

41 "British intelligence explained what prevented the Russian Federation from seizing Odessa," The Odessa Journal (26 July, 2022), https://odessa-journal.com/british-intelligence-explained-what-prevented-the-russian-federation-from-seizing-odessa/ (검색일: 2023. 2. 26.)

42 "The sea mines that Ukraine has set up in the Black Sea may also end up in the... Aegean!," Athens News (20 March, 2022), https://en.rua.gr/2022/03/20/the-sea-mines-that-ukraine-has-set-up-in-the-black-sea-may-also-end-up-in-the-aegean/ (검색일: 2023. 3. 1.)

43 Ian Ralby and Leonid Zaliubovsky, "New Heights of Russian Hypocrisy and "Unlawfare" in the Black Sea," Center for International Maritime Security (25 March 2022); David R. Strachan, "UKR and Guerilla Naval Warfare," Strikepod Systems (15 March 2022).

44 Lorenzo Tondo, "Sea mines: the deadly danger lurking in Ukraine's waters," The Guardian (11 June, 2022), https://www.theguardian.com/world/2022/jul/11/sea-mines-ukraine-waters-russia-war-black-sea (검색일: 2023. 3. 7.)

상륙함을 전진 배치시켰다. 하지만 해상과 공중돌격으로 목표를 확보하는 결정적 행동은 이루어지지 않았다. 군사력 투사의 일반적인 형태인 상륙작전은 해양으로부터 지상의 정세 또는 전황에 직접적으로 영향을 미치도록 군사력을 행사하는 공격작전이다. 지상전역에 대해 직접적인 전략·작전적인 효과를 달성할 수 있는 중요한 선택지였던 상륙작전을 실시하지 않았다는 것은 정보 부재의 가능성을 보다 신뢰성 있게 뒷받침한다.

3. 종합 분석 및 평가

1년여간 실시된 해상봉쇄는 전 지구적인 영향력을 발휘했다. 러시아의 공격적인 해군력 운용으로 세계 식량 수요는 충족될 수 없었고, 밀 가격의 상승은 오히려 러시아에 재정적 이익을 가져다주는 결과를 초래했다. 무엇보다도 해상봉쇄로 인한 불안정한 식량 공급은 우크라이나의 밀 구매국인 아프리카, 중동 및 아시아 등 취약한 국내 정치체제를 보유한 개발도상국의 불안정으로 이어지는 원인이 되기도 했다.[45]

또한 러시아 상륙부대는 상륙양동 효과를 달성했다. 상륙작전부대의 존재는 우크라이나로 하여금 제한된 자원을 오데사에 대한 상륙작전에 대비하는데 전념하도록 강요했다. 전 NATO 최고 연합군사령관인 제임스 스타브리디스(James Stavridis) 제독은 "흑해함대는 본질적으로 우크라이나군을 남쪽에 고착시키는 견제군(Holding Force)"으로 언급했다.[46]

그러나 러시아 해군은 우크라이나 해군력이 거의 위협이 되지 않았던 상황임에도 불구하고, '러시아의 호수(Russian Lake)'라 불리는 흑해에서 해상봉쇄와

---

45 Alessio Patalano, "Russia's blockade of the Black Sea demands a global response: Impact on food supply chains has the makings of an international crisis."

46 Walker Mills, "What Can We Learn about Amphibious Warfare from a Conflict That has Had very Little of it? A Lot."

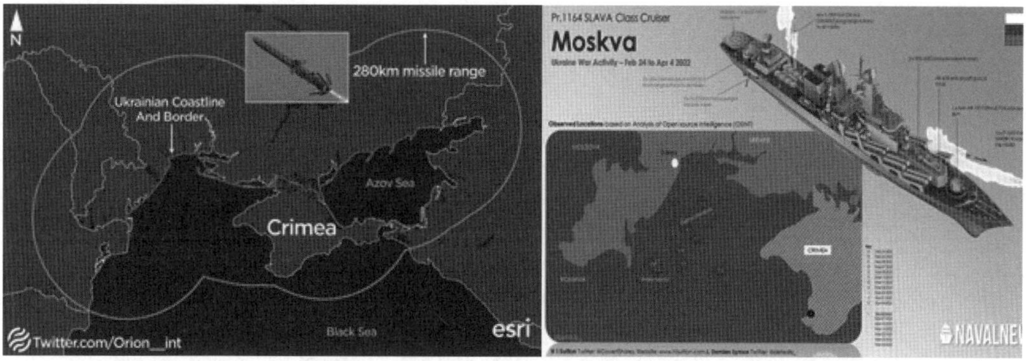

〈그림 II-3-3〉 우크라이나 넵튠 미사일 사거리와 러시아 흑해함대 활동 해역

* 출처: https://twitter.com/orion_int/status/1486024618700075009 (검색일: 2023. 3. 7.); H. I. Sutton, "Russia's Most Powerful Warship in the Black Sea is Operating in a Pattern," Navalnews (7 Apr 2022), https://www.navalnews.com/naval-news/2022/04/russias-most-powerful-warship-in-the-black-sea-is-operating-in-a-pattern/#prettyPhoto(검색일: 2023. 3. 7.)

군사력 투사의 전략적인 이점을 지상전역에 제공하지 못했다. 러시아는 전략목표를 달성하기도 전에 해군력을 수세적으로 운용함으로써 상륙작전 시도가 종료되는 시점인 4월 이후 현존 함대로 전락했다.[47] 결국, 러시아 해군은 일시적으로 우크라이나 군대를 오데사에 고정시킨 것을 제외하고 전쟁 중 유용한 전력으로 역할을 하지 못했다. 흑해함대가 오데사에 공격을 수행하거나 스네이크섬에 지속적인 해군력을 투사할 수 없었다는 것은 러시아의 능력이 크게 부족했다는 것을 증명한 것이다.

우세한 해군력을 보유한 러시아가 전쟁 중 해군력을 전략적으로 유용한 군사력으로 사용할 수 없었던 이유는 크게 두 가지로 분석된다. 먼저, 러시아가 진부한 해군력 운용방법을 고수했기 때문이다. 러시아가 이번 전쟁에서 사용한 근접봉쇄는 가장 강력한 해군력 운용방법이었으나, 상대방의 공격에 취약하다는 단점이 있다. 특히, 기뢰, 어뢰, 잠수함과 같은 무기체계의 사거리 연장으로 그 취약성은 더욱 커졌다. 실제로 우크라이나의 넵튠 지대함미사일은 〈그림 II-3-3〉과 같이 사거리가 280km로 흑해의 약 3분의 1과 아조프해 전 해역에 있는 목

47 H. I. Sutton, "Outplayed By Ukraine: What Is Next For Russia's Navy In The Black Sea?."

표물을 타격할 수 있는 능력을 보유하고 있었다.

또한, 집단적 및 민간 해양력(Collective and Civilian Seapower)[48]의 부상을 고려한 전략의 부재를 들 수 있다. 바다에서 러시아는 전략적으로 패배할 가능성이 높다. 그 이유는 러시아 해군력 운용에 대해 집단적으로 표출되고 있는 반감 때문이다. 바다에서 전쟁이 심화될수록 서방의 해양 지배력 강화, 국제해사기구(IMO), 대형 보험중개사 및 해운회사의 영향력 증대는 결국 푸틴의 전통적인 해군력 운용의 한계를 드러낼 것이다. 강력한 해군의 보유만으로는 전쟁에서 승리하기에 충분하지 않다. 해양을 통제하는 능력은 글로벌한 공급망 통제에서 표적 공습 및 상륙작전과 같은 군사력 투사에 이르기까지를 포함하며, 이는 한 국가에 전략적 이점을 제공한다.

더욱이, 러시아는 해군력을 합동전역에서 단독적이며 독자적으로 운용함으로써 시대적 요구에 부응하지 못하는 군사적 수단으로 한정시켜버렸을 가능성도 배제할 수 없다. 이 전쟁은 '전쟁에 이기려면 적의 중심을 신뢰성 있게 공격할 수 있는 군사력 중, 지상력이나, 해양력이나, 항공력은 독자적이며 결정적인 수단으로 인식될 수 없다'는 교훈을 제공한다. 러시아는 서방의 지원으로 스팅어 미사일, S-300 지대공미사일 시스템 등 주목할 만한 방공능력을 갖춘 우크라이나군에 대한 공중우위를 달성하지 못했다. 러시아는 우크라이나 종심을 공격할 수 있는 주요 대안 중 하나로 흑해에서 활동 중인 전함의 순항미사일의 정밀타격을 적극적으로 고려하지 못했다.[49] 또한 흑해함대는 잠대지순항미사일을

48 해양력은 한 국가의 군과 민간 부분의 해양능력뿐만 아니라 안정적이고 자유로운 해양 질서에서 공통의 가치와 이익을 공유하는 국가와 비국가 행위자들의 군(Military)과 민간 부분(Civilian)의 집단적인(Collective) 해양능력을 의미한다. Sacr Kulatunga, "Sea Power of Island Nations in the 21st Century: Challenges and Opportunities for Sri Lanka," Proceedings (2018), p. 12, http://ir.kdu.ac.lk/bitstream/handle/345/2528/Untitled%281%29.pdf?sequence=1&isAllowed=y (검색일: 2023. 5. 19.); Basil Germond, "Ukraine War: The Limits of Traditional Naval Power & the Rise of Collective and Civilian Seapower," E-International Relations (May 10, 2022), https://www.e-ir.info/2022/05/10/ukraine-war-the-limits-of-traditional-naval-power-and-the-rise-of-collective-and-civilian-seapower/ (검색일: 2023. 3. 1.)

49 Seth G. Jones, "Russia's Ill-Fated Invasion of Ukraine: Lessons in Modern Warfare," CSIS Briefs (1

발사하고, 기뢰를 매설하며, 상선에 어뢰를 공격할 수 있는 여섯 척의 현대식 킬로급 잠수함을 보유하고 있었지만, 우크라이나의 경제력 약화를 위해 통상파괴에 공세적으로 운용하지도 못했다.[50] 결국 러시아는 우크라이나 영토에 군사력을 투사하기 위해 합동전력 간의 협력과 조정 등을 통해 시너지 효과를 효과적으로 통합하지 못했다.

군함 설계, 현대화, 승무원 훈련 및 합동작전 계획 분야에서도 결함 가능성은 제기된다. 약 8억 달러의 비용으로 2018년부터 2020년까지 현대화한 모스크바함은 넵튠미사일 두 발로 침몰했는데, 제2차 세계대전 이후 침몰한 가장 큰 전함 중 하나로 기록되었다. 이는 2011년부터 광범하게 추진했던 러시아 해군의 조선능력 현대화 프로그램의 효과에 의문을 제기하는 사건이었다. 2017년부터 2020년까지 유럽에 배치된 미 해군을 지휘했던 포고 3세(James Foggo III) 제독도 추가 전투피해를 방지하기 위해 다수의 수밀구역으로 구성된 선박설계의 중요성, 승조원들의 손상 통제훈련 상태와 안일함이 침몰로 이어졌다고 언급했다.[51]

또한 러시아는 정보 부재로 우크라이나가 대함미사일을 개발했다는 사실을 알지 못했다.[52] 〈그림 II-3-3〉과 같이 흑해함대 함정들이 우크라이나가 공격 가능한 범위인 해안에 가까이 항해한 사실은 이를 신뢰성 있게 증명한다.

러시아는 해군력을 효과적으로 운용하기 위한 전제조건인 튀르키예와의 해양협력에도 실패했다. 반면, 우크라이나는 적극적인 지원요청과 압력으로 튀르키예가 2022년 2월 27일 몽트뢰 협약[53]에 의해 러시아 군함의 흑해 진입을 막

June, 2022), https://www.csis.org/analysis/russias-ill-fated-invasion-ukraine-lessons-modern-warfare (검색일: 2023. 3. 4.)

50 Brent Sadler, "Applying Lessons of the Naval War in Ukraine for a Potential War with China," The Heritage Foundation (5 January 2023).

51 Justin Katz, "What Should the US Navy Learn from Moskva's Demise?," Breaking Defense (15 April, 2022), https://breakingdefense.com/2022/04/what-should-the-us-navy-learn-from-moskvas-demise/ (검색일: 2023. 3. 7.)

52 Furkan Akar, "Analysis of The Sunken Russian Cruiser Moskva, Its Implications for Russia and Lessons for the World Navies," Beyond the Horizon (28 Apr., 2022).

53 이 협약은 1936년 스위스 몽트뢰에서 영국, 프랑스, 소련, 튀르키예, 그리스, 불가리아, 루마니

는 국제법을 시행하도록 했다. 이는 러시아가 지중해함대에서 흑해함대로의 전력 증강과 지속적인 군수지원을 차단할 뿐만 아니라, 우크라이나에 대한 명백한 지원의 표시라는 측면에서 중요한 의미를 갖는다. 무엇보다 흑해함대에 부족했던 미사일 등 군사력 투사능력을 지중해함대로부터 증원받을 수 없게 되었다. 또한, 4월 23일 시리아로 향하는 영공 폐쇄로 군 및 민간항공에 의한 흑해함대에 대한 지속적인 군수지원은 더욱 열악하게 되었다.[54] 이로 인해 러시아는 전쟁 초기 공세적인 해군력 운용과는 달리 합동전역에 적극적으로 기여하지 못했다.

둘째, 러시아가 소극적으로 해군력을 운용할 수밖에 없었던 또 하나의 이유는 우크라이나의 반접근지역거부전략(A2AD: Anti-Access Deniel Strategy) 때문이다. 우크라이나는 2018년 11월 '2035년까지 우크라이나 해군전략'을 채택했고, 2030년까지 '모기함대(Mosquito Fleet)'의 구성을 계획했다. 이 전략은 러시아의 대칭적인 힘의 우위를 비대칭적으로 억제하고 공격적인 행동에 대해 효과적인 대응책을 수행할 수 있는 사고방식과 행동을 의미하며, 소형 초계함과 대함 시스템(포병, 미사일)으로 구성된 함대로 해상 상황을 인식하고, 이를 토대로 자국의 연안에 접근하는 위협을 거부하는 것이다.

우크라이나의 반접근지역거부전략은 흑해함대에 실질적인 위협이 되었다. 밀스(Walker Mills)는 미사일과 무인기를 연계한 작전이 효과를 거두었다고 분석했다.[55] 우크라이나는 4월 14일과 15일 튀르키예제 바이락타르 무인기와 넵튠 지대함미사일의 협조된 공격행위를 통해 흑해함대에서 유일하게 지역 방공망

아, 유고, 일본 9개국이 모여 보스포러스와 다다넬스 해협 통항에 관하여 맺은 협약으로 이 해협을 관리하는 권한은 튀르키예에 부여하되, 이 해협들에서는 무장을 억제하고 평화적인 이용을 추구하는 것을 골자로 한다. 이진성, "우크라이나 흑해 봉쇄와 한반도 해양안보", 『KIMS Periscope』 제274호(2022. 5. 3.).

54 "The Presence of Russian Warships in the Mediterranean Sea as of 10 May 2022."

55 Walker Mills, "What Can We Learn about Amphibious Warfare from a Conflict That has Had very Little of it? A Lot," *Modern War Institute* (April 25, 2022), https://mwi.usma.edu/what-can-we-learn-about-amphibious-warfare-from-a-conflict-that-has-had-very-little-of-it-a-lot/(검색일: 2023. 2. 26.)

을 제공하는 모스크바함(11,500톤급)의 미사일 방어망을 교란하고 침몰시켰다. 우크라이나는 바이락타르 드론을 사용하여 모스크바함의 주의를 분산시켜 넵튠 미사일이 함정의 방어선을 통과할 수 있었는데,[56] 모스크바함 승무원들은 넵튠미사일이 아닌 드론과 교전하기 위해 사격통제 레이더를 조종하도록 유인되었을 가능성이 크다.[57] 모스크바함의 침몰은 러시아 함정이 흑해에서 자유롭게 활동하는 것을 신중하게 만들었다. 우크라이나는 BM-21 Grad 122mm 다중발사로켓시스템과 바이락타르 무인기를 페어링하여 우크라이나 해안방어를 더욱 개선했고, 그 결과 3월 초 미사일 초계함 바실리 비코프함(Vasily Bykov, 1,700톤급)도 손상시켰다. 3월 말에는 우크라이나가 전쟁 초기에 상실했던 아조프해의 베르단스크에서 러시아 상륙함(오르스크함, 3,000톤급)을 토치카 탄도미사일과 바이락타르 무인기로 침몰시켰다.

또한, 우크라이나는 2022년 5월 6일에서 7일간 바이락타르 드론과 SU-27기를 연계한 작전으로 두 척의 특수작전용 렙터급 고속정을 파괴하고, 스네이크섬을 점령할 수 있었다. 우크라이나는 바이락타르 드론으로 스네이크섬에 배치된 드론 킬러로 명성을 가진 러시아 TOR(SA-15 Gauntlet) 시스템[58]을 지속 교란시켰고, 대공미사일을 소모하게 만들어 대공방어의 취약성을 증대시켰다.[59] 이후 SU-27기에 의해 이루어진 후속 공격은 효과적일 수밖에 없었다. 우크라이나는 미사일이나 무인기를 사용하여 해상과 항구에서 프리깃함, 상륙함 및 초계함

56 "How Did Ukraine Destroy the Moskva, a Large Russian Warship?," The Economist (April 20, 2022), https://www.economist.com/the-economist-explains/2022/04/20/how-did-ukraine-destroy-the-moskva-a-large-russian-warship. (검색일: 2023. 3. 8.)

57 Brent Sadler, "Applying Lessons of the Naval War in Ukraine for a Potential War with China," The Heritage Foundation (5 January 2023), https://www.heritage.org/asia/report/applying-lessons-the-naval-war-ukraine-potential-war-china (검색일: 2023. 3. 6.)

58 TOR 시스템은 전투기, 순항미사일, 무인기, 단거리 탄도 위협을 파괴하기 위해 설계된 전천후 중고도, 단거리 지대공 미사일 시스템이다. en.m.wikipedia.org/wiki/Tor_missle_system (검색일: 2023. 3. 8.)

59 H. I. Sutton, "Incredible Success of Ukraine's Bayraktar TB2: The Ghost of Snake Island," Navalnews (18 May, 2022), https://www.navalnews.com/naval-news/2022 /05/surprising-success-of-ukraines-bayraktar-tb2-the-ghost-of-snake-island/ (검색일: 2023. 3. 8.)

〈표 II-3-5〉 반접근지역거부전략의 개념과 우크라이나의 운용 자산

구분	목적	자산	실운용자산
반접근 (Anti-Access)	작전지역으로의 적군의 이동 억제	전투기, 군함, 주요 목표를 공격하도록 설계된 특수 탄도 및 순항미사일	RK-360 넵튠 대함순항미사일, 토치카(Tochka) 전술탄도미사일, BM-21 그래드(Grad) 122mm MLRS, 지대함 하푼미사일
지역거부 (Area-Denial)	아군 통제지역에서 적의 행동의 자유를 거부	대공 및 해상방어 시스템과 같은 보다 방어적인 수단	바이락타르(Bayraktar) TB2 드론, MK VI 순찰선, 이탈리안 만타(Italian Manta) 기뢰(추정)

* 출처: Andrew Krepinevich and Barry Watts and Robert Work, Meeting the Anti-Access and Area-Denial Challenge (Washington, D.C.: Center for Strategic and Budgetary Assessments, 2003), pp. 3~5; Brent Sadler, “Applying Lessons of the Naval War in Ukraine for a Potential War with China”의 주요 내용을 도식화.

등 약 13척의 함정을 침몰시키거나 손상시켰다.[60]

특히, 모스크바함 격침은 해상작전 본부로서의 기능뿐만 아니라, 해상에서 방공 및 지휘통제 능력의 상실을 의미했다. 또한 지상에 군사력 투사가 가능한 미사일 탑재 함정에 손상을 가함으로써 러시아의 해상통제 능력과 군사력 투사 능력을 더욱 감소시켰다.

우크라이나의 반접근지역거부전략 자산들은 〈표 II-3-5〉와 같이 기뢰-해안방어순항미사일(CDCM, Coastal Defense Cruise Missiles)-고속순찰선 및 드론과 같은 정찰자산이었다. 이 자산들은 다층화된 방어를 제공할 수 있었다. 기뢰는 러시아 함정의 이동속도를 감소시키며, 해안방어순항미사일은 기뢰 통과 중에 있는 함정과 교전할 기회를 얻을 수 있다. 또한 정찰자산은 수평선 너머 해양에서 표적 탐지, 감시 및 자폭 등의 복합적인 역할을 수행할 수 있었다.

우크라이나는 기뢰를 이용하여 성공적으로 흑해함대 이동의 자유를 제한

60 Cem Devrim Yaylal, “Ships Lost, Damaged Or Seized During The Russian Invasion of Ukraine (Part 2),” Bosphorus Naval News (24 April, 2022); Alison Bath, “Ukrainian strikes against Russian vessels are more than just lucky hits,” Stars and Stripes (12 May, 2022).

했다. 모스크바함 침몰 이후 흑해함대는 대부분이 호위함과 초계함과 같은 소형 함으로 재보급을 위해 더 자주 세바스토폴항의 주요 해군기지에 출입해야만 했다. 기뢰는 흑해에 대한 러시아 해군의 해양통제를 거부하고, 오데사 등 우크라이나의 주요 항구를 방어하는 효과적인 방법이었다. 왜냐하면, 오데사와 크림반도 사이 흑해의 대부분은 수심이 약 91m 미만으로 기뢰전을 수행하기 매우 적절한 곳이었기 때문이다.[61] 또한, 우크라이나의 미사일 시스템은 차량탑재로 이동성과 그에 따른 생존성도 뛰어났다. 우크라이나는 전쟁이 시작되기 전에 여러 정찰자산도 조달했으며, 그중 두 개가 186마일의 행동범위를 가지며 네 개의 레이저 유도폭탄도 탑재할 수 있는 바이락타르 무인기와 MSI 시호크(Seahawk) A2 30mm 원격제어 기관총, 적군 인식 및 식별시스템 등이 장착된 미국산 MK VI 순찰선이었다.

5절 결론

지정학적으로 러시아-우크라이나 전장은 미·중 간에 해양패권을 다투고 있는 전장과 유사한 면이 있다. 지리적으로는 폐쇄가 용이한 해양으로 구성되어 있고, 그 해양을 다수의 국가와 공유하고 있다. 또한 NATO와 러시아, 미국을 중심으로 한 한국, 일본, 대만 등 반중 전선과 중국 간 대결구도가 이를 말해준다. 서유럽에서 패권 확보와 견제를 위한 미·러 두 강대국 간 전쟁행위라는 점도 미·중 간 패권경쟁의 구도와 닮았다. 따라서 러시아의 해군력 운용을 통해 미·중 간 해양패권 경쟁하에서 발생할 수 있는 다양한 양상들을 엿볼 수 있다. 또한 패권경쟁하에서 영향을 받을 수밖에 없는 한국에게도 통찰력을 제공한다.

이러한 맥락에서 러시아의 해군력 운용이 주는 정책적 함의는 다음과 같이

61 Jason Lancaster, “An Anti-Access Denial Strategy,” CIMSEC (12 April, 2022), https://cimsec.org/an-anti- access-denial-strategy-for-ukraine/ (검색일: 2023. 3. 7.)

제시해 볼 수 있다. 첫째, 우리는 항공모함을 핵심으로 하는 기동함대의 구성 등 물리적으로 강력한 해군력을 보유하는 것도 중요한 일이나, 집단적 및 민간 해양력 구성, 튀르키예와의 해양협력 실패를 교훈으로 적극적인 해양협력 활동도 전개할 필요성이 있다. 특히, 우리는 미·중 패권경쟁 구도하에서 우리의 해상교통로를 보호하기 위한 국가전략 수립, 조직 신설과 상설 다자간 동아시아 해상교통로 보호를 위한 해양안보 협력체 조성, 우리와 해상교통로를 공유하는 국가와의 적극적인 해양협력 등을 적극 추진해야 한다. 중국의 도련선 전략은 미 군사력의 동·남중국해 접근을 차단하는 도서를 기반한 방위 라인이라고 할 수 있었다. 하지만 최근 도련선은 중국에게 해양패권 전략 추진의 기준선이며, 미국에게는 중국의 태평양 진출을 방어하는 기준선이 되고 있다. 미국의 대중국 전략은 중국을 제1도련선 내에 가두는 것을 핵심[62]으로 하는데, 이는 미·중 간 해군력 격차가 점차 축소되고 있고, 중국이 단계별 도련선 전략을 완성하기 위해 공세적으로 해군력 운용에 나서기 때문이다.

둘째, 창의적인 전략 개발과 적용이 필요하다. 무기체계 등 기술적인 비대칭만을 추구하기보다는 전투부대의 질과 양, 전략과 전술 및 조직과 편성의 비대칭을 동시에 추구해야 한다. 이번 전쟁에서도 우크라이나의 다층화된 반접근지역거부 전력을 활용한 비대칭전 수행은 러시아 해군력 운용에 큰 제한을 주었다. 아레귄-토프트의 주장과 같이,[63] 비대칭전의 유용성이 이번 전쟁에서도 여념없이 증명되었다.

셋째, 군집전투(Swarmming Wafare)를 적용하기 위한 전략과 전술 개발 및

---

62 중국의 반접근지역거부 능력에 기반한 기정사실화 기도에 대해 미국은 제1도련선을 중심으로 하는 해양압박 전략을 추진하기에 이르렀다. 중국에 대항하기 위해 제1도련선에 미 동맹의 반(反)A2AD 체계를 구축해야 한다. 정호섭, 『미중 패권경쟁과 해군력』(서울: 박영사, 2021), pp. 285~311.

63 아레귄-토프트는 강대국과 약소국 간 전쟁 197건을 분석한 결과, 약소국이 전쟁방법을 달리했을 때 승률이 29%에서 63%까지 증대되며, 이는 약소국이 창의적이고 독특한 전략을 사용했기 때문이라고 주장했다. Ivan Arreguin-Toft, “How the Weak Win Wars: A Theory Asymmetric Conflict.”

무기체계 획득이 필요하다. 이 전쟁에서 무인기 운용사례들은 2016년 드론과 이지스함 간 수백 번에 걸친 전투실험에서 여덟 개의 드론 중 평균 2.8개의 드론이 이지스함의 다층 방어망을 통과한 사실과 효과를 실전에서 증명한 것이라 할 수 있다.[64] 한국 해군도 창설 100주년인 2045년을 스마트 네이비(Smart Navy)의 원년으로 삼고, 미래 해양전장에서 인공지능 기반의 군집 무인수상정, 무인잠수정 및 무인항공기 운영을 추진하고 있다. 이 전략의 성공을 보장하기 위해서는 효과적인 군집전투 운영개념 정립이 필요하며, 3대 요소가 충족되어야 한다. 즉 군집전투 수행부대의 생존성을 보장하는 요소인 신출귀몰한 능력(Elusiveness), 군집전투 수행 부대들 간 실시간 피아 상황인식이 가능한 우수한 상황인식 능력(Superior Situational Awareness) 및 적 사거리 밖에서 타격을 입힐 수 있는 원거리 타격능력(Longer Range of Firepower)이 보장되어야 한다.[65] 또한, 군집전투 부대별 통합 운영개념, 부대 및 지휘통제 구조에 대한 고민도 필요하다. 동시에 다수의 무인체계의 운영을 위해서 인간 판단에 의존하는 체계로는 한계가 있다. 인공지능은 군집부대의 적시적인 구성 등을, 지휘관은 군집부대의 작전술적 운용에 집중할 수 있도록 인간과 기계 간 협업 개념을 정립해나가야 한다.

넷째, 기뢰전 전력의 확충이 필요하다. 이 전쟁을 통해 재차 기뢰의 유용성이 증명되었다. 기뢰의 위험성으로 인해 이 지역의 해운료가 다섯 배나 급등[66]한 사실은 이를 증명해준다. 기뢰전 수행능력 강화 필요성은 주요 양륙항만과 항구에 대한 적의 기뢰부설이 예견되고 있는 상황에서 한국 해군에도 반드시 해결해야 할 과제로 남아 있다.

---

64 "U.S. Navy Plans to Fly First Drone Swarm This Summer," Military.com (4 Jan 2016), https://www.military.com/defensetech/2016/01/04/u-s-navy-plans-to-fly-first-drone-swarm-this-summer (검색일: 2023. 3. 8.)

65 Sean J. A. Edwards, Swarming on the Battlefield: Past, Present and Future (RAND, 2000).

66 Prabhat Ranjan Mishra, "Russian Navy Sinks Its Own Ship; Black Sea Fleet Landing Craft Blown Up After Hitting a Russian Mine Near Mariupol," International Business Times (July 3, 2022). https://www.ibtimes.sg/russian-navy-sinks-its-own-ship-black-sea-fleet-landing-craft-blown-after-hitting-russian-mine-65562 (검색일: 2023. 3. 8.)

끝으로, 함정 운영유지, 승조원의 교육훈련에 대한 관심을 기울여야 한다. 모스크바함은 항구로 예인 도중 탄약고의 연쇄 폭발로 침몰했다. 모스크바함은 건조된 지 40여 년이 지난 함정으로 센서와 전투시스템은 노후화되었고, 유지관리 및 운영 정도 역시 불안정한 수준이었다. 또한 모스크바함이 미사일에 피격된 후 침몰까지 약 16시간이 걸렸는데, 이 시간은 2차 피해를 방지할 수 있는 최소한의 손상통제가 이루어질 수 있는 시간이었다. 함정이 연안에서 작전할 때 탐지 및 방어 체계의 효율성이 저하되는 현상을 제대로 통제하지 못한 리더십도 문제점으로 대두된다. 노후 및 신조 함정의 생존성 향상을 위한 교육훈련과 수밀(水密), 복원력, 함 재질, 장갑 두께와 같은 함정 설계 및 건조, 운영유지 등에 대해서도 간과하는 부분은 없는지 세부적인 관심을 기울일 필요가 있다. 우리의 최대의 적은 무관심이며, 문제점을 문제로 인식하지 못하는 데 있다.

참고문헌

국문 단행본 및 논문

박창희. “한국의 ‘신 군사전략’ 개념: 전쟁수행 중심의 ‘실전기반 억제’”. 『국가전략』 제17권 3호, 2011년 가을.

유지원. “러-우크라, 흑해를 통한 곡물수출 재개 협상 진전”. 『KMI 북방물류리포트』 vol. 227, 22 July, 2022.

이진성. “우크라이나 흑해 봉쇄와 한반도 해양안보”. 『KIMS Periscope』 제274호, 2022. 5. 3.

정호섭. 『미·중 패권경쟁과 해군력』. 서울: 박영사, 2021.

합동군사대학교. 『우크라이나 전쟁 분석: 군사적(합동성) 관점에서의 전훈 분석 및 함의』. 논산: 합동군사대학교, 2022.

해군미래혁신연구단. 『해양안보·전략용어 해설집』. 계룡: 해군미래혁신연구단, 2023.

해군본부. 『해군기본교리』. 계룡: 해군본부, 2017.

해군전력분석시험평가단. 『우크라이나 전쟁 해양작전 분석』. 계룡: 해군전력분석시험평가단, 2022.

영어 단행본 및 논문

Alison Bath. “Ukrainian strikes against Russian vessels are more than just lucky hits.” Stars and Stripes, 12 May, 2022.

Andrew Krepinevich, Barry Watts and Robert Work. Meeting the Anti-Access and Area-Denial Challenge. Washington, D.C.: Center for Strategic and Budgetary Assessments, 2003.

B. J. Armstrong. “The Russo-Ukrainian War at Sea: Retrospect & Prospect.” War on the Rocks, 21 April, 2022, https://warontherocks.com/2022/04/the-russo-ukrainian-war-at-sea-retrospect-and-prospect/ (검색일: 2023. 1. 26.)

Basil Germond. “Ukraine War: The Limits of Traditional Naval Power and the Rise of Collective and Civilian Seapower.” 10 May, 2022. https://www.e-ir.info/2022/05/10/ukraine-war-the-limits-of-traditional-naval-power-and-the-rise-of-collective-and-civilia-seapower/ (검색일: 2023. 3. 1.)

Bernard Brodie. A Layman's Guide to Naval Strategy. Princeton, NJ: Princeton University Press,

1942.

_____. A Guide to Naval Strategy. New York: Prager Press, 1965.

Brent Sadler. "Applying Lessons of the Naval War in Ukraine for a Potential War with China." The Heritage Foundation, 5 January, 2023, https://www.heritage.org/asia/report/applying-lessons-the-naval-war-ukraine-potential-war-china (검색일: 2023. 3. 6.)

"British intelligence explained what prevented the Russian Federation from seizing Odessa." The Odessa Journal, 26 July, 2022. https://odessa-journal.com/british-intelligence-explained-what-prevented-the-russian-federation-from-seizing-odessa/ (검색일: 2023. 2. 26.)

Bruce A. Elleman and S. C. M. Paine. Naval Blockades and Seapower: Strategies and Counter-Strategies, 1805～2005. London & New York: Routledge, 2006.

Charles W. Koburger Jr. Narrow Seas, Small Navies and Fat Merchantmen. New York: Praeger, 1990.

Daniel Rakov. "Russia's New Maritime Doctrine Focuses on the Arctic and Asia, with the Middle East a Top Priorities." The Jerusalem institute for strategy and security, 14 October, 2022.

David R. Strachan. "UKR and Guerilla Naval Warfare." Strikepod Systems, 15 March, 2022.

Furkan Akar. "Analysis of The Sunken Russian Cruiser Moskva, Its Implications for Russia and Lessons for the World Navies." Beyond the Horizon, 28 April, 2022.

Geoffrey Till. Seapower: A Guide to the Twenty-First Century. New York: Routledge Taylor & Francis Group, 2013.

"How Did Ukraine Destroy the Moskva, a Large Russian Warship?." The Economist, 20 April, 2022, https://www.economist.com/the-economist-explains/2022/04/20/how-did-ukraine-destroy-the-moskva-a-large-russian-warship (검색일: 2023. 3. 8.)

IISS. The Military Balance 2021. London: Routledge Taylor & Francis Group, 2021.

Ivan Arreguin-Toft. "How the Weak Win Wars: A Theory Asymmetric Conflict." International Security, vol. 26, no. 1, 2001.

J. S. Corbett. Some Principles of Maritime Strategy. London: Longmans, Green and Co., 1918.

Jason Lancaster. "An Anti-Access Denial Strategy." CIMSEC, 12 April, 2022, https://cimsec.org/an-anti-access-denial-strategy-for-ukraine/ (검색일: 2023. 3. 7.)

John C. K. Daly. "Russia's New Maritime Doctrine: Desperately Needed and Long Overdue." Eurasia Daily Monitor, vol. 19, 29 September, 2022.

Justin Katz. "What Should the US Navy Learn from Moskva's Demise?." Breaking Defense, 15 April, 2022, https://breakingdefense.com/2022/04/what-should-the-us-navy-learn-from-moskvas-demise/ (검색일: 2023. 3. 7.)

Lorenzo Tondo. "Sea mines: the deadly danger lurking in Ukraine's waters." The Guardian, 11 June, 2022, https://www.theguardian.com/world/2022/jul/11/sea-mines-ukraine-waters-russia-war-black-sea (검색일: 2023. 3. 7.)

МОРСКАЯ ДОКТРИНА РОССИЙСКОЙ ФЕДЕРАЦИИ, Davis, Anna. Maritime Doctrine of the Russian Federation. United States Naval War College: Russia Maritime Studies Institute, 2015.

МОРСКАЯ ДОКТРИНА, РОССИЙСКОЙ ФЕДЕРАЦИИ (31 июля 2022 года), Davis, Anna and Vest, Ryan. Maritime Doctrine of the Russian Federation. United States Naval War College: Russia Maritime Studies Institute, 2022.

О Стратегии национальной безопасности Российской Федерации (2 июля 2021 года) http://actual.pravo.gov.ru/text.html#pnum=0001202107030001 (검색일: 2023. 1. 27.)

Olga R. Chiriac. "The 2022 Maritime Doctrine of the Russian Federation: Mobilization, Maritime Law, and Socio-Economic Warfare." Center for International Maritime Security, 28 November, 2022. https://cimsec.org/the-2022-maritime-doctrine-of-the-russian-federation-mobilization-maritime-law-and-socio-economic-warfare/ (검색일: 2023. 2. 3.)

Philip G. Wasielewski. "Russia–Ukraine: Putin's Amphibious Options are Limited." Proceedings, vol. 148, January, 2022.

Prabhat Ranjan Mishra. "Russian Navy Sinks Its Own Ship; Black Sea Fleet Landing Craft Blown Up After Hitting a Russian Mine Near Mariupol." International Business Times, 3 July, 2022, https://www.ibtimes.sg/russian-navy-sinks-its-own-ship-black-sea-fleet-landing-craft-blown-after-hitting-russian-mine-65562 (검색일: 2023. 3. 8.)

Ralby Ian and Leonid Zaliubovsky. "New Heights of Russian Hypocrisy and "Unlawfare" in the Black Sea." Center for International Maritime Security, 25 March, 2022.

Roger W. Barnett. "Technology and Naval Blockade: Past Impact and Future Prospects." Naval War College Review, vol. 58, no. 3, Summer, 2005.

Sacr Kulatunga. "Sea Power of Island Nations in the 21st Century: Challenges and Opportunities for Sri Lanka." Proceedings, 2018. http://ir.kdu.ac.lk/bitstream/handle/345/2528/Untitled%281%29.pdf?sequence=1&isAllowed=y (검색일: 2023. 5. 19.)

Sarabjeet S. Parmar. "Maritime Doctrine of the Russian Federation 2022: An-Analysis." National Maritime Foundation, 17 August, 2022, https://maritimeindia.org/maritime-doctrine-of-the-russian-federation-2022-an-analysis-maritime-doctrine-of-the-russian-federation-2022-an-analysis/ (검색일: 2023. 1. 26.)

Sean J. A. Edwards. Swarming on the Battlefield: Past, Present and Future. RAND, 2000.

Seth G. Jones. "Russia's Ill-Fated Invasion of Ukraine: Lessons in Modern Warfare." CSIS Briefs, 1 June, 2022. https://www.csis.org/analysis/russias-ill-fated-invasion-ukraine-lessons-modern-warfare (검색일: 2023. 3. 4.)

United States Department of the Navy. Naval Operational Planning NWP 5-01. 2013.

Walker Mills. "What Can We Learn about Amphibious Warfare from a Conflict That has Had very Little of it? A Lot." Modern War Institute, 25 April, 2022. https://mwi.usma.edu/what-can-we-learn-about-amphibious-warfare-from-a-conflict-that-has-had-very-little-of-it-a-lot/ (검색일: 2023. 2. 26.)

신문기사 및 기타

김홍석. "공중우세 기반 손쉽게 승리, 당초 예상 빗나갔다". 『국방일보』 2022. 4. 19.

인나 소볼레바. "지중해 분함대, 올 여름부터 상주 배치". RUSSIA BEYOND, 18 May, 2013, https://kr.rbth.com/politics/2013/05/18/42041 (검색일: 2023. 5. 17.)

Alessio Patalano. "Russia's blockade of the Black Sea demands a global response: Impact on food supply chains has the makings of an international crisis." NIKKEIAsia, 2 June, 2022.

Cem Devrim Yaylalı. "Ships Lost, Damaged Or Seized During The Russian Invasion of Ukraine (Part 2)." Bosphorus Naval News, 24 April, 2022.

en.m.wikipedia.org/wiki/Tor_missle_system (검색일: 2023. 3. 8.)

H. I. Sutton. "Russia's Most Powerful Warship in the Black Sea is Operating in a Pattern." Navalnews, 7 April, 2022, https://www.navalnews.com/naval-news/2022/04/russias-most-powerful-warship-in-the-black-sea-is-operating-in-a-pattern/#prettyPhoto (검색일: 2023. 3. 7.)

_____. "Outplayed by Ukraine: What is Next for Russia's Navy in the Black Sea?." Navalnews, 19 December, 2022, https://www.navalnews.com/ naval-news/2022/12/utplayed by ukraine: what is next for russia's navy in the black sea/ (검색일: 2023. 1. 24.)

_____. "Incredible Success of Ukraine's Bayraktar TB2: The Ghost of Snake Island." Navalnews, 18 May, 2022, https://www.navalnews.com/naval-news/2022/05/surprising-success-of-ukraines-bayraktar-tb2-the-ghost-of-snake-island/ (검색일: 2023. 3. 8.)

https://twitter.com/orion_int/status/1486024618700075009 (검색일: 2023. 3. 7.)

"Increased Risks. Obstruction of Traffic in the Black and Azov Seas by Russia due to the Closure of Sea Areas for Military Exercises as of 15 February, 2022." Blackseanews, 15 February, 2022, https://www.blackseanews. net/en/read/184754 (검색일: 2023. 2. 10.)

"International Security Risks in the Azov-Black Sea Region in November-December 2021." Blackseanews, 2 December, 2021, https://www.blackseanews.net/en/read/183018 (검색일: 2023. 2. 10.)

John Guttman. "The Neptune anti-ship missile: The weapon that may have sunk the Russian flagship Moskva." Military Times, 12 May, 2022, https://www.militarytimes.com/off-duty/gearscout/2022/05/12/the-neptune-anti-ship-missile-the-weapon-that-may-have-sunk-the-russian-flagship-moskva/ (검색일: 2023. 8. 19.)

Oleksandr Kalinichenko. "How Ukraine can prevent an imminent Russian blockade of the Black & Azov Seas." Euromaidan Press, 2022. 2. 10., https://euromaidanpress.com/2022/02/11/russia-cancels-scheduled-azov-sea-blockade-black-sea-still-to-be-blocked/ (검색일: 2023. 2. 17.)

Tayfun Ozberk. "Russia's Amphibious Operation Dilemma." Navalnews, 20 Mar., 2022, https://www.navalnews.com/naval-news/2022/03/russias-amphibious-operation-dilemma/ (검색일: 2023. 2. 20.)

"The sea mines that Ukraine has set up in the Black Sea may also end up in the... Aegean!." Athens News, 20 March, 2022, https://en.rua.gr/2022/03/20/the-sea-mines-that-ukraine-has-set-up-in-the-black-sea-may-also-end-up-in-the-aegean/ (검색일: 2023. 3. 1.)

"The Presence of Russian Warships in the Mediterranean Sea as of 10 May 2022." Blackseanews, 10 May, 2022, https://www.blackseanews.net/en/read/189129 (검색일: 2023. 2. 11.)

"The Presence of Russian Warships in the Black Sea and the Mediterranean Sea in January 2022." Blackseanews, 1 February, 2022, https://www.blackseanews.net/en/read/184301 (검색일: 2023. 2. 10.)

"The Presence of Russian Warships in the Mediterranean Sea as of 9 March 2022." Blackseanews,

9 March, 2022, https://www.blackseanews.net/en/read/186116 (검색일: 2023. 2. 10.)

"The Presence of Russian Warships in the Mediterranean Sea as of 15 September 2022." Blackseanews, 15 September, 2022, https://www.blackseanews.net/en/read/194489 (검색일: 2023. 2. 10.)

"The presence of Russian warships in the Mediterranean Sea as of 6 November 2022." Blackseanews, 6 November, 2022, https://www.blackseanews.net/en/read/196475 (검색일: 2023. 2. 10.)

"U.S. Navy Plans to Fly First Drone Swarm This Summer." Military.com, 4 January, 2016, https://www.military.com/defensetech/2016/01/04/u-s-navy-plans-to-fly-first-drone-swarm-this-summer (검색일: 2023. 3. 8.)

Global Firepower 2022 (GFP)

4장
한국군 군사교리 관점

1절 서론

1. 문제의 제기 및 연구목적

21세기 국제사회가 하나의 공동체로 편성되어 이념 간의 갈등이 과거에 비해 줄어든 시기에 자국의 이익을 위해 강대국(러시아)이 주변국을 침공하는 일이 일어날 수 있을까라는 의문을 가진 시기에 우크라이나 전쟁이 시작되었다.

전쟁의 시작도 뜻밖이었지만 전쟁의 경과도 많은 전문가들이 예측한 것과 다르게 진행되었다. 러시아가 생각했던 크림반도 분쟁처럼 전쟁이 조기에 종료되지 않고, 한국전쟁처럼 3년의 기간이 소요될 수 있다는 분석이 대두되었다. 또한, 중동지역에서도 이스라엘과 하마스의 전쟁이 중동지역의 긴장을 고조시키고 있다.

이렇듯 세계는 자국의 이익을 위해 전쟁도 불사하는 모습을 보이면서 군사적인 무력충돌을 통해 정치적 해결방안을 찾고 있다. 전쟁은 세계사의 입장에서 정치적 해결을 위해 주요 수단이었다는 사실은 중세시대나 현대에도 변화 없는 진리라는 것이 다시 한 번 입증되고 있다.

전쟁이 세계사에서 중요한 부분을 차지하기에 이에 대한 발생원인, 경과 등에 대해서 국제정치·군사적 관점에서 많은 연구가 있었다. 우크라이나 전쟁에 대해서도 국제정치·군사적 관점의 많은 분석이 있었지만, 군사교리를 연구하는 전문가의 입장에서 볼 때 군사교리적 차원의 분석은 없었다. 이에 이번 전쟁에 대해 군사교리적 관점에서 전쟁을 분석했다.

비록 러시아군은 러시아군 교리를, 우크라이나군은 NATO군 교리를 주로 사용하기에 각 나라의 군사적 교리에 맞게 분석하는 것은 정보상 제한될 수 있으나, 현대전에서 싸우는 방법은 무기체계와 군 구조가 유사하면 비슷한 형태를 보이기에 우리의 합동교리를 기준으로 러시아군과 우크라이나 군의 전쟁 수행방법을 평가했다.

2. 연구 방법

현재 진행 중인 전쟁에 대해 사실적 관계에 근거하여 관련 내용을 교리적으로 분석하는 것은 자료의 부족으로 인해 어려웠다. 그렇기에 최대한 언론에 발표되거나 종합된 우크라이나 전쟁 관련 자료들을 합동교리의 교리적 내용을 근거로 '왜 이렇게 했나?', '어떤 절차를 거쳐 이렇게 했나?'를 규명하기 위해 노력했다.

또한 각종 작전과 관련된 사항은 각국의 국방부 또는 공인된 기관에 의해 공식적으로 발표된 내용이 아닌 뉴스 자료 또는 인터넷상에 게시된 내용을 기준으로 작성했기에 논란의 소지 또는 객관성을 일부 결여할 수 있지만 최대한 객관적 자료를 기반으로 교리적 타당성을 분석했다.

이 장의 중점은 크게 두 가지로 구분하여 기술했다. 첫 번째는 군사교리 측면에서 금번 전쟁을 전쟁기획, 물리적 파괴, 비물리적 파괴, 지속지원 네 가지로 구분하여 분석했다. 두 번째는 앞의 분석을 토대로 합동교리 발전방향에 대해 제시했다.

2절 우크라이나 전쟁 분석

1. 군사교리적 측면의 전쟁 분석

군사교리적 측면의 분석은 다음과 같이 네 가지 분야에 대해 진행했다.

첫 번째는 어떤 관점과 과정을 거쳐서 전쟁을 구상하고 계획(기획)했는지, 두 번째는 적의 저항의지를 분쇄시키기 위해 전통적인 방법으로 주로 사용되는 물리적 파괴에 대한 내용, 세 번째는 상대국 전쟁 지도부의 의도 및 국민의 저항의지를 변화시키기 위한 비물리적 파괴에 대한 내용, 네 번째는 전쟁을 지속하기 위한 지속지원 분야에 대한 내용을 러시아군과 우크라이나군으로 각각 구분하여 비교 분석했다.

1) 전쟁기획 측면

전쟁기획은 합동기획 교리에서도 언급하고 있듯이 양국이 군사적 최종상태를 기획하고 이에 따라 작전을 구상하는 것을 주요 내용으로 한다. 따라서 전략기획과 작전구상 측면에서 우크라이나 전쟁을 분석하는 것은 양국이 군사교리에 충실하게 전쟁을 수행했는지를 판단할 수 있는 핵심과정이라고 할 수 있다.

(1) 전략기획 수립

교리적으로 전쟁을 기획하고 시행하기 위해서는 전쟁을 통해 얻고자 하는 이익이 무엇인가인 '군사전략 목표'를 먼저 설정해야 한다. 이러한 '군사전략 목표'는 안보정세 평가, 위협분석 등의 전략환경평가를 통해 구체화할 수 있다.[1] 러시아와 우크라이나가 어떤 것을 위협으로 인식하고, 이러한 위협을 극복하기 위해 무엇을 군사전략 목표로 설정했는지, 또한 군사전략 목표 달성을 위해 어떤 군사전략 개념을 구상했는지를 분석하는 것은 전략기획의 첫 단계라 할 수 있다.

러시아는 안보정세상의 위협인식으로 NATO의 위상 강화 및 러시아 국경으로의 인프라 확대,[2] 전략균형을 저해하는 미국의 미사일방어체계(MD), 러시아 주변 국가에서 러시아의 이익을 위협하는 정권교체 활동 등을 러시아 국가이익을 저해하는 위협으로 인식했다. 이러한 위협을 극복하기 위한 군사전략 목표

1 합동참모본부, 『합동교범 5-0, 합동기획』(서울: 합동참모본부, 2018), p. 2-8.

2 발트3국(에스토니아, 라트비아, 리투아니아)과 폴란드, 루마니아에 미군 1,000~1,500명 배치 검토 등.

로는 수도 키이우를 비롯한 주요 도시 확보, 우크라이나 정부의 항복 강요, 우크라이나 비무장화, 친러정부 수립, 돈바스와 같은 친러지역 합병, 크림반도에 대한 러시아의 영유권 인정 등을 설정한 것으로 분석된다. 이러한 전략기획 수립 절차를 분석해보았을 때 러시아는 안보정세상의 위협인식을 통해 적합한 군사전략 목표를 설정한 것으로 판단된다.

다만, 2022년 2월부터 4월까지 진행된 1단계 작전에서 북동부 지역에서의 철수는 군사전략 개념 구상 간 미국과 유럽, 우크라이나의 PMESII 체계[3]에 대한 정밀 분석이 미흡한 상태에서 작전이 진행되어 군사전략 목표 달성을 위한 군사전략 개념 구상이 미흡한 것으로 판단되었다.

이에 반해 우크라이나는 러시아로부터의 강력한 대외정책상의 견제와 도전,[4] 돈바스와 동부지역 친러시아 성향의 분리주의자에 의한 민족 갈등과 영토 분쟁, 강대국들 간의 지정학적 세력경쟁을 위협으로 인식했다. 이러한 위협에 대응한 군사전략 목표로 수세적 방어를 통해 러시아의 공격적 행위 및 높은 점령 비용을 강요함으로써 해당 행동을 거부하고, 군사 외의 비군사 행위, 즉 선전과 사이버전 등의 활동을 통해 국가를 과도하게 군사화하지 않으면서도 군사적 잠재력을 최대한 활용하여 러시아의 도발 행위를 거부하는 것을 목표로 선정했다. 이러한 군사전략 목표 설정은 안보정세상의 위협인식을 기초로 수립한 것으로 판단되었다. 또한, 군사전략 목표 달성을 위해 우크라이나의 군사전략 개념을 통합안보 개념하 수세적 방어로 채택했으며, 이는 〈표 II-4-1〉과 같이 4단계로 구분하여 진행했다.[5]

이러한 정확한 위협인식과 이에 대한 적절한 군사전략 목표 설정과 군사전략 개념 구상은 러시아가 1단계 작전 간 국제사회의 예상과는 다르게 별다른 작전목표 달성 없이 작전단계를 전환하도록 강요했다. 이는 우크라이나의 군사전

3 정치(P), 군사(M), 경제(E), 사회(S), 정보(I), 기반시설(I)의 여섯 개 체계.

4 푸틴 정부 출범 이후 우크라이나에 대한 개입정책이 강화되어 주권 확보와 안정 보장, 영토 및 국경 문제, 에너지 수급과 가격 조정 등에 대해 러시아의 압력이 증가함.

5 합동군사대학교, 『우크라이나 전쟁 분석』(논산: 합동군사대학교, 2022), p. 187.

〈표 II-4-1〉 단계별 우크라이나 군사전략 개념

- 1단계: 정규군 및 국토방위군이 비대칭적 활동을 통해 우크라이나 및 적국 영토에서 적의 공격 억제
- 2단계: 예비군의 지원 및 점령지역 내 저항군을 구성하여 3단계 시행까지 시간 확보
- 3단계: 국가 총동원 실시 및 국제의용군 수용
- 4단계: 분쟁 후 군사력을 동원한 안정화 등

략 목표 달성을 위한 군사전략 개념 구상이 구체적이고 적절했기 때문이라고 판단된다. 다만, 전쟁 전 러시아와의 전쟁 가능성이 증대됨에도 전쟁을 방지하기 위한 외국과의 동맹체결 등의 노력이 미흡했고, 그 결과 우크라이나 영토 안에서 전쟁을 실시하게 되어 막대한 인적·물적 피해를 입게 되었다.

(2) 작전구상

작전구상은 전역 또는 작전을 계획하고 시행하는 데 필요한 개념적이고 구조적인 틀이나 방법론, 또는 이 틀이나 방법론을 이용하여 작전 진행을 가시화하는 것이다. 러시아와 우크라이나는 각각 나름의 절차에 따라 작전계획을 수립했을 것으로 판단된다. 다만 그 작전계획 수립을 위한 기본적인 틀은 유사하기에 여기에서는 합동교리의 작전구상요소 13가지를 기초로 양 국가의 작전을 분석했다.

러시아는 1단계 작전 간 작전범위, 작전한계점, 작전배열 구상이 미흡한 것으로 판단된다. 특히 우크라이나 공격 시 키이우 등 다섯 개 축선에서 지역지배 및 포위작전을 시행했으나 북부지역에서 작전목표를 달성하지 못하고 돈바스를 중심으로 서남부지역에 전투력을 집중하는 2단계 작전으로 전환했다. 즉 1단계 작전의 군사전략 목표를 달성하기 위해서는 작전범위와 작전한계점을 세밀히 분석해서 작전의 단계화, 예비대 운용, 자원 분배의 효율성 극대화, 동시작전과 순차작전의 결합 등을 통해 공격이 지속되어야 했으나 작전범위와 작전한계

점을 극복하기 위한 별도의 군사행동이 없어 목표를 달성하지 못하고 북부지역에서 철수했다. 이것은 작전개념 구상 간 작전범위, 작전한계점, 작전배열 구상 미흡이 원인이라고 판단되었다.

또한, 작전목표를 달성하기 위한 노력선 설정도 미흡했다. 작전목표를 달성하기 위한 작전선 위주의 작전을 진행하면서 민간인 지역에 대한 포격, 민간인 무차별 살상 등의 피해를 유발하는 노력선을 소홀히 함으로써 국제적 비난과 우크라이나 국민들의 저항 의지를 강화시키는 역효과를 초래했다.

이에 반해, 우크라이나는 작전구상 측면에서 러시아보다 군사력이 상대적으로 열세한 상태에서 현대 전쟁의 특성 이해를 통해 다양한 작전구상 요소를 적절하게 적용했다. 예를 들면, 다양한 미디어 발달로 전쟁수행이 실시간 전 세계로 전파되는 상황에서 작전선뿐만 아니라 노력선도 잘 고려했다. 특히 〈그림 II-4-1〉에서 보는 바와 같이 작전목표인 키이우를 방어하기 위해 주요 도시에 대한 안정성, 통치의 지속성을 부각하는 데 성공했다. 이를 통해 작전선을 유지하기 위한 국가 지도부의 리더십이 발휘되고, 정상적인 통치체계가 지속되어 국토방위군, 예비군의 작전 여건을 보장할 수 있었다.

또한, 내선의 이점을 잘 활용하고 노력선의 과업도 신중히 고려했다. 1단계 작전에서 러시아의 북부지역 진출을 저지하여 수도 키이우 방어에 성공했고, 우크라이나의 정규군, 국토방위군이 주요 도시지역 거부작전과 반포위전을 지속했으며, 러시아 점령지역에 예비군을 지원하고 저항군을 구성하여 분권화 작전을 진행했다. 우크라이나의 군사적 능력을 고려하여 자국의 영토에서 내선의 강점을 이용한 방어를 수행했으며, 작전선뿐만 아니라 주민 치안, 필수 공공서비

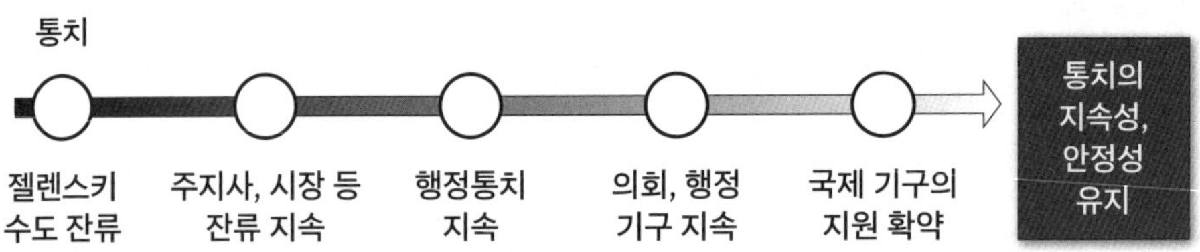

〈그림 II-4-1〉 우크라이나 통치의 지속성 및 안정성 유지 노력

스에 대한 노력선의 다수 과업도 수행하면서 민심을 유지한 가운데 효과적인 방어작전을 수행했다.

이 외에도 직접 접근보다 간접 접근을 통해 러시아의 공격을 효과적으로 방어했다. 이를 위해 우크라이나는 군사력 면에서는 러시아와 비교가 되지 않지만, 젤렌스키 대통령의 결사항전 의지 피력과 국제사회의 지원 호소, 국제사회의 제재 및 봉쇄 동참 호소 등을 통한 간접 접근을 통해 방어작전에서 자신이 보유한 전투력 이상의 효과를 달성했다.

2) 물리적 파괴 측면

적의 저항 의지를 분쇄시키기 위한 전통적인 방법으로 주로 사용되는 물리적 파괴에는 여러 가지가 있을 수 있는데, 여기서는 그런 것들을 통합해서 설명할 수 있는 합동작전의 원칙[6]을 어떻게 적용했는지와 우크라이나의 키이우 등에서 실시한 다수의 도시지역작전을 분석해보았다.

(1) 합동작전 원칙

합동작전 원칙에 따라 러시아의 군사작전을 분석해보면 다음과 같다.

첫 번째, 정확한 목표 설정이 미흡했다. 러시아는 키이우 점령을 위해 37개의 대대전술단(BTG)을 투입했으나 점령에 실패했고, 이후 서남부의 마리우폴, 돈바스 지역 일대 점령을 위해 병력을 전환했다. 이는 우크라이나 점령을 위한 러시아의 군사작전 목표가 최초부터 키이우인지 마리우폴인지 돈바스인지 불분명한 상태에서 우크라이나의 강력한 저항에 봉착하여 목표가 변경되는 혼란을 초래했다.

---

6 합동참모본부, 『합동교범 3-0, 합동작전』(서울: 합동참모본부, 2023), p. 1-18.
합동작전 원칙에는 목표, 공세, 집중, 절약, 기동, 기습, 지휘통일, 경계, 간명, 절제, 합법성이 있으며, 여기에서는 양국이 작전 간 시행했던 대표적인 원칙들을 기술했다.

두 번째, 지휘 통일의 미흡이다. 초기 러시아 작전은 부대별 지휘관에 의한 각개전투식의 작전 진행으로 전술적 수준인 개별 전투에서는 일부 승리했으나, 작전술적 차원에서의 목표달성에는 실패했다. 또한 러시아군 지휘체계의 불완전성으로 인해 초기 전투에서 고전을 거듭하다가, 개전 35일 후 시리아전 경험이 있는 알렉산드르 드보르니코프를 우크라이나 현장 사령관으로 임명하여 지휘체계를 확립했다.

세 번째, 합법성이 결여된 전쟁 범죄집단으로 러시아군이 인식되고 있는 것이다. SNS의 발달로 전쟁 중 러시아군이 자행한 학살, 강간, 약탈 등의 세부 내용이 실시간으로 전 세계에 전파되어 러시아군의 도덕성이 실추되었다. 이로 인해 러시아군은 점령군으로 인식되었으며, 궁극적으로 전쟁을 수행하는 데 가장 중요한 정당성을 회복하는 데 실패했다. 즉 주민의 가슴과 마음을 얻는 전쟁(Battle for Heart and Mind)을 수행할 수 없었다. 또한 우크라이나 국민들의 저항의지를 말살하기 위해 학살, 강간 등을 러시아군이 의도적으로 노출하는 심리전을 활용했지만, 이것이 오히려 미국과 NATO의 지원, 국제사법재판소에서 러시아군의 전쟁범죄 응징의 명분을 주었다.

네 번째, 보안 측면에서 전투수행 간 작전보안 노출이 자주 있었다. 통신체계가 정비되지 않아 전투부대가 핸드폰을 통해 작전을 진행하는 등 작전보안의 취약성을 노출했다. 또한, 인공위성 등의 감청장비에 러시아군의 이동이 실시간 노출되었으며, 이것이 우크라이나군에게 전달되어 다수의 러시아군 피해를 발생시켰다.

다섯 번째, 기습 달성을 위한 러시아의 연막전술 사용이다. 개전 전 훈련을 가장하여 서부 및 남부 전략사를 우크라이나 일대로 이동 후 미국과 NATO의 경고를 의식하여 일부 병력을 철수하는 연출을 시도했으나, 인공위성 등 최첨단 감시체계의 발전과 실시간 영상자료를 바탕으로 한 서방의 정보분석으로 효과적인 기습 달성이 제한되었다. 이러한 사례는 앞으로 기습 달성을 위해서는 상대방의 정보분석 능력을 고려한 고도의 기만대책이 필요함을 상기시켜주었다.

여섯 번째, 집중 측면에서 전투력 집중의 변화로 인한 전력 소모가 많았다. 1단계 작전에서는 주공부대를 수도 키이우에, 조공부대를 남부 크림반도에 투입했으나, 우크라이나의 저항으로 키이우 점령을 포기하고 주공부대를 남부 크림반도로 전환했다. 이로 인해 남부 크림반도에 투입된 주공부대들은 키이우 전투에서 상당 부분 전투력이 손실된 부대들이 참가하여 전투력 집중의 효과 달성이 미흡했다. 최초부터 키이우 또는 크림반도에 전투력을 집중했다면 작전목표 달성이 더 유리했을 것으로 예상되었다.

이에 반해 우크라이나는 합동작전 원칙을 효율적으로 적용하여 작전을 실시했다. 첫 번째, 목표 측면에서는 키이우 방어를 작전목표로 설정하여 효율적으로 전투력을 집중 운용했다. 러시아의 공격 간 수도 방어를 제1목표로 설정하여 가용 예비전력 투입 및 대통령의 결사항전 의지 천명 등의 미디어전을 통해 국민의 전투 의지를 집결했다. 특히 키이우에 투입된 러시아 대대전술단(BTG)에 대해 기갑전력을 무력화할 수 있는 제블린 등 대전차화기의 집중 운용으로 러시아군을 격퇴했다.

두 번째, 합법성 측면에서는 러시아의 포괄적 파괴(Comprehensive Destruction)에 맞서 합법성에 근거한 작전수행으로 대외적으로 러시아는 '악(惡)', 우크라이나는 '선(善)'으로 인식시켰다. 러시아가 마리우폴과 돈바스 지역에서 도심 건물 파괴와 민간인 학살 등의 만행을 자행한 것과는 대조적으로 우크라이나군은 생포한 포로에 대한 인도적 대우 등을 언론에 홍보하여 자신들의 전쟁법 준수를 강조했다. 러시아 본토에 대한 공격[7]은 군수지원시설 등에 국한하여 우크라이나는 확전을 자제하고 있다는 사실을 강조했다. 그 결과 우크라이나를 지원하기 위해 전 세계 52개국에서 2만 명의 국제의용군이 우크라이나군에 편성되어 전투를 수행했다.

7 러시아의 우크라이나 접경도시 벨고로드의 유류 저장고(2022. 4. 1.)와 티베리 국방연구소의 화재에 대해서 우크라이나는 공식적으로 자국은 개입하지 않았다는 입장이나, 러시아는 우크라이나에 의한 공격으로 의심했다.

세 번째, 기습 측면에서 적 지휘관 제거를 통한 기습 효과를 달성했다. 외국에서 지원되는 정보를 통해 러시아 장성들의 활동을 파악 후 기습적인 공격을 통해 제거했고, 러시아 장성 제거 사실을 언론에 제공하여 러시아군의 무능력을 선전했다.

네 번째, 절약 측면에서 러시아의 우세한 항공력에 의한 자국 항공기의 피해를 방지하기 위해 개전 전 전투기 등을 인접국가에 배치하여 피해를 최소화하여 전투력을 절약했다. 이러한 전투력 절약은 차후 우크라이나가 러시아에게 점령당한 영토를 회복하는 데 많은 도움을 주었다.

(2) 도시지역 작전[8]

우크라이나의 많은 도시지역에서 지형적 특성, 전략적 중요성 등으로 인해 도시지역 전투가 실시되었다. 우크라이나는 도심 중심의 고립방어를 통해 러시아군 전선과 병참선을 분리하고 주요 도시지역 반포위전(도시지역 회복작전)을 통해 방어작전을 효과적으로 수행하여 도시지역 작전에서 큰 성과를 거두었는데 이러한 두 국가의 도시지역 작전을 분석해보면 다음과 같다.

러시아는 수도 키이우를 비롯한 주요 도시를 확보함으로써 우크라이나 정부의 항복을 강요하여 협상조건을 관철시키기 위해 주요 도시를 목표로 선정하여 작전을 진행했다. 하지만, 도시지역 특성을 고려하지 않은 비효율적인 작전을 수행함으로써 우크라이나의 주요 도시지역 확보에 실패했고, 이는 현재와 같은 장기전의 양상으로 전쟁이 전개되는 결과를 초래했다.

또한 도시지역 작전 간 도시지역을 포위하여 확보를 기도했으나 우크라이나군의 저항으로 대부분 실패했다. 특히 도시지역 작전이 기술적으로 우세한 군대가 가질 수 있는 유리한 측면이 적어 곤란을 겪었으며, 도시지역 작전에 수반

8 합동교범상에 도시지역 작전에 대한 교리는 『합동후방지역작전』 교범이 있으나, 이는 한반도 전구 내 후방지역에서 일어날 수 있는 작전에 대한 교리로 전면전 시 대도시에서 다수의 정규전 부대가 작전을 실시할 경우에 대한 합동교리는 부재한 상태이기에 별도의 교리적 근거는 제시하지 않았다.

되는 병력 집중화, 작전의 장시간 소요, 다수의 민간인 및 군인 사상자 발생, 작전적 제한사항 증대 등 도시지역 특성에 대한 적용이 미흡하여 다수의 도시 점령에 실패했다.

이 외에도 합동작전을 통한 합동성 발휘가 미흡했다. 그 이유는 소수의 대대전술단(BTG)은 키이우 등의 도시지역 공격작전에 부적합했고, 정밀 유도무기의 정밀타격 성과와 무차별 포격의 전략적 효과가 미흡했다. 도시지역 작전에서 화력 운용의 목적도 재검토가 필요했으며, 대대전술단의 지속지원능력이 부족하여 지속적인 군사적 진출도 제한되었다.

이에 반해, 우크라이나는 주요 도시지역에서는 반포위전(도시지역 회복작전)을 통해 도시지역에서의 작전능력을 유지할 수 있었다. 정규군 및 국토방위군이 주요 도시지역 거부작전과 반포위전을 지속했고, 예비군 지원 및 점령지역 내 저항군 구성하 분권화 작전을 진행했다.

또한, 도심지역 특성을 고려하여 주요 도시지역을 거점으로 거부작전을 수행하면서 작전의 범위를 내륙의 도시지역으로 한정했고, 도심지역 내에서 러시아 기동부대를 각개격파했다.

러시아 대대전술단의 취약점을 적극 활용하여 지속지원을 위한 병참선 차단 및 도시지역에서의 대전차 화기 집중 운용을 통해 적 무력화 및 고착을 유도했다. 또한, 도심지역에서 저격소총 등을 활용하여 효과적으로 방어작전을 수행하여 전술적 성과를 달성했으며, 지휘통제의 어려움을 고려하여 지역별로 분권화 작전을 수행했다. 다만, 무차별 폭격에 의한 대량 피해 관련 대응방안이 미흡하여 이에 대한 대비가 필요했다.

3) 비물리적 파괴 측면

상대국 전쟁 지도부의 의도 및 국민의 저항의지를 변화시키기 위한 비물리적 파괴에는 여러 가지가 있을 수 있는데, 여기서는 이런 것들의 대표적인 예인 정보작전, 사이버작전, 군사정보지원작전에 대해 알아보겠다.

(1) 정보작전

정보작전은 군사작전 간 아군의 의사결정 체계를 보호함과 동시에 적의 의사결정 체계에 영향을 미치기 위해 다른 작전과 협력하여 정보작전 관련 능력을 통합 운용하는 활동[9]이며, 이러한 활동에는 공보작전, 군사정보지원작전, 군사기만, 사이버작전 등이 있다. 러시아와 우크라이나는 각각의 전쟁목표 달성을 위해 정보작전 목적을 설정하고 관련 군사능력의 통합을 시도하면서 작전을 진행했는데 양국의 정보작전 관련 내용을 분석해보면 다음과 같다.

러시아는 정보작전의 목적을 전쟁의 정당성 확보 및 우크라이나 항복 강요를 통한 조기 전쟁목표 달성으로 설정하여 침공 전에는 전쟁 정당성 확보, NATO 개입 차단 및 우크라이나 조기 항복을 유도했고, 침공 후에는 반전여론 차단, NATO 개입 차단 및 우크라이나 조기 항복을 유도했다.

이러한 정보작전 목적 달성을 위해 공보작전, 군사정보지원작전, 군사 기만, 사이버작전 등을 실시했으며, 그 내용을 세부적으로 분석해보면 다음과 같다.

공보작전 분야는 전쟁의 정당성 확보, NATO 개입 및 반전여론 차단을 위해 대내적으로는 우호적 여론 조성을 위해 국영 언론사를 이용하여 전쟁의 정당성을 홍보하고, 대외적으로는 NATO 개입 차단을 위한 핵 사용과 경제 제재 위협, 3차 대전 발발을 경고했다.

군사정보지원작전 분야는 전쟁 명분 획득, 우크라이나 조기 항복 유도를

9 합동참모본부, 『합동교범 3-9, 합동정보작전』(서울: 합동참모본부, 2018), p. 1-12.

위해 대내적으로는 미디어 및 SNS를 통한 전쟁 지지 획득 노력, 선전선동, 반전 언론을 차단했고, 대외적으로는 우크라이나 민간인 무차별 학살, 강간 등 공포심 조성, 허위사실 등을 유포했다.

군사 기만 분야에서는 NATO 개입 차단, 조기 전쟁목표 달성을 위해 대내적으로는 반군지역 내 러시아군 보호 목적의 불가피한 전쟁 등 침공 명분을 축적하고, 대외적으로는 침공 부인, 외교적 해결 가능성 제시 등 위장 작전, 허위정보를 유포했다.

사이버전 분야에서는 우크라이나 국가 기능 무력화 등 조기 항복 유도를 위해 대내적으로 반전여론 확산 차단을 위한 SNS 및 미디어를 통제하고, 대외적으로는 디도스 공격, 해킹 등 사이버 공격을 통한 우크라이나 국가 기능을 무력화했다.

전반적으로 러시아는 정보작전 목적 달성을 위한 관련 군사능력의 통합을 시도했으나, 결과적으로는 국제사회의 지지 획득 실패, 러시아군의 사기 저하, 우크라이나 항전의식 고취 등 부작용을 초래했다.

우크라이나 정보작전의 목적은 반전여론 확산 및 국제사회 지지 획득, 전(全) 국민 항전의식 고취를 통한 러시아 침공을 격퇴하는 것이며, 이를 위해 침공 전에는 전쟁의 부당성 선전, NATO 개입 유도, 국민 불안감 확산을 차단했고, 침공 후에는 반전여론 확산, NATO 개입 유도, 전 국민 항전의식을 고취했다.

정보작전 목적 달성을 위한 공보작전 분야는 전쟁의 부당성 선전, NATO 개입 유도, 반전여론 확산을 위해 대내적으로는 국가기관 주도 전 방위적 정보통신매체를 활용한 전 국민 항전의식을 고취했고, 대외적으로는 정보통신매체를 활용한 러시아군의 참혹성 선전을 통한 국제사회 개입 및 원조 유도, 반전여론 확산을 통한 전쟁의 부당성을 주장했다.

군사정보지원작전 전 분야는 러시아 항전의지 약화, 자국민 항전의식을 고취하기 위해 대내적으로 국가지도부의 솔선수범, 자국군의 승전 현황 등을 홍보했고, 대외적으로는 러시아 국민과 전 세계를 대상으로 러시아의 불법적 행태와 참혹함을 선전했다.

군사기만 분야는 국제사회 원조 유도, 러시아 항전 의지 약화, 자국민 항전의식을 고취하기 위해 대내적으로 러시아군의 패배 상황 및 신출귀몰한 일당백의 전쟁영웅을 선전했고, 대외적으로는 드론 등을 활용한 승전 소식 홍보와 전쟁능력 고갈 호소로 원조를 유도했다.

사이버작전은 러시아 사이버 공격 무력화, 반전여론 확산과 국제사회 참여를 유도하기 위해 대내적으로는 인터넷, 미디어 등을 활용한 획기적 승전 사실 홍보와 항전의식을 고취했고, 대외적으로는 사이버 수단을 활용한 러시아 참혹성 및 불법성 홍보, 반전여론 확산, 민간 해커 조직 및 기업 등의 사이버전 참전을 유도했다. 또한, 전자전의 방어적 측면에서 효과적인 전자전을 수행하면서 전쟁지속능력을 유지했으며 비교적 전자전에 영향을 받지 않는 무기 사용과 최신 상용통신망을 활용했다.

전반적으로 우크라이나는 효과적인 정보작전 시행으로 국제사회의 지지 획득, 전 국민 항전의식 고취 등 전쟁에서의 우위를 점하는 계기를 마련했다.

(2) 사이버작전[10]

사이버작전은 시아버 공간상에서 군사목적 달성을 위해 사이버 능력을 운용하는 작전이다.[11] 이번 전쟁에서 러시아와 우크라이나의 사이버작전은 군사적 공격만큼 중요한 역할을 수행하고 있다. 특히 우크라이나 입장에서 서방의 다양한 조직들의 지원은 이번 전쟁에서 우크라이나가 선전하는 데 많은 기여를 했다.

러시아는 개전 전, 러시아 해커 조직과 연계한 전형적인 사이버전 수행을

10 비물리적 파괴 측면의 정보작전에서 기술한 사이버작전 관련 내용은 정보작전을 위해 수행된 기본적인 사이버작전 내용을 기술했으며, 여기에서 기술되는 사이버작전은 구체적인 작전 내용을 기술했다.

11 합동참모본부, 『합동교범 10-2, 합동·연합작전 군사용어사전』(서울: 합동참모본부, 2020), p. 148.

통해 우크라이나의 사회 혼란을 유도했다. 일례로 러시아 해커 조직은 2021년부터 러시아 연방보안국(FSB)과 연계하여 정부문서관리포털 해킹, 악성코드 유포, 디도스(DDos) 공격 등을 감행했고, 전쟁 전인 2022년 1~2월에는 네 차례에 걸쳐 대규모 사이버 공격을 감행했다.

공격 개시 전날에는 본격적인 여건 조성을 위한 디도스 공격, 장병 대상 심리전용 문자(전장 이탈 유도) 발송 등 과거와 유사한 형태의 사이버전을 수행했다. 개전 후에는 군사행동과 병행한 사이버 공격으로 사회 혼란 유도 및 심리적 압박을 가중했다. 러시아 정보기관과 연계한 해커조직에 의한 디도스 공격, 화면 변조, 시스템 파괴 등의 공격이 있었다.

우크라이나는 러시아의 정부 주도 사이버전 수행과 다르게 민간단체 위주의 사이버전을 수행했다. 어나니머스의 러시아 정부 대상 사이버 전쟁 선포, 우크라이나 IT군 온라인 모집 등으로 민간 해커조직이 가담했다.

세계 IT 기업들이 민간인 피해와 전쟁 반대 여론에 동참하여 러시아에 대한 제재 및 지원에 동참했으며, 구글맵 지도 실시간 도로정보 제공 차단, 페이스북 등의 가짜뉴스 유포 계정 차단, 일론 머스크의 스타링크[12] 지원 등이 있었다.

또한, 미국 등 서방국가들의 사이버 관련 정보 제공도 활발했으며, 미국은 동유럽에서 사이버 임무팀이 비밀리에 활동 중이며, 독일은 우크라이나에 위성사진 및 감청 정보를 제공한 것으로 추정된다.

러시아의 침공이 부당하다고 느낀 전 세계 시민 수십만 명이 우크라이나 정보통신부 장관 미하일로 페도로프(Mykhailo Fedorov)의 사이버 공격에 참가할 'IT army(정보통신 민병대)' 참여 호소에 동참했다. 또한, 비트코인 등의 가상자산 모금을 통해 전쟁 지원자금으로 활용했으며, 이는 가상자산을 활용한 전쟁자금 확보의 최초 사례다.

---

12 일론 머스크가 스페이스X를 통해 추진하고 있는 초고속 인터넷망 구축사업. 2019년부터 지금까지 2천여 개의 저궤도 소형 위성을 안착시킨 상태이며, 2020년대 중반까지 위성 1만 2천여 개를 추가 발사할 예정이다. 일론 머스크가 스타링크를 지원하여 우크라이나의 인터넷 여론전이 한결 수월해졌다.

(3) 군사정보지원작전

군사정보지원작전이란 국가정책 및 군사작전 목표 달성을 지원하기 위해 선정된 정보를 조직적이고 계획적으로 표적 대상에게 전달하여 주체 측이 의도하는 방향으로 견해, 감정, 행동의 변화를 유도하는 작전이다.[13] 러시아와 우크라이나는 전쟁 개시 전부터 각종 매체를 활용한 적극적인 군사정보지원작전을 통해 자국민들의 전쟁에 대한 지지를 확보하고 상대국에 대해서는 전쟁수행 의지를 분쇄하기 위해 노력했다.

러시아는 전쟁 전부터 우크라이나 침공 명분 확보, 현지인의 저항 약화, 국제사회의 동조 확보를 위해 관영매체 및 민간 IT기업(러시아 정부와 계약을 맺고 허위 조작정보를 생산)을 이용하여 군사정보지원작전을 전개했다. 이를 위해 대외적으로는 전쟁 명분 획득 등 전쟁에 대한 정당성 입증과 푸틴의 강력한 리더십을 집중 부각했다. 이는 러시아 국영 매체들이 우크라이나 침공을 '특수군사작전'으로 지칭하며 의미를 축소한 것과 러시아 정부는 우크라이나 민족주의자들로부터 러시아계 주민을 보호하기 위해 러시아군을 진주시켰다고 주장한 것, 러시아 국민은 전쟁 정보와 외부 정보에 대한 접근 및 인터넷과 소셜미디어 공간에서의 자유로운 의견 개진이 제한됨을 통해 알 수 있었다.

또한, 러시아는 우크라이나 조기 항복 유도 등 러시아에 유리한 내용 위주로 군사정보지원작전을 전개했다. 이를 위해 전차, 장갑차, 항공전력 등 군사행동을 통한 군사 우위를 부각하고 핵무기 공격을 언급했고, 아파트, 병원 등 민간인 거주지역 공격을 통해 공포심리를 유발했다.

이에 반해 우크라이나는 양국의 전쟁을 우크라이나와 러시아 양국 간 전쟁이기보다 '민주주의 진영 vs. 푸틴의 전쟁'으로 선전하면서 국제사회에 민주주의 연대를 호소하고 '우크라이나가 무너지면 유럽의 안보도 위험해진다는 논리'로 서방에 군사적 지원을 요구했다.

---

13 합동참모본부, 『합동교범 3-14, 합동군사정보지원작전』(서울: 합동참모본부, 2022), p. 1-1. 기존의 심리전으로 상대방에게 선정된 특정 정보 등을 제공하여 아군에게 유리하게 유도하는 제반 활동.

이를 위해 대외적으로는 진실성을 담은 군사정보지원작전을 전개했는데, 일례로 젤렌스키 대통령은 소셜미디어를 통해 매일 전황을 알림과 동시에 전 세계 의회 화상 연설을 통해 결사 항전과 러시아의 불법적 행태를 알렸다. 또한, 우크라이나 국민들은 소셜미디어를 통해 러시아군의 반인륜적인 전쟁범죄와 전쟁의 참상을 전하는 사진과 동영상을 공유하면서 자국민의 항전 의지를 고취하고, 독립국의 자존감 확보 및 당위성을 홍보했다.

추가로 국제사회의 동정 여론 조성과 지지 확보를 위해 허위사실도 재포장했는데, 우크라이나 해역 '뱀섬(Snake Island)'에 배치된 방어부대가 러시아의 항복 종용 방송에 맞서 욕설로 저주하며 끝까지 저항하다 전멸했다는 소식은 우크라이나 국민과 전 세계인으로부터 동정심을 이끌어냈고 러시아에 대한 적개심을 고취했다. 그러나 실제로 '뱀섬'에서 전멸했다는 병사들은 생존하여 러시아군의 포로가 되었다. 또한, '키이우의 유령'이란 별명을 가진 공군전투기 조종사가 열악한 환경에서 러시아 전투기 다섯 대 이상을 격추했다는 소식도 사람들의 환호를 받았으나, '키이우의 유령'이라는 조종사의 존재도 허구에 가깝다고 알려졌다.

또한, 자유민주주의 위상과 인본주의의 중요성을 강조하면서, 러시아 항전 의지 약화를 유도했다. 전투 과정에서 생포한 러시아 병사들의 사진 및 동영상을 텔레그램 채널에 공개했으며 포로로 잡은 러시아군과 그 가족을 연결해주는 핫라인 운영을 통해 러시아 병사의 가족들에게 전쟁에 반대할 것을 촉구했으며, 폭격을 받게 되자 몸을 던져 갓난아기를 보호한 젊은 엄마 올가의 사진, 러시아 침공으로 사망한 어린이를 상징하는 빈 유모차를 르비우의 시의회 광장에 세운 시위 사진 등을 소셜미디어에 올려 반전 여론을 형성했다.

4) 지속지원 측면

러시아의 우크라이나 침공은 단기작전으로 전쟁을 종결할 수 있을 것이라는 러시아 예측과는 달리 개전 초 준비한 보급물자의 고갈로 러시아군의 지속지원 능력이 제한되면서 합동작전계획의 실행 가능성은 저하되었다. 반면, 우크라이나군은 서방의 군수지원을 통해 전쟁지속능력을 오히려 강화했다. 이러한 내용을 합동군수 역할 측면에서 분석해보면 다음과 같다.

러시아는 합동작전 수행을 위한 필수 군수 소요를 오판하여 초기작전 간 많은 제한사항을 겪었다. 러시아군은 우크라이나 침공을 위한 합동작전계획 수립 시 전쟁목표 달성을 위한 합동작전 수행 기간을 3~5일로 가정했을 것으로 추정했다. 이러한 가정의 오류로 인해 작전지속을 위한 재보급을 계획하지 않은 상태에서 대대전술단(BTG) 등 전투부대가 기본 휴대량 수준의 군수 보급품만을 가지고 전쟁에 투입되었으며, 이로 인해 전방 전투부대가 초기작전 시 보급의 고갈로 인해 기동 및 작전 수행 불가 상태에 봉착하여 작전계획 실행 가능성이 현저히 저하되는 결과를 초래했다.

또한, 대대전술단의 독립작전 지속을 위한 군수부대 부재로 작전지속능력이 제한되었다. 러시아 육군은 국방개혁으로 인해 부대를 축소하고 사단급을 여단급으로 축소 개편하는 과정에서 다수의 군수부대가 해체됨에 따라 여단 자체 군수 보급능력이 제한되었다. 이로 인해, 기계화부대인 대대전술단의 독립작전을 지속할 수 있는 군수부대의 부재는 대대전술단의 전투지속능력을 현저히 저하시켜 작전 실패의 가장 큰 원인으로 작용했다. 개전 시 러시아는 네 개 작전선으로 우크라이나 원정작전을 시행했으나, 군수부대의 저하된 능력으로 인해 전투부대에 적시적 군수지원이 제한되어 이로 인해 작전부대의 전투능력이 저하되었다.

이에 반해, 우크라이나는 주변국의 군수물자 지원 및 우크라이나 내부에서의 내선작전으로 방어작전에 유리했다. 우크라이나는 개전 초기 방어작전을 위한 충분한 능력을 가지고 있지 못했다. 그럼에도 지속적인 주변국의 무기, 장비, 보급물자 지원으로 방어작전에 필요한 전력을 확보했다. 내선작전의 특성상 우크라이나군은 군수 보급선이 짧아 러시아의 원정작전에 비해 보급지원 측면에서 유리했으며, 주변국의 지속적인 무기 및 보급품 지원은 장기 소모전으로 전환되고 있는 우크라이나군의 방어작전에 전략적 이점을 제공할 수 있었다.

또한, 군수지원의 영향을 많이 받는 기계화부대의 편성이 낮은 것과 대전차무기 위주 전투는 역설적이게도 열악한 전쟁지속능력으로도 전쟁수행이 가능하게 했다. 우크라이나군은 러시아군에 비해 장비 측면에서 전차 및 장갑차 보유 수준이 낮았다. 이러한 낮은 기계화율과 대전차무기 위주의 전투수행은 유류 및 탄약의 소모율을 적게 하여 작전을 지속하기 위한 보급 수준이 낮아도 전투 수행에 유리했다. 이러한 우크라이나군의 약점이 아이러니하게도 군수지원 측면에서는 전쟁지속능력 유지에 강점으로 작용했다.

3절 합동교리 발전방향

우크라이나 전쟁은 우리에게 시사하는 바가 크다. 현대전에 있어서 어떤 무기체계가 더 적합한지, 복잡한 국제관계 속에서 어떤 군사전략을 통해 전쟁을 수행해야 하는지 등을 알아볼 수 있는 좋은 기회다. 따라서 합동교리 분야에서 이번 전쟁을 통해 우리가 발전시켜야 할 발전방향을 다섯 가지로 제시해보았다.

첫 번째, 도시지역작전에 대한 합동교리 발전의 필요성이다. 합동교범 중 도시지역 작전과 연계된 교범은『합동후방지역작전』교범이 있다. 이 교범은 국지도발 대비작전의 일환으로 후방지역에서의 도시지역 방호작전을 포함하고 있으나, 전면전 시 도시지역 작전에 대한 합동작전 차원의 교리는 부재한 상태다. 비록 육군 교범에『도시지역작전』교리가 있으나, 이는 육군 자체 전력에 의한 작전 수행개념 위주로 기술되어 있어 합동작전부대가 적용하기에는 제한된다.

한반도의 70%가 산악이나 한국전쟁 이후 경제발전과 더불어 도시화와 도시기반시설 확대가 지속되었고, 북한에도 인구 30만 명 이상의 대도시가 11개이며, 10~30만 명의 도시가 28개 존재한다. 이러한 한반도의 도시화 진행 및 우크라이나에서의 시가지 전투 전훈을 고려하여 합동교리별 시가지에서의 전투수행 방법을 구체화하여 합동교리로 발전시킬 필요가 있겠다.

두 번째, 합동작전 차원의 여단급 전투 수행개념 발전이 필요하다. 러시아-우크라이나전에서 러시아의 대대전술단은 경량화된 기동부대 측면에서는 우수했으나, 추가적인 전력(방공, 전자전, 화력지원 등)의 뒷받침 없는 단독작전은 제한됨이 입증되었다. 육군의 기동화된 '여단'도 러시아와 비슷한 사례가 될 수 있으므로 합동작전 수행이 가능한 전투수행 개념 정립이 필요하겠다. 또한, 러시아의 대대전술단은 단기전(3~4일)만 수행 가능한 지속지원 방식을 적용하여 장기전에서 고전했다. 우리의 기동화된 '여단'에 대해서도 어떻게 적시적인 지속지원을 통해 장기전을 수행할 것인가에 대한 교리적 접근이 필요하다.

세 번째, 향후 변화될 전쟁 양상 이해 및 이에 대한 교리적 접근방법 발전이 필요하다. 강대국(러시아)과 약소국(우크라이나) 간의 전훈을 기초로 북한이 적용할 것으로 예상되는 전쟁 양상을 예측해야 하며, 이를 기초로 하이브리드전, 유·무인 복합전, 비선형전 등에 대한 교리적 발전이 필요하다.

네 번째, 인지 분야에 대한 교리적 적용을 위한 개념 검토가 필요하다. 인지전은 주로 인지 영역을 이용해 상대방의 생각을 변화시킬 목적으로 정보를 주요 수단으로 하는 전쟁 양상을 뜻한다. 이것은 기존의 억제나 강압과 같은 비군사적 수단에 의한 외교전과 비슷하다. 그러나 기존의 외교전이 주로 상대의 고위급 정치 지도자 등 소수를 대상으로 했다면 인지전은 이들은 물론 일반 대중을 대상으로 전시와 평시의 구분 없이 장기간 지속적으로 작전을 하며, 모든 종류의 정보를 사용한다는 점에서 다르며, 대중문화와 동영상 등을 활용했을 때 효과가 더 높다. 인지 분야는 개인과 조직의 심리 및 사고체계, 논리구조 등에 영향을 주므로 이러한 인지 분야가 기존 물리적 영역에 미치는 영향이 무엇이며, 인지 분야가 전 영역의 물리·비물리적 수단을 활용하여 군사 목적을 달성하는 활동에 어떻게 영향을 미치는가를 교리적 측면에서 연구해봐야 한다.

다섯 번째, 전작권 전환 후 한반도 특성을 고려한 연합·합동교리 발전 방안 모색이 필요하다. 한국군 주도의 미래 한미연합사령부의 특성을 고려하여 기존 미군 교리 적용 위주의 교리발전에서 탈피하여 러시아-우크라이나전의 전훈에서 교리적 발전 요소를 발굴하고, 한반도의 특성에 부합하고 미군도 함께 적용 가능한 전장 교리를 발전시키기 위한 연합·합동교리의 발전이 필요한 시점이다.

4절 결론

러시아와 우크라이나전은 모든 사람들의 예상과는 달리 장기전의 양상을 띠면서 지루한 전쟁을 이어가고 있다. 이러한 와중에 러시아는 서방의 불법적인 개입에 대한 엄단을 촉구하면서 핵무기 사용도 가능함을 연일 시사하고 있다. 제1차 세계대전 때나 있을 만한 반인륜적 전쟁이 21세기에도 지속되는 것을 보면서 '전쟁은 인류가 휴머니즘을 바탕으로 화합과 사랑의 세계로 변해가면 사라질 수 있다'는 논제보다 '역사는 반복된다'는 논제가 더욱 신뢰성을 갖게 한다.

지금 유럽은 막대한 예산을 전차와 전투기 등의 군사장비 확보를 위해 사용하고 있다. 그만큼, 전쟁을 통해 잃는 것이 많다는 것을 이번 전쟁을 통해 몸소 체험하고 있기 때문이다. 우리 또한 분단된 한반도의 특수성을 고려하여 전략, 전력, 작전술, 군사교리 분야에서 우리가 적용해야 할 요소가 무엇이고 앞으로 어떻게 해야 할 것인가를 지속적으로 연구하고 발전시켜 나아가야 한다.

특히, 합동교리 발전 분야에서도 언급한 바와 같이 도시지역 작전에 대한 합동교리 발전, 합동작전 차원의 여단급 전투 수행개념 발전, 변화되는 전쟁양상에 대한 이해 및 이에 대한 교리적 접근방법 발전, 인지 분야에 대한 교리적 적용 개념 검토, 전작권 전환 후 연합 및 합동교리 발전 등 다섯 가지는 매우 중요한 분야다. 이 분야에 대한 합동교리의 발전이 요구된다.

끝으로 우크라이나 전쟁은 아직도 진행 중인 전쟁이다. 따라서 우크라이나 전쟁에 대한 교리적 분석을 하는 데 보다 많은 객관적인 자료를 바탕으로 할 수 없었다. 전쟁이 종료된 이후 공인된 기관의 객관적인 자료를 바탕으로 우크라이나 전쟁에 대한 보다 깊이 있는 논의와 분석이 이루어지기를 기대한다.

참고문헌

배덕열. “러시아-우크라이나전 교리적 분석”. 『’22년 합동교리 발전 세미나 자료』. 2022.

합동군사대학교. 『우크라이나 전쟁 분석』. 논산: 합동군사대학교, 2022.

합동참모본부. 『합동교범 5-0 합동기획』. 서울: 합동참모본부, 2018.

_____. 『합동교범 5-0 합동·연합작전 군사용어사전』. 서울: 합동참모본부, 2020.

_____. 『합동교범 0 군사기본교리』. 서울: 합동참모본부, 2022.

_____. 『합동교범 5-0 합동정보작전』. 서울: 합동참모본부, 2022.

_____. 『합동교범 5-0 합동군사정보지원작전』. 서울: 합동참모본부, 2022.

_____. 『합동교범 3-0 합동작전』. 서울: 합동참모본부, 2023.

집필진 소개

김홍철

주요 근무경력	주요 학력
국방부 국방정책개발 담당 대통령비서실 외교안보수석실 행정관 합동참모본부 핵·WMD 대응과장 합참의장 비서실장 합동군사대학교 총장/명예교수 국방대학교 전략학교수 겸 세종대학교 항공우주시스템학교수(現)	공군사관학교(경영학 학사) 미 미주리-컬럼비아대학교(국제정치학 석사) 미 플로리다주립대학교(국제정치학 박사)

주요 저서 및 논문

『미래전과 동북아 군사전략』(共著, 2022)

『동아시아 영토분쟁과 국제협력』(共著, 2014)

『메니페스토의 올바른 이해와 사용』(共譯, 2007)

「우크라이나 전쟁에서 무인기 운용과 북한 무인기 대응방안」(2023)

"How to Deter North Korea's Military Provocations"(2013)

"Narrow Interests and Military Resource Allocation in Autocratic Regimes"(2013)

「북핵 위협 대비 공군전략 및 전력발전 방안 연구: Kill Chain 및 KAMD를 중심으로」(2013)

"The Paradox of Power Asymmetry"(2016)

「작전통제권 전환 결정과정 및 영향요소에 관한 분석」(2020)

민규식

주요 근무경력	주요 학력
육본 군수참모부 장비계획장교 제5군지사 제53군수지원단장 합동군사대학교 전력학과장(現)	육군사관학교(전산학 학사) 고려대학교(산업시스템정보공학 석사) 한남대학교(교육학 박사과정 수료)

주요 저서 및 논문

『우크라이나 전쟁 분석: 군사적(합동성) 관점에서의 전훈 분석 및 함의』(共著, 2022)

「데이터 마이닝 기반의 군사특기 분류 방법론 연구」(2004)

배덕열

주요 근무경력	주요 학력
707특수임무대대 대테러중대장 아프카니스탄 동의부대 작전장교 이라크 평화재건사단 동맹국연락장교 제28보병사단 작전참모 교육사 기본교리장교 제56사단 121연대장 합동군사대학교 교리연구원(現)	육군사관학교(안보학 학사) 국민대학교(정치학 석사) 합동군사대학교 정규과정

주요 저서 및 논문

합동교범 『합동작전환경정보분석』(2021, 합참)
육군교범 『지상작전』(共著, 2019, 육군)
육군교범 『지휘통제』(共著, 2018, 육군)
육군교범 『육군』(共著, 2016, 육군)
육군교범 『작전수행과정 교리개선』(共著, 2016, 육군)
육군교범 『미래 제대별 역할, 능력, 작전수행개념』(共著, 2015, 육군)
『우크라이나 전쟁 분석: 군사적(합동성) 관점에서의 전훈 분석 및 함의』(共著, 2022)
「합동교리 변천과정을 통해 본 합동교리 발전방향(군사기본교리, 합동작전을 중심으로」(2021)
「러시아-우크라이나전 교리적 분석」(2022)

정차성

주요 근무경력	주요 학력
합참 전력발전부 국직부대조직 담당 국방부 기조실 국직부대조직 담당 해병대 전투모의분석센터장 합동군사대학교 전력학교수(現)	해군사관학교(해양학 학사) 성균관대학교(산업공학 석사) 한성대학교(산업공학 박사)

주요 저서 및 논문

『국방M&S체계 소요기획 프로세스 정립을 위한 방법론 연구』(2020)

『의사결정 지원을 위한 전문가 시스템 구축 연구』(1995)

『4차 산업혁명 첨단 무기체계 소요기획 방안 연구』(2022)

『해병대 과학화훈련체계 소요기획 방안 연구』(2018)

최영찬

주요 근무경력	주요 학력
국방부 군사보좌관실 국방정책관리 담당 국가안보실 국가위기관리기획 행정관 합동군사대학교 전략학교관(現)	해군사관학교(국제관계학 학사) 국방대학교(군사전략 석사) 한남대학교(국제정치학 박사)

주요 저서 및 논문

『미래의 전쟁, 한국군 변화의 기로에 서다』(共著, 2024)

『핸디한 미래전 포켓북』(2024, 증보판)

『새로운 영역에서 전쟁수행, 인지전』(共譯, 2022/2024)

『해상교통로 봉쇄의 유용성과 그 경제적 효과』(2022)

『미래전과 동북아 군사전략』(共著, 2022)

『미래의 전쟁 핸드북 2022』(2022, 증보판)

『미래의 전쟁 기초지식 핸드북』(2021, 초판)

「우크라이나 전쟁 분석: 합동전역에서 러시아의 해군력 운용과 함의」(2023)

「한국군 합동전영역지휘통제(JADC2) 전략」(2023)

「미래전에 대비한 한국군 인지전 발전방향」(2023)

「한국의 국방의제설정 사례분석: 유형과 특징 그리고 정책적 함의」(2023)

「중국의 경제적 강압이 한국안보에 미치는 영향」(2022)

「미래분쟁과 뉴미디어: 분쟁영역의 확장, 물리영역에서 인지영역으로 진화 그리고 두 영역의 승수」(2022)

「북한의 대남 회색지대 전략: 개념, 수단 그리고 전망」(2021)

「전쟁수행 시 지휘관 지휘결심의 타당성 평가와 함의」(2021)

「해상교통로가 국민경제에 미치는 영향 연구」(2020) 등

한상근

주요 근무경력	주요 학력
합참 전작권전환 지휘구조팀장 육군 교육사령부 교리연구관 합동군사대학교 작전학교수(現)	육군사관학교(안보학 학사) 경희대학교(정치학 석사) 한남대학교(국제정치학 박사과정)

주요 저서 및 논문

육군교범 『임무형지휘 Q&A』(共著, 2019, 육군)

육군교범 『지휘통제』(共著, 2022, 육군)

『미국의 대북한 선제공격 전략 분석: 2003년 이라크전을 중심으로』(2003)

『우크라이나 전쟁 분석: 군사적(합동성) 관점에서의 전훈 분석 및 함의』(共著, 2022)

『새로운 영역에서 전쟁수행, 인지전』(共譯, 2022/2024)

『21세기 합동전투수행개념, 어떻게 디자인할 것인가?』(共著, 2024)

『합동군의 임무지휘 문화』(共著, 2024)

『임무지휘에 기반한 지휘통제 활성화』(共著, 2024)

「프리고진의 무장반란으로 본 서방의 인지전 수행」(2023)

허광환

주요 근무경력	주요 학력
국방부 육군전투부대개편 담당 합참 군구조기획 담당 합동군사대학교 전략학교수(現)	육군사관학교(문학사) 국방대학교(군사전략 석사) 충남대학교(군사학 박사)

주요 저서 및 논문

『미래의 전쟁, 한국군 변화의 기로에 서다』(共著, 2024)

『우크라이나 전쟁 분석: 군사적(합동성) 관점에서의 전훈 분석 및 함의』(共著, 2022)

『미래전과 동북아 군사전략』(共著, 2022)

「우크라이나 전쟁 1년, 한반도 안보와 미래전에 주는 함의: 군중 속의 전쟁과 다영역(Multi-Domain) 유·무인 복합전」(2023)

「한국의 미래 전쟁수행방식에 관한 연구」(2021)

「한국의 핵·WMD 대응체계의 발전 방안」(2019)

「작전술과 군사혁신의 이해와 적용」(2019)

「미국의 다영역작전(MDO)에 대한 비판과 수용」(2019)